城市抗震弹塑性分析

陆新征　田源　许镇　熊琛　著

清华大学出版社

北京

内 容 简 介

本书介绍作者提出的城市抗震弹塑性分析方法,总结了作者近13年来的相关研究工作。全书共9章,主要内容包括:绪论,城市抗震弹塑性分析的计算模型,城市区域地震经济损失预测方法,城市抗震弹塑性分析的可视化,基于城市抗震弹塑性分析的次生火灾及次生坠物模拟,基于城市抗震弹塑性分析的地震应急与恢复,城市地面运动场构造及场地-城市效应,典型城市建筑群的震害模拟案例,结论与展望。

本书可供广大土木工程专业、地震工程专业人员在城市地震灾变模拟研究和工程设计中参考。

图书在版编目(CIP)数据

城市抗震弹塑性分析/陆新征等著.—北京:清华大学出版社,2021.10(2022.12重印)
ISBN 978-7-302-57958-8

Ⅰ.①城… Ⅱ.①陆… Ⅲ.①城市建筑－抗震结构－弹性分析 ②城市建筑－抗震结构－塑性分析 Ⅳ.①TU352.1

中国版本图书馆 CIP 数据核字(2021)第 064192 号

责任编辑:秦 娜 赵从棉
封面设计:陈国熙
责任校对:刘玉霞
责任印制:曹婉颖

出版发行:清华大学出版社
    网   址:http://www.tup.com.cn,http://www.wqbook.com
    地   址:北京清华大学学研大厦 A 座   邮   编:100084
    社 总 机:010-83470000   邮   购:010-62786544
    投稿与读者服务:010-62776969,c-service@tup.tsinghua.edu.cn
    质量反馈:010-62772015,zhiliang@tup.tsinghua.edu.cn
印 装 者:三河市东方印刷有限公司
经   销:全国新华书店
开   本:185mm×260mm   印   张:22   字   数:533 千字
版   次:2021 年 10 月第 1 版   印   次:2022 年 12 月第 2 次印刷
定   价:128.00 元

产品编号:090019-01

前 言

PREFACE

我国是世界上地震灾害最为严重的国家之一,聚集大量人口与财富的城市时刻处于严峻的地震威胁之下。切实提高城市的抗震防灾能力,是保障我国人民生命财产安全的重大问题。我国(大陆地区)中、东部人口密集的大城市,自唐山地震后已经有 40 余年未经历过重大地震灾害,加之近年来城市化的迅速发展,现有的震害调查经验显然难以满足工程建设和城市发展的需要。考虑到试验能力的局限,发展数值模拟技术,科学模拟城市区域的地震场景和地震破坏,深入揭示灾变机理并提出安全可靠的抗震对策,对提升我国城市抗灾能力和应急救援能力都具有非常重要的价值。

本书作者近 13 年来结合工程结构地震灾变的研究基础,在城市地震灾变模拟方面做了很多研究工作,得到了中国地震局、国家自然科学基金委、科技部等机构的大力支持,在城市区域建筑群的灾变模拟方面承担了多项重要科研项目。为了向广大的研究人员和设计人员介绍相关研究成果,特撰写本书。全书共 9 章,主要内容包括:城市抗震弹塑性分析的计算模型、城市区域地震经济损失预测方法、城市抗震弹塑性分析的可视化、基于城市抗震弹塑性分析的次生火灾及次生坠物模拟、基于城市抗震塑性分析的地震应急与恢复、城市地面运动场构造及场地-城市效应、典型城市建筑群的震害模拟案例、结论与展望。由于城市地震灾变模拟内容很丰富,国内外很多研究者都做了许多卓有成效的研究工作,限于篇幅,本书主要介绍作者及合作者在相关领域开展的工作,读者可以参阅相关文献了解其他研究者的工作。

本书的主要内容源于以下科研项目的部分成果:国家重点研发计划项目(编号:2019YFC1509305,2018YFC0809900,2018YFC1504401),国家自然科学基金面上项目(编号:52178492,51978049,51178249,51578320)、青年项目(编号:51708361)和联合基金重点项目(编号:U1709212),国家科技支撑计划课题(编号:2013BAJ08B02),中国地震局地球物理研究所基本科研专项(编号:DQJB14C01),深圳市科创委基础研究自由探索项目(编号:JCYJ20180305123919731),中国地震局工程力学研究所实验室开放项目(编号:2017D01),腾讯基金会科学探索奖,国家自然科学基金优秀青年科学基金项目(编号:51222804)等。

本书的成果是作者与国内外合作者及研究生共同完成的,主要包括:清华大学叶列平教授、任爱珠教授,格里菲斯大学(澳大利亚)H. Guan 教授,东京大学(日本)M. Hori 教授,斯坦福大学(美国)K. H. Law 教授,加州大学伯克利分校(美国)S. A. Mahin 教授、F. McKenna 博士,加州大学洛杉矶分校(美国)E. Taciroglu 教授,都灵理工大学(意大利)G. P. Cimellaro 教授,中国地震局工程力学研究所林旭川研究员,中国地震台网中心孙丽博士,香港科技大学王刚教授、黄杜若博士,以及课题组的研究生曾翔、杨哲飚、程庆乐、顾栋炼、徐永嘉、孙楚津、韩博、Cheav Por Chea 等。感谢中国地震局工程力学研究所、中国地震局地球物理研究所、西安建筑科技大学、中国地震台网中心、北京市地震局等单位的大力协助和支持。在过去十多年的科研工作中,众多单位、领导与同事给了我们巨大的支持和帮助,谨致以最诚挚的谢意!

本书的计算分析工作和试验研究工作得到清华大学"力学计算与仿真实验室"和"土木工程安全与耐久教育部重点实验室"的大力支持,在此表示衷心的感谢!

由于作者水平有限,本书内容只是相关领域诸多研究成果中的沧海一粟,一定存在很多不足之处,衷心希望有关专家和读者批评指正。

作　者

2021 年 8 月

于北京清华园

目 录

CONTENTS

第1章

绪　论

1.1　研究背景与需求

我国位于世界两大地震带——环太平洋地震带与欧亚地震带的交会部位,地震构造活动强、大震分布广、城市人员密集,是世界上地震灾害最为严重的国家之一。从周朝的陕西岐山地震,到清康熙七年(1668年)的山东郯城地震,再到近50年间的唐山地震、汶川地震等,历史上多次重大地震灾害均造成了非常严重的人员伤亡和经济财产损失。历次地震灾害均表明,城市中的土木工程结构是地震灾害的主要承灾体,也是造成人员伤亡和经济损失的最主要原因。深入研究城市工程结构的灾变演化机理,进而提出科学有效的抗震减灾对策,是减轻地震灾害最重要的手段之一。

世界地震工程界经过一百余年的努力,在单体工程结构抗震方面已经取得了很多重要的研究成果。近年来,几次重大地震灾害表明,经过科学抗震设计的常规工程结构基本都能够成功避免倒塌破坏,防止出现重大人员伤亡。这是地震工程界非常了不起的成就。但是,城市是一个有机的整体,仅仅在单体工程结构层次取得进步是不够的,更需要从城市区域的角度面对由地震引发的一系列挑战。

(1) 城市化的迅速发展与全球环境的变化带来了愈发严峻的地震灾害风险。

首先,我国正处于城市化发展进程的关键时期,城市作为政治、经济、文化、交通中心,规模仍在不断扩大,人口也会不断增加,功能则将更加复杂。如图1-1所示(KPMG,2013),中国城镇人口预计到2030年将超过10亿,城镇人口比例将超过70%(The World Bank & Development Research Center of the State Council,the People's Republic of China,2014)。而伴随着城市的发展,城市的地震薄弱环节也可能相应增加。

其次,"罗马不是一天建成的",绝大部分城市都有着漫长的历史。城市通常拥有大量源自不同历史时期的工程结构。特别是对于中国而言,由于近代地震工程开始较晚,加上我国从落后、不发达阶段逐步发展至今,因为经济、科技水平的限制而遗留下来大量低抗灾能力的基础工程设施和房屋建筑,是我国现代城市防灾能力的重要软肋。

此外,当今我国不同地区之间的联系日益紧密,一旦发生严重的地震灾害,将给一个地区甚至整个国家的国民经济及人民生活造成严重冲击。同时,自2008年汶川地震以来,世界逐渐进入一个地震活跃期,我国有一半以上的城市位于设防烈度7度及以上的地区,因此

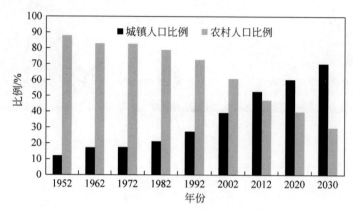

图 1-1 我国城市化进程(KPMG,2013)

我国未来的强震危险性不可忽视。

如果不能科学、准确地预测城市区域的地震灾害并采取科学的防灾预案和应急对策,则抢险救灾既不可能及时,也不可能高效。灾后的重建,生产和生活的恢复也更加困难。因此,针对我国城市正面临的严峻地震风险,城市的防震减灾能力必须得到可靠保证。

(2) 城市缺乏震后"韧性"恢复机制,严重冲击社会、经济发展。

除了上面提到的传统地震工程的研究焦点——"结构的地震安全性问题"以外,近年来发生在新西兰的 Christchurch 地震(2011 年)、日本的"3·11"地震(2011 年)等都表明:基于现行的抗震设计方法,虽然可以有效避免工程结构的地震倒塌破坏,但是很多工程却因为破坏严重没有修复价值而被迫拆除,从而造成巨大的经济损失和社会冲击。因此,基于"韧性"(resilience)(也可以翻译成"可恢复功能")的抗震设计,成为近年来国际地震工程界非常关注的方向。

针对一个城市、社区或建筑物,基于韧性的抗震减灾要求:在灾害发生时其损失要尽可能小,在灾害发生后其恢复正常功能的时间要尽可能短。以图 1-2 为例,一个城市、社区或建筑物,在没有地震时处于一个稳定的状态。灾难一旦发生,则其功能会有一个迅速的下降,之后通过灾后重建恢复,其功能又逐渐得到回升(Bruneau et al.,2003)。显然,如果这个城市、社区或建筑物在灾害下功能下降得越少,灾后恢复的时间越短,则灾害造成的影响也越小,也就是说,这个城市、社区或建筑物的抗震韧性(或震后恢复能力)也就越强。

现阶段,国内外已在工程和城市的抗震韧性方面初步开展了一定的研究并制定了部分战略,包括但不限于:新西兰发布的防灾蓝皮书;美国国家科学基金设立的系列重大研究计划;日本推出的"国土强韧化"计划;中国地震局提出的"韧性城乡";联合国减灾署等国际性组织、洛克菲勒等国际公司、美国技术标准局等行业协会发布的灾害韧性的指标体系或标准;清华大学等主编的国家标准《建筑抗震韧性评价标准》(GB/T 38591—2020);中国建筑标准设计研究院主编的 ISO/TR 22845:2020 *Resilience of buildings and civil engineering works*(《"建筑和土木工程的韧性"技术报告》)等。尽管如此,城市地震韧性的研究仍处于起步阶段,成效相对有限。

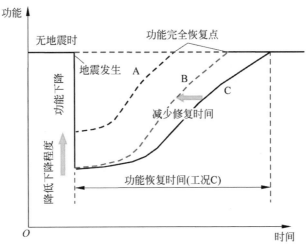

图 1-2 抗震韧性的基本概念

A、B、C 代表可能的恢复过程。

1.2 城市区域震害模拟的意义与关键作用

1.2.1 城市区域震害模拟的意义

对土木工程结构而言,由于其体量庞大、造价高昂、结构复杂,加上地震灾害的"突发性、区域性和毁灭性"特点,完全依赖物理试验手段研究其地震灾变过程难度很大。即使采用缩比模型,也依然存在尺寸效应、相似比设计等诸多困难。而城市区域尺度大、元素多,当工程结构的灾变研究从单体发展到城市区域规模时,物理试验手段更是无能为力。因此,数值模拟作为一种重要的科学研究手段,在城市区域工程结构抗震防灾领域得到日益广泛的应用。

城市区域工程结构数值模拟的核心工作,是针对工程结构的各种复杂行为(力学、热学等),建立相应的数学方程,并采用计算机对其进行求解,以预测相应的工程结构响应。工程结构数值模拟包括以下三个主要的构成部分:

(1)城市区域工程结构的数值计算模型;

(2)数学方程的求解算法;

(3)完成工程结构数值模拟所需的计算机硬件平台。

其中,高性能的硬件平台是基础,高效的求解算法是重要手段,而工程结构的数值计算模型是核心研究内容。

由于城市区域范围广、工程结构体量大、地震非线性动力行为复杂,准确描述其受力行为的数值模型的计算量非常大。计算机有限的计算能力与工程结构数值模拟几乎无限的计算量需求,构成了工程结构数值模拟的一个主要矛盾,同时也成为工程结构数值模拟不断进步的一个重要原动力。

实际上,科学研究或工程应用的分析预测需求与试验能力(包括物理试验和数值模拟试验)的限制之间的矛盾,无论是对于物理试验还是对于数值模拟试验都同样存在。然而,计算机技术日新月异的发展,为突破数值模拟计算能力限制不断提供新的手段。与此相对的,物理试验能力的发展却遇到了巨大的困难。例如,以振动台试验为例,目前世界上最大的振动台为建于 1995 年的日本 E-Defense 振动台。此后 20 多年,振动台试验能力都很难进一步得到提高。而世界上最快的超级计算机的榜单,几乎每年都在变化。甚至家家户户使用的台式电脑的速度,已经可以和 15 年前世界上最快的超级计算机相媲美。日趋庞大而廉价的计算机数值计算能力,不断为工程结构的数值模拟提供强有力的推动力。2009 年,中国住建部、美国国家科学基金会(NSF)和日本文部省组织中美日三国 50 余位地震工程和结构工程知名专家在广州举行"中美日建筑结构抗震减灾研讨会",探讨未来结构工程和地震工程的发展方向。与会专家一致认定,"基于超大规模计算的区域综合震害预测是未来地震工程领域具有重大价值的研究方向"。

1.2.2 城市区域震害模拟的关键作用

目前,世界各国与地震灾害长期斗争的经验表明:最有效的防震减灾手段是采取合理的预防措施,主要包括采取合理的工程抗震措施,制定震前规划、预案以及组织震后快速评估、救援。因此,作为城市抗震减灾工作的重要内容之一,城市区域震害模拟的主要作用如下。

1. 制定震前规划与预案

许多研究已经指出,细致合理的震前规划与预案能显著提高城市的地震风险应对能力,降低地震损失(刘本玉等,2008)。城市抗震防灾规划通常包括城市规划区内建筑的抗震性能评价、城市应急避难场所规划以及城市地震应急预案等(GB 50413—2007),这些规划和预案的编制都离不开城市区域震害模拟。

2. 组织震后快速评估与救援

地震发生以后,需要对当地震害开展快速评估,从而确定地震应急响应等级,服务于震后快速救援(刘在涛等,2011)。区域建筑震害预测是震后快速评估中非常重要的一个环节(Erdik et al.,2011)。采用实际的地震场景对规划区内建筑的地震损失进行快速分析,可以帮助决策者及时了解地震对当地建筑的实际影响,从而更为合理地分配抗震救援力量,减少震后的人员伤亡和经济损失。

1.3 本书的研究思路和主要研究内容

针对前文所述目前城市区域建筑抗震防灾领域比较突出的问题,本书提出城市抗震弹塑性分析方法,主要通过数值模拟手段,研究城市区域的灾变演化机理,特别关注以下两个方面:

(1)基于物理模型的城市地震灾害及次生灾害精细化高真实感模拟;

(2)基于"情境-对策"模式的区域地震灾害预测及应急。

全书的研究思路和各章的主要内容简要介绍如下(图 1-3):

针对目前城市区域建筑群地震灾变模拟存在的不足,本书第 2 章提出利用多自由度集

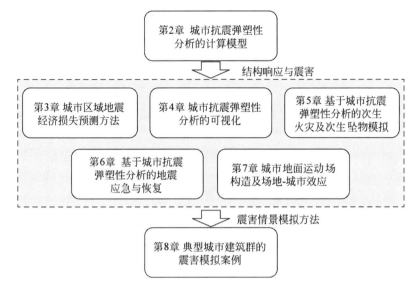

图 1-3　本书研究思路和各章节的关系

中质量模型和非线性时程分析来实现城市区域建筑群的地震灾变模拟,并给出多层砌体、多层混凝土框架、多层钢框架和高层框架-剪力墙/核心筒结构的计算模型和参数确定方法,讨论参数不确定性对震害预测结果的影响。

城市地震灾变模拟除了需要得到结构在地震下的破坏情况以外,还需要预测建筑破坏可能造成的经济损失。因此,本书第 3 章进一步提出从常规的结构尺度,到精细化的构件尺度的城市地震灾害经济损失预测方法。为解决数据获取的难题,提出了基于精细数据模型和基于 GIS 模型的多源数据震损分析方法;并进一步提出利用航拍照片和机器学习等方法来提高震损预测精度。

由于城市建筑群地震灾变模拟的用户将不仅仅是土木工程专业人员,因此高真实感的灾变场景可视化模拟对非土木工程专业人员非常重要。本书第 4 章结合 2D 城市 GIS 模型、3D 城市多边形模型和倾斜摄影测量模型,实现了城市区域建筑群震害模拟的高真实感可视化,以及区域建筑群倒塌灾变行为的模拟。

除了建筑震害外,地震引发的次生火灾、次生坠物等次生灾害同样可能导致严重的后果。本书第 5 章给出基于物理模型的城市区域次生火灾模拟及高真实感可视化方法,并且开展了建筑外围护构件的地震坠物试验以及考虑坠物碎片影响的人员疏散试验;给出坠物碎片的模拟方法、考虑坠物碎片影响的应急区域规划方法和避难逃生模拟方法。

开展城市抗震弹塑性分析的一个重要目的就是服务于城市地震灾害的应急评估,为恢复重建提供策略依据。本书第 6 章给出基于强震观测网络、建筑和城市抗震弹塑性分析的震后地震破坏力速报系统 RED-ACT,开展了基于机器学习的城市建筑群震害实时评估,以及基于城市抗震弹塑性分析的主余震损失分析,并给出一种考虑劳动力资源约束的恢复重建决策分析方法。

可靠的城市地面运动场是提升城市抗震弹塑性分析精度和精细度的重要支撑,因此,本书第 7 章提出基于有限点位记录的地面运动场构造方法。由于城市中心建筑物密集,密集建筑群和场地耦合作用会影响地震动输入,因此,本章还提出"场地-城市效应"的模拟方法,并分析了"场地-城市效应"对震害分析结果的影响。

基于前述第2～7章提供的方法,本书第8章分别讨论5个典型的中外区域建筑群震害分析案例,其建筑数量从几百到几万,再到上百万。通过这些案例对比,说明了本书建议方法的优势。同时,本书提出的城市区域建筑震害预测方法,不仅可以用于震前震害预测,也可以用于震后应急评估。

最后,本书第9章对相关研究工作进行了总结,并对灾变模拟未来的发展提出展望。

第2章

城市抗震弹塑性分析的计算模型

2.1 概述

2.1.1 区域建筑震害模拟现有方法

国内外关于城市区域建筑震害模拟方法的相关研究有很多,这些研究所采用的分析方法主要可以分为震害分类统计法、参数映射法、能力需求分析法以及时程分析法。

1. 震害分类统计法

该方法基于建筑历史震害数据,针对不同类型的建筑,分别统计其在不同地震强度下的破坏程度。因此,只要给定分析地震场景,即可通过查询历史震害数据推断该类结构的损伤情况。

震害分类统计法使用简单,对于不同类型的建筑,只需要套用该类建筑的历史震害数据就能较好地预测其震害情况。但是,该方法也有较大的局限性。首先,该方法本身高度依赖历史震害数据,对于震害数据较少的地区以及缺乏相似数据的特大地震场景,预测的结果可能不可靠。其次,该方法可移植性差,由于场地情况以及建筑抗震能力的差异,一个地区的历史震害数据难以直接移植到另一个地区。最后,历史震害数据代表的始终是过去当地建筑的抗震能力,较当地的最新情况而言始终是滞后的。随着经济水平的发展,新建建筑抗震能力逐渐提高,因此其震害情况往往难以基于历史震害数据进行预测。

2. 参数映射法

为了克服震害分类统计法的局限性,研究人员提出了参数映射法,并在一些研究中应用了该方法(杨玉成等,1980;尹之潜,1996;李树桢等,1995)。相对于震害分类统计法,该方法考虑了结构的抗侧能力等参数,因此具有更好的移植性。对于不同时期的建筑,只要知道其抗侧能力,就能采用该方法较为方便地进行震害预测。但是该方法依然存在局限性。首先,该方法通常难以考虑结构周期等因素对结构抗震能力的影响。其次,该方法通常只采用单一地震动强度指标描述地震动的特性,然而实际地震动的时域、频域特性复杂,且不同特性都将对结构的最终破坏情况产生影响。

3. 能力需求分析法

为解决参数映射法难以较好反映地震动的特性以及结构特性这一问题,一些学者提出了能力需求分析法,并逐渐将其应用于区域建筑震害模拟。该方法利用推覆分析(pushover analysis)得到结构能力曲线,并结合地震需求曲线计算结构的位移性能点,从而更为准确可靠地评价结构的震害情况(ATC,1996)。1997年美国联邦应急管理署(FEMA)提出了基于能力需求分析法的HAZUS震害预测方法(FEMA,1997)。其后,FEMA和美国建筑科学研究院(National Institute of Building Sciences,NIBS)对原方法进行了进一步的改进,形成了比较成熟的AEBM(advanced engineering building modules)方法(FEMA,1997;FEMA,2012c)。因理论成熟、结构参数详尽,该方法在美国国内以及其他国家和地区都得到了广泛的应用(Lai et al.,2004;Remo and Pinter,2012;Levi et al.,2015)。

能力需求法的示意图如图2-1所示。能力需求分析法采用能力曲线描述建筑结构的抗震性能,因此能较好地反映结构的刚度、强度特性;采用地震需求谱,因此能更好地反映地震输入的强度以及频谱特性。然而,该方法同样有局限性。首先,能力需求分析法本质上是基于单自由度体系的分析方法,因此该方法难以考虑高阶振型对建筑结构响应的影响。虽然在多层结构中高阶振型的影响一般不明显,但在高层建筑的分析中,忽略高阶振型的影响可能导致分析结果出现较大的误差。其次,能力需求分析法基于固定的振型形态,因此该方法难以考虑结构进入弹塑性以后损伤集中导致的振型变化。最后,能力需求分析法是一种静力弹塑性分析方法,因此难以考虑地震动的时域特性对结构的影响,比如速度脉冲的影响。

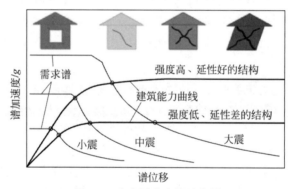

图2-1　能力需求法的示意图

4. 时程分析法

时程分析法能更好地考虑结构以及地震动的特性,因此被广泛用于单体结构的震害模拟。但该方法计算量较大,而且建立整个区域建筑的计算模型需要标定的参数较多,因此在过去很少被用于模拟区域建筑的地震响应。随着科技水平的发展,超级计算机(Hori,2011)以及GPU(图形处理器)高性能计算(Lu et al.,2014b)被应用于基于时程分析的城市区域震害模拟,逐渐克服了其计算瓶颈。

相对其他方法而言,时程分析法能更全面地考虑结构以及地震动的特性。首先,该方法中结构模型通常基于材料、构件模型或层间滞回模型,因此能更合理地考虑结构的刚度、强度、延性以及耗能能力对结构响应的影响。其次,该方法采用多自由度模型或者精细有限元模型,能较好地考虑高阶振型对结构响应的影响。最后,该方法采用地震动时程记录,能够全面考虑地震动的强度、频域以及时域特性。因此本方法具有更高的准确性。

然而时程分析法仍然面临模型建模和参数标定等问题。时程分析法所采用的结构计算模型复杂,需要在楼层层次或者构件层次标定弹塑性本构模型,因此参数标定难度大。而区域建筑震害模拟的分析对象是数以万计的建筑,且难以获得每栋建筑详细的设计信息。因此,如何可靠合理地标定城市区域中海量建筑的弹塑性参数是一个亟待解决的问题。

前文详细讨论了四种不同的区域建筑震害模拟方法。为了更清晰地展示不同方法的特点,表 2-1 和表 2-2 分别对以上四种区域建筑震害模拟方法中地震数据部分以及结构分析部分的特性进行了汇总对比。

表 2-1　不同震害模拟方法对比(地震数据部分)

特　　性	震害分类统计法	参数映射法	能力需求分析法	时程分析法
地震数据类型	地震强度分布数据	地震强度分布数据	地震需求谱场	地震动时程场
地震强度特性	能考虑	能考虑	能考虑	能考虑
地震频谱特性	不能考虑	不能考虑	能考虑	能考虑
地震时程特性	不能考虑	不能考虑	不能考虑	能考虑

表 2-2　不同震害模拟方法对比(结构分析部分)

特　　性	震害分类统计法	参数映射法	能力需求分析法	时程分析法
结构数据类型	结构分类数据	结构分类及结构抗侧能力等参数	结构弹塑性能力曲线	材料/层间滞回模型
结构强度特性	不能考虑	能考虑	能考虑	能考虑
结构周期特性	不能考虑	不能考虑	能考虑	能考虑
结构高阶振动	不能考虑	不能考虑	不能考虑	能考虑

2.1.2　本章内容组织

区域震害分析是一项十分复杂的工作。考虑到目标研究区域实际拥有的数据详细程度与计算分析能力各不相同,有必要提出一套基于多详细程度(levels of detail,LOD)模拟的城市区域建筑震害分析方法。为此,本章提出了多 LOD 区域建筑震害模拟框架,该框架包含三个模块:①地震数据模块;②结构模拟模块;③可视化模拟模块。具体操作中,三个模块的工作都可以根据数据详细程度、计算分析能力以及分析时限要求等选择不同 LOD 的方法,从而提高城市区域建筑震害模拟的灵活性,详见 2.2 节。

由于城市区域内建筑数量极多,一般不可能获得每栋建筑物的设计图纸。即便有图纸,也不可能根据图纸逐一建模。因此,必须提出适当的计算模型和参数确定方法,以实现在保证计算精度的同时,能够根据建筑物易于获得的宏观参数(例如结构类型、建造年代、层数等信息)确定结构的非线性计算模型和参数。因此,本章针对城市中最常见的多层建筑和高层建筑,分别建议其基于多层剪切模型和弯剪耦合模型的非线性计算模型及参数确定方法(详见 2.3 节、2.4 节),并针对模型参数的不确定性及其影响进行了讨论分析(详见 2.5 节)。

2.2　多 LOD 区域建筑震害模拟框架

2.2.1　引言

区域建筑震害模拟是一个复杂的问题,它涉及地震数据、结构模拟以及可视化模拟三个模块,且进行不同地区的模拟时,数据详细程度、计算分析能力以及时限要求往往不同。为了提高区域建筑震害模拟的灵活性,使不同地区能根据当地数据、计算分析能力以及分析时限等要求选择合适的模拟方法,本书作者提出了多 LOD 的区域建筑震害模拟框架(Xiong et al. ,2019),将地震数据、结构模拟以及可视化模拟三个模块分别划分为详细程度由简单(LOD0)到复杂(LOD3)的四个层级,如图 2-2 所示。三个模块之间呈递进关系,上一模块的计算结果将作为下一模块的输入数据。在进行实际区域建筑震害模拟时,可以根据具体情况,选用合适的方法进行模拟。以下将对该框架的三个模块作简要介绍。

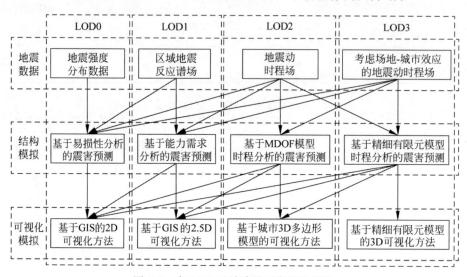

图 2-2　多 LOD 区域建筑震害模拟框架

1. 地震数据模块

地震作用是整个震害分析的起点,地震作用的选取直接影响着建筑的震害预测结果,因此本模块将提供不同详细程度的地震数据,服务于不同详细程度的震害模拟。地震数据模块 LOD0 至 LOD3 四个层级的地震数据分别为:地震强度分布数据、区域地震反应谱场、地震动时程场以及考虑场地-城市效应的地震动时程场。这四种层级数据的获取难度、特点对比如表 2-3 所示。

表 2-3　不同 LOD 层级地震数据对比

比 较 项 目	地震强度分布 数据(LOD0)	区域地震反应 谱场(LOD1)	地震动时程场 (LOD2)	考虑场地-城市效应的 地震动时程场(LOD3)
数据获取难度	低	较低	较高	高
地震动强度特性	能考虑	能考虑	能考虑	能考虑
地震动频谱特性	不能考虑	能考虑	能考虑	能考虑
地震动时域特性	不能考虑	不能考虑	能考虑	能考虑
建筑与场地相互作用	不能考虑	不能考虑	不能考虑	能考虑

由表 2-3 可见,LOD0 层级的地震强度分布数据相对而言获取难度最低,但其只能考虑地震动强度特性;LOD1 层级的区域地震反应谱场数据获取较简单,该数据能考虑地震动强度以及频谱特性;LOD2 层级的地震动时程场数据获取较难,但其可以考虑地震动强度、

频谱以及时域特性；LOD3 层级考虑场地-城市效应的地震动时程场数据获取难度最大，但其不仅能考虑地震动强度、频谱以及时域特性，还能考虑城市中建筑与场地相互作用的影响，因此可以更真实地模拟地震输入。

2. 结构模拟模块

建筑结构的震害不但取决于地震作用输入情况，还跟建筑结构本身的抗震能力有关。不同 LOD 层级的结构模拟方法采用不同的结构计算模型，需要不同详细程度的建筑抗震能力信息。结构模拟模块 LOD0 至 LOD3 四个层级分别为：基于易损性分析的震害预测、基于能力需求分析的震害预测、基于多自由度集中质量层模型（以下简称 MDOF 模型）时程分析的震害预测以及基于精细有限元模型时程分析的震害预测。这四个层级结构模拟方法的计算效率、建模难度及其特点对比如表 2-4 所示。

表 2-4　不同 LOD 层级结构模拟方法对比

对 比 项 目	基于易损性分析的震害预测（LOD0）	基于能力需求分析的震害预测（LOD1）	基于 MDOF 模型时程分析的震害预测（LOD2）	基于精细有限元模型时程分析的震害预测（LOD3）
计算效率	高	高	较高	较低
建模难度	低	低	较高	高
分析结果的详细程度	结构类型层次/结构层次	结构层次	楼层层次	构件层次
结构承载力	通常不能考虑	能考虑	能考虑	能考虑
结构刚度	不能考虑	能考虑	能考虑	能考虑
结构高阶振动	不能考虑	不能考虑	能考虑	能考虑
结构构件层次破坏	不能考虑	不能考虑	不能考虑	能考虑

如表 2-4 所示，LOD0 层级基于易损性分析的震害预测方法最为简单，但是其分析结果也较为简略。该方法只能在宏观结构类型层次给出不同类型结构的破坏程度或者破坏概率，难以考虑区域中单体结构的个性差异。LOD1 层级基于能力需求分析的震害预测方法能较好地考虑单体结构刚度、承载力和变形能力，能给出整个单体结构层次的响应或者损伤，但该方法采用的单自由度分析模型难以考虑高阶振动对结构响应的影响。LOD2 层级模拟基于 MDOF 模型进行弹塑性时程分析，因此能较好地考虑地震动的强度、频谱以及时域特性对结构的影响，能考虑高阶振动对结构响应的影响，还能考虑楼层层次的破坏（例如软弱层破坏等），但是其建模与参数标定难度稍大，且时程分析耗时较长。LOD3 层级模拟基于精细有限元模型进行时程分析，因此其计算精度最高，能考虑构件层次的破坏，但其建模难度大、计算效率低，在实际区域震害模拟中难以得到大规模应用。

3. 可视化模拟模块

可视化模拟作为一种沟通交流的手段，能服务于城市防灾减灾过程中不同专业背景的技术人员和决策者之间的交流，实现震害模拟结果的直观呈现，从而有利于做出科学合理的决策。可视化模拟的四个 LOD 层级分别为：基于 GIS 的 2D 可视化方法、基于 GIS 的 2.5D 可视化方法、基于城市 3D 多边形模型的可视化方法以及基于精细有限元模型的 3D 可视化方法。这四个层级可视化模拟方法的特点对比如表 2-5 所示。

表 2-5　不同 LOD 层级可视化模拟方法对比

比 较 项 目	基于 GIS 的 2D 可视化方法(LOD0)	基于 GIS 的 2.5D 可视化方法(LOD1)	基于城市 3D 多边形模型的可视化方法(LOD2)	基于精细有限元模型的 3D 可视化方法(LOD3)
场景类别	2D	2.5D	3D	3D
可视化模型	GIS 多边形模型	GIS 多边形模型	城市 3D 模型	精细有限元模型
模型详细程度	建筑平面外形	建筑立体外形	详细建筑外形	建筑构件外形
可视化详细程度	建筑区块/单体建筑层次	单体建筑层次	楼层层次	构件层次
可视化模型获取难度	低	低	较高	高
渲染速度	快	较快	较快	较慢

表 2-5 中 LOD0 层级基于 GIS 的 2D 可视化方法最为简单,在过去多个震害预测平台(如 HAZUS 和 MAEViz)中得到了广泛的应用。该方法数据获取难度低,渲染速度快,但无法展示三维的震害场景,并且通常只能展示城市区块或者单体建筑层级的损伤等级。LOD1 层级基于 GIS 的 2.5D 可视化方法对 GIS 数据中建筑平面多边形进行竖向拉伸,得到建筑三维模型。由于该模型无法反映建筑立面上的变化,因此本章称之为 2.5D 模型。该模型能够展示单体建筑的三维外形,同时数据获取难度较低,渲染速度较快,因此也在已有研究中得到了应用(Hori and Ichimura,2008;许镇等,2014)。LOD2 层级基于城市 3D 多边形模型的可视化方法采用建筑 3D 模型,能够展示详细的建筑细节,具有较高的真实感,渲染速度也较快。LOD3 层级基于精细有限元模型的 3D 可视化方法直接采用精细有限元计算模型进行可视化,能展示构件层次的结构损伤情况,具有较强的真实感。但是其建模难度高,渲染速度较慢,很难同时适用于城市中所有建筑。因此通常采用该方法展示城市中个别特殊建筑。

下文将对这三个模块的四个不同 LOD 层次方法的理论以及实现过程作具体介绍。

2.2.2　地震数据模块

1. LOD0 层级地震强度分布数据

地震发生以后,地震动经过基岩衰减以及场地放大传至建筑基底。由于城市区域范围较大,不同地点的震中距以及场地条件各不相同,因此地震动强度也各不相同。采用地震动强度指标分布图作为该层级地震强度分布数据,描述城市不同位置的地震动强度情况,能在一定程度上满足区域建筑震害模拟的地震输入需求。

地震动强度数据通常作为建筑易损性分析方法的输入数据,该方法通过易损性矩阵或者易损性曲线计算结构各级损伤概率。由于易损性曲线或者易损性矩阵多采用地震烈度或者峰值地面加速度(peak ground acceleration,PGA)等地震动强度指标(尹之潜,1996;张令心等,2002),因此可根据当地数据的实际情况,选取地震烈度或 PGA 等作为 LOD0 层级地震强度分布数据的地震动强度指标。

地震强度分布数据有多种来源。我国很多城市都开展了地震强度小区划研究(汪梦甫,1990;聂树明,周克森,2007),在这些地区,可以采用地震强度小区划出的数据(廖振鹏,1989)。该数据考虑了研究地区可能发生的多个地震场景,可以用于对目标研究区建筑的综合震前评价。此外,还可以采用实际地震场景的强度分布数据,例如图 2-3 为美国地质勘探局(United States Geological Survey,USGS)的 ShakeMap(Wald et al.,2005)发布的 2014年智利 8.2 级地震示意图。通过该图能获得特定地震场景下不同区域的地震动强度分布情况。该数据能作为震后震害评估分析的地震输入数据,服务于震后评估与救援。

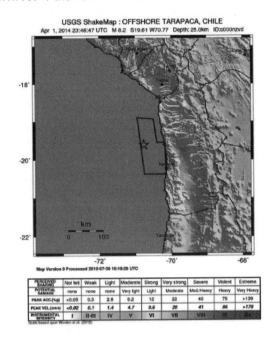

图 2-3 2014 年智利 8.2 级地震示意图(Wald et al.,2005)

2. LOD1 层级区域地震反应谱场

LOD1 层级区域地震反应谱场采用地震反应谱描述区域不同位置的地震特性,相比 LOD0 层级方法能更好地反映地震动的频谱特性。

区域地震反应谱场通常可以采用不确定性方法或确定性方法来获取。不确定性方法以概率地震危险性分析(probabilistic seismic hazard analysis,PSHA)方法(Atkinson et al.,2000;Castaños and Lomnitz,2002)为代表。PSHA 方法是一种基于概率的分析方法,通过对影响目标研究区域的多个活断层进行地震风险分析,考虑地震动衰减关系以及场地放大效应,得到研究区域不同超越概率的地震反应谱场。采用 PSHA 方法能够较为综合地考虑研究区域的地震风险。中国许多城市的地震动参数小区划图是采用该方法计算得到的(高孟潭,卢寿德,2006;GB 18306—2015)。

确定性分析以地震场景模拟为代表(FEMA,2012c),针对单次特定场景,指定地震发震位置、地震类型、震源深度、震级等参数,考虑地震衰减关系以及场地放大效应,得到该地震场景下的研究区域的地震反应谱场。该方法基于单次事件分析,适用于特定地震场景的建筑震害模拟。

3. LOD2 层级地震动时程场

LOD2 层级的地震动时程场采用地震动时程描述区域中不同位置的地震输入。地震动时程能全面地考虑地震动的强度、频域以及时域特性,实现更为准确的区域建筑震害模拟。

地震动时程场的来源主要有两种：基于地震反应谱场的方法以及基于地下速度结构模型数值模拟的方法。基于地震反应谱场的方法首先需要生成区域地震反应谱场数据，之后再通过选波（PEER，2016）或者生成人工波（Gasparini and Vanmarcke，1976）的方式得到区域的地震动场数据。基于地下速度结构模型数值模拟的方法相对较为复杂。东京大学Hori教授等完成了断层的断裂模拟、地震动的传播模拟和场地土的放大效应模拟，生成了整个东京地区的地震动场，模拟结果如图2-4所示（Hori and Ichimura，2008）。付长华（2012）则对北京盆地地区的地震动场进行了模拟，模拟结果如图2-5所示。

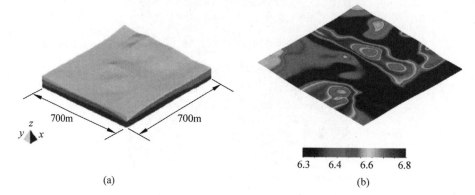

图 2-4　东京某区域地震动场模拟展示（Hori and Ichimura，2008）

（a）东京某区域地下速度结构模型；（b）东京某区域地震动时程场模拟结果

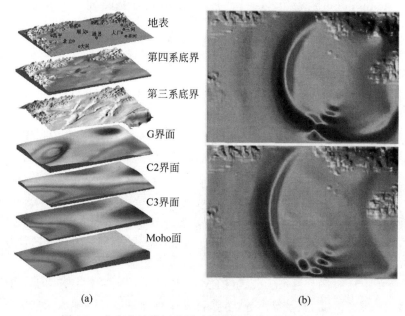

图 2-5　北京盆地地区地震动场模拟展示（付长华，2012）

（a）北京盆地地下速度结构模型；（b）北京盆地地区地震动时程场模拟结果

4. LOD3 层级考虑场地-城市效应的地震动时程场

LOD0 至 LOD2 层级的地震数据都为自由场地的地震数据。城市核心区大量建筑和场地的相互作用会对地震动产生重要影响。过去关于单体建筑和场地的相互作用已有大量的研究(王一功,杨佑发,2005；Li et al.,2014b)。对于城市区域,建筑物的存在可能显著影响整个区域的地震动分布。Guidotti 等(2012)通过建立建筑及场地的 3D 模型(图 2-6),模拟了新西兰基督城 CBD 在 2011 年基督城地震中的响应情况。分析结果显示城市建筑的存在将显著改变地表地震动的分布情况,如图 2-7 所示。因此,对于拥有详细场地以及城市建筑物模型的地区,可以采用场地-城市共同模拟的方式确定区域建筑的地震输入,从而更准确地模拟区域建筑震害。

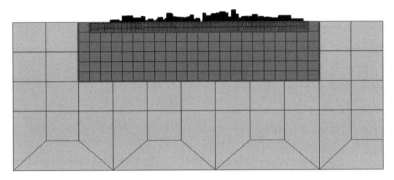

图 2-6　场地-城市相互作用分析模型(Guidotti et al.,2012)

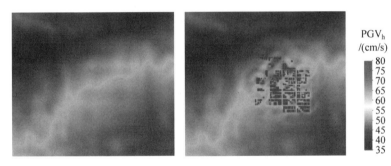

图 2-7　考虑与不考虑场地-城市相互作用的场地 PGV 分布结果(Guidotti et al.,2012)

2.2.3　结构模拟模块

1. LOD0 层级基于易损性分析的震害预测

易损性分析作为一种概率分析方法被广泛用于区域建筑的震害模拟。该方法的基本思路为采用地震动强度作为输入,然后针对不同类型的结构,查询其相应的易损性矩阵或者易损性曲线得到不同损伤程度的发生概率,如表 2-6 所示。易损性分析的关键问题是如何获取不同类型结构的易损性矩阵或者易损性曲线,解决方法主要包括基于历史震害数据的易损性数据获取方法及基于结构分析的易损性数据获取方法。

表 2-6　易损性矩阵示意(尹之潜,杨淑文,2004)　　　　　　　　　　　%

烈　　度	完　　好	轻微破坏	中等破坏	严重破坏	损　　坏
Ⅵ	92.3	5.3	2.1	0.3	0.0
Ⅶ	82.3	9.6	6.0	1.8	0.3
Ⅷ	31.4	20.8	24.7	19.4	3.8
Ⅸ	28.2	21.0	22.9	14.8	13.1

LOD0 层级易损性分析方法简单,所需数据较少,计算效率高。但是该方法也有缺点:采用地震强度指标代表地震,忽略了地震动的持时特性和频谱特性,难以反映具体地震动的特点;采用统计学进行预测,其结果不能反映具体建筑物的破坏状态。对于缺乏统计资料的地区或者结构类型,难以给出合适的易损性矩阵。

2. LOD1 层级基于能力需求分析的震害预测

LOD1 层级基于能力需求分析的区域震害预测采用地震需求曲线作为地震输入,采用结构能力曲线作为结构输入。通过计算结构能力曲线与阻尼调整后的地震需求曲线的交点获取结构的性能点(ATC,1996),如图 2-8 所示。

结构的能力需求分析需要输入地震需求曲线以及结构的能力曲线。可以按前述方法获取区域中每栋建筑所在位置的地震反应谱,然后再按照 ATC-40 的方法(ATC,1996)计算地震需求曲线。

区域建筑的能力曲线通常有两种获取方式:对于城市中的重要建筑或者特殊建筑,可以根据其详细设计图纸开展 Pushover 分析,得到结构的能力曲线(ATC,1996);对于城市中量大面广的常规建筑,可以根据建筑的 GIS 属性数

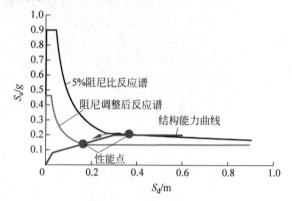

图 2-8　能力需求分析示意图

据(结构类型、结构高度、建造年代、设计信息等),结合各类建筑的能力曲线数据库建立每栋建筑的能力曲线。例如,HAZUS 方法(FEMA,2012c)提供了非常丰富的结构能力曲线参数数据库。该方法采用三线性骨架线作为结构的能力曲线,并将结构划分为 36 类,然后分别给出了每种类型结构的三线性骨架线参数。计算得到结构性能点之后,利用结构的易损性曲线即可计算结构各等级损伤状态发生的概率(FEMA,2012c)。

LOD1 层级能力需求分析方法同样较为简单,采用地震需求谱和结构能力曲线能较好地把握地震动和结构的基本特性,相对易损性矩阵方法有了很大的进步。然而,由于其将建筑简化为单自由度体系,因此无法考虑高阶振型的影响。此外,该方法采用静力分析(Pushover 分析)代替动力时程分析,因此不能考虑地震动的持时、速度脉冲等特性的影响。

3. LOD2 层级基于 MDOF 模型时程分析的震害预测

LOD2 层级基于 MDOF 模型时程分析的方法采用地震动时程以及 MDOF 结构模型,通过弹塑性时程分析,可以更为准确地计算结构的地震响应。

LOD2 层级结构模拟方法需要获取区域中每栋建筑的地震动时程输入数据以及 MDOF 结构计算模型。每栋建筑的地震时程输入数据可以采用前述方法(详见 2.2.2 节)获取。结构计算模型方面,由于多层建筑在地震作用下通常表现为剪切变形形态(GB 50011—2010),而高层建筑在地震作用下表现出明显的弯曲剪切变形形态(JGJ 3—2010),因此需要针对多层建筑以及高层建筑分别加以考虑。本章 2.3 节提出了适用于区域多层建筑的多自由度集中质量剪切层模型(以下简称"MDOF 剪切模型"),如图 2-9(a)所示;本章 2.4 节提出了适用于高层建筑的多自由度集中质量弯剪耦合模型(以下简称"MDOF 弯剪

模型"),如图 2-9(b)所示。

LOD2 层级基于 MDOF 模型时程分析的方法,相对于 LOD0 层级方法以及 LOD1 层级方法,能更为直接地模拟地震动以及结构的特性,从而获得更为合理的结构地震响应。随着高性能计算方法的逐渐成熟(Hori,2011；Lu et al.,2014b),基于时程分析的区域建筑震害模拟的计算瓶颈正逐渐被克服,但是仍需针对 MDOF 模型的参数标定方法和损伤判别方法开展深入的研究和讨论。针对 MDOF 剪切模型,在 2.3.3 节与 2.3.4 节中,分别提出了适用于中国多层建筑的骨架线参数标定

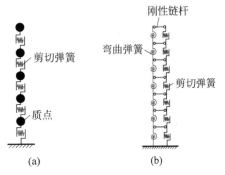

图 2-9　LOD2 层级结构模拟的计算模型
(a) MDOF 剪切模型；(b) MDOF 弯剪模型

方法和基于 HAZUS 的骨架线参数标定方法；针对 MDOF 弯剪模型,在 2.4.3 节中提出了一套适合我国高层建筑的参数确定方法。

4. LOD3 层级基于精细有限元模型时程分析的震害预测

城市区域中普遍存在一些重点建筑、异形建筑,其抗震能力较为独特,采用通用的 LOD0 至 LOD2 层级结构模拟方法难以较为准确地考虑其地震响应。如果拥有结构详细的设计图纸,可以直接采用 LOD3 层级基于精细有限元模型时程分析的方法开展震害模拟。

LOD3 层级结构模拟的地震输入可以采用 LOD2 以及 LOD3 层级的地震动时程场数据。结构模型方面,大量研究表明,采用本书作者(Lu et al.,2013a)建议的纤维梁单元和分层壳单元可以较为准确地把握结构的弹塑性动力性能。

精细有限元模型被广泛用于单体建筑模拟,其分析技术较为成熟,因此本章不作详细介绍。然而精细有限元模型十分复杂,建模工作量巨大,用于区域分析将耗费大量的人力和时间。因此通常只选择区域内个别特殊建筑,开展该层级的震害模拟。

2.2.4　可视化模拟模块

1. LOD0 层级基于 GIS 的 2D 可视化方法

LOD0 层级基于 GIS 的 2D 可视化方法根据建筑震害模拟的结果,采用不同颜色显示城市的不同建筑区块或建筑单体的 2D-GIS 多边形,进而直观地展示城市每个区块或者每栋建筑的震害情况,如图 2-10 所示。但该方法是 2D 方法,难以提供一个服务于震害场景体验以及灾情演练的较为真实的地震 3D 虚拟场景。

2. LOD1 层级基于 GIS 的 2.5D 可视化方法

LOD1 层级基于 GIS 的 2.5D 可视化方法将平面的 GIS 多边形在竖向进行拉伸,得到建筑的 3D 外形。由于该方法采用棱柱块对每栋建筑进行可视化,难以展示建筑不同高度处的平面布置变化,因此称其为 2.5D 可视化方法。

2.5D 可视化方法可以展现建筑各层的地震响应情况以及损伤情况。Lu 等(2014b)采用考虑楼层的 2.5D 可视化方法对一个区域的震害结果开展可视化分析,如图 2-11 所示,图中不同颜色清晰地展现了每一层的地震响应情况。

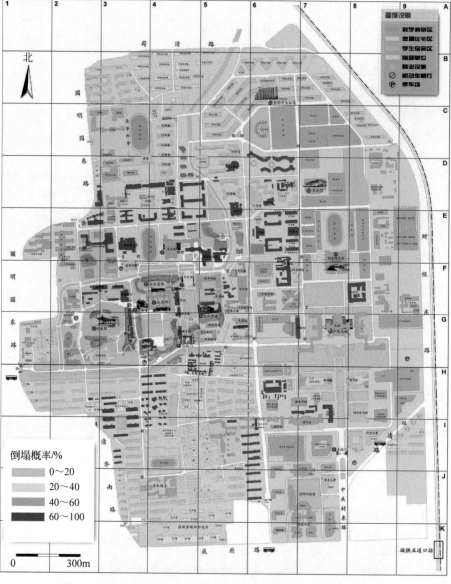

图 2-10 基于城市建筑 GIS 数据的清华大学校园震害结果可视化

图 2-11 考虑楼层的 2.5D 可视化方法(Lu et al.,2014b)

LOD1 层级基于 GIS 的 2.5D 可视化方法能在三维场景中展现城市区域建筑的地震响应情况以及损伤情况,效果较 LOD0 层级更为真实。且该方法实现简便,如果拥有城市建筑 GIS 数据以及每栋建筑的高度和层数数据,即可采用该方法完成可视化。然而该方法基于平面 GIS 多边形拉伸,难以考虑建筑立面变化。

3. LOD2 层级基于城市 3D 多边形模型的可视化方法

LOD2 层级基于城市 3D 多边形模型的可视化方法采用城市的 3D 模型进行可视化,因此能更真实地展现城市中建筑的外形。Google 以及 PLW 等公司(PLW Modelworks,2014)所采用的城市 3D 多边形模型能真实地展现整个城市的场景。该模型中不但包含建筑对象,还包含地形、道路以及植被等非建筑对象,因此采用该模型进行震害结果可视化能显著提升城市震害展示的效果。本书作者采用第三方公司提供的城市 3D 多边形模型开展了震害预测结果可视化研究,如图 2-12 所示。具体技术参阅 4.3 节。另外,如果能够获取目标区域建筑 3D 模型表面的贴图信息,则可以进一步提升可视化效果,详见 4.4 节。

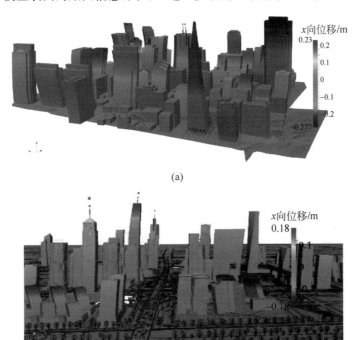

图 2-12　基于城市 3D 模型的区域建筑震害高真实感可视化

(a) 基于城市 3D 多边形模型的旧金山区域建筑震害结果可视化;(b) 基于城市 3D 多边形模型的北京 CBD 区域建筑震害结果可视化

4. LOD3 层级基于精细有限元模型的 3D 可视化方法

LOD3 层级基于精细有限元模型的 3D 可视化方法精细程度最高,由于直接采用精细有限元模型进行可视化,能更为细致地表现结构构件的损伤情况。

以往研究中精细有限元模型主要用于单体结构的分析,将精细有限元模型用于城市区域场景可视化模拟的案例比较少见。为了实现基于精细模型的区域地震场景可视化,需要解决不同精细模型的尺寸统一以及模型坐标映射等问题。本书作者实现的 LOD3 层级基于精细有限元模型的最终可视化效果如图 2-13 所示,图中中央的建筑为精细有限元模型。

图 2-13 基于精细有限元模型的区域建筑震害可视化

2.3 多层建筑 MDOF 剪切层模型

2.3.1 引言

本书 2.2.3 节简要介绍了结构模拟模块 LOD2 层级基于 MDOF 模型时程分析的震害预测方法。该方法能很好地模拟地震动及结构特性,然而如何恰当地建立城市区域建筑群的震害预测计算模型及标定相应的参数,还有待研究。

针对以上问题,本节首先建议了适用于一般多层结构的 MDOF 剪切模型(详见 2.3.2 节)。而后,收集了大量中国典型建筑的结构分析结果和构件试验数据,提出了一套适用于中国多层建筑的 MDOF 剪切模型参数确定方法(详见 2.3.3 节、2.3.5 节),并通过典型建筑单体试验数据对该标定方法进行了验证(详见 2.3.6 节)。另外,在美国 HAZUS 软件中也提供了一系列不同类型建筑 SDOF 模型的参数确定方法。基于 HAZUS 软件中的工作,本书提出了 MDOF 剪切模型的参数确定方法,并将本方法与 HAZUS 方法进行了对比(详见 2.3.4 节)。上述结果可为其他拥有类似建筑的国家和地区提供参考。

2.3.2 MDOF 集中质量剪切模型

多层建筑由于高宽比较小,通常表现出较为明显的剪切变形模式。可以将每栋建筑结构简化成图 2-14 所示的 MDOF 集中质量剪切层模型。该模型假设结构每一层的质量都集中在楼面上,认为楼板为刚性并且忽略楼板的转动位移,因此可以将每一层简化成一个质点,不同楼层之间的质点通过剪切弹簧连接在一起。楼层之间剪切弹簧的力-变形关系如图 2-15 所示。其中骨架线采用 HAZUS 报告(FEMA,2012d)中推荐的三线性骨架线,如图 2-15(a)所示。层间滞回模型采用 Steelman 和 Hajjar(Steelman and Hajjar,2009)提出的较为简单、易于标定的单参数滞回模型,如图 2-15(b)所示。骨架线模型的参数标定方法将在 2.3.3 节以及 2.3.4 节中进行详细讨论,滞回参数的标定方法将在 2.3.5 节中加以介绍。

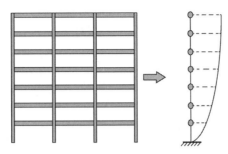

图 2-14　多自由度集中质量剪切层模型示意图

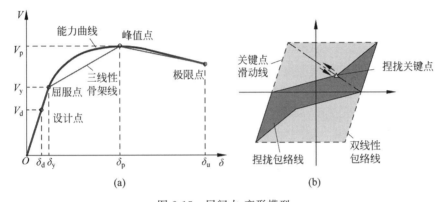

图 2-15　层间力-变形模型

(a) 三线性骨架线示意图;(b) 单参数滞回模型

2.3.3　适用于中国多层建筑的骨架线参数标定方法

按照结构类型划分,中国城市区域中的多层建筑主要有混凝土框架结构、设防砌体、未设防砌体、钢框架结构和门式刚架结构等。这几类结构的层间滞回关系都可以采用三线性骨架线描述。三线性骨架线的参数主要包括屈服点参数、峰值点参数和极限点参数,如图 2-15(a)所示。

(1)屈服点参数。屈服点参数包括屈服承载力和屈服位移。屈服承载力对于不同类型的结构有着不同的意义。对于混凝土框架结构、钢框架结构及门式刚架结构,由于其结构的非线性程度主要受到钢筋(钢材)屈服行为的影响,结构的屈服承载力对应钢筋(钢材)屈服时的承载力。由于设计时考虑了材料的分项系数等因素的影响,结构的实际屈服承载力通常略大于设计承载力,如图 2-15(a)所示。对于砌体结构,由于其结构的非线性程度主要受到砌体墙体开裂的影响,屈服承载力对应砌体抗侧墙面开裂时的承载力,且该承载力一般也高于砌体墙片的设计承载力。屈服位移是结构达到屈服承载力时的位移,由于达到屈服之前结构基本处于弹性状态,所以屈服位移可以根据结构的弹性刚度和屈服承载力进行计算。

(2)峰值点参数。峰值点参数也分为峰值承载力和峰值位移。裂缝的发展、钢筋(钢材)的强化、构造措施等因素导致结构在屈服之后承载力会继续上升,从而使峰值承载力高于屈服承载力。峰值位移为结构达到峰值承载力时相应的位移。

（3）极限点参数。结构达到峰值承载力后，如果位移继续增大，结构的承载力将因为材料的劣化以及 P-Δ 效应等影响而出现下降。继续加载达到某个位移之后，承载力出现急剧下降，之后结构的抗侧能力变得非常低，此时的位移为极限位移，相应的承载力为极限承载力。

1. 弹性参数标定

确定结构屈服点的前提是得到结构各层的弹性参数。由于多层建筑的竖向布置通常相对比较规则，可以假设质量和刚度沿竖向均匀分布（Hori，2011）。因此结构剪切刚度参数可以用结构层间抗剪刚度参数 k_0 表示，结构的质量参数可以用一个单层质量参数 m 表示。根据结构的抗剪刚度参数 k_0 和质量参数 m 可以得到结构的刚度矩阵和质量矩阵，如式（2.3-1）和式（2.3-2）所示（Lu et al.，2014b）。

$$\boldsymbol{K}=k_0\begin{bmatrix} 2 & -1 & & & \\ -1 & 2 & -1 & & \\ & -1 & \ddots & \ddots & \\ & & \ddots & 2 & -1 \\ & & & -1 & 1 \end{bmatrix}=k_0\boldsymbol{A} \tag{2.3-1}$$

$$\boldsymbol{M}=m\begin{bmatrix} 1 & & & & \\ & 1 & & & \\ & & 1 & & \\ & & & \ddots & \\ & & & & 1 \end{bmatrix}=m\boldsymbol{I} \tag{2.3-2}$$

式（2.3-2）中结构的单层质量 m 可以根据结构的单层面积 A 以及单位面积的质量 m_1 按照式（2.3-3）进行计算（Sobhaninejad et al.，2011）。

$$m=m_1 A \tag{2.3-3}$$

结构的刚度、质量以及周期的关系可以按式（2.3-4）进行计算。

$$k_0=m\omega_1^2\frac{\boldsymbol{\Phi}_1^{\mathrm{T}}\boldsymbol{I}\boldsymbol{\Phi}_1}{\boldsymbol{\Phi}_1^{\mathrm{T}}\boldsymbol{A}\boldsymbol{\Phi}_1}=\frac{4\pi^2 m}{T_1^2}\frac{\boldsymbol{\Phi}_1^{\mathrm{T}}\boldsymbol{I}\boldsymbol{\Phi}_1}{\boldsymbol{\Phi}_1^{\mathrm{T}}\boldsymbol{A}\boldsymbol{\Phi}_1} \tag{2.3-4}$$

式中，$\boldsymbol{\Phi}_1$ 是结构一阶振型的振型向量。对于刚度矩阵 $\boldsymbol{K}$ 和质量矩阵 $\boldsymbol{M}$ 已知的结构，$\boldsymbol{\Phi}_1$ 可以通过广义特征值分析计算得到（Chopra，1995）。

由式（2.3-4）可知，为了计算结构的层间剪切刚度参数 k_0，需要知道结构的单层质量 m 和一阶周期 T_1。对于不同类型的结构，结构的一阶周期可以根据经验公式进行确定。对于混凝土框架结构，可以采用中国《建筑结构荷载规范》（GB 50009—2012）中建议的公式进行确定，如式（2.3-5）所示。

$$T_1=(0.05\sim0.1)n \tag{2.3-5}$$

式中，n 为结构层数。

对于砌体结构，采用周洋等（2012）推荐的结构周期经验公式。设防砌体和未设防砌体的周期可以分别按照式（2.3-6）和式（2.3-7）确定。

$$T_1=a+bh \tag{2.3-6}$$

$$T_1 = c + dh \tag{2.3-7}$$

式中，h 为设防砌体的总高度；a、b、c、d 为参数。周洋等(2012)依据 110 栋多层砌体结构的数据，回归得到其均值和方差为

$$\begin{cases} a \sim N(0.0909, 0.0278^2) \\ b \sim N(0.0140, 0.0018^2) \\ c \sim N(-0.011\,79, 0.033\,11^2) \\ d \sim N(0.0218, 0.002\,58^2) \end{cases} \tag{2.3-8}$$

对于多层钢框架结构，基本自振周期按中国《建筑结构荷载规范》(GB 50009—2012)中建议的经验公式取值，如式(2.3-9)所示。

$$T_1 = (0.10 \sim 0.15)n \tag{2.3-9}$$

式中，n 为建筑层数。

针对单层门式刚架，本书作者统计了文献中 26 个单层门式刚架设计实例(束炜，2004；赵东杰，2005；刘艳，2008；邵雪超，2011；袁婷，2011；龚盈，2011；刘皓，2015)。由于区域震害模拟通常只能获取建筑高度、结构类型等信息，缺乏跨数、跨度数据，因此使用单层门式刚架的高度参数与基本自振周期进行回归。考虑到单自由度体系基本自振周期与质点高度呈幂函数关系，因此使用幂函数对文献统计结果进行拟合，得到单层门式刚架基本自振周期和结构高度的关系如式(2.3-10)和图 2-16 所示。

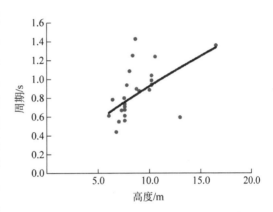

图 2-16　单层门式刚架周期与高度的回归关系

$$T = 0.1708H^{0.7333} \tag{2.3-10}$$

需要注意的是，如果结构的平面形状长短轴方向尺寸相差较大，此时由式(2.3-5)至式(2.3-7)计算得到的周期可能不能很好地反映结构的平面形状特性。这时，建议采用以下公式计算。

对于混凝土框架结构，如果已知结构两个方向的平面宽度，可以《建筑结构荷载规范》(GB 50009—2012)中建议的经验公式计算平动周期，如式(2.3-11)所示。

$$T_1 = 0.25 + 0.000\,53\frac{H^2}{\sqrt[3]{B}} \tag{2.3-11}$$

式中，H 为房屋总高度，m；B 为房屋宽度，m。

对于砌体结构，可以采用韩瑞龙等基于国内 73 栋不同类型砌体结构的数据回归出的多层砌体结构低阶周期的经验公式(韩瑞龙等，2011)。未设防砌体和设防砌体两个方向的平动周期可以按照式(2.3-12)和式(2.3-13)进行计算。

$$T_1 = 0.164\,41 + 0.001\,82H^2/\sqrt{B}, \quad \text{未设防砌体结构} \tag{2.3-12}$$

$$T_1 = 0.194\,86 + 0.001\,75H^2/\sqrt{B}, \quad \text{设防砌体结构} \tag{2.3-13}$$

式中，H 为房屋总高度，m；B 为房屋宽度，m。

2. 混凝土框架结构骨架线参数标定

1）承载力参数确定

混凝土框架结构骨架线的承载力参数包括各层屈服承载力、峰值承载力和极限承载力。

（1）屈服承载力。混凝土框架结构大都经历过严格完备的抗震设计，因此可以采用抗震设计得到的各层设计承载力为基准估算结构各层的屈服承载力。对于多层建筑，由于结构主要受一阶振动控制，通常采用底部剪力法得到结构各层的设计剪力（Paulay and Priestley，1992；ASCE，2010；GB 50011—2010；CEN，2004）。得到各层的设计剪力 $V_{\text{design},i}$ 以后，可以按照式（2.3-14）计算结构的各层的实际屈服承载力 $V_{\text{yield},i}$。

$$V_{\text{yield},i} = \Omega_1 V_{\text{design},i} \tag{2.3-14}$$

式中，Ω_1 为 RC（钢筋混凝土）框架结构的屈服超强系数；i 为楼层号。

对于混凝土框架结构，其承载力主要受钢筋强度的影响。由于我国规范中钢筋的材料分项系数为 1.1（GB 50009—2012），因此可以取屈服超强系数 $\Omega_1 = 1.1$。

（2）峰值承载力。由于混凝土框架结构屈服后钢筋的强化、混凝土受压区高度的变化以及构造措施等因素的影响，结构的峰值承载力通常显著高于结构的屈服承载力。可以把设计承载力 $V_{\text{design},i}$ 乘以峰值超强系数 Ω_2 得到峰值承载力 $V_{\text{peak},i}$，如式（2.3-15）所示。为了确定峰值超强系数 Ω_2，作者统计了 155 个根据中国规范设计的 RC 框架结构有限元模型的推覆结果（刘兰花，2006；李刚强，2006；翟长海，谢礼立，2007；赵风雷，2008；张连河，2009；李伦，2013；Shi et al.，2014），回归了峰值超强系数与结构设防烈度和层数的关系，如式（2.3-16）～式（2.3-18）所示。

$$V_{\text{peak},i} = \Omega_2 V_{\text{design},i} \tag{2.3-15}$$

$$\Omega_2 = K_1 K_2 \tag{2.3-16}$$

$$K_1 = 0.1671 DI^2 - 3.1062 DI + 16.399 \tag{2.3-17}$$

$$K_2 = 1 - (0.0099 n_{\text{story}} - 0.0197) \tag{2.3-18}$$

其中，DI 为抗震设防等级；n_{story} 为层数；i 表示第 i 层。拟合得到的超强系数 Ω_2 与文献中统计得到的超强系数对比如图 2-17 所示。

（3）极限承载力。混凝土框架结构通常具有较好的延性，结构达到峰值承载力以后能持续保持较高的承载力。因此，对于混凝土框架结构，可以取极限承载力等于峰值承载力，如式（2.3-19）所示（Lu et al.，2014b）。

$$V_{\text{ultimate},i} = V_{\text{peak},i} \tag{2.3-19}$$

2）位移参数确定

混凝土框架结构骨架线的位移参数包括屈服位移、峰值位移和极限位移。

（1）屈服位移

结构屈服之前处于弹性状态，因此可以根据结构层间抗剪刚度 k_0 和屈服剪力 $V_{\text{yield},i}$ 直接确定结构的屈服层间位移 $\delta_{\text{yield},i}$，如式（2.3-20）所示。

$$\delta_{\text{yield},i} = V_{\text{yield},i} / k_0 \tag{2.3-20}$$

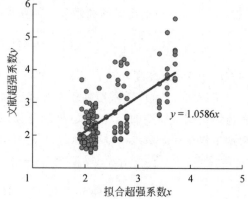

图 2-17　峰值超强系数的拟合结果与试验数据对比

（2）峰值位移

混凝土结构开裂屈服之后刚度下降，结构达到峰值承载力对应的层间位移可以通过峰值时的割线刚度进行确定，如式（2.3-21）所示。层间剪切割线刚度可以根据式（2.3-22）确定。由于中国规范和美国规范的混凝土设计基本原理相似（宋世研，叶列平，2007），并且 ACI 318—08 规范（ACI，2008）中的割线刚度折减系数 η 已经被广泛地应用和验证（Tran and Li，2012；Avşar et al.，2014），因此 η 的具体取值可以根据 ACI 318—08 规范 10.10.4.1 条进行确定（ACI，2008）。

$$\delta_{peak,i} = V_{peak,i} / k_{secant} \tag{2.3-21}$$

$$k_{secant} = \eta k_0 \tag{2.3-22}$$

式中，η 为结构达到峰值承载力时对应的割线刚度折减系数。

（3）极限位移

混凝土框架结构的极限位移表示达到此位移之后结构的承载力将出现突然下降，因此极限位移可以参考 3.2 节中 RC 框架结构达到损坏的层间位移角进行取值。

3. 砌体结构骨架线参数标定

砌体结构的骨架线同样包括三个特征点：屈服点、峰值点和极限点。不同的是砌体结构屈服的主要表现为砌体墙片的开裂，故屈服点一般称作开裂点。砌体结构的参数确定采用和混凝土框架结构类似的方法。即首先根据结构的实际情况，以获取相对容易并且可靠性较高的一个骨架线参数作为基准，然后乘以或者除以一个系数得到砌体的其他参数。对于设防砌体结构，由于其和混凝土框架结构类似，经历了较为完备的抗震设计，因此可以采用各层的设计承载力作为基准，然后乘以或除以系数得到其他参数。对于未设防砌体结构，由于其没有经历抗震设计，因此无法采用类似设防砌体的设计公式估算设计承载力。尹之潜等对中国 1000 多个未设防砌体进行了统计，得到了中国未设防砌体单位面积抗剪峰值承载力的概率分布曲线（尹之潜，杨淑文，2004），如图 2-18 所示。因此对于未设防砌体，可以首先采用统计结果计算峰值承载力参数，然后再乘以或者除以系数得到其他参数的取值。

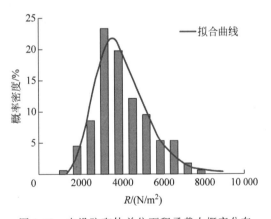

图 2-18 未设防砌体单位面积承载力概率分布

以下针对未设防砌体结构和设防砌体结构，分别给出确定其层间骨架线的参数具体步骤。

1）未设防砌体

（1）承载力参数

如前文所述，要确定未设防砌体结构的几个承载力参数取值，首先需要得到未设防砌体结构的峰值承载力。未设防砌体的各层峰值承载力 $V_{peak,i}$ 可以根据式（2.3-23）计算。

$$V_{peak,i} = RA_i \tag{2.3-23}$$

式中,R 为单位面积的结构峰值承载力;A_i 为结构第 i 层的面积。

计算得到结构的峰值承载力之后可以按照式(2.3-24)计算结构的开裂承载力。

$$V_{\text{crack},i} = V_{\text{peak},i}/\Omega_3 \qquad (2.3\text{-}24)$$

式中,Ω_3 为开裂超强系数,即未设防砌体结构峰值承载力和开裂承载力的比值。为了得到较为合理的开裂超强系数 Ω_3 的取值,作者收集并统计了中国 98 个未设防砌体墙片试验数据(杨德健等,2000;梁建国等,2005;姜凯等,2007;张维,2007;巩耀娜,2008;郝彤等,2008;杨元秀,2008;杨伟军等,2008;李保德,王兴肖,2009;韩春,2009;顾祥林等,2010;翁小平,2010;赵成文等,2010;郑妮娜,2010;吴昊等,2012;郑强,2012;雷敏,2013;张永群,2014)。通过对试验中峰值承载力和开裂承载力的比值进行统计分析,得到 Ω_3 的统计分布规律,如图 2-19 所示。由于开裂超强系数恒大于1,所以认为 Ω_3-1 服从对数正态分布。统计得到 $\ln(\Omega_3-1)\sim N(-0.98,1.01)$,$\Omega_3$ 的中位值为 1.40。

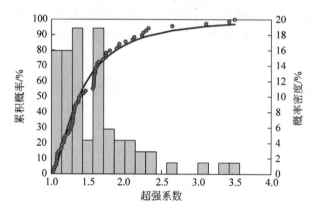

图 2-19　未设防砌体峰值承载力与开裂承载力比值统计结果

砌体结构相对混凝土框架结构而言延性较差,尤其是未设防砌体墙片,开裂并达到峰值之后承载力会有较为明显的下降。因此不能忽略软化段承载力下降的影响。结构试验中通常加载到承载力下降 15% 后结束试验,此时并不代表结构毁坏,因为结构还有足够的抗侧能力抵抗地震作用。可以将该点称作软化点,并用于确定结构的软化刚度。软化点承载力 $V_{\text{soft},i}$ 可以由式(2.3-25)计算。

$$V_{\text{soft},i} = 0.85 V_{\text{peak},i} \qquad (2.3\text{-}25)$$

(2) 位移参数

与混凝土框架结构类似,可以认为砌体结构在开裂之前保持弹性工作状态,开裂位移可以根据式(2.3-20)进行确定。对于砌体结构,$V_{\text{yield},i}$ 为结构的各层开裂承载力。

为了得到未设防砌体结构达到峰值承载力时对应的位移,同样对收集得到的 98 个未设防砌体墙片的试验位移数据进行收集统计。统计结果显示未设防砌体的峰值位移角 $\delta_{\text{URM,peak}}$ 基本服从对数正态分布,结果如图 2-20(a)所示,$\ln\delta_{\text{URM,peak}}\sim N(-5.92,0.75)$,相应的中位值为 0.002 68。

未设防砌体结构的软化点位移同样可以根据 98 个未设防砌体墙片的试验数据得到,统计结果显示未设防砌体的峰值位移角 $\delta_{\text{URM,soft}}$ 基本服从对数正态分布,如图 2-20(b)所示。软化点位移 $\ln\delta_{\text{URM,soft}}\sim N(-5.36,0.50)$,相应的中位值为 0.005 07。结构在软化点之后将保持相同的软化刚度继续发展(Shi et al.,2012),最后未设防砌体结构的极限点位移

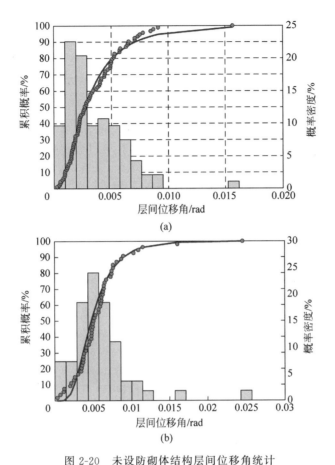

图 2-20　未设防砌体结构层间位移角统计

（a）未设防砌体峰值层间位移角统计结果；（b）未设防砌体软化点层间位移角统计结果

δ_{ultimate} 依照本书 3.2 节给出的损坏层间位移角 δ_{complete} 进行取值。

　　2）设防砌体

　　设防砌体的承载力确定方法和混凝土框架结构类似。在标定参数时，首先按照底部剪力法得到各层的设计承载力（GB 50011—2010），之后再通过式（2.3-26）式（2.3-27）计算结构的开裂承载力和峰值承载力。

$$V_{\text{yield},i} = \Omega_4 V_{\text{design},i} \tag{2.3-26}$$

$$V_{\text{peak},i} = \Omega_4 \Omega_5 V_{\text{design},i} \tag{2.3-27}$$

式中，Ω_4 为开裂承载力与设计承载力的比值，即开裂超强系数；Ω_5 为峰值承载力与开裂承载力的比值，即峰值超强系数。

　　设防砌体结构的软化效应同样明显，不能忽略软化段承载力下降的影响，可以按照与未设防砌体同样的方法确定软化承载力，即采用式（2.3-25）。

　　与前文所述相似，设防砌体结构在开裂之前保持弹性工作状态，因此开裂位移可以参照未设防砌体，根据式（2.3-20）进行确定。

　　本书作者搜集了丰富的文献、数据资料，并进行了系统的整理。最终，对于开裂超强系数 Ω_4、峰值超强系数 Ω_5、峰值点位移角 $\delta_{\text{RM,peak}}$ 与软化点位移角 $\delta_{\text{RM,soft}}$，采用 135 片砌体墙试验资料重新进行拟合统计(刘锡荟等,1981;阎开放,1985;史庆轩,易文宗,2000;杨德健等,2000;王正刚等,2003;于建刚,2003;王福川等,2004;叶燕华等,2004;周宏宇,2004;张会,2005;黄文伟,2006;孙巧珍等,2006;周锡元等,2006;张维,2007;张宏,2007;巩耀娜,2008;郝彤等,2008;杨元秀,2008;杨伟军等,2008;方亮,2009;韩春,2009;顾祥林等,2010;翁小平,2010;张智,2010;郑妮娜,2010;刘雁等,2011;吴昊等,2012;吴文博,2012;肖建庄等,2012;郭樟根等,2014;王涛等,2014;张永群,2014),最终得到确定骨架线所需要的 4 个参数及其服从的分布形式如式(2.3-28)和图 2-21 所示。需要说明的是,由于开裂超强系数 Ω_4 与峰值超强系数 Ω_5 需要始终保证取值大于 1,因此此处采用 $\ln(\Omega_4-1)$ 和 $\ln(\Omega_5-1)$ 的形式进行回归;峰值点位移角 $\delta_{\text{RM,peak}}$ 与软化点位移角 $\delta_{\text{RM,soft}}$ 的取值需要始终大于 0,因此这里采用 $\ln\delta_{\text{RM,peak}}$ 和 $\ln\delta_{\text{RM,soft}}$ 的形式进行回归。

$$\begin{cases} \ln(\Omega_4-1) \sim N(0.4612, 0.6092^2) \\ \ln(\Omega_5-1) \sim N(-0.7216, 0.8985^2) \\ \ln\delta_{\text{RM,peak}} \sim N(-5.8280, 0.7940^2) \\ \ln\delta_{\text{RM,soft}} \sim N(-4.8594, 0.6254^2) \end{cases} \tag{2.3-28}$$

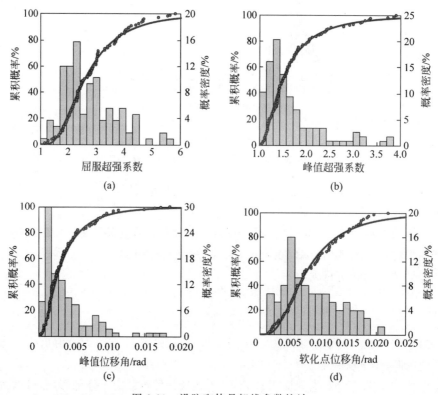

图 2-21　设防砌体骨架线参数统计

(a) 设防砌体屈服超强系数统计结果;(b) 设防砌体峰值超强系数统计结果;(c) 设防砌体峰值层间位移角统计结果;(d) 设防砌体软化点层间位移角统计结果

4. 钢框架结构骨架线参数标定

为了唯一确定多层钢框架结构的骨架线,需要对骨架线的屈服点、峰值点和极限点进行参数标定。本节统计了 59 个钢框架的推覆结果(舒兴平等,1999;钱德军,2006;吴香香,2006;孙文林,2006;王朝波,2007;徐春兰,顾强,2007;孙鹏,汤扬,2008;李成,2008;钟光忠,2008;贾连光等,2008;张倩,2008;侯列迅,2008;王元清等,2009;孙延毅,2010;李东,苏恒品,2011;熊二刚等,2011;唐柏鉴等,2012;周兴卫,2012;夏焕焕,2013;许鑫森,杨娜,2014;李梦祺,2015;陈永昌,李建中,2015;倪永慧,2016;李沛豪,刘崇奇,2016;程满,闻广坤,2017;孙诚,2017),包括 8 个试验推覆样本和 51 个有限元模拟推覆样本。

1) 屈服点确定

钢框架强度参数以设计承载力 V_d 作为基准值,V_d 可以基于按照本节第 1 部分方法获得的结构基本自振周期,通过底部剪力法计算得到。屈服承载力 V_y 由 V_d 乘以屈服超强系数 Ω_y 得到,如式(2.3-29)所示。

$$V_y = \Omega_y V_d \tag{2.3-29}$$

在统计屈服超强系数 Ω_y 时,需要确定文献中推覆曲线的设计点和屈服点,其中前者由文献直接给出,后者可以按照 ATC-40(ATC,1996)建议的方法进行确定,如图 2-22 所示。该方法将推覆曲线等效为双折线,第一段折线的斜率为曲线初始刚度,第二段折线的终点为峰值点,使双折线与横轴包络的面积和推覆曲线与横轴包络的面积相等,双折线的拐点即为等效屈服点。

对 59 个钢框架样本中 8 个给出设计值的样本进行统计,考虑到超强系数应大于1,假设 $\Omega_y - 1$ 服从对数正态分布,得到其分布如图 2-23 和式(2.3-30)所示。

$$\ln(\Omega_y - 1) \sim N(0.7997, 0.4252^2) \tag{2.3-30}$$

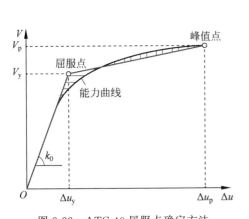

图 2-22　ATC-40 屈服点确定方法

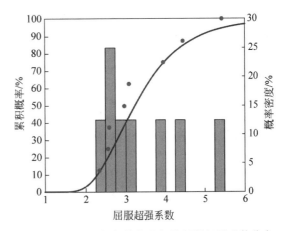

图 2-23　多层钢框架结构骨架线屈服超强系数分布

屈服点对应的位移可以由式(2.3-31)得到。

$$\Delta u_y = \frac{V_y}{k_0} \tag{2.3-31}$$

式中,k_0 为初始层间刚度,可由结构基本自振周期求得。

2) 峰值点确定

确定骨架线的屈服点之后,峰值承载力 V_p 可以由屈服承载力 V_y 乘以峰值超强系数 Ω_p 得到,再基于屈服点到峰值点之间折减后的切线刚度 k_1,即可确定三线性骨架线的第二段。k_1 可以按照式(2.3-32)确定。

$$k_1 = \eta k_0 \qquad (2.3\text{-}32)$$

式中,η 为弹性阶段进入弹塑性阶段后的刚度折减系数。对 59 个钢框架样本进行统计,假设 $\Omega_p - 1$ 和 η 均服从对数正态分布,得到其分布如式(2.3-33)、式(2.3-34)和图 2-24、图 2-25 所示。

$$\ln(\Omega_p - 1) \sim N(-1.4352, 0.5356^2) \qquad (2.3\text{-}33)$$

$$\ln\eta \sim N(-2.0347, 0.6976^2) \qquad (2.3\text{-}34)$$

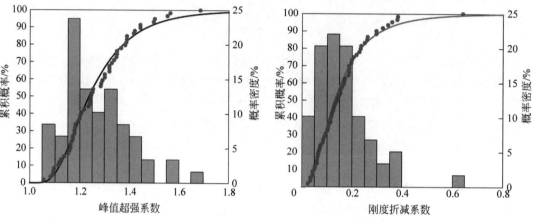

图 2-24　多层钢框架结构骨架线峰值超强系数分布　　图 2-25　多层钢框架结构骨架线刚度折减系数分布

在得到峰值超强系数 Ω_p 和刚度折减系数 η 之后,峰值点对应的位移可以很容易由式(2.3-35)得到。

$$\Delta u_p = \Delta u_y + \frac{V_p - V_y}{k_1} \qquad (2.3\text{-}35)$$

3) 极限点确定

考虑到钢框架一般延性较好,因此不考虑骨架线的软化,取极限承载力 V_u 与峰值承载力 V_p 相等,这也与 HAZUS 报告(FEMA,2012d)建议的三线性骨架线形状一致。

结构骨架线的极限点对应结构倒塌的破坏状态,因此根据钢框架毁坏状态对应的层间位移角限值 $\delta_{complete}$ 确定其极限点对应的位移,如式(2.3-36)所示。

$$\Delta u_u = \delta_{complete} h \qquad (2.3\text{-}36)$$

式中,h 为结构层高。$\delta_{complete}$ 的取值在 3.2.2 节予以介绍。

5. 单层门式刚架骨架线参数标定

单层门式刚架对应 HAZUS 报告中的 S3 结构类型,其采用的三线性骨架线与多层钢框架相同。HAZUS 报告给出了结构能力曲线峰值点 A_u 的对数正态分布标准差为 0.25,这里将屈服超强系数 Ω_y 取为均值 1.5,仅考虑峰值超强系数 Ω_p 的不确定性,其分布取为式(2.3-37)。

$$\ln\Omega_p \sim N(0.6931, 0.25^2) \qquad (2.3\text{-}37)$$

HAZUS 报告将骨架线的延性系数 μ 定义为式(2.3-38),并给出其建议取值 6.0。

$$\mu = \frac{\Delta u_{\mathrm{u}}}{\lambda \Delta u_{\mathrm{y}}} \tag{2.3-38}$$

推导出刚度折减系数 η 与峰值超强系数 Ω_{p} 和延性系数 μ 的关系如式(2.3-39)所示,取值为 0.0909。

$$\eta = \frac{V_{\mathrm{u}} - V_{\mathrm{y}}}{\Delta u_{\mathrm{u}} - \Delta u_{\mathrm{y}}} \Big/ \frac{V_{\mathrm{y}}}{\Delta u_{\mathrm{y}}} = \frac{\lambda - 1}{\lambda \mu - 1} \tag{2.3-39}$$

获取上述参数后,可以按照 2.3.4 节的方法标定相应的计算模型。

2.3.4　基于 HAZUS 的骨架线参数标定方法

美国 HAZUS 软件根据美国相关统计数据,给出了不同类型结构单自由度(single degree-of-freedom,SDOF)模型骨架线的确定方法。作者以 HAZUS 软件作为基础,提出了不同结构类型多自由度剪切层模型骨架线参数的确定方法。

HAZUS 将城市区域中一般建筑按照结构类型和高度分为 36 个建筑类型(FEMA,2012d),其中 19 种建筑类型在中国也比较常见(表 2-7)。对于同一结构类型,HAZUS 考虑到不同建造年代设计规范的差异,其抗震性能参数也有所不同。

表 2-7　HAZUS 中 19 种在中国比较常见的结构类型

编　号	描　述	高　度			
		包含范围		HAZUS 中典型建筑	
		分类	层数	层数(N_0)	高度/m
W1	木制轻型框架		1~2	1	4.27
S1L	钢框架	低层	1~3	2	7.32
S1M		中层	4~7	5	18.3
S1H		高层	≥8	13	47.58
S3	轻钢框架	所有		1	4.575
C1L	混凝土框架	低层	1~3	2	6.1
C1M		中层	4~7	5	15.25
C1H		高层	≥8	12	36.6
C2L	混凝土剪力墙	低层	1~3	2	6.1
C2M		中层	4~7	5	15.25
C2H		高层	≥8	12	36.6
C3L	带砌体填充墙的混凝土框架	低层	1~3	2	6.1
C3M		中层	4~7	5	15.25
C3H		高层	≥8	12	36.6
RM2L	带预制混凝土板的配筋砌体	低层	1~3	2	6.1
RM2M		中层	4~7	5	15.25
RM2H		高层	≥8	12	36.6
URML	无筋砌体	低层	1~2	1	4.575
URMM		中层	≥3	3	10.675

在本节中,对于区域中的某一个目标建筑,仅需知道其结构类型、层高、层数、建造年代、面积,就能通过 HAZUS 已知的参数来确定其集中质量剪切模型的层间骨架线屈服点、峰

值点和极限点参数,具体方法如式(2.3-40)~式(2.3-45)所示。

$$V_{\text{yield},i} = SA_y \alpha_1 mgN\Gamma_i \tag{2.3-40}$$

$$V_{\text{peak},i} = V_{\text{yield},i} \frac{SA_u}{SA_y} \tag{2.3-41}$$

$$V_{\text{ultimate},i} = V_{\text{peak},i} \tag{2.3-42}$$

$$\delta_{\text{yield},i} = V_{\text{yield},i}/k_0 \tag{2.3-43}$$

$$\delta_{\text{peak},i} = \delta_{\text{yield},i} \frac{SD_u}{SD_y} \tag{2.3-44}$$

$$\delta_{\text{ultimate},i} = \delta_{\text{complete}} \tag{2.3-45}$$

式中,(SD_y, SA_y),(SD_u, SA_u) 为 HAZUS 中给出的典型结构性能曲线的屈服点和极限点;α_1 为 HAZUS 中给出的典型建筑的振型质量系数;m 为结构单层的质量,可以根据结构层面积和建筑用途确定,如式(2.3-3)所示(Sobhaninejad et al.,2011);g 为重力加速度;N 为目标建筑的层数;Γ_i 为结构第 i 层的设计抗剪强度 $V_{\text{yield},i}$ 与基底设计抗剪强度 $V_{\text{yield},1}$ 的比值;k_0 为 2.3.3 节确定的结构初始层间刚度;δ_{complete} 为 HAZUS 建议的结构完全破坏时所对应的层间位移角限值。

对于多层建筑,设计地震力随结构高度基本呈倒三角形分布(ASCE,2010)。在本研究中,Γ_i 可以根据式(2.3-46)计算。

$$\Gamma_i = \frac{\sum\limits_{j=i}^{N} W_j H_j}{\sum\limits_{k=1}^{N} W_k H_k} = 1 - \frac{i(i-1)}{(N+1)N} \tag{2.3-46}$$

式中,W_j、W_k 分别为结构第 j、k 层的重量;H_j、H_k 分别为结构第 j、k 层所在平面距离地面的高程。

2.3.5　滞回参数标定方法

层间滞回模型的选取直接影响结构的弹塑性耗能情况。本节建议选取图 2-15(b)所示的单参数滞回曲线(Lu et al.,2014b)。该曲线只需要一个系数 τ 就可以确定滞回行为,如式(2.3-47)所示。

$$\tau = \frac{A_p}{A_b} \tag{2.3-47}$$

式中,A_p 和 A_b 分别为捏拢滞回曲线的包络面积和理想弹塑性滞回曲线的包络面积;τ 为描述结构退化程度的参数,在实际分析中,可以取 $\tau = 0.4$ 或依据实际情况选取。

2.3.6　参数标定方法的验证

本节将基于一个 RC 框架、一个设防砌体的整体拟静力试验,两篇文献中的钢框架推覆实验以及 10 榀文献中钢框架设计实例的 Pushover 分析,对 2.3.3 节建议的骨架线标定方法的可靠性进行讨论。

1. RC框架结构试验验证

本书作者(陆新征等,2012)对一栋按照中国规范设计的6层混凝土框架结构进行了试验研究。由于混凝土框架结构的破坏通常集中在底部几层,因此静力试验选取了混凝土框架的底部3层,并按照18:2:1的力比例加载,以模拟6层结构倒三角的地震力。结构缩尺比为1:2,加载示意图如图2-26所示。采用上述方法,考虑模型相似比的影响,将计算得到的推覆位移按照1/2折减,基底剪力按照1/4折减。试验与模拟的推覆曲线对比如图2-27所示。结果显示2.3.3节提出的骨架线标定方法能很好地预测混凝土框架结构的性能。

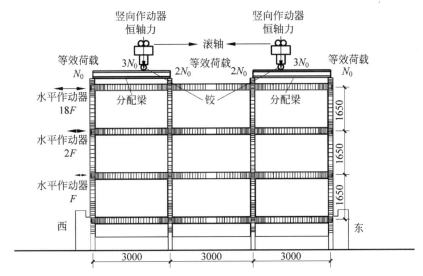

图 2-26　混凝土框架结构试验加载示意图(单位:mm。后文图中未注明的尺寸单位均为mm)

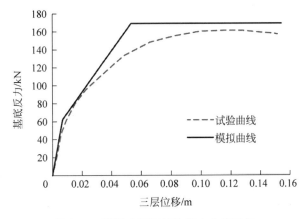

图 2-27　混凝土框架结构能力曲线对比

2. 设防砌体结构试验验证

王宗纲等(王宗纲,查支祥,2002)对一栋6层设防砌体结构进行了足尺的拟静力试验。结构层高2.7m,总计16.2m。但由于结构6层的总高度超过了实验室的高度限制,只建造了该砌体的1~5层,第6层的等效重力直接加在第5层顶部。其试验模型如图2-28所示。采用2.3.3节中的标定方法进行MDOF剪切模型的参数标定,并将计算得到的能力曲线和试验所得能力曲线进行对比,如图 2-29 所示。从图中可以看出,计算得到的承载力和试验所得承载力吻合良好,证明前文提出的骨架线标定方法能很好地模拟设防砌体结构的性能。

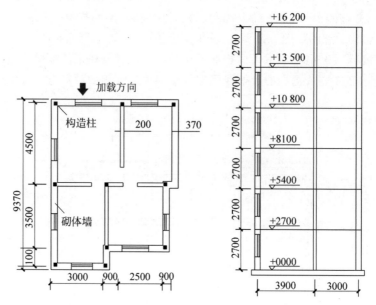

图 2-28　设防砌体结构试验模型示意图(单位:mm)

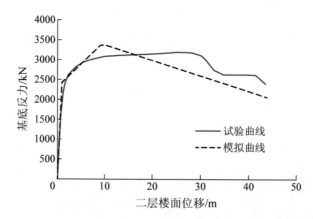

图 2-29　设防砌体结构能力曲线对比

3. 钢框架结构试验验证

陈以一等(2006)对两个钢框架结构进行了推覆试验。两个钢框架均为空间两层足尺钢框架,首层层高 2.9m,二层层高 1.45m,原型结构按照抗震设防烈度 7 度设计。两个钢框架均为横向单跨、纵向两跨,其中横向跨度二者均为 3m,框架 1 纵向两跨跨度分别为 3.6m 和 4.2m,框架 2 纵向两跨跨度均为 3.6m。文献给出了两个框架在 7 度多遇地震下的底部剪力设计值,分别为 56kN 和 92kN。加载时使用二层顶部千斤顶模拟重力荷载,伺服加载器作用在二层楼面位置处提供侧向推覆荷载。

使用底部剪力设计值和相应的顶点位移对底部剪力和顶点位移进行归一化,并与采用

2.3.3 节方法标定骨架线参数的 MDOF 模型计算结果对比,如图 2-30 所示。图中灰色实线为骨架线参数取均值时的计算结果,灰色点线则为骨架线参数取均值加减 1 倍标准差时的计算结果。从图中可以看出,试验结果位于参数均值加减 1 倍标准差的计算结果之间,且与参数取均值时的计算结果较为接近,可见前文提出的骨架线标定方法能很好地模拟钢框架结构的性能。

4. 钢框架结构 Pushover 分析验证

本部分选择了 10 榀文献中的钢框架设计实例(孙文林,2006;陈全,2012;熊二刚,张倩,2013;严林飞,2015;张震,邓长根,2016),使用 SAP2000 建模并进行 Pushover 分析,得到其静力推覆曲线。10 榀钢框架的设计参数如表 2-8 所示。根据文献给出的设计参数,使用底部剪力法估算 10 榀钢框架的底部剪力设计值,使用底部剪力设计值和对应的顶点位移对底部剪力和顶点位移进行归一化后,与采用 2.3.3 节方法标定骨架线参数的 MDOF 模型计算结果对比,如图 2-31 所示。图中灰色实线为骨架线参数取均值时的计算结果,灰色点线为骨架线参数取均值加减 1 倍标准差时的计算结果。

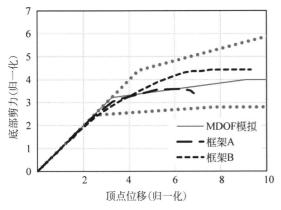

图 2-30　文献试验结果与 MDOF 模型模拟结果对比

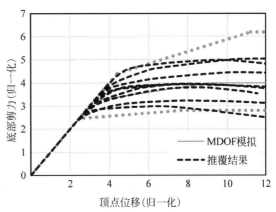

图 2-31　文献设计实例的推覆结果与 MDOF 模型模拟结果对比(归一化)

表 2-8　钢框架设计实例参数统计结果

编号	层数	抗震设防烈度	跨数	跨度/m	首层层高(其余层高)/m
1	3	8	3	6	3(3)
2	3	8	3	7.5	3(3)
3	5	9	3	6	4(3.5)
4	6	8.5	3	6	3(3)
5	6	8	2	6	3.5(3.5)
6	6	8	3	6	3(3)
7	6	8	3	7.5	3(3)
8	7	8	3	6	3(3)
9	9	8	3	6	3(3)
10	10	8	3	6	3.6(3.6)

从图 2-31 中可以看出,SAP2000 推覆结果基本位于参数均值加减 1 倍标准差的计算结果之间。由于在统计文献结果进行参数标定时,并未拟合骨架线参数和设防烈度等设计参数之间的关系,因此 SAP2000 推覆结果相比 MDOF 模型模拟结果有一定的离散性。不过,总体而言,所建立的多层钢框架 MDOF 模型可以满足区域震害模拟的精度需要。

5. 美国建筑 MDOF 模型与 HAZUS 预测结果对比验证

本部分选取了几个典型建筑,采用 2.3.4 节提出的参数标定方法,确定 MDOF 模型,计算 MDOF 的地震响应,并与 HAZUS 给定的能力曲线及能力需求方法计算得到的结构性能点进行对比,以说明二者的一致性。

如 2.1 节所述,HAZUS 采用能力需求分析法计算结构响应。具体地讲,HAZUS 数据库中(FEMA,2012c)对不同结构类型和抗震设计等级的建筑预定义了能力曲线;而地震需求曲线则采用等效黏性阻尼折减线弹性反应谱得到(ATC,1996)。结构响应(性能点)则为能力曲线和需求曲线的交点。

本部分选择了 11 个不同结构类型、层数以及建造年代的典型建筑进行分析,建筑信息如表 2-9 所示。使用 2.3.4 节的方法标定 MDOF 模型,通过推覆分析得到其能力曲线,并将该能力曲线与 HAZUS 提供的能力曲线进行对比。此外,对 MDOF 模型进行弹塑性时程分析,并将得到的顶点位移与 HAZUS 建议的能力需求法得到的顶点位移进行对比。

表 2-9 选择的典型建筑

编 号	结 构 类 型	层数	建设年份	抗震设计等级
W1-1	木质框架	1	1940	Pre-Code
			1970	Moderate-Code
C1M-5	混凝土框架	5	1940	Pre-Code
			1970	Moderate-Code
S1M-5	钢框架	5	1940	Pre-Code
			1970	Moderate-Code
RM2L-2	带预制混凝土板的配筋砌体	2	1940	Pre-Code
			1970	Moderate-Code
C2M-5	混凝土剪力墙	5	1940	Pre-Code
			1970	Moderate-Code
URM-1	无筋砌体	1	1940	Pre-Code

1) 能力曲线对比

以 W1-1 和 C1M-5 为例,图 2-32 对比了 HAZUS 建议的结构能力曲线和采用 2.3.4 节的方法通过 Pushover 分析得到的结构能力曲线。其中,推覆分析采用第一振型比例型侧力分布。可以看出,两种方法得到的结构能力曲线非常接近。

2) 顶点位移对比

从 FEMA P695 报告(FEMA,2009)推荐的地震动记录中选取了三条远场地震动和三条近场地震动作为输入,计算结构顶点位移并进行对比。当 PGA 设为 $0.2g$ 时,三条地震动下结果的平均值的对比如图 2-33、图 2-34 所示。从图中可以看出,采用 HAZUS 能力谱方法计算的顶点位移结果,与采用 2.3.4 节方法进行参数标定后进行非线性时程分析的结果比较接近。进一步地,以 W1-1 Pre-Code 建筑、NORTHR_SYL360 近场地震动为例,对

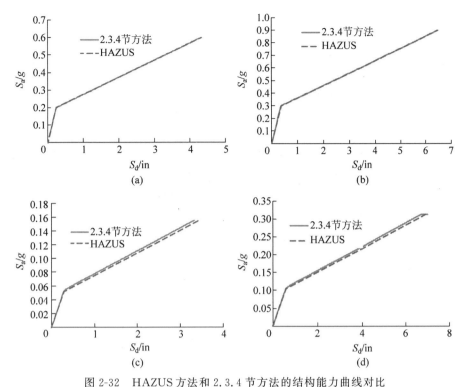

图 2-32　HAZUS 方法和 2.3.4 节方法的结构能力曲线对比

（a）W1-1，Pre-Code；（b）W1-1，Moderate-Code；（c）C1M-5，Pre-Code；（d）C1M-5，Moderate-Code

S_d 为谱位移；S_a 为谱加速度

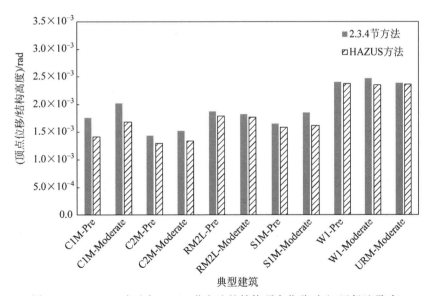

图 2-33　HAZUS 方法与 2.3.4 节方法的结构顶点位移对比（远场地震动）

比了不同地震动强度（PGA）下的结构响应分析结果，发现两种方法的计算结果吻合较好，如图 2-35 所示。

综上，与 HAZUS 方法得到的结构能力曲线和顶点位移结果进行的对比验证了 2.3.4 节方法的合理性。

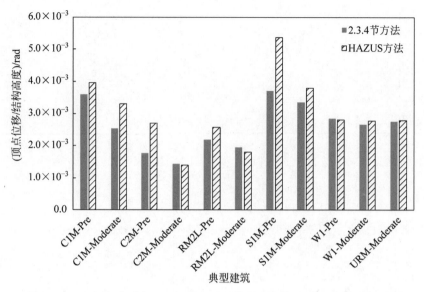

图 2-34　HAZUS 方法与 2.3.4 节方法的结构顶点位移对比(近场地震动)

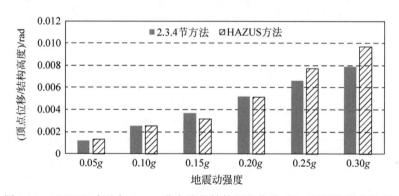

图 2-35　HAZUS 方法与 2.3.4 节方法的结构顶点位移对比(不同地震动强度)

2.3.7　小结

本节针对量大面广的多层建筑,提出了相应的 MDOF 集中质量剪切层模型的建模方法,以及基于我国规范和大量建筑分析数据、试验数据的模型参数确定方法。此外,还提出了基于美国 HAZUS 软件数据库标定相应的模型参数的方法。最后,通过和 HAZUS 方法、典型试验与 Pushover 分析的对比,验证了模型的合理性。

2.4　高层建筑 MDOF 弯剪耦合模型

2.4.1　引言

高层建筑在城市中具有不容忽视的地位。一方面,随着城市化的发展,高层建筑数量迅速增加,大量人口和财富聚集于其中;另一方面,高层建筑还被大量用于医院、银行、通信、电力等关键部门,因此对城市正常功能的维持起着决定性的作用。虽然总体上高层建筑抗震性能比较好,过去 30 年中,在地震下发生倒塌的案例很少,但是在地震中遭受严重损伤的案例屡见不鲜。例如 2011 年 Christchurch 地震中,虽然 Christchurch CBD 地区高度位于前 50 名的建筑都没有发生倒塌,但是其中超过 70% 由于损伤严重而被迫拆除(Wikipedia,2012)。因此,准确模拟高层建筑在地震下的结构损伤和经济损失,对于预测城市地震损失至关重要。

如 2.1 节所述,HAZUS 方法(FEMA,2012c)、MAEViz 方法(MAE Center,2006)以及 IES 方法(Hori,2011)都可以用于进行区域建筑震害分析。但是无论是基于能力需求谱的 HAZUS 和 MAEViz 方法,还是基于时程分析的 IES 方法,都无法较好地模拟高层建筑的地震响应。这是因为以下两点:

(1) 能力需求谱方法主要考虑结构的第一阶振型,不能很好地考虑高层建筑地震响应中非常明显的高阶振型影响;

(2) IES 采用的多自由度剪切层模型(Hori,2011),不能很好地模拟高层建筑的弯曲变形行为。

城市区域高层建筑的地震响应模拟分析有其特殊的需求,主要包括以下三个方面:①高层建筑由于大多布置了剪力墙以及支撑等抗侧力构件,表现出非常明显的弯曲变形形态,所以该计算模型首先必须能考虑高层建筑的这一变形特点;②由于区域中拥有较多的高层建筑,所以该模型本身不能太复杂,需要计算量适中,方便大规模计算;③模型的参数标定方法必须相对简单,方便自动建模和标定。综上所述,需要针对区域中的高层建筑提出适用的计算模型及相应的参数标定方法。

现有文献中关于城市区域高层建筑计算模型的研究并不多,但是对单体高层建筑的计算模型已有很多研究。例如,Lu 等(2013a)提出了基于详细的设计数据建立高层建筑的精细有限元模型的方法。该模型能很好地考虑高层建筑结构的复杂性,但是其巨大的计算和建模工作量使其很难被直接运用到城市区域建筑损伤分析之中。此外,Miranda 和 Taghavi(2005)提出了弯曲-剪切耦合的连续化模型(以下简称"弯剪耦合模型"),但该模型仅能模拟高层建筑的弹性响应,不能进行弹塑性计算。Lu 等(2014a)提出采用发展成熟的非线性梁单元和剪切弹簧单元,建立超高层建筑的简化分析模型(简称"鱼骨模型"),该模型需要借助于精细模型或者详细设计参数标定,并且标定方法比较复杂,不适合在区域分析中大规模应用。Kuang 和 Huang(2011)基于 Miranda 等的弹性弯剪耦合模型提出了弹塑性弯剪模型,但是 Kuang 等并没有给出适用于城市区域计算的建模与参数标定方法。

因此,本书作者针对城市区域高层建筑地震损伤分析的迫切需求,基于 Miranda 等的弯剪耦合模型,提出了适用于城市区域计算的高层建筑非线性弯剪耦合计算模型,该模型具有以下特点:①可以充分考虑高层建筑弯剪耦合的变形特征;②模型的计算效率很高;③能够输出各个楼层的地震响应,便于进行地震损失分析;④能充分利用城市 GIS 数据提供的建筑宏观描述性数据(建筑外形、建造年代、场地类别、结构类型),结合设计规范自动确定模型合理的弹塑性参数。为了验证本方法的正确性和可靠性,将非线性弯剪耦合模型的计算结果和精细模型的结果进行了对比,发现两者吻合较好;将该模型与剪切层模型的计算结果进行对比,发现该模型能够更好地模拟高层建筑的性能。最后,采用该模型对一个高层建筑小区进行了地震损伤分析。

2.4.2　非线性弯剪耦合模型

Miranda 等(Miranda and Taghavi,2005)提出的弹性弯剪耦合模型如图 2-36(a)所示，模型采用一根弯曲刚度连续变化的弯曲梁模拟剪力墙的弯曲变形特性，一根剪切刚度连续变化的剪切梁模拟框架的剪切变形特性，并以链杆将两者连接在一起共同抵抗水平荷载。由于该模型的受力和变形模式与真实高层建筑中的双重抗侧力体系非常接近，因此能非常准确地模拟大部分高层建筑的变形特征。Reinoso 等采用该模型对美国加州 6 栋高层建筑进行了弹性地震响应模拟(Reinoso and Miranda,2005)，证明该模型模拟高层建筑弹性响应具有很高的精度。另外，该模型每一层每个主方向都只有一个自由度，所以模型简单、计算量小，可以满足城市区域大规模计算的需要。因此本节将基于 Miranda 等的弯剪耦合模型，提出适用于城市区域高层建筑非线性计算的模型。考虑到高层框架-剪力墙结构或框架-核心筒结构是城市区域内高层建筑最常见的结构类型，因此本节着重讨论如何基于 Miranda 等的弯剪耦合模型预测高层框架-剪力墙结构或框架-核心筒结构的地震响应。

Miranda 模型是弹性模型。为了考虑结构的弹塑性行为并模拟结构不同楼层弹塑性发展程度的差异，需要将 Miranda 模型中的连续体弹性弯曲梁和弹性剪切梁离散化，即将建筑的每一层离散为一根非线性弯曲弹簧和一根非线性剪切弹簧。每层的弯曲弹簧和剪切弹簧都用刚性链杆连接，如图 2-36(b)所示。根据 Paulay 和 Priestley(1992)的研究，对于高层框架-剪力墙结构或框架-核心筒结构，弯曲梁的行为主要受剪力墙部分控制，剪切梁的行为主要受框架部分控制。因此，非线性弯剪耦合模型的参数标定将分别考察框架和剪力墙的受力行为特征。

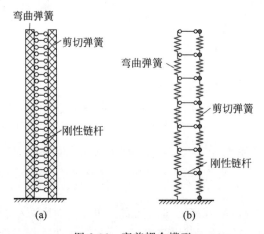

图 2-36　弯剪耦合模型

(a) Miranda 等提出的弹性弯剪耦合模型；(b)本研究建议的非线性弯剪耦合模型

在之前的研究中，层间滞回关系往往采用双线性或三线性骨架线模型。因此，本节也考虑选择以上模型。相比而言，双线性模型(图 2-37(a))的参数更少，更容易标定并使用，因此得到广泛应用(Fajfar and Gaspersic,1996；FEMA,1997)。而三线性模型虽然参数更多一些，但是和结构实际的非线性行为更加接近。有关双线性和三线性模型的对比见后文讨论。

由于城市区域震害模拟中可获取的建筑宏观信息有限，因此本研究采用 Steelman 和

Hajjar(2009)提出的较为简单、易于标定的单参数滞回模型,如图 2-37(b)所示。该模型只有一个参数,具体参数取值可以根据结构类型确定。

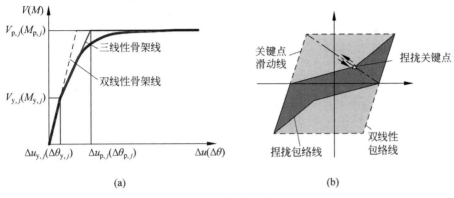

图 2-37 层间滞回关系

(a) 双线性和三线性骨架线模型;(b) 单参数滞回模型

2.4.3 根据宏观建筑信息确定模型参数

由于城市区域中高层建筑数量庞大,难以获得每栋高层建筑详细的设计数据,因此,将非线性弯剪耦合模型用于城市区域高层建筑群震害模拟的难点在于如何获得高层建筑的信息,并标定非线性弯剪耦合模型中的计算参数。城市区域建筑物的 GIS 数据获取相对方便,该数据通常包含建筑物的宏观信息(例如建筑外形、建筑面积、建造年代和结构类型等)。因此,本研究将充分利用这些建筑物的宏观信息,来合理估计其结构的弹性及非线性行为特征。当然,如果已经获取了对象建筑的详细设计信息(如设计图纸等),也可以根据 Kuang 和 Huang(2011)建议的方法确定其非线性弯剪模型的计算参数。

现代高层建筑的设计都遵循设计规范的规定,因此它们的结构行为也受到设计规范的控制。据此,本研究在确定非线性弯剪耦合模型的计算参数时,充分利用设计规范中的相关规定。由于钢筋混凝土框架-剪力墙结构或框架-核心筒结构是我国应用最广的高层建筑结构抗侧体系,因此下文将主要针对这两类结构,详细说明非线性弯剪耦合模型的参数确定方法。

根据 HAZUS 报告(FEMA,2012d)对能力曲线的定义,三线性骨架线可以由以下 4 个控制点(图 2-38)来定义:①设计点;②屈服点;③峰值点;④极限点。其中设计点代表建筑根据抗震规范设计的名义性能点,可以根据设计规范进行确定(Paulay and Priestley,1992;ASCE,2010;GB 50011—2010;CEN,2004)。屈服点对应的是结构真正屈服时的性能点,考虑到设计具有一定程度的冗余度,因此真实的屈服强度略大于设计强度。峰值点充分考虑了材料的强化,是结构的峰值抗侧能

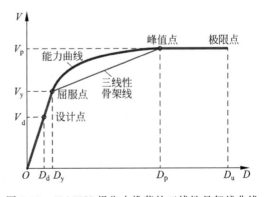

图 2-38 HAZUS 报告中推荐的三线性骨架线曲线

力对应的性能点。极限点则是高层建筑即将发生倒塌的临界点。高层建筑的极限点以及不同位移对应的高层建筑损伤状态可以参阅 3.2.3 节。

整个参数确定的流程包括以下四个步骤：①确定弹性参数；②确定屈服参数；③确定峰值参数；④确定滞回参数(图 2-39)。

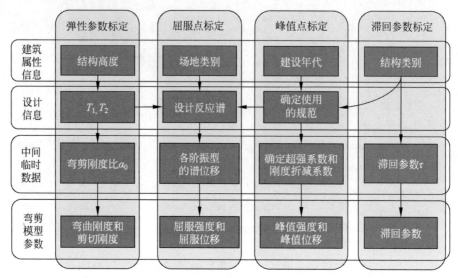

图 2-39　参数确定流程

1. 确定弹性参数

Miranda 等的研究表明,弯剪耦合模型沿高度方向的刚度和质量变化对其弹性地震响应影响不大(Miranda and Taghavi,2005),所以为了简化标定的参数数量,假设结构的质量和刚度沿高度方向均匀分布。基于这个假设,结构的弹性参数仅有弯曲刚度和剪切刚度两个,而确定这两个弹性参数只需要知道结构的一阶和二阶周期。获取结构的一阶和二阶周期主要有以下三种途径：

(1)高层建筑结构在设计的时候通常作了结构模态分析,可以直接获得结构的一阶和二阶周期；

(2)某些重要建筑往往布置了结构监测设备,可以根据传感器监测的结果计算这些建筑的一阶和二阶周期；

(3)对于无法通过以上方法获得结构周期的高层建筑,可以采用基于经验的周期确定方法。

目前已经有大量的文献研究结构周期的经验确定方法。例如,钢筋混凝土剪力墙结构的一阶周期可以根据 ASCE 7(ASCE,2010)推荐的公式进行确定,如式(2.4-1)所示,其中系数 C_t 和 x 可以依据结构类型按照 ASCE 7 的表 12.8-2 选取。结构的第二阶周期可以根据 Lagomarsino(1993)建议的经验公式确定,如式(2.4-2)所示。

$$T_1 = C_t h^x \tag{2.4-1}$$

$$T_2 = 0.27 T_1 \tag{2.4-2}$$

获取了结构的一、二阶周期之后,则可以按照 Miranda 等(Miranda and Taghavi,2005)给出的公式,即式(2.4-3)和式(2.4-4),推算弯剪刚度比 α_0。弯剪刚度比 α_0 的定义如式(2.4-5)所示。为了方便,也可以通过查图的方式获得弯剪刚度比,如图 2-40 所示。

$$\frac{T_i}{T_1} = \frac{\gamma_1}{\gamma_i} \sqrt{\frac{\gamma_1^2 + \alpha_0^2}{\gamma_i^2 + \alpha_0^2}} \qquad (2.4\text{-}3)$$

$$2 + \left[2 + \frac{\alpha_0^4}{\gamma_i^2(\gamma_i^2 + \alpha_0^2)}\right] \cos\gamma_i \cosh\sqrt{\alpha_0^2 + \gamma_i^2} + \frac{\alpha_0^2}{\gamma_i \sqrt{\alpha_0^2 + \gamma_i^2}} \sin\gamma_i \sinh\sqrt{\alpha_0^2 + \gamma_i^2} = 0 \qquad (2.4\text{-}4)$$

$$\alpha_0 = H \sqrt{\frac{GA}{EI}} \qquad (2.4\text{-}5)$$

$$\omega_1^2 = \frac{EI}{\rho H^4} \gamma_1^2 (\gamma_1^2 + \alpha_0^2) \qquad (2.4\text{-}6)$$

式中,γ_i 表示与第 i 阶结构振动相关的特征值参数;ω_1 为结构的一阶圆频率。确定了结构弯剪刚度比 α_0 之后,则可根据结构的一阶圆频率 ω_1 以及式(2.4-6)和图 2-40 确定结构的弯曲刚度 EI,进而再根据式(2.4-5)确定结构的剪切刚度 GA。

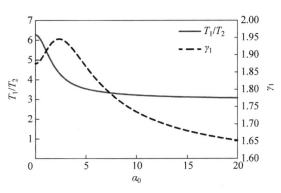

图 2-40 T_1/T_2、r_1 和 α_0 的关系

2. 确定屈服参数

图 2-37(a)中的三线性骨架线曲线可以用于图 2-36(b)中的弯曲弹簧和剪切弹簧。为了获取弯曲弹簧和剪切弹簧相应的屈服点,可以首先根据抗震规范计算得到各个弹簧(楼层)的设计强度,然后再将该设计强度乘以屈服超强系数,以获取各个楼层的实际屈服承载力。

楼层的设计地震力可以通过底部剪力法或模态分析法获得。由于高层建筑的高阶模态贡献较大,因此本节选用模态分析法来计算楼层的设计地震力。具体步骤如下。

(1) 对已经完成弹性参数标定的模型进行模态分析,得到一阶和二阶的周期和振型系数 $\phi_{j,n}$,此处 j 和 n 分别为楼层数和振型编号。

(2) 根据建筑当地的场地信息、建造年代信息,得到结构的设计反应谱,进而确定结构一、二阶振型对应的谱位移 D_n。

(3) 根据结构的振型系数 $\phi_{j,n}$ 和谱位移 D_n,计算一、二阶的层间位移和层间转角,如式(2.4-7)～式(2.4-10)所示。

$$u_{j,n} = \Gamma_n \phi_{j,n} D_n \qquad (2.4\text{-}7)$$

$$\Delta u_{j,n} = u_{j,n} - u_{j-1,n} \qquad (2.4\text{-}8)$$

$$\theta_{j,n} = \partial u_{j,n} / \partial z \qquad (2.4\text{-}9)$$

$$\Delta\theta_{j,n} = \theta_{j,n} - \theta_{j-1,n} \qquad (2.4\text{-}10)$$

式中,$u_{j,n}$ 和 $\Delta u_{j,n}$ 分别表示第 n 阶振型 j 层的总位移和层间位移;$\theta_{j,n}$ 和 $\Delta\theta_{j,n}$ 分别表示第 n 阶振型 j 层的总转角和层间转角。当 $j=1$ 时 $u_{j-1,n}=0$,$\theta_{j-1,n}=0$。z 表示的是建筑

的高度方向。

（4）根据得到的一、二阶层间位移和层间转角，按照式（2.4-11）和式（2.4-12），分别计算得到一、二阶对应的各层设计剪力 $V_{j,n}$ 和设计弯矩 $M_{j,n}$，其中 h_j 是第 j 层的层高。

$$V_{j,n} = \Delta u_{j,n} GA / h_j \tag{2.4-11}$$

$$M_{j,n} = \Delta \theta_{j,n} EI / h_j \tag{2.4-12}$$

（5）按照 SRSS 方法对一、二阶地震力进行组合（根据式（2.4-13）和式（2.4-14）），得到剪切梁各层设计剪力 $V_{a,j}$ 和弯曲梁各层设计弯矩 $M_{a,j}$。

$$V_{a,j} = \sqrt{\sum_{n=1,2} V_{j,n}^2} \tag{2.4-13}$$

$$M_{a,j} = \sqrt{\sum_{n=1,2} M_{j,n}^2} \tag{2.4-14}$$

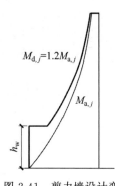

图 2-41　剪力墙设计弯
矩包络调整

（6）以上通过振型组合法得到各个楼层的设计剪力和设计弯矩。根据我国规范（GB 50011—2010），对以上设计荷载还要进行调整。其中，剪切梁的设计剪力包络需要根据式（2.4-15）调整，以满足各层的设计剪力不小于底部总剪力的 20%，从而保证框架可以切实发挥二道防线的作用。而设计弯矩则需要根据图 2-41 调整，即底部加强区范围 h_w 内，弯矩等于底部弯矩（底部加强区高度根据《高层建筑混凝土结构技术规程》（JGJ 3—2010）7.1.4 条确定，即式（2.4-16））。而底部加强区以上各层，弯矩还要乘以 1.2 倍的放大系数。

$$V_{d,j} = \max[V_{a,j}, 0.2V_{\text{base}}] \tag{2.4-15}$$

$$h_w = \max[2h_{\text{story}}, 0.1h_{\text{wall}}] \tag{2.4-16}$$

式中，V_{base} 为底部总剪力；h_{story} 为底部两层的平均高度；h_{wall} 为剪力墙总高度。

按照以上 6 个步骤可以得到各层弯曲弹簧的设计弯矩 $M_{d,j}$ 和剪切弹簧的设计剪力 $V_{d,j}$。为了得到真实的屈服承载力，可以参照 HAZUS 报告的表 5.5（FEMA，2012d）确定屈服超强系数 Ω_y，然后再分别通过式（2.4-17）和式（2.4-18）计算得到各层屈服剪力和屈服弯矩。

$$V_{y,j} = V_{d,j} \Omega_y \tag{2.4-17}$$

$$M_{y,j} = M_{d,j} \Omega_y \tag{2.4-18}$$

屈服前结构处于弹性状态，因此屈服位移可以根据结构的弹性刚度进行反算，如式（2.4-19）和式（2.4-20）所示。

$$\Delta u_{y,j} = \frac{V_{y,j} h_j}{GA} \tag{2.4-19}$$

$$\Delta \theta_{y,j} = \frac{M_{y,j} h_j}{EI} \tag{2.4-20}$$

3. 确定峰值参数

峰值参数主要包括各层的峰值承载力和峰值位移。峰值承载力可以按照式（2.4-21）和式（2.4-22）确定。其中 Ω_p 是峰值承载力超强系数，HAZUS 报告（FEMA，2012d）表 5.5 给出了不同结构类型峰值承载力超强系数 Ω_p 的取值。比如对于混凝土高层剪力墙结构

C2H,峰值超强系数 Ω_p 取 2.5。

$$V_{p,j} = \Omega_p V_{y,j} \tag{2.4-21}$$

$$M_{p,j} = \Omega_p M_{y,j} \tag{2.4-22}$$

对于双线性骨架线而言,因为骨架线上只有一个点,所以其峰值点位移可以根据峰值点强度和初始刚度由式(2.4-23)和式(2.4-24)确定。

$$\Delta u_{p,j} = \frac{V_{p,j} h_j}{EI} \tag{2.4-23}$$

$$\Delta \theta_{p,j} = \frac{M_{p,j} h_j}{GA} \tag{2.4-24}$$

而三线性骨架线模型的峰值点位移确定则相对复杂。本研究建议可以采用以下两种方法来确定：①刚度折减法；②延性系数法。详细介绍如下。

1) 刚度折减法

由于混凝土结构开裂后刚度会下降,因此结构的峰值位移可以根据折减后的等效弯曲刚度 $E_r I$ 和等效剪切刚度 $G_r A$ 来计算。美国 ACI 318—08(ACI,2008)第 10.10.4.1 条建议了相应的刚度折减系数 η。因此,结构的峰值位移 $\Delta u_{p,j}$ 和峰值转角 $\Delta \theta_{p,j}$ 可以根据式(2.4-25)~式(2.4-28)确定。

$$E_r I = \eta EI \tag{2.4-25}$$

$$G_r A = \eta GA \tag{2.4-26}$$

$$\Delta u_{p,j} = \frac{V_{p,j} h_j}{E_r I} \tag{2.4-27}$$

$$\Delta \theta_{p,j} = \frac{M_{p,j} h_j}{G_r A} \tag{2.4-28}$$

式中,$V_{p,j}$ 和 $M_{p,j}$ 分别为第 j 层剪切弹簧的峰值剪力和第 j 层弯曲弹簧的峰值弯矩。

2) 延性系数法

HAZUS 报告(FEMA,2012d)同时也给出了延性系数 μ,其定义如式(2.4-29)所示。该系数可以用于计算峰值位移,如式(2.4-30)和式(2.4-31)。不同结构的延性系数 μ 可以通过 HAZUS 报告(FEMA,2012d)的表 5.6 确定。

$$\mu = \frac{D_p}{\Omega_p D_y} \tag{2.4-29}$$

$$\Delta u_{p,j} = \mu \Omega_p \Delta u_{y,j} \tag{2.4-30}$$

$$\Delta \theta_{p,j} = \mu \Omega_p \Delta \theta_{y,j} \tag{2.4-31}$$

以上两种峰值位移确定方法的效果对比参见 2.4.4 节。

4. 确定滞回参数

结构在地震下的耗能能力受到滞回参数的影响。为了简化参数的标定,本节采用 Steelman 和 Hajjar(2009)提出的单参数滞回曲线,如图 2-37(b)所示。该模型只需要一个系数 τ 确定滞回行为,如式(2.4-32)所示。

$$\tau = \frac{A_p}{A_b} \tag{2.4-32}$$

式中，A_p 和 A_b 分别为捏拢包络面积和理想弹塑性包络面积；τ 是描述结构退化程度的参数，具体取值可以基于 HAZUS 报告(FEMA，2012d)中表 5.18 的退化系数 κ 确定。

2.4.4　基于单体结构的模型应用和验证

为了详细展示模型参数标定的过程并验证该方法的准确性，本节将对两栋混凝土高层结构进行参数标定，并与相应的精细有限元模型计算的结果进行对比。其中包括一栋 15 层的钢筋混凝土框架-剪力墙结构 Building A(Ren et al.，2015)，如图 2-42(a)所示，以及一栋 42 层的钢筋混凝土框架-核心筒结构 Building B (Lu et al.，2015)，如图 2-42(b)所示。这两栋结构很有代表性，框架-剪力墙结构常用于公寓、旅馆等，框架-核心筒结构常用于高层办公楼、高层酒店建筑。这两栋建筑的主要属性数据参见表 2-10。

表 2-10　两栋高层建筑的主要属性数据

名　　称	层数	高度/m	场地类型	建造年份	结　构　类　型
Building A	15	54.9	Class Ⅱ	2013	钢筋混凝土框架-剪力墙结构
Building B	42	141.8	Class Ⅱ	2013	钢筋混凝土框架-核心筒结构

采用通用有限元分析软件 MSC.Marc 建立两栋建筑的精细有限元模型，模型中的框架梁柱采用纤维梁单元模拟，剪力墙采用分层壳单元模拟。Building A 总计 25 238 个单元，Building B 总计 36 547 个单元。其精细有限元模型的详细信息详见 Ren 等(2015)和 Lu 等(2015)的工作。

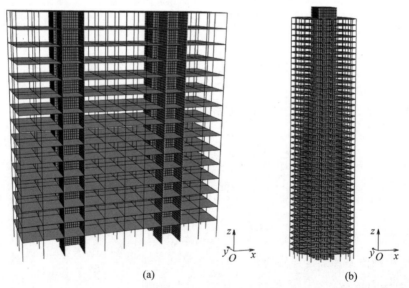

(a)　　　　　　　　　　　　　　　(b)

图 2-42　两栋高层建筑的精细有限元模型

(a) Building A(15 层钢筋混凝土框架-剪力墙结构)；(b) Building B(42 层钢筋混凝土框架-核心筒结构)

1. 模型标定过程

为了详细说明模型参数标定的流程，本节以图 2-42(a)中的 15 层的框架-剪力墙结构的短边方向为例，介绍标定过程。由于本结构设计的时候已经进行了模态分析，所以已经知道了结构沿短边方向一、二阶周期数据。按照 2.4.3 节中的方法对结构的弯曲刚度和剪切刚度进行计算,并进一步计算得到 MDOF 弯剪耦合模型周期,其与原模型周期对比如表 2-11 所示,可见两者十分接近。

表 2-11 振动周期对比

类 别	T_1/s	T_2/s
精细有限元模型	1.4422	0.3449
弯剪耦合模型	1.4421	0.3473
误差	0.0	-0.7%

根据我国抗震规范(GB 50011—2010),确定结构的设计反应谱。而后通过 SRSS 振型组合获得各层的设计剪力 $V_{\mathrm{a},j}$ 和设计弯矩 $M_{\mathrm{a},j}$,如图 2-43 中虚线所示。根据 2.4.3 节的讨论,以上设计剪力和设计弯矩需要根据规范按照式(2.4-15)、式(2.4-16)和图 2-41 进一步调整,得到修正后的设计剪力 $V_{\mathrm{d},j}$ 和设计弯矩 $M_{\mathrm{d},j}$ 如图 2-43 中实线所示。

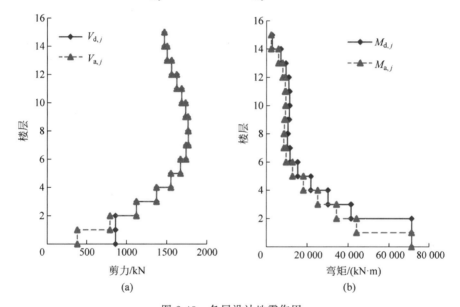

图 2-43 各层设计地震作用
(a) 剪切弹簧中的剪力;(b) 弯曲弹簧中的弯矩

求得设计剪力 $V_{\mathrm{d},j}$ 和设计弯矩 $M_{\mathrm{d},j}$ 后,根据式(2.4-17)~式(2.4-20)可以得到屈服剪力 $V_{\mathrm{y},j}$、屈服弯矩 $M_{\mathrm{y},j}$、屈服位移 $Du_{\mathrm{y},j}$ 和屈服转角 $Dq_{\mathrm{y},j}$。根据 HAZUS 报告(FEMA,2012d)表 5.5,对钢筋混凝土框架-剪力墙结构取屈服超强系数 $\Omega_{\mathrm{y}}=1.10$。之后,再根据式(2.4-21)和式(2.4-22),取 $\Omega_{\mathrm{p}}=2.50$,可以得到峰值剪力 $V_{\mathrm{p},j}$ 和峰值弯矩 $M_{\mathrm{p},j}$。

如果选择刚度折减法,根据 ACI 318—08(ACI,2008)10.10.4.1 条的规定,取刚度折减系数 $\eta=0.7$,进而可以计算得到峰值位移 $\Delta u_{\mathrm{p},j}$ 和 $\Delta\theta_{\mathrm{p},j}$。如果选择延性系数法,则根据 HAZUS 报告(FEMA,2012d)表 5.6 可得 $\mu=4$,同样可以得到峰值位移 $\Delta u_{\mathrm{p},j}$ 和 $\Delta\theta_{\mathrm{p},j}$。相应计算公式见式(2.4-25)~式(2.4-31)。根据 HAZUS 报告(FEMA,2012d)表 5.18,钢筋混凝土框架-剪力墙结构滞回参数可取 $\tau=0.6$。

2. 不同模型的计算精度比较

如前所述,层间滞回关系可以取双线性或三线性。此外,峰值位移可以由刚度折减法或延性系数法确定。为比较不同模型的计算精度,以精细有限元模型为基准,建立了三个弯剪耦合模型。另外,为了对比本节建议的模型和 Hori(2011)建议的剪切层模型在计算精度上的差别,也建立了相应的剪切层模型进行对比。所建立的各个模型的简介如表 2-12 所示。

表 2-12 不同模型对比

模 型 名 称	模 型 类 别	骨架线	峰 值 位 移	参 数 取 值
Refined FE model	基于纤维梁和分层壳的精细有限元模型	—	—	—
NMFS-Tri-η	非线性弯剪耦合模型	三线性	刚度折减法	$\Omega_y=1.10,\Omega_p=2.50,\eta=0.7$
NMFS-Tri-μ	非线性弯剪耦合模型	三线性	延性系数法	$\Omega_y=1.10,\Omega_p=2.50,\mu=4$
NMFS-Bi	非线性弯剪耦合模型	双线性		$\Omega_y=1.10,\Omega_p=2.50$
NMS-Tri-η	剪切层模型	三线性	刚度折减法	$\Omega_y=1.10,\Omega_p=2.50,\eta=0.7$

采用广泛使用的 El Centro 地震动作为典型地震动输入进行对比。Building A 的设防烈度为 7 度,因此将输入地震动的峰值加速度调整到 7 度罕遇地震水准,即 PGA=220cm/s^2。

首先采用倒三角荷载推覆分析对比 NMFS-Tri-η、NMFS-Tri-μ、NMFS-Bi 三个模型,其基底剪力-顶层位移曲线如图 2-44 所示。不同非线性弯剪耦合模型得到的推覆曲线都有若干个转折点,这是由剪切弹簧和弯曲弹簧不同时屈服所导致的。总体说来,三线性骨架线模型的计算结果比双线性骨架线模型的计算结果更接近于精细有限元模型(Refined FE model)的结果。

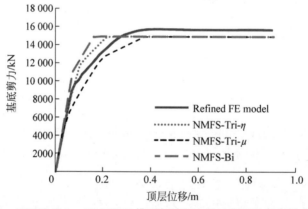

图 2-44 NMFS-Tri-η、NMFS-Tri-μ、NMFS-Bi 模型与精细有限元模型的基底剪力-顶层位移曲线对比

之后,对 4 个模型进行非线性时程分析。层间位移角包络曲线是结构地震损失预测最重要的一个参考指标,以上 4 个模型时程分析得到的层间位移角包络曲线对比如图 2-45 所示。4 个模型的结果彼此都很接近,与图 2-44 的结论相似,三线性骨架线模型的计算结果比双线性骨架线模型的计算结果更加接近精细有限元模型的结果。

剪切层模型可以比较好地模拟多层结构的剪切变形。但是,如果将该模型用于高层建筑,将无法反映高层建筑弯剪耦合的变形特征。NMS-Tri-η、NMFS-Tri-η 模型和精细有限元模型非线性时程分析得到的层间位移角包络曲线对比如图 2-46 所示。显然,剪切层模型计算得到的层间位移角和其他两个模型的计算结果相差甚远,它显著高估了建筑下部的变形而低估了建筑上部的变形。考虑到层间位移角是地震损失预测的重要依据,剪切层模型计算得到的结构响应无法满足高层建筑震害预测的需要。

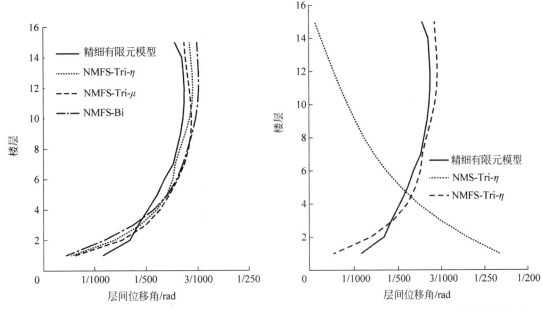

图 2-45 NMFS-Tri-η、NMFS-Tri-μ、NMFS-Bi 模型与精细有限元模型的层间位移角包络曲线对比

图 2-46 NMS-Tri-η、NMFS-Tri-η 模型和精细有限元模型的层间位移角包络曲线对比

考虑到地震动的不确定性,仅一条地震动的模拟难以充分说明本节所建议模型的准确性。因此,将 FEMA P695(FEMA,2009)建议的 22 条远场地震动输入到 Building A 和 Building B 中,并根据两栋建筑各自的设防水准,将 PGA 调幅为 $220\mathrm{cm/s^2}$ 和 $510\mathrm{cm/s^2}$。计算得到 Building A 的最大层间位移角对比如图 2-47 所示。由于不同地震动自身频谱特性差异很大,所以不同地震动得到的最大层间位移角也有一定的差异。但是总的说来,三个非线性弯剪耦合模型(即 NMFS-Tri-η、NMFS-Tri-μ 和 NMFS-Bi)和精细有限元模型的计算结果都吻合得较好。其中 NMFS-Tri-η 的误差最小,NMFS-Tri-μ 次之,而 NMFS-Bi 的误差相对大一些。这个结论和图 2-44、图 2-45 一致。因此,可以选择三线性骨架线用于区域震害分析。

22 条地震动计算得到的 Building A 和 Building B 的层间位移角包络平均值对比如图 2-48 所示。显然,总体而言非线性弯剪耦合模型计算得到的层间位移角和精细有限元模型计算得到的层间位移角吻合较好。考虑到非线性弯剪耦合模型只需要很少的信息就可以完成模型的参数标定,这样的精度是令人满意的。特别需要说明的是,如果采用精细有限元模型完成这两栋建筑物的 22 条地震动的非线性时程分析,一共需要 1137h(计算机配置:CPU:2.67-GHz Intel Xeon X5650,RAM:48GB of 1333-MHz DDR3)。而采用本节建议的非线性弯剪耦合模型,在同一设备条件下只需要 135 s 就可以完成,效率提升了 30 320 倍,显示出本节建议方法突出的效率优势。

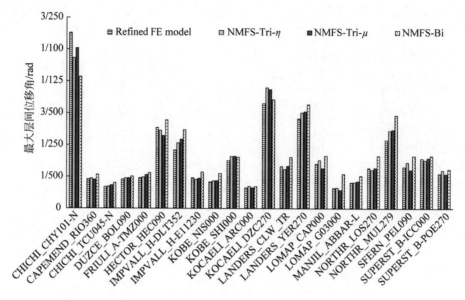

图 2-47　22 条地震动计算得到的 Building A 的最大层间位移角对比

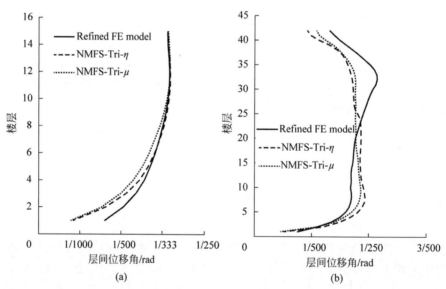

图 2-48　22 条地震动计算得到的 Building A 和 Building B 的层间位移角包络平均值对比
(a) Building A；(b) Building B

3. 与实测结构最大层间位移角对比

为了验证多自由度弯剪耦合模型的准确性,将该模型计算得到的结构最大层间位移角与实测结构最大层间位移角数据记录(包括 9 栋高层建筑在 29 条地震波下的结构反应)进行了对比(USGS et al.,2017)。需要说明的是,所选取的实测结构不是按照中国规范进行设计的,因此本节提出的周期确定方法未必完全适用。因此,除了直接和本节提出的方法进行对比外,还根据实测记录得到的结构周期,代入多自由度弯剪耦合模型进行计算。最终结果如图 2-49 所示,多自由度弯剪耦合模型计算结果的平均误差为−4.6%,采用实测周期标定的模型计算结果平均误差为−2.8%。对比结果表明,本节所采用的多自由度弯剪耦合模型具有较好的准确性,如果能获得结构实测周期,将能计算出更为准确的结果。

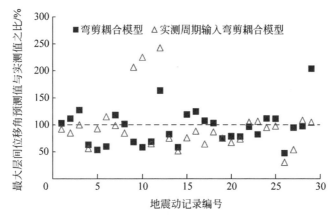

图 2-49 弯剪耦合模型计算结果与实测结果对比

2.4.5 非线性弯剪耦合模型在城市区域震害预测中的应用

为了展示本节建议的模型在城市区域中应用的效果,对位于北京的一个城市高层小区进行了地震损伤分析。该区域包括 11 栋建筑,其中 9 栋高层钢筋混凝土框架-剪力墙结构和 2 栋多层钢筋混凝土框架结构。建筑 GIS 数据如表 2-13 和图 2-50 所示。这 9 栋高层钢筋混凝土框架-剪力墙结构采用本节建议的非线性弯剪耦合模型,而框架结构采用 2.3 节的剪切层模型。

表 2-13 建筑信息数据

编号	建筑物名称	层数	高度/m	场地类别	建造年份	结 构 类 型
1	Yingu	23	92	Class Ⅱ	2000	钢筋混凝土框架-剪力墙结构
2	Caizhi	28	112	Class Ⅱ	1998	钢筋混凝土框架-剪力墙结构
3	Longhu-1	27	108	Class Ⅱ	2010	钢筋混凝土框架-剪力墙结构
4	Longhu-2	9	36	Class Ⅱ	2010	钢筋混凝土框架-剪力墙结构
5	Longhu-3	25	100	Class Ⅱ	2010	钢筋混凝土框架-剪力墙结构
6	Longhu-4	19	76	Class Ⅱ	2010	钢筋混凝土框架-剪力墙结构
7	Longhu-5	7	28	Class Ⅱ	2010	钢筋混凝土框架结构
8	Longhu-6	7	28	Class Ⅱ	2010	钢筋混凝土框架结构
9	Longhu-7	18	72	Class Ⅱ	2010	钢筋混凝土框架-剪力墙结构
10	Longhu-8	19	76	Class Ⅱ	2010	钢筋混凝土框架-剪力墙结构
11	Longhu-9	15	60	Class Ⅱ	2010	钢筋混凝土框架-剪力墙结构

输入 $PGA=400cm/s^2$(即该场地的罕遇水准地震动)的 El Centro 地震动,得到 $t=10s$ 时不同结构的位移响应如图 2-51(a)所示。整个区域的时程分析共用时 261s(计算机配置:CPU:2.67-GHz Intel Xeon X5650,RAM:48GB of 1333-MHz DDR3),体现出本节建议模型突出的效率优势。不同建筑物的层间位移包络如图 2-51(b)所示,可以直观地反映出建筑物的动力响应和损伤情况。

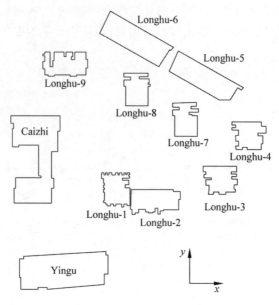

图 2-50 研究区域建筑 2D-GIS 图

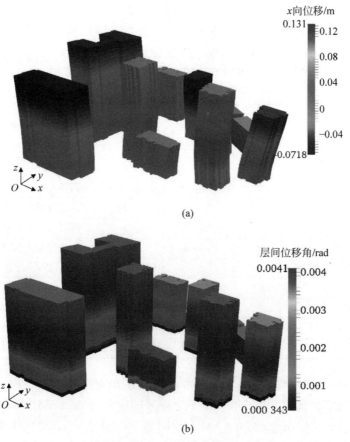

图 2-51 目标区域地震响应分析

（a）$t=10$s 时位移；（b）层间位移包络

2.4.6　小结

本节提出了一种非线性弯剪耦合模型及相应的参数确定方法,可用于城市区域高层建筑震害预测。该模型具有以下优点:①可以充分反映高层建筑弯剪耦合变形特征;②具有很高的计算效率;③便于参数标定;④可以准确预测不同楼层的层间位移角。通过和精细有限元模型对比,体现了本节提出的模型的精度和效率。通过和剪切层模型对比,说明本节提出的模型对高层建筑层间位移的预测精度明显更高。

本节最后对比了不同的骨架线和三线性骨架线模型的峰值点位移计算方法,结果表明,三线性骨架线模型的精度更高,刚度折减法和延性系数法都可以满足精度需要。本节的研究为开展区域高层建筑震害预测提供了一个高效准确的计算模型。

2.5　区域震害模拟中参数不确定性影响分析

2.5.1　引言

2.3 节和 2.4 节提出了非线性 MDOF 剪切层模型与非线性 MDOF 弯剪耦合模型,利用它们可以快速、准确地模拟各类建筑在地震作用下的动力特性与破坏状态。上述区域建筑分析模型的层间恢复力关系选用三线性骨架线。根据中国规范与统计数据,提出了钢筋混凝土框架结构、设防砌体结构、未设防砌体结构、多层钢框架结构、门式刚架以及高层结构的多自由度模型参数确定方法。概括起来其参数确定流程如下:

(1) 基于既有建筑的宏观参数(如高度、层数、面积、设防烈度等),根据中国规范规定,执行一个模拟设计流程,进而获得模型的基本周期以及骨架线的设计承载力;

(2) 根据相关数据的回归统计结果,获得骨架线设计点、屈服点、峰值点以及软化点四者之间的数值关系;

(3) 结合步骤(1)和步骤(2)得到的结果,确定完整骨架线。

从上述流程中,可以发现步骤(2)涉及骨架线上各关键点之间关系的回归统计。而实际操作中,只能以回归统计得到的某一特征值(一般为均值或中位值)作为进一步计算的依据。例如,2.3.3 节统计得到,未设防砌体的峰值超强系数的中位值为 1.40。但实际上,这一系数近似地遵循着对数正态分布。这就表明,当这一超强系数被用于分析时,其参数的不确定性在 2.3 节、2.4 节的研究中并未加以考虑。然而 FEMA P695 报告(FEMA,2009)指出,结构模型参数本身的不确定性会对模型的抗震性能产生不可忽视的影响。

以建筑的倒塌易损性分析为例,FEMA P695 报告(FEMA,2009)指出,建筑的倒塌易损性曲线可以用对数正态分布进行描述。普遍使用的增量动力分析(incremental dynamic analysis,IDA)方法,只考虑地震动的不确定性,因此得到的建筑倒塌易损性曲线的中位值对应结构条件倒塌概率为 50% 时的地震动强度,对应的标准差则是由地震动不确定性引起的,一般记作 β_{RTR}。当引入模型参数的不确定性时,建筑倒塌易损性曲线的标准差由两部分构成,其关系如式(2.5-1)所示。

$$\beta_{\text{TOT}}^2 = \beta_{\text{RTR}}^2 + \beta_{\text{MDL}}^2 \qquad (2.5\text{-}1)$$

式中，β_{MDL} 代表模型参数不确定性的影响；β_{TOT} 代表地震动不确定性与模型参数不确定性的共同影响。以往的研究表明，就单体建筑分析而言，β_{MDL} 与 β_{RTR} 往往具有相同的量级。施炜（2014）研究表明，β_{MDL}/β_{RTR} 可以超过 0.5。因此，模型参数不确定性的影响不容忽视。因此，为研究模型参数不确定性对区域震害分析结果的影响，本书作者开展了相关的研究（Lu et al.，2017）。

2.5.2　参数不确定性影响分析方法

在进行参数不确定性影响的分析时，一般采用敏感性分析方法。其中，一次二阶矩方法（first-order second-moment method，FOSM method）（Melchers，1999）和蒙特卡罗分析法（Monte Carlo method）（Rubinstein，1981）使用广泛（Porter et al.，2002；Lee and Mosalam，2005；Na et al.，2008；Fellin et al.，2010；Shin and Kim，2014），下面将对以上两种方法进行介绍。

1. 一次二阶矩方法

一次二阶矩方法使用广泛、计算简便，仅需要相对较小的计算量，即可得到足够准确的结论。另外，在使用该方法时，不需要了解随机变量的具体分布形式，而只需要随机变量分布的关键参数（均值与标准差）。下面将对一次二阶矩方法进行简单介绍。

假设随机变量 $\boldsymbol{X}$ 具有均值 $\boldsymbol{\mu_X}$ 与协方差矩阵 $\boldsymbol{\Sigma_X}$，如式（2.5-2）～式（2.5-4）所示。

$$\boldsymbol{X} = \left[x_1, x_2, \cdots, x_n\right]^{\mathrm{T}} \tag{2.5-2}$$

$$\boldsymbol{\mu_X} = \left[\mu_{x_1}, \mu_{x_2}, \cdots, \mu_{x_n}\right]^{\mathrm{T}} \tag{2.5-3}$$

$$\boldsymbol{\Sigma_X} = \boldsymbol{\sigma}_{x_i} \boldsymbol{\rho}_{ij} \boldsymbol{\sigma}_{x_j} \tag{2.5-4}$$

设 Y 是 $\boldsymbol{X}$ 的函数，如式（2.5-5）所示。

$$Y = f(\boldsymbol{X}) \tag{2.5-5}$$

于是，将函数在 $\boldsymbol{X}_0$ 处进行泰勒级数展开，只保留一阶项，忽略高阶项的影响，可以得到 Y 的近似结果见式（2.5-6）。

$$Y \approx f(\boldsymbol{X}_0) + (\nabla f \mid_{\boldsymbol{X}=\boldsymbol{X}_0})^{\mathrm{T}}(\boldsymbol{X} - \boldsymbol{X}_0) \tag{2.5-6}$$

式中，

$$\nabla f \mid_{\boldsymbol{X}=\boldsymbol{X}_0} = \left[\frac{\partial f}{\partial x_1}, \frac{\partial f}{\partial x_2}, \cdots, \frac{\partial f}{\partial x_n}\right]^{\mathrm{T}} \Bigg|_{\boldsymbol{X}=\boldsymbol{X}_0} \tag{2.5-7}$$

基于式（2.5-6）可以推导出变量 Y 的前二阶矩（即均值 μ_Y 与方差 σ_Y^2），这种近似方法称为一次二阶矩方法。特别地，当 $\boldsymbol{X}_0 = \boldsymbol{\mu_X}$ 时，可以近似得到式（2.5-8）和式（2.5-9）。

$$\boldsymbol{\mu}_Y \approx f(\boldsymbol{\mu_X}) \tag{2.5-8}$$

$$\boldsymbol{\sigma}_Y^2 \approx (\nabla f \mid_{\boldsymbol{X}=\boldsymbol{\mu_X}})^{\mathrm{T}} \boldsymbol{\Sigma_X}(\nabla f \mid_{\boldsymbol{X}=\boldsymbol{\mu_X}}) \tag{2.5-9}$$

上述方法称为均值一次二阶矩方法。在计算式（2.5-7）中的每一项时，一般采用有限差分方法计算，即

$$\frac{\partial f}{\partial x_i}\bigg|_{\boldsymbol{X}=\boldsymbol{\mu_X}} \approx \frac{f(\boldsymbol{\mu}_{\boldsymbol{X}_i} + \Delta x_i) - f(\boldsymbol{\mu}_{\boldsymbol{X}_i} - \Delta x_i)}{2\Delta x_i}, \quad i = 1, 2, \cdots, n \tag{2.5-10}$$

特别地，取 $\Delta x_i = \sigma_{x_i}$，可以得到

$$\left.\frac{\partial f}{\partial x_i}\right|_{\boldsymbol{X}=\boldsymbol{\mu}_X} \approx \frac{f(\boldsymbol{\mu}_{X_i}+\boldsymbol{\sigma}_{x_i})-f(\boldsymbol{\mu}_{X_i}-\boldsymbol{\sigma}_{x_i})}{2\sigma_{x_i}}, \quad i=1,2,\cdots,n \qquad (2.5\text{-}11)$$

为方便讨论,记

$$Y(x_i^{\pm})=f(\boldsymbol{\mu}_{X_i}\pm\boldsymbol{\sigma}_{x_i}), \quad i=1,2,\cdots,n \qquad (2.5\text{-}12)$$

采用上述分析计算过程,可以快速获得函数 Y 相关于变量 $\boldsymbol{X}$ 的参数敏感性结果,进而用于后续分析。

在实际计算中,本节选取 FEMA P695(FEMA,2009)推荐的 22 条远场地震动进行结构的增量动力分析,并记录结构首次达到轻微破坏、中等破坏、严重破坏和毁坏时的地震动强度。已有研究表明(FEMA,2012a,b),结构的易损性函数可以采用对数正态分布进行假设。因此,就单体建筑而言,这里记 Y 为结构达到某损伤状态的地震动强度对数值;就群体建筑而言,取所有结构达到某损伤状态时的平均易损性曲线。需要说明的是,这条平均易损性曲线严格来讲不再是对数正态分布的形式,但是仍可以采用对数正态分布进行近似,这一点将在 2.5.3 节中进一步解释。为了将问题简化,这里同样选取所有单体建筑 Y 值的平均值作为群体分析的 Y 值。

基于上述介绍可以发现,采用本方法得到的 σ_Y 即对应为式(2.5-1)中的 β_{MDL}。同时,本研究选取 PGA 作为地震动强度指标,而不选取同样得到大量使用的 $S_a(T_1)$,这主要是基于以下几点原因:

(1) 本研究所考虑的建筑基本周期 T_1 为一个随机变量,因此 $S_a(T_1)$ 的引入会使问题更加复杂,关系难以厘清;

(2) 进行群体性分析时,本研究将对大量周期不同的建筑进行时程分析,因此如果选用同一 $S_a(T_1)$ 指标则并不合适;

(3) 以往的相关研究也大多基于 PGA 指标(Xiong et al.,2017;Xu et al.,2014b;Zeng et al.,2016),因此,本研究选用 PGA 作为地震动强度指标将有利于与以往研究进行对比;

(4) 国标 GB 50011—2010 中采用 PGA 作为建筑设计的强度指标,因此选用这一指标将有利于相关成果与规范的比较。

2. 蒙特卡罗方法

蒙特卡罗方法在参数不确定性分析中也十分常用,该方法可以较高精度地估计变量的概率分布,但随之而来的是巨大的计算量。在使用该方法前,需要明确变量的具体分布,以方便进行采样。同时,采样次数也要进行适当的控制,既要保证采样足够充分,又要避免采样过多而产生冗余计算量。

在确定参数分布时,结合本研究的具体情况,假设所考虑的变量 $\boldsymbol{X}$ 由 m 个参数构成,且满足 m 维正态分布,并根据从文献资料中收集的数据进行协方差矩阵的估计,于是有

$$\boldsymbol{X} \sim N_m(\boldsymbol{\mu}_X, \boldsymbol{\Sigma}_X) \qquad (2.5\text{-}13)$$

多元统计分析中有如下定理:

设 $\boldsymbol{X}$ 为一 p 维随机变量,服从均值为 $\boldsymbol{\mu}$、协方差为 $\boldsymbol{\Sigma}$ 的 p 维正态分布,即 $\boldsymbol{X}\sim N_p(\boldsymbol{\mu},\boldsymbol{\Sigma})$,$p\geqslant 2$,$\boldsymbol{\Sigma}>\boldsymbol{0}$。

于是,$\boldsymbol{X}$、$\boldsymbol{\mu}$ 以及 $\boldsymbol{\Sigma}$ 可以进行如式(2.5-14)的剖分:

$$\boldsymbol{X}=\begin{bmatrix}\boldsymbol{X}^{(1)}\\\boldsymbol{X}^{(2)}\end{bmatrix}, \quad \boldsymbol{\mu}=\begin{bmatrix}\boldsymbol{\mu}^{(1)}\\\boldsymbol{\mu}^{(2)}\end{bmatrix}, \quad \boldsymbol{\Sigma}=\begin{bmatrix}\boldsymbol{\Sigma}_{11}&\boldsymbol{\Sigma}_{12}\\\boldsymbol{\Sigma}_{21}&\boldsymbol{\Sigma}_{22}\end{bmatrix} \qquad (2.5\text{-}14)$$

式中，$\boldsymbol{X}^{(1)}$ 与 $\boldsymbol{\mu}^{(1)}$ 为 $q \times 1$ 矩阵，$\boldsymbol{\Sigma}_{11}$ 为 $q \times q$ 矩阵。那么，在 $\boldsymbol{X}^{(2)}$ 下 $\boldsymbol{X}^{(1)}$ 的条件分布服从 q 维正态分布，其均值为 $\boldsymbol{\mu}_{1 \cdot 2}$，协方差矩阵为 $\boldsymbol{\Sigma}_{11 \cdot 2}$，具体形式如式（2.5-15）所示。

$$(\boldsymbol{X}^{(1)} \mid \boldsymbol{X}^{(2)}) \sim N_q(\boldsymbol{\mu}_{1 \cdot 2}, \boldsymbol{\Sigma}_{11 \cdot 2}) \tag{2.5-15}$$

式中，

$$\boldsymbol{\mu}_{1 \cdot 2} = \boldsymbol{\mu}^{(1)} + \boldsymbol{\Sigma}_{12} \boldsymbol{\Sigma}_{22}^{-1} (\boldsymbol{X}^{(2)} - \boldsymbol{\mu}^{(2)}) \tag{2.5-16}$$

$$\boldsymbol{\Sigma}_{11 \cdot 2} = \boldsymbol{\Sigma}_{11} - \boldsymbol{\Sigma}_{12} \boldsymbol{\Sigma}_{22}^{-1} \boldsymbol{\Sigma}_{21} \tag{2.5-17}$$

基于上述定理，可以依次对变量进行随机采样，并用于进一步的分析。

蒙特卡罗方法的采样次数的确定也是分析时的一个重要环节。为了保证蒙特卡罗结果的准确性，采样次数不能过低。以 2.5.3 节中的案例为例，对于一栋 1 层设防砌体，考察其软化点位移角 δ_s 对于结构达到完全破坏状态时地震动强度的影响。图 2-52 给出了在上述工况下，归一化均值与标准差结果随蒙特卡罗方法的采样次数变化而变化的情况。实际上，这组

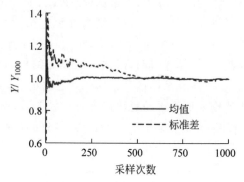

图 2-52　蒙特卡罗方法采样次数的确定

案例相对于其他算例而言，离散性最大，收敛最慢。从图中可以发现，500 次的采样次数已经足以保证分析结果的准确性。因此，本研究将统一采用 500 次作为蒙特卡罗方法的随机采样次数。

2.5.3　设防砌体结构的参数不确定性影响分析

1. 关键参数与破坏准则确定

在进行区域建筑震害分析时，设防砌体结构一般采用多自由度剪切层模型，这样可以更好地模拟该类建筑在地震作用下的剪切型变形行为。采用多自由度剪切层模型时，其基本周期参数依据 2.3.3 节中提出的经验公式求得；其每层采用三线性骨架线的恢复力关系，骨架线参数可以依据 2.3.3 节给出的方法进行标定。本节中，进行不确定性影响分析的参数总计 6 个：周期经验参数 a 与 b（分布见式（2.3-8）），以及屈服超强系数 Ω_y、峰值超强系数 Ω_p、峰值位移 δ_p、极限位移 δ_s（分布见式（2.3-28），分别对应于式中的 Ω_4、Ω_5、$\delta_{\mathrm{RM,peak}}$ 和 $\delta_{\mathrm{RM,soft}}$）。

在进行参数不确定性的影响讨论时，应当选取能充分考虑不确定性影响的损伤限值，使之可以适应由建筑参数改变导致的骨架线形状变化。因此，本节分析中，采用本书 3.2 节定义的"考虑参数不确定性的损伤限值"来确定结构破坏状态。

2. 案例分析

本节研究选用清华大学校园内的 199 栋设防砌体结构作为研究对象。根据《建筑抗震设计规范》（GB 50011—2010），清华大学范围内建筑的抗震设防烈度为 8 度（0.20g），场地类型为Ⅱ类场地。本次研究选用的 199 栋设防砌体的层数与建造年代的构成如图 2-53 所示，其层数、层高、层面积的平均值如表 2-14 所示。在实际进行分析时，分别选取 1 层、3 层和 6 层设防砌体中具有代表性的结构（以下分别记为 RM-1、RM-3 和 RM-6）进行单体分析，另外，

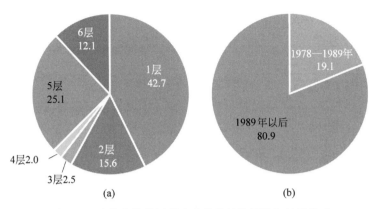

图 2-53　清华大学校园设防砌体的结构层数与年代构成

(a) 层数构成；(b) 年代构成

对所有设防砌体（记为 RM-Region）进行群体性分析。需要说明的是，在进行区域分析时，为简化问题，假设不同建筑之间不会相互影响。

表 2-14　清华大学校园设防砌体结构特征参数（平均值）

层数	层高/m	层面积/m²
2.87	3.43	505.05

1）单体建筑参数不确定性分析结果

龙卷风图是进行敏感性分析时最为常用的展示结果的方式（Porter et al.，2002；Lee and Mosalam，2005；Na et al.，2008；Shin and Kim，2014）。图 2-54 至图 2-56 分别给出了 RM-1、RM-3 和 RM-6 对应 4 种损伤状态的敏感性分析结果。图中灰色竖线表示式(2.5-8)中的 μ_Y，端部标记实心圆点和空心方块的实线表示根据一次二阶矩方法分析得到的结果，带三角形标记的实线表示根据蒙特卡罗（Monte Carlo）方法分析得到的结果。其中，由一次二阶矩方法得到的结果中，空心方块表示 $Y(x_i^-)$，实心圆点表示 $Y(x_i^+)$，其具体定义见式(2.5-12)。蒙特卡罗方法分析的结果中，两侧实心三角形与中点的差值为分析结果的标准差。曲线结果中，"all-C"表示所有变量同时随机变化且考虑条件分布的蒙特卡罗分析结果；"all-N"表示所有变量同时随机变化但不考虑条件分布的蒙特卡罗分析结果；T_1 表示仅 a 和 b 同时随机变化，得到的蒙特卡罗分析结果；其余为各变量单独随机变化对应的结果。

从图 2-54 至图 2-56 中可以发现：

（1）对于层数不同的建筑而言，结构易损性对于各个参数敏感性的相对大小关系基本保持一致；

（2）屈服超强系数 Ω_y 在"轻微破坏""中等破坏"以及"严重破坏"状态中具有重要作用，但是对于"毁坏"状态其影响可以忽略；

（3）峰值超强系数 Ω_p 在"严重破坏"状态中具有重要作用，但是对于"轻微破坏"与"中等破坏"基本没有影响，对于"毁坏"状态的影响也十分有限；

（4）峰值层间位移角 δ_p 对于"毁坏"状态十分重要，但是对于"轻微破坏"与"中等破坏"没有影响；

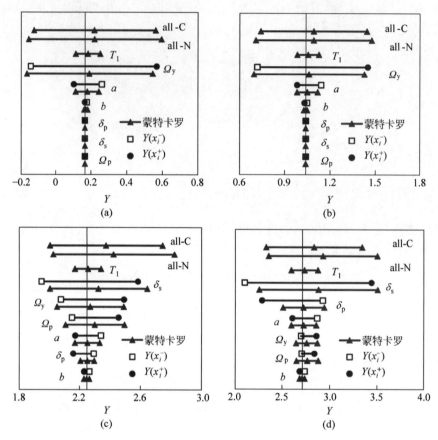

图 2-54　RM-1 参数不确定性分析结果龙卷风图
（a）轻微破坏；（b）中等破坏；（c）严重破坏；（d）毁坏

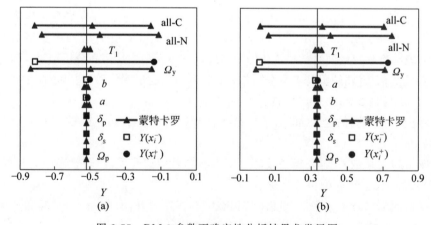

图 2-55　RM-3 参数不确定性分析结果龙卷风图
（a）轻微破坏；（b）中等破坏；（c）严重破坏；（d）毁坏

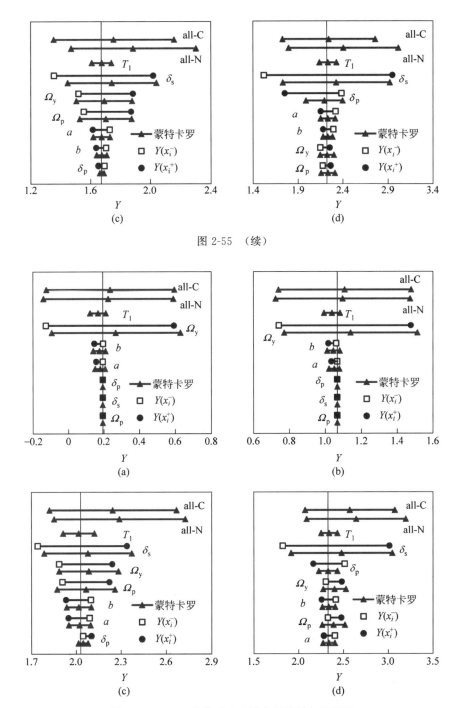

图 2-55 （续）

图 2-56　RM-6 参数不确定性分析结果龙卷风图

（a）轻微破坏；（b）中等破坏；（c）严重破坏；（d）毁坏

（5）软化点位移角 δ_{s} 对于"严重破坏"与"毁坏"状态十分关键，但是对于"轻微破坏"与"中等破坏"没有影响；

（6）结构基本周期的相关参数 a 和 b 对于各个状态的结果影响都很有限。

基于一次二阶矩方法与蒙特卡罗方法得到的模拟结果,同样可以获得针对不同破坏状态的建筑易损性曲线。为了使结果对比效果更为明显,本节采用易损性曲线的概率密度曲线,如图 2-57 至图 2-59 所示。图中,"RTR"表示只考虑地震动不确定性得到的计算结果;"FOSM"表示在"RTR"的基础上,采用一次二阶矩方法,同时考虑模型参数的不确定性得到的计算结果;"MCS-C"表示采用蒙特卡罗方法同时考虑地震动与模型参数的不确定性,且考虑了模型参数的条件分布的影响;"MCS-N"表示采用蒙特卡罗方法同时考虑地震动与模型参数的不确定性,且不考虑模型参数的条件分布的影响。

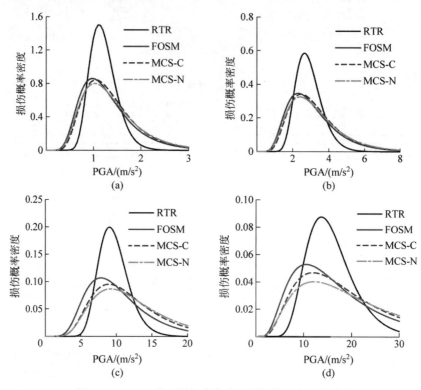

图 2-57 RM-1 在不同损伤状态下的损伤概率密度曲线
（a）轻微破坏；（b）中等破坏；（c）严重破坏；（d）毁坏

从图 2-57 至图 2-59 中可以发现:

（1）采用一次二阶矩方法可以得到与蒙特卡罗方法十分接近的结果,同时计算量大幅降低;

（2）当所有变量同时改变时,相比于一次二阶矩方法假设的均值 μ_Y,蒙特卡罗方法得到的 μ_Y 值偏大,说明一次二阶矩方法的相关假设在本工况下是相对保守的;

（3）当考虑到变量的条件分布时,其得到结果的标准差与一次二阶矩方法更为接近,因为一次二阶矩方法本身考虑了参数之间的相互影响,这一现象在"毁坏"状态下尤为明显;

（4）进行单体结构的抗震性能分析时,模型参数不确定性的影响与地震动不确定性造成的影响在量级上接近,因此不容忽视。

2）群体建筑参数不确定性分析结果

在上述单体建筑的研究基础上,可以进一步开展群体建筑的相关分析。首先,这里假设

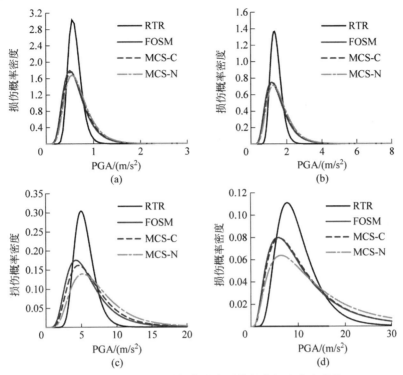

图 2-58 RM-3 在不同损伤状态下的损伤概率密度曲线
（a）轻微破坏；（b）中等破坏；（c）严重破坏；（d）毁坏

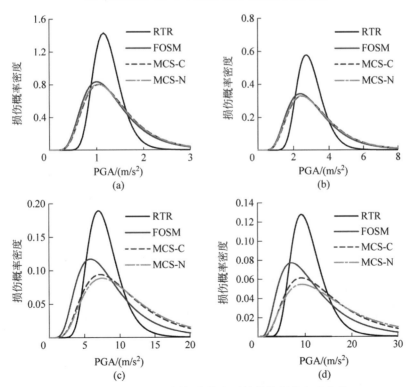

图 2-59 RM-6 在不同损伤状态下的损伤概率密度曲线
（a）轻微破坏；（b）中等破坏；（c）严重破坏；（d）毁坏

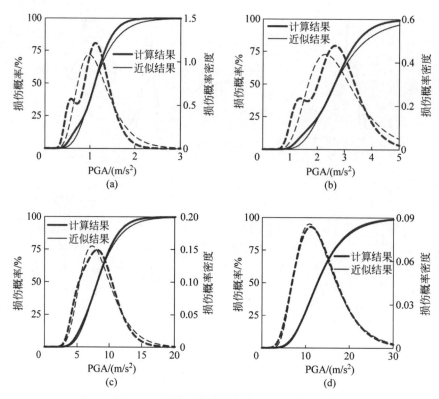

图 2-60   设防砌体结构群体分析典型结果
(a) 轻微破坏；(b) 中等破坏；(c) 严重破坏；(d) 毁坏

进行群体分析时不同建筑之间的模型参数相互独立。另外,这里采用所有建筑的平均易损性曲线来评估在给定地震动强度(PGA)下,所有建筑达到某损伤状态的概率。图 2-60 中给出了清华大学校园中 199 栋设防砌体结构群体性分析的一组典型的结果。其中,实线表示所有建筑的平均易损性曲线,虚线表示对应的平均损伤概率密度曲线;粗线表示实际计算结果,细线表示用对数正态分布近似得到的结果。可以发现,实际计算出来的平均易损性曲线并不精确地符合对数正态分布,但是仍然可以用对数正态分布曲线进行适当的近似。

类似地,可以得到分析结果的龙卷风图,如图 2-61 所示。对比图 2-54 至图 2-56 以及图 2-61 可以发现,建筑抗震性能对于每个模型参数的敏感性,在群体分析与单体分析中的规律相似,但是模型参数不确定性的绝对影响在群体性分析中大大降低。

为了定量分析这一敏感性的折减,图 2-62 中计算了群体性分析中的模型参数不确定性引起的结果不确定性 $\beta_{\mathrm{MDL,RM\text{-}region}}$ 与单体结构分析中对应的 $\beta_{\mathrm{MDL,RM\text{-}}i}$ 的比值。图中每个点代表当横坐标中的某个变量随机变化时,得到结果对应的比值。可以发现,进行群体分析时,参数不确定性引起的结果不确定性接近于单体分析时的 $1/\sqrt{n_{\mathrm{b}}}$(n_{b} 为群体分析时考虑的建筑数量)。需要注意的是,在数学上,当一组随机变量相互独立且服从相同的正态分布 $N(\mu,\sigma)$ 时,这组随机变量的均值将遵循正态分布 $N(\mu,\sigma/\sqrt{n_{\mathrm{b}}})$。因此,当所考虑的区域内均为相同且相互独立的建筑("相互独立"指结构地震动力响应互不影响)时,参数不确定性引起的结果不确定性从理论上将下降至单体分析时的 $1/\sqrt{n_{\mathrm{b}}}$。当所有变量共同改变的时

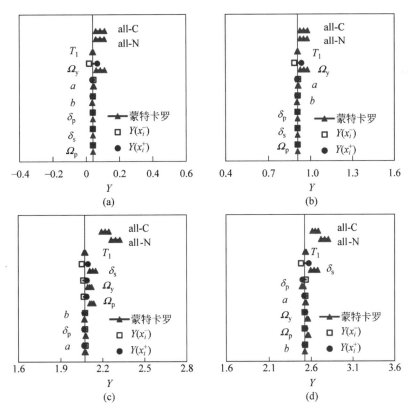

图 2-61　设防砌体结构群体分析结果龙卷风图
（a）轻微破坏；（b）中等破坏；（c）严重破坏；（d）毁坏

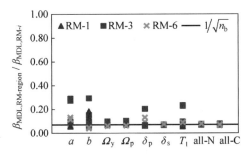

图 2-62　群体分析与单体分析敏感性结果对比

候（图 2-62 中的 all-N 与 all-C），比值尤其接近这一理论值，因为此时变量的共同改变将降低每个变量独自变化引起的结果的离散性。

　　另外，同样可以得到群体分析时相关结果的损伤概率密度曲线，如图 2-63 所示。从图中可以发现：

　　（1）群体分析时，如果假设建筑之间没有相互影响，则参数不确定性对于群体性能指标影响很小；

　　（2）一次二阶矩方法可以以很小的计算量得到与蒙特卡罗方法接近的结果，因此在这类分析中，可以考虑采用一次二阶矩方法替代蒙特卡罗方法以提升分析效率；

（3）此类分析中,一次二阶矩方法假设的均值μ_Y相比于蒙特卡罗方法得到的结果更为保守;

（4）当采用蒙特卡罗方法时,若考虑到变量的条件分布,则与一次二阶矩方法结果接近,这一点在"严重破坏"与"毁坏"状态下最为明显。

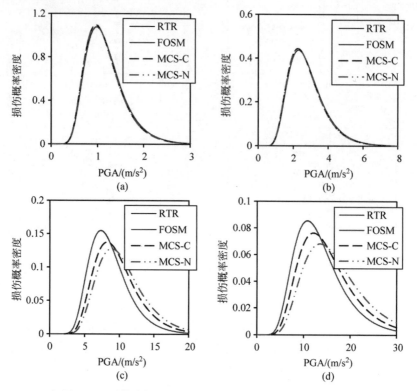

图 2-63　群体分析在不同损伤状态下的损伤概率密度曲线
（a）轻微破坏；（b）中等破坏；（c）严重破坏；（d）毁坏

2.5.4　其他结构类型的参数不确定性影响分析

采用与 2.5.3 节类似的方法,同样可以进行钢筋混凝土高层结构等其他结构类型的参数不确定性影响分析。由于方法类似,这里不再赘述细节。

对于高层钢筋混凝土结构,首先采用 2.4.3 节介绍的方法对 MDOF 弯剪耦合模型进行参数标定,以模拟高层建筑震害。在参数标定过程中,存在参数不确定性的主要有两个变量,即屈服超强系数 Ω_y 与峰值超强系数 Ω_p。这里为方便随机取样,根据熊琛（2016）统计的相关数据,采用 $\ln(\Omega_y-1)$ 和 $\ln(\Omega_p-1)$ 的形式进行重新回归,得到结果如式（2.5-18）所示。

$$\begin{cases} \ln(\Omega_y-1)=1.1941-0.2678\mathrm{DI} \\ \ln(\Omega_p-1)=2.0252-0.2719\mathrm{DI} \end{cases} \tag{2.5-18}$$

式中,DI 为设防烈度。进一步统计可得,通过上述两个公式预测的 $\ln(\Omega_y-1)$ 与 $\ln(\Omega_p-1)$ 的标准差分别为 0.4786 和 0.4483。图 2-64 中给出了预测公式以及加减一倍标准差的预测曲线与实际统计点的拟合关系。

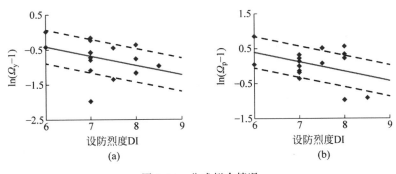

图 2-64 公式拟合情况

（a）屈服超强系数 Ω_y 拟合情况；（b）峰值超强系数 Ω_p 拟合情况

（实线为拟合公式，虚线为加减一倍标准差后的曲线）

基于上述两个随机变量，采用一次二阶矩方法与蒙特卡罗方法，选取 FEMA P695（FEMA，2009）推荐的 22 条远场地震动，研究参数不确定性对高层建筑结构地震易损性的影响规律。

总体而言，其他结构类型的分析结论与 2.5.3 节中讨论的内容接近，即单体结构分析中，模型参数不确定性对地震响应结果的影响和地震动的不确定性处于同一数量级；而群体建筑分析中，模型参数不确定性影响会显著降低。

2.5.5 小结

本节针对所采用的非线性多自由度模型进行了参数不确定性的影响分析，分析结果表明：

（1）当研究关注的指标为单体建筑的指标时，需要考虑参数不确定性的影响，因为这一影响相对于经常考虑的地震动的不确定性而言不可忽略；

（2）当研究关注的指标为群体建筑的指标，且群体建筑之间无相互关联与影响时，不需考虑参数不确定性的影响，因为此时这一影响随着建筑数目的增加而迅速减弱；

（3）在进行此类模型的参数不确定性的影响分析时，一次二阶矩方法可以替代蒙特卡罗方法，该方法简单、高效，且计算精度同样可以满足工程需要。

第3章

城市区域地震经济损失预测方法

3.1 概述

利用第 2 章提出的城市区域建筑震害预测精细化模型,已经可以对城市区域的结构破坏进行更加科学、准确的预测,这为发展城市区域地震损失的预测奠定了良好的基础。本节基于前文提出的城市区域建筑震害预测精细化模型,研究城市区域地震损失预测方法,为城市综合抗震防灾提供参考。

如果地震发生在人口密集、经济发达的城市区域,将带来严重的后果。随着抗震设计规范的不断完善,新建建筑结构的抗震性能不断提高,地震导致的建筑倒塌和人员死亡得到了有效控制,但造成的经济损失仍然很严重。例如,智利在经历 1960 年 9.5 级大地震造成的巨大灾难后,颁布了非常严格的建筑设计规范 (Guha-Sapir et al.,2011)。因此,智利在 2010 年 2 月 27 日发生的 8.8 级大地震中,建造年代在 1985 年至 2009 年的所有 9974 栋建筑中仅有 4 栋建筑倒塌(Elnashai et al.,2010)。然而 2010 年的这次地震造成的直接经济损失达 309 亿美元(2011 年美元值),占 2010 年全球自然灾害总损失(1278 亿美元)的 24.2%(Guha-Sapir et al.,2011)。如果地震发生在经济高度发达的地区,造成的经济损失将更严重。2011 年 3 月 11 日发生的 9.0 级东日本大地震和引发的海啸造成的直接经济损失高达 2100 亿美元(Ponserre et al.,2012)。即使地震震级没有如此巨大,其导致的经济损失也可能相当严重。2011 年 2 月 22 日发生在新西兰 Christchurch 的 M6.2 地震直接经济损失达 150 亿美元(Ponserre et al.,2012);1994 年美国北岭 M6.7 地震直接经济损失达 390 亿～607 亿美元(2011 年美元值)(Chen et al.,2013)。总之,地震可能对受灾区域带来严重的经济冲击,对重要的城市区域来说,进行合理的地震经济损失预测,可以为决策者提供重要的参考信息,从而有针对性地制定防震减灾规划、地震保险规划等对策,减小可能遭受的潜在地震损失。

常用的城市区域震损预测方法包括建筑整体层次和建筑构件层次的震损预测方法。

建筑整体层次的震损预测方法将目标区域的建筑按结构类型等属性划分为若干种类,对每类建筑,使用经济损失矩阵表征建筑破坏状态和损失比的关系,结合目标区域建筑重置价值,得到区域建筑震损预测结果。该方法的典型代表是中华人民共和国国家标准《地震现场工作 第 4 部分:灾害直接损失评估》(GB/T 18208.4—2011),采用下式计算房屋破坏

损失 L_h 与装修破坏损失 L_d，并以其和作为房屋地震经济损失：

$$L_h = SD_h P \tag{3.1-1}$$

$$L_d = \gamma_1 \gamma_2 \xi SD_d \eta P \tag{3.1-2}$$

式中，S 为房屋建筑面积，m^2；D_h、D_d 分别为某种破坏状态下的房屋破坏、装修破坏损失比，可根据《地震现场工作　第 4 部分：灾害直接损失评估》(GB/T 18208.4—2011)的建议取值，如表 3-1 所示；P 为房屋重置单价(元/m^2)，可根据袁一凡(2008)的建议取值；γ_1 为考虑各个地区经济状况差异的修正系数；γ_2 为考虑不同建筑用途的修正系数，若不考虑则取 1.0；ξ 为中高档装修房屋建筑面积占总房屋的比例；η 为房屋装修费用与房屋主体造价的比值。γ_1、γ_2、ξ、η 可根据《地震现场工作　第 4 部分：灾害直接损失评估》(GB/T 18208.4—2011)中的表 A.1～表 A.4 进行取值。

表 3-1　各破坏状态下房屋破坏和装修破坏损失比中位值(GB/T 18208.4—2011)　　%

损失比	破坏状态					
	结构	基本完好	轻微	中等	严重	倒塌
房屋破坏损失比		3	11	31	73	91
装修破坏损失比	混凝土结构	6	18	43	81	96
	砌体结构	3	13	34	74	93

采用式(3.1-1)和式(3.1-2)计算震损的一个重要前提是需要已知房屋的震害(即破坏状态)。针对这一问题，3.2 节将探讨混凝土框架结构、砌体结构、高层结构的震害判别准则，从而利用本书第 2 章的方法确定各建筑的震害。

建筑构件层次的震损预测方法则相对更为精细。采用该方法需要知道建筑内结构构件、非结构构件、内容物的种类、数量等详细情况。通过结构地震响应分析，获取建筑各楼层的响应；根据结构响应、各构件的易损性曲线以及后果函数，得到构件维修费用；最后将所有构件维修费用加总得到整体建筑的震损。区域建筑数据是该震损预测方法的前提和基础，但在实践中，不同情况下能得到的建筑数据不同，即所能获取的建筑数据往往是多源的。本节提出了如图 3-1 所示的震损预测框架，为多源数据下建筑构件层次的震损预测提供实现方法：①对于小范围的重点区域或示范区域，可获取其现场调查数据或建筑图纸数据等。3.3 节提出了基于新一代性能化设计思想，利用现场调查和建筑图纸数据进行构件层次震

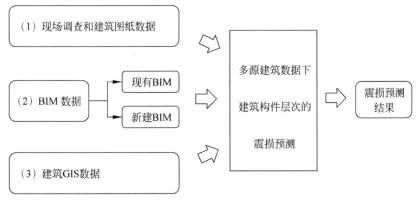

图 3-1　多源建筑数据震损预测框架

损预测的实现方案。②对于一部分建筑,特别是新兴城区的建筑,可获取其建筑信息模型(BIM)数据,从 BIM 中自动获取所需数据,进行构件层次的震损预测。详细内容可以参考 Xu 等(2019)提出的方法。③对于量大面广的常规建筑,最容易获取的是建筑基本的 GIS 数据。3.4 节提出了基于 GIS 数据进行建筑构件层次震损预测的一个实现方案。

3.2　建筑整体层次的震损预测

3.2.1　引言

如前文所述,建筑整体层次的震损预测的一个重要环节,是计算结构的破坏状态。《建(构)筑物地震破坏等级划分》以及美国 HAZUS 报告将结构划分成以下 5 个破坏状态(损伤等级):① 基本完好;② 轻微破坏;③ 中等破坏;④ 严重破坏;⑤ 毁坏(GB/T 24335—2009;FEMA,2012c)。目前研究者通过规定一系列的损伤限值,将结构分析得到的地震响应结果与结构的损伤程度相关联。第 2 章给出了区域建筑地震响应的模拟分析方法,结合本节规定的损伤限值,就能确定结构的破坏状态,进而采用式(3.1-1)和式(3.1-2)计算震损。本节将分别针对多层结构以及钢筋混凝土高层结构,探讨其损伤限值的选取。

3.2.2　多层结构震害判别

不同研究者对损伤限值都给出了建议,主要分为两大类:①基于力的损伤限值(尹之潜,杨淑文,2004);②基于位移的损伤限值(FEMA,2012c)。基于力的损伤限值是根据结构的层间内力来判断破坏状态,例如结构内力超过结构的屈服承载力时,认为结构已经从完好发展到了轻微破坏。与此相对,基于位移的损伤限值则是根据结构的层间位移来判断破坏状态,如结构层间位移超过严重损伤限值时,认为结构已经从中等破坏发展到了严重破坏。

基于力的损伤限值和基于位移的损伤限值这两种方法各有其优点和不足。当结构损伤较小时,其刚度较大,此时较小的层间位移变化将会产生较大内力变化,如果采用基于位移的损伤限值,可能会产生较大的变异性。而此时采用基于力的损伤限值较为合适。而当结构损伤较大时,结构抗侧刚度已经大幅下降,甚至已经趋近于零。较小的内力变化对应较大的位移发展,此时采用基于位移的损伤限值则更为准确。

基于以上讨论,本书将结合上述两种方法各自的优势,即采用尹之潜和杨淑文(2004)建议的基于承载力关键点的方法确定"轻微破坏"和"中等破坏"的层间剪力限值,然后根据 HAZUS(FEMA,2012c)基于层间位移角限值的方法确定结构的"严重破坏"和"毁坏"的损伤限值。

上述定义中,虽然轻微破坏和中等破坏点是随着骨架线变化而变化的,但严重破坏和毁坏状态是确定的值,因此将其称为"确定性的损伤限值"。该限值的定义较为简单,且在一般的不考虑参数不确定性的区域建筑震害分析中,采用该限值是完全可以满足要求的。不同类型结构的损伤确定方法可以概括于表 3-2。

表 3-2 结构损伤限值规定

结构类型	轻微破坏限值	中等破坏限值	严重破坏限值	毁坏限值
混凝土框架结构 未设防砌体结构 钢框架结构 门式刚架结构	$V_{\text{yield},i}$	$(V_{\text{yield},i}+V_{\text{peak},i})/2$	$\delta_{\text{extensive}}$	δ_{complete}
设防砌体结构	$V_{\text{initialcrack},i}$	$V_{\text{yield},i}$	$\delta_{\text{extensive}}$	δ_{complete}

注：$V_{\text{yield},i}$、$V_{\text{peak},i}$ 分别代表结构的屈服承载力和峰值承载力，按照 2.3.3 节中相应的方法进行标定；$\delta_{\text{extensive}}$、$\delta_{\text{complete}}$ 分别为严重破坏和毁坏对应的层间位移角，依据 HAZUS 报告选取（FEMA，2012d）。

1. 混凝土框架结构

混凝土框架结构的前两个损伤限值可以直接按照尹之潜等（2004）建议的方法进行选取。其中"轻微破坏"对应层间剪力达到屈服承载力 $V_{\text{yield},i}$，"中等破坏"对应层间剪力达到屈服承载力和峰值承载力的中点$(V_{\text{yield},i}+V_{\text{peak},i})/2$。"严重破坏"以及"毁坏"的限值按照层间位移的方式确定，"严重破坏"层间位移角 $\delta_{\text{extensive}}$ 和"毁坏"层间位移角 δ_{complete} 详见表 3-3。为了将 HAZUS 报告中各种类型建筑的层间位移角限值应用于中国建筑，可以根据 Lin 等（Lin et al.，2010）的建议，得到 HAZUS 中美国规范等级与中国设防烈度以及建造年代的映射关系，如表 3-4 所示。需要说明的是，我国规范对混凝土框架结构的弹塑性层间位移角限值为 0.02rad，这是偏于保守的，震害调查和试验得到的实际结构的倒塌层间位移角一般大于该值。因此，本研究参考 HAZUS 的规定，确定毁坏层间位移角 δ_{complete} 的取值。

表 3-3　HAZUS 中几类结构的严重破坏和毁坏的层间位移角限值　　　　rad

结构	HAZUS 中的抗震设计等级			
	Pre-Code	Low-Code	Moderate-Code	High-Code
	$\delta_{\text{extensive}}/\delta_{\text{complete}}$	$\delta_{\text{extensive}}/\delta_{\text{complete}}$	$\delta_{\text{extensive}}/\delta_{\text{complete}}$	$\delta_{\text{extensive}}/\delta_{\text{complete}}$
C1L(1F~3F)	0.0160/0.0400	0.0200/0.0500	0.0233/0.0600	0.0300/0.0800
C1M(4F~7F)	0.0107/0.0267	0.0133/0.0333	0.0156/0.0400	0.0200/0.0533

注：C1L 和 C1M 均对应中国规范中的混凝土框架结构；1F~3F 表示该种类型结构的典型层数为 1~3 层；4F~7F 表示该种类型结构的典型层数为 4~7 层。

表 3-4　不同年代和设防烈度的中国建筑与 HAZUS 中规范等级的对应关系（Lin et al.，2010）

抗震设防烈度	建造年代		
	1978 年之前	1978—1989 年	1989 年以后
11(0.40g)	Pre-Code	Moderate-Code	High-Code
8(0.30g)	Pre-Code	Moderate-Code	Moderate-Code
8(0.20g)	Pre-Code	Low-Code	Moderate-Code
7(0.15g)	Pre-Code	Low-Code	Low-Code
7(0.10g)	Pre-Code	Pre-Code	Low-Code
6(0.05g)	Pre-Code	Pre-Code	Pre-Code

2. 未设防砌体结构

未设防砌体结构的损伤判别标准与混凝土框架结构的相似，详见表 3-2。值得注意的是，未设防砌体对应 HAZUS 的 URML/URMM 结构，由于其没有经历抗震设计，因此均对应美国规范等级 Pre-Code。表 3-5 给出了 HAZUS 报告建议的未设防砌体结构的层间位移角限值。

表 3-5   HAZUS 中未设防砌体结构的严重破坏和毁坏层间位移角限值   rad

结　　构	HAZUS 中的抗震设计等级
	Pre-Code
	$\delta_{extensive}/\delta_{complete}$
URML(1F～2F)	0.0120/0.0280
URMM(3F+)	0.0080/0.0187

注：URML 和 URMM 对应中国规范中的未设防砌体结构；1F～2F 表示该种类型结构的典型层数为 1～2 层；3F+ 表示该种类型结构的典型层数为 3 层及以上。

3. 钢框架结构

钢框架结构的损伤判别标准与混凝土框架结构的相似，详见表 3-2。表 3-6 给出了 HAZUS 报告建议的不同规范等级下的钢框架结构的层间位移角限值。

表 3-6   HAZUS 中钢框架结构严重破坏和毁坏的层间位移角限值   rad

结　　构	HAZUS 中的抗震设计等级							
	Pre-Code		Low-Code		Moderate-Code		High-Code	
	$\delta_{extensive}$	$\delta_{complete}$	$\delta_{extensive}$	$\delta_{complete}$	$\delta_{extensive}$	$\delta_{complete}$	$\delta_{extensive}$	$\delta_{complete}$
S1L(1F～3F)	0.0162	0.0400	0.0203	0.0500	0.0235	0.0600	0.0300	0.0800
S1M(4F～7F)	0.0108	0.0267	0.0135	0.0333	0.0157	0.0400	0.0200	0.0533
S1H(8F+)	0.0081	0.0200	0.0101	0.0250	0.0118	0.0300	0.0150	0.0400

注：S1L、S1M、S1H 均对应中国规范中的钢框架结构；1F～3F 表示该种类型结构的典型层数为 1～3 层；4F～7F 表示该种类型结构的典型层数为 4～7 层；8F+ 表示该种类型结构的典型层数为 8 层及以上。

4. 单层门式刚架

单层门式刚架的损伤判别标准与混凝土框架的相似，详见表 3-2。表 3-7 给出了 HAZUS 报告建议的不同规范等级下的单层门式刚架的层间位移角限值。

表 3-7   HAZUS 中单层门式刚架结构严重破坏和毁坏的层间位移角限值   rad

结　　构	HAZUS 中的抗震设计等级							
	Pre-Code		Low-Code		Moderate-Code		High-Code	
	$\delta_{extensive}$	$\delta_{complete}$	$\delta_{extensive}$	$\delta_{complete}$	$\delta_{extensive}$	$\delta_{complete}$	$\delta_{extensive}$	$\delta_{complete}$
S3	0.0128	0.035	0.0161	0.0438	0.0187	0.0525	0.024	0.07

注：S3 对应中国规范中的单层门式刚架结构。

5. 设防砌体结构

设防砌体结构墙片裂缝的发展是一个较长的过程，而砌体结构开裂荷载通常对应结构出现贯通裂缝或者阶梯状斜裂缝，此时结构刚度明显下降，骨架曲线上出现拐点（史庆轩，易文宗，2000）。在此之前，抗剪砌体墙面已经出现一些非贯通的水平裂缝或者斜裂缝。根据《建筑地震破坏等级划分标准》的规定，设防砌体结构的轻度破坏宏观表现为"部分承重墙体出现轻微裂缝，屋盖完好或轻微损坏"；结构中等破坏对应"个别承重墙体严重裂缝或倒塌，部分墙体明显裂缝,个别屋盖构件塌落,个别非承重构件严重裂缝或局部酥碎"(GB/T 24335—2009)。因此按照该描述,设防砌体结构开裂承载力 V_{yield} 应该对应中等破坏点,结构的初裂承载力 $V_{\text{initialcrack}}$ 应该对应轻微破坏点。为了确定结构的初裂承载力,作者收集了 4 栋设防砌体房屋的整体推覆试验数据。结果显示,结构峰值承载力和初裂承载力的比值的均值为 2.455(赵作周,1993;苗启松等,2000;周炳章等,2000;王宗纲,查支祥,2002)。因此可以按照式(3.2-1)计算设防砌体结构的初裂承载力 $V_{\text{initialcrack}}$。

$$V_{\text{initialcrack},i} = V_{\text{peak},i}/2.455 \tag{3.2-1}$$

与框架结构类似,设防砌体结构的"严重破坏"层间位移角 $\delta_{\text{extensive}}$ 以及"毁坏"层间位移角 δ_{complete} 可以按照 HAZUS 报告的值进行选取(FEMA,2012d),如表 3-8 所示。同样基于 Lin 等(Lin et al.,2010)的工作(表 3-4)确定中国砌体结构与 HAZUS 数据的对应。

表 3-8　HAZUS 中设防砌体结构的严重破坏和毁坏层间位移角限值　rad

结　　构	HAZUS 中的抗震设计等级			
	Pre-Code	Low-Code	Moderate-Code	High-Code
	$\delta_{\text{extensive}}/\delta_{\text{complete}}$	$\delta_{\text{extensive}}/\delta_{\text{complete}}$	$\delta_{\text{extensive}}/\delta_{\text{complete}}$	$\delta_{\text{extensive}}/\delta_{\text{complete}}$
RM2L(1F~3F)	0.0128/0.0350	0.0161/0.0438	0.0187/0.0525	0.0240/0.0700
RM2M(4F+)	0.0086/0.0233	0.0107/0.0292	0.0125/0.0350	0.0160/0.0467

注:RM2L、RM2M 对应中国规范中的设防砌体结构;1F~3F 表示该类型结构的典型层数为 1~3 层;4F+ 表示该种类型结构的典型层数为 4 层及以上。

3.2.3　混凝土高层结构震害判别

混凝土高层结构通常包含较多种类的抗侧力构件(框架构件、剪力墙构件以及连梁构件等),结构特性复杂,因此其损伤判别方法也更为复杂,需要对结构中各类抗侧力构件分别加以考虑,进而综合地判定结构各层的震害情况。

因此,本节将从结构震害判别方法和构件震害判别方法两个方面入手,开展高层结构震害判别研究。具体而言,采用结构震害判别方法对各等级结构损伤的宏观破坏表现进行描述,进而根据各类构件的破坏状态即能确定结构破坏状态;采用构件震害预测方法,针对各个构件给出不同破坏状态的限值,利用该限值以及结构地震响应即能确定各构件破坏状态。

1. 结构震害判别方法

考虑到混凝土高层结构中剪力墙墙肢是主要的抗侧力构件,因此本书建议以剪力墙墙肢的地震损伤作为结构震害判别的主要依据,其他构件的破坏状态可以辅助整体结构的震害判别。例如,连梁构件破坏一般较早发生,因此其屈服可以作为结构轻微破坏和中等破坏判别的参考。框架构件作为混凝土高层结构抗侧力的第二道防线,在墙肢发生破坏之后逐渐发挥作用。框架的破坏程度可以作为判别结构严重破坏和倒塌的参考。基于以上考虑,混凝土高层结构各破坏状态的描述如表 3-9 所示。

2. 构件震害判别方法

混凝土高层结构通常由框架、剪力墙墙肢、连梁等抗侧力构件组成。由于抗侧机理不同,不同类型构件宜采用的损伤判别指标也不尽相同。根据宜采用的位移指标类型可以将抗侧力构件分为:①层间位移角敏感型构件;②曲率敏感型构件。

表 3-9　混凝土高层结构的损伤描述

损　伤	《建筑抗震设计规范》 (GB 50011—2010)破坏描述	本书建议的混凝土高层结构损伤描述
基本完好	"承重构件完好;个别非承重构件轻微损坏;附属构件有不同程度破坏"	剪力墙墙肢无损坏,个别连梁构件轻微损坏
轻微破坏	"个别承重构件轻微裂缝(对钢结构构件指残余变形),个别非承重构件明显破坏;附属构件有不同程度破坏"	剪力墙墙肢轻微损坏,部分连梁构件轻微损坏,个别连梁构件中度损坏,个别框架构件轻微损坏
中等破坏	"多数承重构件轻微裂缝,部分明显裂缝(或残余变形);个别非承重构件严重破坏"	剪力墙墙肢中度损坏,多数连梁构件轻微损坏,部分连梁构件中度损坏,个别框架构件中度损坏
严重破坏	"多数承重构件严重破坏或部分倒塌"	剪力墙墙肢严重损坏,多数连梁严重损坏,多数框架构件中度损坏
倒塌(毁坏)	"多数承重构件倒塌"	剪力墙墙肢严重损坏,框架构件严重损坏

框架构件的破坏主要受层间位移角控制,控制连梁破坏的弦转角也和层间位移角有直接的相关关系(钱稼茹,徐福江,2006),故称这两种构件为层间位移角敏感型构件;而剪力墙墙肢通常表现出明显的弯曲变形,其层间位移角中的很大部分是弯曲变形贡献的无害层间位移角,因此以层间位移角作为弯曲型剪力墙墙肢的损伤判别指标将产生较大误差。而弯曲型剪力墙墙肢的损伤与该层的墙肢曲率直接相关,所以称剪力墙墙肢为曲率敏感型构件。以下将分别讨论这三种抗侧力构件的损伤预测方法。

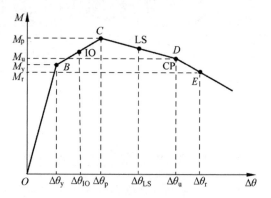

图 3-2　压弯型构件骨架线关键点与破坏程度的对应关系(CECS 392—2014)

1) 剪力墙墙肢

《建筑结构抗倒塌设计规范》(CECS 392—2014)建议,对于压弯型构件,其损伤等级可根据图 3-2 确定。其中,B、C、D 点分别代表结构的屈服点、峰值点和极限点。根据这三个点可以确定压弯构件的四个损伤状态,如表 3-10 所示。

表 3-10　剪力墙墙肢转角的地震破坏等级判别标准

破坏等级	判别标准	破坏程度
1 级	$\Delta\theta \leqslant \Delta\theta_y$	基本完好
2 级	$\Delta\theta_y < \Delta\theta \leqslant \Delta\theta_{IO}$	轻微破坏
3 级	$\Delta\theta_{IO} < \Delta\theta \leqslant \Delta\theta_p$	
4 级	$\Delta\theta_p < \Delta\theta \leqslant \Delta\theta_{LS}$	中度破坏
5 级	$\Delta\theta_{LS} < \Delta\theta \leqslant \Delta\theta_u$	
6 级	$\Delta\theta > \Delta\theta_u$	严重破坏

注:$\Delta\theta_y$、$\Delta\theta_p$、$\Delta\theta_u$ 分别为剪力墙的屈服、峰值以及极限层间转角。剪力墙各层位置的屈服层间转角 $\Delta\theta_y$ 和峰值层间转角 $\Delta\theta_p$ 可以根据本书第 2 章的参数标定方法进行计算。为了确定剪力墙的极限层间转角 $\Delta\theta_u$,作者收集了国内 39 个剪力墙墙片的试验结果(钱稼茹等,1999;邓明科等,2009;剡理祯等,2014;章红梅等,2009;刘志伟,2003;郑山锁等,2012),得到剪力墙的极限层间转角均值为 $\Delta\theta_u = 3.89\Delta\theta_p$。

本书第 2 章提出了 MDOF 弯剪模型及其参数标定方法,根据该方法,可以获得各层弯曲弹簧的三线性骨架线。由于 MDOF 弯剪模型中各层的弯曲弹簧能较好地体现高层结构中墙肢弹塑性行为(Paulay and Priestley,1992),因此可以采用 MDOF 弯剪模型中弯曲弹簧的骨架线作为剪力墙墙肢损伤判别的基准,即按《建筑结构抗倒塌设计规范》(CECS 392—2014)的表 5.4.4-2(即表 3-10)确定剪力墙墙肢的损伤等级。

2) 连梁

史庆轩等(2011)通过对 84 个不同高跨比、不同配筋的连梁进行统计分析,推荐连梁的轻微破坏(即初始开裂)对应的层间位移角为 1/1000rad,中度破坏(严重开裂或者部分钢筋屈服)的层间位移角为 1/300rad。连梁严重破坏的层间位移角为 1/60rad。

3) 框架

郭子雄等(1998)通过对 34 榀框架试验以及大量实际工程进行统计分析,认为框架结构的层间位移角达到 1/800rad 之后发生开裂,因此采用该限值作为框架达到轻微破坏的限值。

钟益村等(1984)通过对 270 余根柱试验资料进行统计分析,推荐取框架结构的屈服层间位移角大约为 1/200rad,因此采用该限值作为框架达到中度破坏的限值。

《建筑抗震设计规范》(GB 50011—2010)建议钢筋混凝土结构的弹塑性层间位移角限值为 1/50rad,本节以此为框架严重破坏限值。

3.2.4　考虑参数不确定性的结构损伤判别

前文所确定的破坏限值中,轻微破坏和中等破坏点是随着骨架线变化而变化的,而严重破坏和毁坏状态则是一个确定的值,如图 3-3(a)所示。如果要讨论参数不确定性的影响,采用一个确定值作为损伤限值实际上是不合理的。尤其是在进行蒙特卡罗分析时(详见 2.5 节),骨架线上的控制点参数会发生随机的变化,确定性的损伤限值可能会导致极不合理的结果。例如,由于取样的随机性,结构实际骨架线的软化段下降至 0(对应于结构已经完全失去抗侧承载力,且真正倒塌的时刻)时的位移,可能小于结构严重破坏点的位移限值。因此,必须定义考虑参数不确定性的结构损伤限值,使之可以适应由建筑参数改变导致的骨架线形状变化的影响,如图 3-3(b)所示。下面以设防砌体结构为例,给出考虑参数不确定性的损伤限值的确定方法。

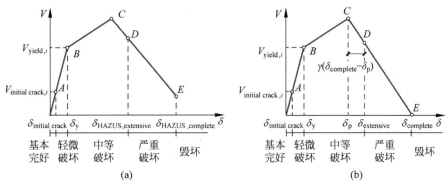

图 3-3　破坏状态的确定

(a) 确定性的损伤限值;(b)考虑参数不确定性的损伤限值

对于毁坏状态,大量研究都建议将结构抗侧承载力下降到 0 的点(即图 3-3(b)中的 E 点)作为结构的完全损伤状态点(Ibarra and Krawinkler,2004;Ibarra et al.,2005;Haselton et al.,2008;Del Gaudio et al.,2016)。因此本节沿用这一准则,从而使毁坏状态点随骨架线形状改变而改变。

为确定合适的严重破坏点,首先对 HAZUS 提供的损伤限值进行分析。通过研究 HAZUS 数据库(FEMA,2012d)里面不同规范水平(Pre-code,Low-code,Moderate-code,High-code)砌体结构的损伤标准,可以发现毁坏点、严重破坏点和中等破坏点之间大致服从式(3.2-2)的关系,即不同规范水平的砌体结构,θ 都在 0.26 左右(均值为 0.259,标准差为 0.001)。

$$\delta_{\text{HAZUS, extensive}} = \delta_{\text{HAZUS, moderate}} + \theta(\delta_{\text{HAZUS, complete}} - \delta_{\text{HAZUS, moderate}}) \qquad (3.2\text{-}2)$$

因此,根据模型的骨架线,结合中等破坏点、毁坏点以及 θ 值,可以计算出严重破坏点所在的位置。从计算结果中可以进一步发现,对于不同规范水平的砌体结构,这一严重破坏点全部落在峰值点(图 3-3 中 C 点)之后的下降段处,即图 3-3(b)的 CE 段。因此,可以进一步将上述计算得到的严重破坏点与骨架线的峰值点、毁坏点建立类似式(3.2-3)的关系:

$$\delta_{\text{extensive}} = \delta_{\text{p}} + \gamma(\delta_{\text{complete}} - \delta_{\text{p}}) \qquad (3.2\text{-}3)$$

式(3.2-3)提供的数值关系,相比于式(3.2-2)更适合于蒙特卡罗分析,因为式(3.2-3)可以保证在建筑模型参数随机取样的时候,严重破坏点始终位于 C 点(峰值点)与 E 点(毁坏点)之间,这更符合严重破坏的定义。

将式(3.2-3)中各个参数根据图 3-3(b)的定义代入,可以得到 γ 的表达式为

$$
\begin{aligned}
\gamma &= \frac{\theta(\delta_{\text{complete}} - \delta_{\text{y}}) + \delta_{\text{y}} - \delta_{\text{p}}}{\delta_{\text{complete}} - \delta_{\text{p}}} \\
&= \frac{\theta\left\{\left[\dfrac{1}{1 - V_{\text{soft}}/V_{\text{peak}}}\left(\dfrac{\delta_{\text{s}}}{\delta_{\text{p}}} - 1\right) + 1\right] - \dfrac{\delta_{\text{y}}}{\delta_{\text{p}}}\right\} + \dfrac{\delta_{\text{y}}}{\delta_{\text{p}}} - 1}{\dfrac{1}{1 - V_{\text{soft}}/V_{\text{peak}}}\left(\dfrac{\delta_{\text{s}}}{\delta_{\text{p}}} - 1\right)}
\end{aligned}
\qquad (3.2\text{-}4)
$$

将各变量的均值代入式(3.2-4),可以得到 γ 的取值约为 0.214。因此,严重破坏点可以按照式(3.2-5)进行取值。

$$\delta_{\text{extensive}} = \delta_{\text{p}} + 0.214(\delta_{\text{complete}} - \delta_{\text{p}}) \qquad (3.2\text{-}5)$$

值得注意的是,由上式计算得到的严重破坏点与 HAZUS 报告(FEMA,2012d)中提供的限值十分接近,这印证了该方法的合理性。该方法可以相应地推广到其他类型的结构中,此处不再赘述。

3.2.5　小结

建筑在地震作用下的破坏状态预测,是建筑整体层次的震损预测的重要环节。本节针对多层结构以及钢筋混凝土高层结构,提出了不同破坏状态对应的损伤限值。据此,可将结构分析得到的地震响应与结构的损伤程度相关联,从而进行进一步的震损预测。

3.3　基于精细化数据的城市建筑震损预测

3.3.1　引言

建筑整体层次的震损预测方法易于操作,因此得到广泛应用。然而,该方法有两个主要局限:①难以准确考虑建筑每层的损失。如果一栋建筑在不同层财产分布很不均匀,该方法将难以准确预测经济损失。②难以准确考虑各类非结构构件的性能。不同使用功能的建筑,其内部非结构构件具有不同的分布特点,但该方法采用相同的损失比进行震损预测,因此难以准确考虑不同功能建筑的非结构构件损失的差异。

另外,美国联邦应急管理署(FEMA)经过长期研究,于 2012 年发布了 FEMA P-58 报告《建筑抗震性能评价的方法与实现》(FEMA,2012a;FEMA,2012b)。该方法基于新一代性能化设计思想,为解决上述建筑整体层次震损预测的问题提供了一个方案。它可以直接考虑建筑每个结构构件与非结构构件的易损性和地震损失。FEMA P-58 方法已经被应用于一些单体建筑的损失预测或评估,但鲜见其应用于区域建筑地震损失预测。主要原因之一是,该方法需要获得各楼层的峰值层间位移角(IDR)、峰值楼层加速度(PFA)、残余位移等大量详细的建筑地震响应(被称为工程需求参数,EDP),而区域地震损失分析常采用的易损性分析方法或单自由度静力方法是无法给出这些详细响应结果的。

故针对以上需求,本书作者和清华大学曾翔博士等基于 FEMA P-58 建筑地震损失评价方法,提出了一种新的区域建筑地震损失预测手段,使之能提供一个城市区域内每栋建筑、每个楼层甚至每种结构构件和非结构构件的经济损失情况。为了得到 FEMA P-58 方法所需要的各建筑的 EDP,采用了基于多自由度层模型和非线性时程分析的区域建筑震害模拟方法。建筑信息、结构和非结构构件信息通过实地调查和建筑图纸得到;典型结构和非结构构件的易损性能和维修成本计算基于 FEMA P-58 提供的数据库。之后,选择了清华大学校园里的两栋建筑作为案例,具体说明了上述方法的实现过程。最后对整个清华大学校园的 619 栋建筑进行了基于地震强度的损失预测,并对预测结果进行了详细讨论和对比。本节内容可以为城市区域的地震损失预测提供参考。

3.3.2　损失预测方法

性能化地震工程框架(Cornell and Krawinkler,2000;Moehle and Deierlein,2004)是 FEMA P-58 方法的基本原理。本节采用 FEMA P-58 方法提供的基于强度的地震损失评估方法,通过考虑不同强度的地震发生概率、给定地震强度下 EDP 达到某个值的超越概率、给定 EDP 下建筑和构件达到某个破坏状态的超越概率,以及给定某个破坏状态下维修成本的超越概率,然后将其进行多重积分计算,得到建筑的地震损失(FEMA,2012a)。多重积分的解析解很难求解,为此,Yang 等(Yang and Jeon,2009)基于蒙特卡罗分析,提出了一套适合于工程应用的实现方法,而 FEMA P-58 就采用了 Yang 的这种方法实现建筑地震损失预测。

1. FEMA P-58 方法的流程图

图 3-4 所示为 FEMA P-58 方法的一个总体流程,包括三个部分:①建立建筑性能模

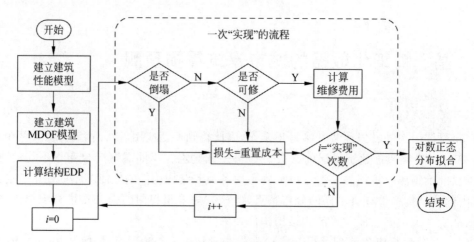

图 3-4　FEMA P-58 方法流程(虚线框内是一次"实现"的流程)

型;②分析结构响应,得到 EDP;③计算经济损失。

建筑性能模型是用于计算建筑地震损失的必要建筑信息集合。它包含建筑基本信息(建筑层数、层高、层面积、使用功能和重置成本等),以及建筑各层的易损结构构件和非结构构件的种类、数量、易损特性和维修成本。由同一个 EDP 决定的结构构件和非结构构件,被称为性能组(PG)。PG 的易损特性由服从对数正态分布的易损性曲线刻画,给定一个 PG 所关联的 EDP 的大小,就可以通过易损性曲线得到它发生某个破坏状态(DS)的概率。PG 的维修成本由若干结果函数(consequence function)刻画,每个 DS 对应一个结果函数。不同 PG 维修费用的这一计算过程如图 3-5 所示,所需的关键 EDP,包括各层的 PFA、峰值楼层速度(PFV)、IDR 以及残余位移,通过非线性时程分析得到。

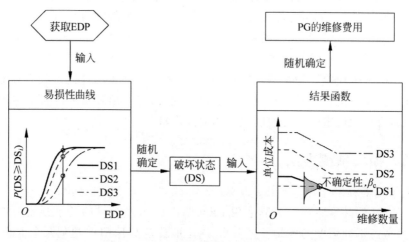

图 3-5　不同 PG 的维修费用计算示意图(P 代表超越概率)

FEMA P-58 采用蒙特卡罗方法计算经济损失,对每个随机变量,根据其分布,随机确定其取值进行计算,得到一个损失结果。一次这样的计算称为一个"实现",其流程如图 3-4 中虚线框的部分。通过执行大量的"实现",就能模拟各个随机变量的不确定性,得到大量经济损失的样本。最后假定经济损失服从对数正态分布,根据样本对总体的统计参数进行估计,拟合得到经济损失的分布。

2. 从单体建筑应用到区域建筑群存在的问题和解决方法

FEMA P-58 方法是针对单体建筑的地震损失进行评价,事实上,只要能提供所有建筑的 EDP 集,它也能用于对区域地震损失进行评价。在将 FEMA P-58 方法从单体建筑推广到区域建筑地震损失预测的过程中,由于建筑数量大大增加,将面临以下三个新的挑战:①建筑群的性能模型建立;②建筑群 EDP 集的快速获取;③建筑群倒塌易损性的建立(图 3-6)。

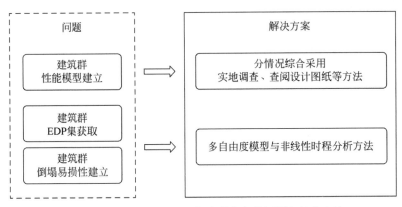

图 3-6 推广 FEMA P-58 方法所存在的问题和解决方法

1) 建立建筑群的性能模型

为了建立建筑群的性能模型,应根据建筑的具体情况,综合采用实地调查、查阅设计图纸等方法,获取建筑基本数据、建筑群的结构和非结构 PG 的种类和数量,如图 3-7 所示。

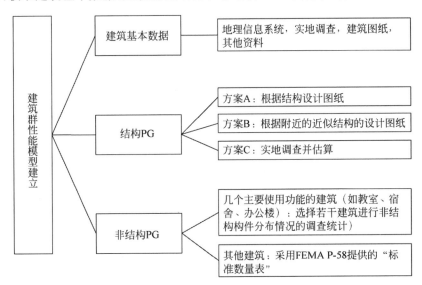

图 3-7 区域建筑的性能模型建立方法

建筑的基本数据(层数、层高、层面积、使用功能等)可以从地理信息系统(GIS)中获取,或通过实地调查和建筑图纸得到。如果有目标区域的 GIS 数据,那么这些建筑基本数据是很容易收集的。对于建筑的重置成本,如果没有准确的数据,则取其为建筑内部所有结构、非结构构件在发生最严重的破坏状态下,产生的维修费用之和。

对于结构 PG 的信息,本书建议,可按照建筑结构资料的完整程度,分三种情况考虑。

方案 A：如果可以获取建筑的设计图纸，则可得到建筑各层的结构 PG 的种类和数量。通常，住宅小区中的建筑多是同一批建设的房屋，其结构设计信息基本相同，这种情况下可选择其中一栋建筑为代表，以减少工作量。FEMA P-58 提供了根据大量调查统计和专家建议得到的 700 多种 PG 的易损性曲线和结果函数，并用易损性分类编码对这些 PG 进行编号。因此，只需要找到建筑的 PG 在 FEMA P-58 中对应的易损性分类编码，就可以直接利用其易损性曲线和结果函数计算损失情况。

方案 B：如果建筑的结构资料不完整，但在附近范围内有建造年代、结构体系和使用功能相近且可以获取设计图纸的类似建筑物，则可按照式(3.3-1)估算该建筑的构件数量。

$$Q = A \times \frac{Q_0}{A_0} \tag{3.3-1}$$

式中，A 和 Q 分别为目标建筑的楼层面积和结构构件数量；A_0 和 Q_0 分别为类似建筑物的总建筑面积和结构构件总数。

方案 C：对于其他无法获取结构资料，且相近结构的资料也无法获取的建筑，通过实地勘察其结构布置，来估算其结构信息。

为获取非结构 PG 的信息，对区域建筑的使用功能进行统计，得到几个主要的使用功能分类（如住宅、办公楼等）。对这些主要使用功能分类，分别选择相同使用功能的若干代表性建筑，进行重要非结构构件（数量多或价值高的构件）分布情况的调查统计，得到统计参数。对于其他难以调查得到的 PG（如管线等），则根据 FEMA P-58 提供的"标准数量"表(Appendix F)(FEMA，2012a)估计其种类和数量。对于其他使用功能的建筑，则根据 FEMA P-58 提供的"标准数量"表(Appendix F)(FEMA，2012a)估计建筑的 PG 的种类和数量。

需要说明的是，这种处理方法需要一定的工作量，但它可以分配给多人同时进行处理，并且只要求处理人掌握一些基本的专业背景知识即可。对于本节所述清华大学校园案例，可以通过组织学生开展调查获取。相比大学校园，其他城市区域可能不易获取建筑图纸或开展实地调查，这就需要借助新的手段（如建筑信息模型），自动完成建筑关键数据的获取。

2) 快速获取建筑群 EDP 集

将 FEMA P-58 方法从单体建筑推广到区域建筑地震损失预测的关键问题是如何高效获取大量建筑的 EDP 集。对于包含大量建筑的城市区域来说，精细化计算模型的建模的工作量是非常巨大的。而且不同于建筑性能模型的建立，它要求建模工作者对建筑的计算模型和非线性分析有较深的理解，因此不容易找到足够多的合适人选以分配建模任务。此外，即使能够建立城市建筑群的精细化计算模型，也需要依赖高性能计算才能完成如此巨大的计算量(Sobhaninejad et al.，2011)。为了方便快速地获取建筑群的 EDP 集，需要使效率和精度达到一个合理的平衡。本研究采用本书第 2 章建议的多自由度集中质量层模型和非线性时程分析方法来方便快速地获取建筑群的 EDP 集。

3) 建立建筑群倒塌易损性

在进行经济损失计算的时候，需要用到建筑的倒塌和修复易损性曲线。由于本书第 2 章所采用的建筑响应分析方法可以计算建筑在一条地震动作用下是否倒塌，因此可以直接对建筑的多自由度集中质量层模型进行增量动力分析(IDA)，得到倒塌易损性曲线。

通过以上方法，就可以实现将 FEMA P-58 震害损失预测从单体向建筑群的推广。下面将以一个实际区域(清华大学校园)为例,说明本节建议方法的具体实现流程。

3.3.3 案例研究:清华大学校园区域建筑地震损失预测

1. 案例区域介绍

清华大学校园所在地理位置和三维地图如图 3-8 所示。校园总面积约为 4km^2,包含 619 栋建筑。根据中国抗震设计规范,清华大学校园建筑的设防烈度为 8 度,其 50 年超越概率为 63%、10%、2% 的 PGA 分别为 $0.07g$、$0.2g$、$0.4g$。

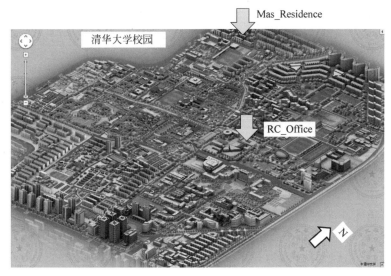

图 3-8 清华大学校园地理位置和三维地图

不同的结构类型、不同的建筑功能所占的比例如图 3-9 所示。就结构类型而言,砌体结构占一半以上,其他主要类型有钢筋混凝土框架结构、剪力墙结构和框架-剪力墙结构,钢结构很少。就建筑功能而言,住宅占一半以上,其他主要类型有办公楼、研究所和教室等。

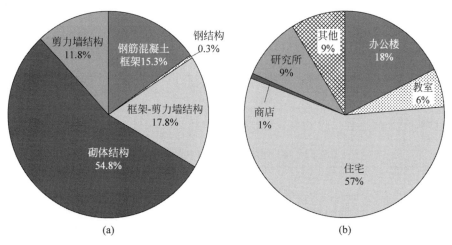

图 3-9 清华大学校园不同类型建筑物所占比例

(a) 不同结构类型;(b) 不同建筑功能所占的比例

2. 建立建筑性能模型

通过组织学生到学校档案馆收集建筑的结构设计图纸，以及开展实地调查，建立了区域建筑的性能模型。在建立结构 PG 的过程中，3.3.2 节中列举的三种情况的调查结果如表 3-11 所示，大部分建筑（数量占校园建筑总数的 80.3%，重置成本占校园区域总重置成本的 88.8%）的图纸资料都是可以获取的。

表 3-11　校园区域建筑按结构资料完整程度的分类调查情况

分　类	数量/栋	占校园建筑总数的比例/%	重置成本占校园区域总重置成本的比例/%	备　注
结构资料可获取的建筑	497	80.3	88.8	比较重要的校园建筑，一般都能在档案馆查到图纸资料
结构资料不完整的建筑	64	10.3	9.8	主要用于宿舍、行政办公、临时使用等
其他建筑	58	9.4	1.4	主要是历史上自行建造的老旧建筑，一般作为临时性住宅或者储存建筑

选择了一栋钢筋混凝土框架办公楼和一栋砌体结构住宅楼作为示例建筑，来展现建筑性能模型的建立情况。表 3-12 显示了两栋示例建筑（以下用其代号 RC_Office 和 Mas_Residence 加以指代）的基本信息。需要说明的是，当获取了这些基本信息后，就可以使用第 2 章建议的方法建立建筑的多自由度层模型，从而获取其 EDP 集。RC_Office 和 Mas_Residence 的重要 PG 的详细分布情况列于表 3-13、表 3-14，所考虑的其他 PG 的种类列于表 3-15。对于 FEMA P-58 中没有提供数据的 PG，则近似采用与之类似的 PG 的数据代替，在表中用括号标注。

表 3-12　两栋示例建筑的基本信息

项　目	RC_Office	Mas_Residence
建筑名称	土木工程系馆	住宅小区 5 号楼
层数	4	6
层高/m	4.0	2.7
层面积/m²	630	434
使用功能	办公楼	住宅
重置成本/万美元*	685	251
结构类型	钢筋混凝土框架结构	砌体结构
建造年份	1995	1991

* 2011 年美元值。

表 3-13　RC_Office 的重要 PG 的种类和分布

分类	PG	易损性分类编码	单位	数量 1楼	2楼	3楼	4楼
结构构件	混凝土框架梁柱节点	B1041.041a	个	10	19	19	19
		B1041.041b	个	13	25	25	25
		B1041.042a	个	9	0	0	0
		B1041.042b	个	12	0	0	0

续表

分类	PG	易损性分类编码	单位	数量			
				1楼	2楼	3楼	4楼
非结构构件	外墙	B2011.201a	m²	523.2	523.2	523.2	523.2
	内隔墙	C1011.001a	m²	771.6	818.4	818.4	818.4
	天花板	C3032.003b	m²	630	630	630	630
	吊灯	C3034.002	个	28	126	93	85
	工作站	E2022.001	个	0	8	10	16
	计算机	E2022.022	个	19	48	66	98
	办公桌	(E2022.020)	个	25	84	63	104
	空调	E2022.021	个	13	16	20	16
	打印机	(E2022.022)	个	11	9	12	7
	虚拟现实验设备	(C3033.002)	套	0	0	0	1
	远程会议设备	(E2022.020)	套	0	0	1	0
	投影仪	(C3033.002)	个	11	9	12	7

表 3-14　Mas_Residence 的重要 PG 的种类和分布

分　类	PG	易损性分类编码	单位	每层数量
结构构件	砌体承重墙	B1052.011	m²	265.3
非结构构件	内隔墙	C1011.001a	m²	158.0
	天花板	C3032.003b	m²	434
	吊灯	C3034.002	个	6
	计算机	E2022.022	个	10
	电视	E2022.022	个	8
	床	(E2022.020)	个	18
	空调	E2022.021	个	12
	桌椅	(E2022.020)	个	14
	衣柜	(E2022.020)	个	15
	热水器	E2022.021	个	6

表 3-15　其他 PG

PG	易损性分类编码	PG	易损性分类编码
屋顶	B3011.011	排污管	D2031.013b
墙面装修	C3011.002c	HVAC 管道	D3041.021c
电梯	D1014.011		D3041.022c
冷水管道	D2021.013a	HVAC 其他配件	D3041.032c
	D2021.013b	变风量通风设备	D3041.041b
热水管道	D2022.023a	消防设备	D4011.033a
	D2022.023b		

参考文献中(Lu et al.,2012;施炜,2014)的做法,采用 FEMA P695 推荐的 22 组远场水平地震动记录(FEMA,2009)进行 IDA 分析,以建立建筑的倒塌易损性曲线。倒塌分析的地震动强度指标可以有多种选择(Lu et al.,2013b;Lu et al.,2013c),本节依据中国抗震设计规范选

择 PGA 作为地震动强度指标,采用对数正态拟合,得到两栋示例建筑的倒塌易损性曲线参数(均值和离差)如表 3-16 所示。其倒塌中值与最大考虑地震(MCE)强度(0.4g)的比值分别为3.11 和 1.85,与其他关于校园建筑抗倒塌能力的研究结果基本一致(Tang et al.,2011;Lu et al.,2012)。倒塌离差仅考虑了地震动的随机性,其结果与 Haselton 等(Haselton et al.,2011)对 30 个混凝土结构的 IDA 分析得到的离差平均值(0.398)基本一致。建筑的修复易损性曲线参数采用 FEMA P-58(FEMA,2012a)中表 C-1 建议的值。

表 3-16　两栋示例建筑的倒塌易损性和修复易损性曲线参数

项　目		RC_Office	Mas_Residence
倒塌易损性曲线	PGA 中值/g	1.25	0.74
	离差	0.44	0.42
修复易损性曲线	残余位移角中值	0.01	0.01
	离差	0.3	0.3

3. 地震动记录的选择与调幅

FEMA P-58 建议采用以下步骤完成地震动记录的选择与调幅:首先根据工程信息选定一条目标反应谱;然后筛选出若干对在感兴趣周期段内反应谱形状与目标反应谱形状相似的地震动;最后将所选地震动进行调幅,使其地震强度指标符合要求。本节在选取地震动记录时进行了简化处理,具体如下。

(1)由于北京地区的强震记录较为缺乏,因此,本节直接选择了 FEMA P695 中推荐的适用于 C、D 类场地的 22 组远场地震动记录,14 组近场地震动记录(有脉冲)和 14 组近场地震动记录(无脉冲),一共 50 组记录的水平分量(FEMA,2009)。之所以选取这组地震动,主要是因为:①这些地震动和本研究对象场地土类型比较接近;②这些地震动在相关研究中被大量采用(Lu et al.,2013b;Shi et al.,2014),便于读者对比分析本研究的结论;③本研究主要是说明在区域地震损失预测中应用非线性时程分析、多自由度集中质量层和 FEMA P-58 损失评价方法的可行性与优越性,而非一个具体的工程应用案例。所以选择了这样一组比较通用的地震动。

(2)由于中国抗震规范以 PGA 作为地震动强度指标,因此本研究也采用 PGA。

(3)由于本节所研究的算例区域面积较小,且场地条件变化不大,因此对每栋建筑采用相同的地震动输入。如果区域面积大,场地条件复杂多变,则应考虑地震动的多点输入。

3.3.4　损失预测结果及讨论

根据中国抗震规范,清华大学校园的地震重现期与 PGA 的关系如表 3-17 所示(GB 50011—2010)。将地震动记录调幅,使其 PGA 分别为 0.07g、0.2g、0.4g,进行三组基于地震强度的损失预测。用损失比(地震损失与建筑重置成本的比值)作为衡量损失情况的参数。

表 3-17　清华大学校园的地震重现期与对应的 PGA

地 震 水 准	重现周期/a	PGA/g
小震(多遇地震)	50	0.07
中震(设防地震)	475	0.2
大震(罕遇地震)	2475	0.4

1. 两栋示例建筑的地震损失预测结果

两栋示例建筑的地震损失预测结果如图 3-10 所示。对于 RC_Office，PGA 为 $0.07g$ 时，损失轻微，结构构件基本处于弹性状态，几乎没有造成经济损失；位移敏感型非结构构件的损失占主要部分，主要由隔墙和墙面装修的维修成本引起。PGA 为 $0.4g$ 时，结构构件、加速度敏感型非结构构件的维修损失所占比例逐渐增大。相反，Mas_Residence 的地震经济损失要远远高于 RC_Office 的，这是因为一方面砌体结构的抗震性能低于框架结构；另一方面砌体承重墙对变形十分敏感，很容易造成损坏。

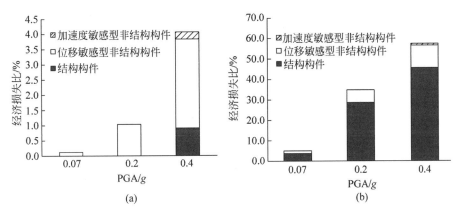

图 3-10 三种地震强度作用下，两栋示例建筑的地震损失预测结果
(a) RC_Office；(b) Mas_Residence

图 3-11 所示为 RC_Office 每层的非结构构件的损失情况。可知，非结构构件中的墙体（外墙、隔墙以及墙面装修）的维修费用占的比例较高，甚至在结构的 IDR 不大时，墙体就开始破坏并导致维修成本。值得注意的是，3 楼的远程会议设备和 4 楼的计算机造成的损失比较突出。这是因为远程会议设备十分昂贵，而 4 楼的计算机数量远大于其他楼层的（表 3-13）。由此可知，损失分析结果很好地反映了 RC_Office 的各楼层财产分布特点。

2. 算例区域地震损失预测结果

图 3-12 所示为三种地震强度作用下，整个区域的损失预测情况。采用本节建议的方法，使用一台普通台式计算机对整个校园区域的 619 栋建筑进行一次 40s 的非线性时程分析，耗时仅为 15s，体现了该方法的高效性。图 3-12 中，总损失比是地震总损失与区域建筑总重置成本（74.76 亿美元）的比值。在 PGA 为 $0.07g$、$0.2g$、$0.4g$ 时，总损失比中值分别为 1.3%、13.7% 和 34.9%。将这些总损失中值进一步分为由建筑倒塌引起的损失、由不可修复变形引起的损失和维修损失，结果如图 3-12(b) 所示。从图中可见，在 $0.07g$ 地震强度下，地震总损失主要来自维修损失；随着地震强度的增大，不可修复变形引起的损失逐渐增大。但即使是在 $0.4g$ 的强震作用下，由建筑倒塌引起的损失所占比例也很小。这与 3.1 节概述中提到的 2010 年智利地震和 2011 年新西兰地震的损失结果比较相似：在强震作用下，虽然发生倒塌的建筑很少（Elnashai et al.，2010；Smyrou et al.，2011），但大量建筑破坏太严重，甚至不得不拆除。最终，维修和拆除费用导致经济损失巨大。因此，发展功能可恢复（resilience）的抗震研究具有重要价值。

为了验证本节提出的方法是否能考虑速度脉冲的影响，分别用 14 组有速度脉冲的近场

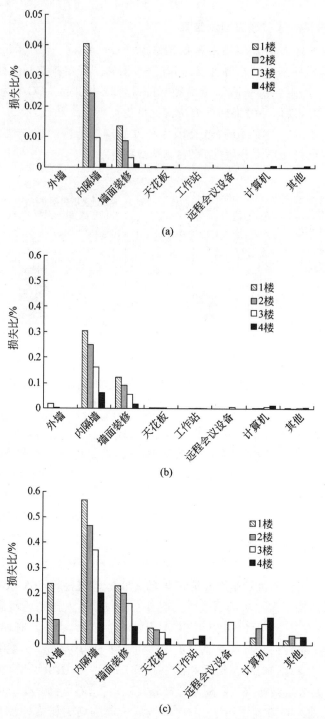

图 3-11　三种地震强度作用下，RC_Office 每层的非结构构件的损失情况

(a) PGA=0.07g；(b) PGA=0.2g；(c) PGA=0.4g

地震动和 14 组无速度脉冲的近场地震动作为输入，对算例区域进行经济损失分析。如图 3-13 所示，速度脉冲会增大算例区域的经济损失(当 PGA 为 0.2g 时增大了约 50%，当 PGA 为 0.4g 时增大了约 60%)，这是因为速度脉冲会加重区域建筑的破坏状态(Lu et al.,2014b)。

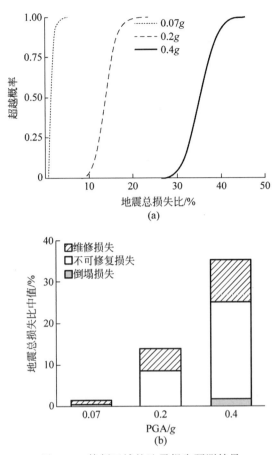

图 3-12　算例区域的地震损失预测结果

（a）地震总损失比的累积概率分布；（b）地震总损失比按原因分布

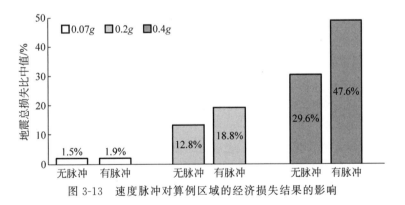

图 3-13　速度脉冲对算例区域的经济损失结果的影响

因此本节提出的区域地震损失预测方法可以很好地考虑速度脉冲等地震动特征的影响。

3.3.5　小结

基于新一代性能化设计思想，本节综合 FEMA P-58 建筑地震损失评价方法、多自由度层模型和非线性时程分析，提出了一种新的区域建筑地震损失预测手段，使之能提供具体到建筑各层、各种结构构件和非结构构件的详细损失结果；以清华大学校园为案例区域，进行了地震损失预测，以说明该损失预测手段的实现过程；对预测结果进行分析后，得到了以下几个主要结论。

（1）基于多自由度模型和非线性时程分析的区域建筑震害预测方法，可以提供 FEMA P-58 方法所需的各个建筑每层的峰值层间位移角、峰值楼层加速度等工程需求参数，从而实现了基于 FEMA P-58 方法的区域建筑地震损失预测。

（2）在小震（PGA = 0.07g）作用下，区域地震总损失主要来自维修损失；在强震（PGA = 0.4g）作用下，总损失主要来自维修损失和不可修复变形导致的拆除和重建费用，建筑倒塌损失所占的比例较小。这与 2010 年 M8.8 智利地震、2011 年 M6.2 新西兰地震的损失结果比较相似。

本节提出的损失预测方法，可以考虑速度脉冲等地震动特征对区域建筑地震损失的影响。在速度脉冲作用下，结构的位移响应增大，从而导致总损失增大。

需要注意的是，本节旨在提出一种新的区域建筑地震损失预测手段，而不是为清华大学校园进行一次精确的地震损失预测。这种精确的预测依赖于区域建筑信息、易损性信息等数据的合理性。本节使用的 PG 的易损性曲线、结果函数和典型数量都来自 FEMA P-58 推荐的取值，由于中国和美国的地域差别，使用这些取值得到的具体地震损失金额可能不一定非常准确。但在后续工作中，将会对易损性信息、结果函数等数据进行合理选取，使之更加符合目标区域所在地区的特点。

3.4　基于 GIS 和 FEMA P-58 的城市建筑震损预测

3.4.1　引言

在为城市区域震损预测准备数据时，应尽可能获取完善、丰富的数据，并对其加以充分的利用，以提高震损预测结果的精度。但对于量大面广的常规建筑，最容易获取的是建筑基本的 GIS 数据，包括建筑的层面积、层数、高度、结构类型、建筑功能等。当仅能获取 GIS 数据时，也当能给出一个适当精度的震损预测结果。针对这一问题，本节将提出基于 GIS 数据和 FEMA P-58 新一代性能化设计方法进行建筑震损预测的一个实现方案。

利用 FEMA P-58 方法进行建筑地震损失预测时，需要建筑所含构件的详细信息，包括结构构件和非结构构件的种类和数量。然而 GIS 数据中通常仅包含建筑的基本信息。因此，需要引入一定的假设，对结构构件和非结构构件的种类和数量进行估计，从而形成建筑性能模型，如图 3-14 所示。

3.4.2　估计构件种类

建筑内所含的构件按其功能分类，可分为结构构件、外立面、内部设施、运输、水管、暖通空调（HVAC）、消防装置、电气服务和配电、家具和电器等部分（李梦珂，2015；FEMA，2012a，b）。对建筑的这些部分，FEMA（2012a，b）又进行了不同程度的细分，并采用树状结构加以组织。

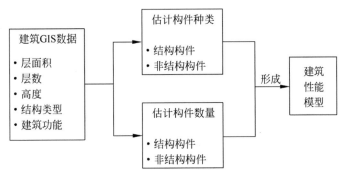

图 3-14　基于 GIS 数据的建筑性能模型建立示意图

如 Xu 等(2019)所述,只有当已知构件的详细属性时,才能根据其分类决策树,确定该构件在 FEMA P-58 提供的构件数据库中对应的易损性分类编码。当仅有建筑 GIS 数据时,其可用信息往往不足以唯一确定构件对应的分类编码。在这种情况下,可以采用 Xu 等(2019)提出的方法,利用候选易损性分类编码解决信息不全的问题。具体地讲,将该构件在 FEMA P-58 提供的构件数据库中的所有可能的编码视为其候选易损性分类编码,在每次蒙特卡罗"实现"中,从候选易损性分类编码中随机选取一个编码进行地震维修费用计算。这样即使利用 GIS 数据仅能到达构件分类决策树的根节点,也可以使用 FEMA P-58 方法进行震损预测,只是预测结果的不确定性将会增大。

根据上述方法,将 FEMA(2012a,b)中提供的 764 种构件数据库加以整理,排除其中 322 种需用户提供部分参数,尚不能直接应用的构件,得到建筑各个结构构件、非结构构件的候选易损性分类编码,分别如表 3-18 和表 3-19 所示。据此,可在仅有建筑基本 GIS 数据时,估计构件的种类。

表 3-18　结构构件候选易损性分类编码

构 件 类 别	候选编码个数	候选易损性分类编码
钢柱焊接拼接	3	B1031.021a　B1031.021b　B1031.021c
钢结构梁柱连接	9	B1035.041　B1035.001　B1035.021　B1035.002　B1035.022 B1035.011　B1035.031　B1035.012　B1035.032
混凝土梁柱连接	72	B1041.001a　B1041.001b　B1041.002a　B1041.002b　B1041.003a B1041.003b　B1041.011a　B1041.011b　B1041.012a　B1041.012b B1041.013a　B1041.013b　B1041.021a　B1041.021b 等
混凝土连梁	10	B1042.001a　B1042.001b　B1042.002a　B1042.002b　B1042.011a B1042.011b　B1042.012a　B1042.012b　B1042.021a　B1042.022b
混凝土剪力墙	30	B1044.001　B1044.002　B1044.003　B1044.011　B1044.012 B1044.013　B1044.031　B1044.032　B1044.033　B1044.041 B1044.042　B1044.043　B1044.051　B1044.052　B1044.053 等
砌体承重墙	15	B1051.001　B1051.002　B1051.004　B1051.011　B1051.012 B1051.014　B1051.021　B1051.022　B1051.024　B1052.001 B1052.002　B1052.004　B1052.011　B1052.012　B1052.013
木结构承重墙	4	B1071.001　B1071.002　B1071.011　B1071.031

表 3-19　非结构构件候选易损性分类编码

构　件　类　别		候选编码个数	候选易损性分类编码
外立面	非结构外墙	6	B2011.011a　B2011.011b　B2011.021a　B2011.021b B2011.101　B2011.131
	窗	12	B2022.001　B2022.002　B2022.021　B2022.031　B2022.032 B2022.033　B2022.034　B2022.035　B2022.036　B2022.072 B2022.081　B2022.082
	屋顶饰面	4	B3011.011　B3011.012　B3011.013　B3011.014
内部设施	内隔墙	4	C1011.001b　C1011.001c　C1011.001d　C1011.011a
	楼梯	2	C2011.001b　C2011.011b
	内墙饰面	9	C3011.001a　C3011.001b　C3011.001c　C3011.001d C3011.002a　C3011.002b　C3011.002c　C3011.002d C3011.003a
	活动地板	2	C3027.001　C3027.002
	天花板	10	C3032.001a　C3032.001b　C3032.001c　C3032.001d C3032.003a　C3032.003b　C3032.003c　C3032.003d C3032.004a　C3032.004d
	吊灯	2	C3034.001　C3034.002
运输	升降电梯	1	D1014.011
水管	冷热水管	12	D2021.011a　D2021.011b　D2021.012b　D2021.013b D2021.014a　D2021.014b　D2021.021a　D2021.022a D2021.023a　D2021.023b　D2021.024a　D2021.024b
暖通空调（HVAC）	制冷机组	12	D3031.011a　D3031.011b　D3031.011c　D3031.011d D3031.012b　D3031.012e　D3031.012h　D3031.012k D3031.013b　D3031.013e　D3031.013h　D3031.013k
	冷却塔	12	D3031.021　D3031.021　D3031.021　D3031.021　D3031.022 D3031.022　D3031.022　D3031.022　D3031.023　D3031.023 D3031.023　D3031.023
	HVAC 风管	13	D3041.011a　D3041.011b　D3041.011c　D3041.011d D3041.012a　D3041.012b　D3041.012c　D3041.012d D3041.021a　D3041.021b　D3041.021c　D3041.021d D3041.022a
	HVAC 散流器	6	D3041.031a　D3041.031b　D3041.032a　D3041.032b D3041.032c　D3041.032d
	变风量空调系统	2	D3041.041a　D3041.041b
	HVAC 风机	3	D3041.101a　D3041.102b　D3041.103b
	空气处理机组	8	D3052.011a　D3052.011b　D3052.011c　D3052.011d D3052.013b　D3052.013e　D3052.013h　D3052.013k
消防装置	消防管道	3	D4011.021a　D4011.022a　D4011.023a
	消防喷淋	10	D4011.032a　D4011.033a　D4011.034a　D4011.041a D4011.042a　D4011.053a　D4011.054a　D4011.063a D4011.064a　D4011.071a

续表

构件类别		候选编码个数	候选易损性分类编码			
电气服务和配电	低压开关板	8	D5012.021a	D5012.021b	D5012.021c	D5012.021d
			D5012.023b	D5012.023e	D5012.023h	D5012.023k
	柴油发电机	10	D5092.031a	D5092.031c	D5092.031d	D5092.032b
			D5092.032e	D5092.032h	D5092.032k	D5092.033b
			D5092.033e	D5092.033h		
家具和电器	家具	1	E2022.020			
	电器	1	E2022.022			

需要说明的是,不同分类编码的构件,其地震易损性和维修费用不同。不同的建筑中,这些构件的出现概率可能是不同的。对于高烈度地区的建筑,由于抗震设计规范的要求,其结构构件和非结构构件可能进行了更合理的抗震设计(如更多的配筋、更牢的锚固等),而低烈度地区的建筑则相反。以吊灯构件(independent pendant lighting)为例,该构件有两个候选易损性分类编码:C3034.001 抗震性能较差,C3034.002 抗震性能较好。因此,高烈度地区的建筑内的吊灯更有可能对应 C3034.002,而低烈度地区的建筑内的吊灯更有可能对应C3034.001。但目前本节假定等概率地从候选易损性分类编码中随机选取编码,在今后的研究中,可以在基于 GIS 信息确定候选易损性分类编码时,进一步考虑建筑的抗震设防烈度和抗震设计类别的影响。

3.4.3　估计构件数量

1. 结构构件

由于抗震设计规范的要求,以及结构设计的经济性考虑,结构构件的数量通常会服从一定的统计规律。因此,可以通过调查统计,得到单位面积的结构构件数量的统计特性,再根据建筑的结构类型、层面积、层数等 GIS 数据,对结构构件的数量进行估计。FEMA(2012a,b)假定非结构构件的数量服从对数正态分布,因此本研究假定结构构件的数量也服从对数正态分布。

本节将分别给出适用于美国地区和中国地区的结构构件数量估计方法。由统计学基本知识可知(葛余博,2005),为了估计某一地区建筑的各结构构件数量的统计特性(即中位值和对数标准差),需获取该地区建筑的随机样本,并根据样本的统计特性对总体进行估计。然而,受时间和资源等限制,本研究未采用这一方式进行统计,而是从现有已发表文献及施工图纸中收集相关数据(足尺试验、虚拟数值分析案例或实际工程案例等中的结构平面布置图等数据)。这样收集到的样本可能存在偏差,例如足尺试验或虚拟数值分析案例建筑通常形状比较规则,而实际上建筑形状可能多种多样。但在缺乏其他数据的情况下,本研究暂用这些数据对结构构件的数量进行估计,通过在今后进一步丰富相关统计数据,可以提高估计的精度。

1) 钢框架结构

从现有文献中收集了 13 个美国地区的钢框架结构的统计数据,如表 3-20 所示。

表 3-20　钢框架结构构件统计数据

层面积 /m²	柱个数	每 100m² 柱个数	结构层数	层高 /m	钢框架类型	建筑功能	抗震设计类别	建筑所在地区	参 考 文 献
1394	36	2.6	10	4.2	IMF	办公楼	C	亚特兰大	(NIST,2018)
1394	36	2.6	10	4.2	SMF	办公楼	D	西雅图	(NIST,2018)
1394	24	1.7	10	4.2	IMF	办公楼	C	亚特兰大	(NIST,2018)
1394	24	1.7	10	4.2	SMF	办公楼	D	西雅图	(NIST,2018)
1003	20	2.0	4	3.7		办公楼			(Del Carpio Ramos et al.,2016)
803	20	2.5	6	3.8					(Jones and Zareian,2010)
558	20	3.6	20	3.8				洛杉矶	(Jones and Zareian,2010)
994	20	2.0	4	3.7	SMF			洛杉矶	(Lignos et al.,2011)
2006	32	1.6	4	4.5		医院			(Khalil,2012)
2296	32	1.4	35	4.0		办公楼		旧金山	(Wang et al.,2017)
2112	44	2.1	3			办公楼		伯克利	(Yang et al.,2009)
802	20	2.5	6	3.8					(Perrone et al.,2017)
1302	36	2.8	4	4.0	SMF	办公楼		洛杉矶	(Hwang and Lignos,2017)

注：空白单元格表示数据缺失。"柱个数"指每层柱个数。"钢框架类型"列，IMF 指 Intermiediate Moment Frame，OMF 指 Ordinary Moment Frame。抗震设计类别(seismic design category,SDC)由美国 ASCE 7-10 规范(ASCE,2010)规定。

根据表 3-20 的统计数据，采用极大似然估计法可以得到每 100m² 钢框架柱个数的中位值为 2.2，对数标准差为 0.3。本研究暂未考虑该统计值与结构层数、建筑使用功能、抗震设计类别等之间的关系。

2) 混凝土框架结构

从现有文献中收集了 14 个美国地区的混凝土框架结构的统计数据，如表 3-21 所示。

表 3-21　混凝土框架结构构件统计数据

编号	层面积 /m²	柱个数	每 100m² 柱个数	结构层数	层高/m	建筑功能	场地分类	建筑所在地区	参 考 文 献
1	1987	35	1.8	4	3.7	办公楼			(Padgett,Li,2016)
2	1394	28	2.0	10	3.7			亚特兰大	(NIST,2018)
3	1012	30	3.0	4	3.8	办公楼	D	加利福尼亚州	(CESMD,2018a)
4	1418	50	3.5	4	4.6	办公楼	D	加利福尼亚州	(CESMD,2018b)
5	2007	35	1.7	4	4.0	办公楼		洛杉矶	(Haselton et al.,2008)
6	221	12	5.4	3	3.4			加利福尼亚州	(Burton et al.,2014)
7	432	20	4.6	4	3.3			加利福尼亚州等	(Shokrabadi et al.,2015)
8	432	20	4.6	8	3.3			加利福尼亚州等	(Shokrabadi et al.,2015)
9	432	20	4.6	12	3.3			加利福尼亚州等	(Shokrabadi et al.,2015)
10	432	20	4.6	5	3.0	医院	D	加利福尼亚州	(Arroyo et al.,2017)
11	750	28	3.7	10	3.0	办公楼	D	加利福尼亚州	(Arroyo et al.,2017)
12	900	25	2.8	15	3.0	办公楼	D	加利福尼亚州	(Arroyo et al.,2017)
13	296	16	5.4	6	3.0	办公楼			(Arroyo et al.,2017)
14	802	24	3.0	14			D	旧金山	(Rahman et al.,2018)

注：空白单元格表示数据缺失。"柱个数"指每层柱个数。场地分类(site classification)由美国 ASCE 7-10 规范(ASCE,2010)规定。

根据表 3-21 的统计数据，采用极大似然估计法可以得到每 100m² 的混凝土框架柱个数的中位值为 3.4,对数标准差为 0.4。本研究暂未考虑该统计值与结构层数、建筑使用功能、场地分类等之间的关系。

　　3）混凝土剪力墙结构

　　从现有文献中收集了 7 个混凝土剪力墙结构的统计数据,如表 3-22 所示。由于可用文献有限,因此表中包含了美国以外其他国家和地区(中国、伊朗、加拿大)的建筑,以及混凝土框架-核心筒(或混凝土框架-剪力墙)结构。墙率 ρ 按照式(3.4-1)计算:

$$\rho = \frac{A_{sw}}{A} \times 100\% \qquad (3.4\text{-}1)$$

其中,A_{sw} 为一层中承重墙的截面积;A 为建筑层面积。

　　根据表 3-22 的统计数据(除去 0 值),采用极大似然估计法可以得到如下结果:对于混凝土剪力墙结构,墙率中位值为 6.1%,对数标准差为 0.3。对于混凝土框架-核心筒(或混凝土框架-剪力墙)结构,每 $100m^2$ 的柱个数中位值为 1.5,对数标准差为 0.5;每 $100m^2$ 的连梁个数中位值为 0.6,对数标准差为 0.3;剪力墙墙率中位值为 2.0%,对数标准差为 0.2。

表 3-22　混凝土剪力墙结构构件统计数据

编号	层面积 /m²	柱个数	连梁个数	墙率 /%	结构层数	建筑功能	结构类型	建筑所在地区或国家	参 考 文 献
1	1072	24	6	1.9	43	住宅	框架-核心筒	洛杉矶	(Lu et al.,2015b)
2	1665	20	8	2.0	27	办公楼	框架-核心筒	旧金山	(胡好等,2015)
3	975	0		4.5	20	住宅	剪力墙	波士顿	(Zhang and Mueller,2017)
4	187	0		7.0	5	住宅	剪力墙	德黑兰	(Beheshti Aval and Asayesh,2017)
5	194	0		7.3	15	住宅	剪力墙	德黑兰	(Beheshti Aval and Asayesh,2017)
6	2145	16	17	2.6	51		框架-核心筒	中国	(Ge and Zhou,2018)
7	1225	28	0	1.6	5		框架-剪力墙	加拿大	(Nazari and Saatcioglu,2017)

　　注:空白单元格表示数据缺失;柱个数、连梁个数指每层的个数。

　　4）木结构

　　从现有文献中收集了 6 个美国地区的轻型木结构的统计数据,如表 3-23 所示。

　　根据表 3-23 的统计数据,采用极大似然估计法可以得到木结构每 $100m^2$ 的木结构墙长度中位值为 50.1m,对数标准差为 0.2。

表 3-23　轻型木结构构件统计数据

编号	层面积/m²	木结构墙长度/m	每 100m² 木结构墙长度/m	结构层数	建筑功能	参 考 文 献
1	118	55.0	46.6	2	住宅	(Christovasilis et al.,2009)
2	219	82.5	37.7	6	住宅	(Pang et al.,2010)
3	45	28.0	62.7	3		(Pang et al.,2012)
4	93	40.8	43.9	1	住宅	(Kasal et al.,2004)
5	59	31.7	53.3	1	住宅	(Ellingwood et al.,2008)
6	48	29.3	61.5	1	住宅	(Kasal et al.,1994)

　　注:空白单元格表示数据缺失;"木结构墙长度"指每层木结构墙的累计总长度。

5）砌体结构

从现有文献中收集了 7 个美国地区的砌体结构的统计数据，如表 3-24 所示。

表 3-24　砌体结构构件统计数据

编号	层面积/m²	墙长度/m	墙率/%	结构层数	结构类型	所在国家	参 考 文 献
1	81	47.5	14.7	2	URM		(Kollerathu and Menon，2017)
2	59	33.0	14.1	2	URM		(Kollerathu and Menon，2017)
3	37	20.7	16.7	1	RM	美国	(Klingner et al.，2013)
4	24	14.6	9.2	1	RM	美国	(Gülkan et al.，1990)
5	24	10.0	6.3	1	RM	美国	(Gülkan et al.，1990)
6	38	23.0	9.1	5	RM	美国	(Seible et al.，1994)
7	57	18.6	8.1	2	URM	美国	(Park et al.，2009)

注：空白单元格表示数据缺失；"墙长度"指每层砌体结构墙的累计总长度；"结构类型"列，URM 指未设防砌体，RM 指设防砌体。

根据表 3-24 的统计数据，采用极大似然估计法可以得到砌体结构墙率中位值为 10.6%，对数标准差为 0.4。

综上所述，美国地区不同结构类型的结构构件的数量可以采用其中位值和对数标准差进行估计，这些统计量汇总于表 3-25 中[①]。

表 3-25　美国地区结构构件数量中位值与对数标准差汇总

结 构 类 型	每 100m² 柱个数	每 100m² 连梁数	墙率/%	每 100m² 墙长度/m
钢框架	2.2(0.3)			
混凝土框架	3.4(0.4)			
混凝土框架-核心筒（或混凝土框架-剪力墙）	1.5(0.5)	0.6(0.3)	2.0(0.2)	
混凝土剪力墙			6.1(0.3)	
木结构				50.1(0.2)
砌体结构			10.6(0.4)	

注：括号内的数字为对应的对数标准差。

另外，收集了我国 41 栋钢结构（以门式刚架厂房为主）、50 栋混凝土框架结构、45 栋混凝土剪力墙结构以及 41 栋砌体结构的施工图纸，从中得到了我国地区结构构件数量的统计信息。钢框架、混凝土框架结构柱的统计信息和对数正态分布拟合情况分别如图 3-15 和图 3-16 所示；混凝土剪力墙结构墙率和连梁的统计信息如图 3-17 所示；砌体结构墙率统计信息如图 3-18 所示。这些统计量汇总于表 3-26 中。

---

① 由于可用数据有限，为方便开展研究，统计中包含了部分非美国地区或国家的数据。

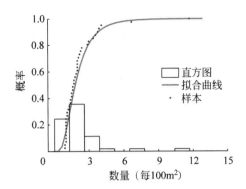

图 3-15　钢框架结构柱个数统计信息

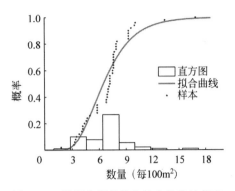

图 3-16　混凝土框架结构柱个数统计信息

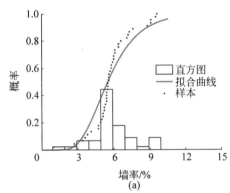

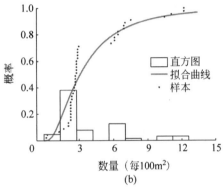

图 3-17　混凝土剪力墙结构墙率与连梁个数统计信息

（a）剪力墙墙率；（b）连梁个数

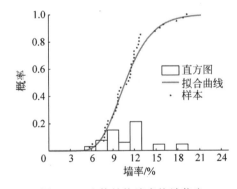

图 3-18　砌体结构墙率统计信息

表 3-26　中国地区结构构件数量中位值与对数标准差汇总

结　构　类　型	每 100m² 柱个数	每 100m² 连梁数	墙率/%
钢框架	1.8(0.6)		
混凝土框架	6.5(0.4)		
混凝土剪力墙		3.1(0.8)	5.5(0.4)
砌体结构			10.7(0.3)

注：括号内的数字为对应的对数标准差。

2. 非结构构件

FEMA(2012a,b)对 3000 多栋不同使用功能(办公楼、教学楼、医院、旅馆、住宅、商店、仓库、研究所)的典型建筑非结构构件数量进行了调查,并建议了各使用功能的建筑的非结构构件数量典型值,列在 FEMA P-58 附表 F 给出的构件数量统计表中(FEMA,2012a),同时 FEMA P-58 报告还附带了构件数量估计工具(FEMA,2012b)以方便使用。因此,利用这些数据,就可以根据建筑的层面积、层数、使用功能等基本 GIS 信息,估计建筑的非结构构件数量。

本研究将 FEMA(2012a,b)建议的这些数据汇总于表 3-27 中。

表 3-27 不同使用功能建筑的非结构构件数量中位值和对数标准差(FEMA,2012a,b)

构件名称	单位	办公楼		教学楼		医院		旅馆	
		μ	σ	μ	σ	μ	σ	μ	σ
非结构外墙	ft²	6.94	0.5	8.07	0.6	5.38	0.5	3.77	0.2
窗	ft²	3.229	0.6	1.184	0.8	1.507	0.7	1.292	0.3
屋顶饰面	ft²	2.906	1.3	7.319	0.6	3.122	1	2.153	1
内隔墙	ft²	1.076	0.2	0.603	0.5	1.130	0.2	0.646	0.2
楼梯	个	0.001	0.2	0.001	0.2	0.001	0.1	0.001	0.1
内墙饰面	ft²	0.081	0.7	0.153	0.7	0.137	0.6	0.310	0.3
活动地板	ft²	8.073	0.2						
天花板	ft²	9.688	0	10.226	0	8.611	0	1.615	0
吊灯	个	0.1615	0.3	0.1615	0.2	0.1615	0.2		
升降电梯	个	0.0003	0.7	0.0002	1.4	0.0003	0.9	0.0002	0.2
冷热水管	ft	1.356	0.7	0.969	0.3	3.552	0.2	2.583	0.3
制冷机组	t(US)	0.0307	0.1			0.0350	0.1		
冷却塔	t(US)	0.0307	0.1			0.0350	0.1		
HVAC 风管	ft	1.023	0.2	0.538	0.6	1.184	0.2	0.538	0.6
HVAC 散流器	个	0.0969	0.5	0.0538	0.6	0.2153	0.1	0.0861	0.4
变风量空调系统	个	0.0215	0.5	0.0431	0.2	0.0538	0.2	0.0646	0.2
空气处理机组	ft³/min	7.535	0.2			10.764	0.2		
消防管道	ft	2.153	0.1	1.938	0.1	2.368	0.1	2.368	0.1
消防喷淋	个	0.097	0.1	0.086	0.2	0.129	0.1	0.129	0.1
低压开关板	A	1.585	0.4	1.839	0.4	2.260	0.4	1.076	0.4
柴油发电机	kV·A					0.0538	0.7		
非结构外墙	ft²	8.29	0.5	3.23	0.2	2.37	0.2	5.60	0.5
窗	ft²	1.615	0.6	0.646	0.3	0.011	0.2	1.615	0.8
屋顶饰面	ft²	3.444	0.9	5.382	1	10.764	0	2.637	1
内隔墙	ft²	1.292	0.3	0.108	0.2	0.032	0.2	0.915	0.2
楼梯	个	0.001	0.1	0.001	0.3			0.001	0.2
内墙饰面	ft²	0.411	0.4	0.116	0.2	0.005	0.2	0.054	0.8
活动地板	ft²								
天花板	ft²			9.688	0	0.538	0	9.149	0
吊灯	个			0.1615	0.2	0.1615	0.3	0.1615	0.2
升降电梯	个	0.0004	0.8	0.0011	0.3			0.0002	1.2

续表

构件名称	单位	办公楼		教学楼		医院		旅馆	
		μ	σ	μ	σ	μ	σ	μ	σ
冷热水管	ft	3.423	0.4	0.969	0.3	0.155	0.2	1.937	0.3
制冷机组	t(US)							0.0350	0.1
冷却塔	t(US)							0.0350	0.1
HVAC 风管	ft	0.538	0.6	0.592	0.6	0.431	0.6	1.615	0.3
HVAC 散流器	个	0.0861	0.4			0.0323	0.4	0.1722	0.2
变风量空调系统	个	0.0431	0.2	0.0431	0.2			0.0032	0.7
空气处理机组	ft^3/min					2.153	0.8	13.455	0.2
消防管道	ft	2.368	0.1	1.938	0.1	1.184	0.1	2.153	0.1
消防喷淋	个	0.129	0.1	0.086	0.2	0.086	0.2	0.108	0.2
低压开关板	A	1.115	0.3	1.839	0.4	0.587	0.5	2.231	0.4
柴油发电机	kV·A							0.0538	0.7

注：μ 指的是每平方米建筑面积构件数量的中位值；σ 指的是对应的对数标准差；空白单元格表示值为 0。

综上所述，即可根据建筑的 GIS 数据，估计建筑内结构构件和非结构构件的种类和数量，形成建筑性能模型，从而使用 FEMA P-58 方法进行建筑地震损失预测。

3.4.4　小结

本节提出了基于 GIS 数据和 FEMA P-58 方法的建筑震损预测的实现方案。通过候选易损性分类编码估计建筑的构件种类；通过收集现有文献和施工图纸中各类型结构的平面布置情况，得到统计数据，以估计单位面积结构构件的数量；通过 FEMA P-58 附表 F 给出的构件数量统计表和 FEMA P-58 报告附带的构件数量估计工具估计单位面积非结构构件的数量。这样，即可根据建筑的 GIS 数据（层面积、层数、高度、结构类型、建筑功能等），组装形成建筑性能模型，用于震损预测。

需要说明的是，本节提出的多源建筑数据震损预测的准确性与基础数据的质量有关。特别地，针对 GIS 数据，该数据与实际结构数据的对应性可以通过多种方式加以验证。例如，当目标区域包含建筑较少时，可以通过实地考察的方法对建筑数据进行验证，对于建筑层数、功能等属性，还可通过 Google 地图或百度地图等的街景功能进行对比验证。当目标区域包含建筑较多时，可采用随机抽样的方法，抽取少量建筑作为样本，再通过实地调查、街景地图等方式对样本建筑的数据进行验证。

此外，GIS 数据反映了建筑的基本信息，利用 GIS 数据建立的建筑性能模型和结构多自由度模型主要刻画了某类建筑的平均抗震性能。实际上，由于随机性的影响，一些建筑的抗震性能可能比平均性能更为薄弱。针对这一问题，可以通过开展不确定性分析加以考虑。本节提出的震损预测框架基于 FEMA P-58 下一代建筑抗震性能评价方法，可以较好地考虑震损预测各环节产生的不确定性及其传递，因此，在今后的工作中，可以将 2.5 节给出的不确定性分析结果整合到本节提出的震损预测框架中。

3.5　利用震后航拍影像提高近实时震损预测准确性

3.5.1　引言

3.1节至3.4节阐述了典型城市区域地震直接经济损失预测的两类方法。震前的震损预测可为防震减灾规划、地震保险规划等的制定提供参考信息,减小目标区域可能遭受的潜在地震损失。而在地震发生之后,快速并准确地预测地震建筑破坏导致的经济损失,对制定合理的救灾和重建方案也具有重大价值。

震后的损失评估方法主要包括:①现场调查或抽查统计损失(Masi et al.,2016);②根据损失预测模型评价损失(Erdik et al.,2011;Jaiswal and Wald,2011);③根据遥感或航拍数据评估损失(Dong and Shan,2013)等。方法①最为准确,但是耗时较长,往往需几周甚至几个月之久,且需要较多人力资源,因此无法适应震后快速评价震损的现实需求。而方法②和方法③相对而言速度较快,在震后快速建筑震损评价中得到广泛应用(Yeh et al.,2006;Vu and Ban,2010)。

利用损失预测模型(即方法②)可以快速得到一个大区域的地震经济损失,且当地震输入和建筑易损性模型正确时,该模型可以充分考虑不同损坏程度(轻度、中度、严重和毁坏)建筑的经济损失,因此应用十分广泛。区域建筑损失预测模型经历了以下三个阶段的发展:易损性矩阵方法,如 ATC(1985)和尹之潜及杨淑文(2004);能力谱方法,如 FEMA(2012d);时程分析方法,如 Hori(2011)、Lu 等(2014b)、Xiong 等(2016,2017)。前两种方法存在一系列局限,例如难以考虑建筑特性和高阶振型的影响,难以考虑地震动的特异性等(Lu et al.,2014b;Alonso-Rodríguez and Miranda,2015;Xiong et al.,2017)。时程分析方法则很好地改善了这些局限性,然而时程分析结果的合理性在很大程度上取决于输入参数(即建筑信息和地震动时程)的质量。如果受灾区附近刚好没有地震台站,则需要慎重考虑如何选择地震动输入(Kalkan and Chopra,2010)。

通过卫星或者飞机、无人机航拍,可以得到整个灾区的遥感或航拍图像。通过分析遥感或者航拍图像,可以识别倒塌建筑与未倒塌建筑(Gusella et al.,2005;Ehrlich et al.,2009),进而能快速给出整个灾区建筑倒塌的实际情况。但是,从遥感图像中难以获取建筑内部的破坏情况,因此会低估建筑震损(Rathje and Adams,2008)。尽管有不少研究试图根据震后遥感图片识别更细化的建筑震害(Yamazaki et al.,2005;Corbane et al.,2011),但目前非倒塌破坏识别精度较低,一些研究表明严重破坏建筑的识别精度仅有20%～30%(Yamazaki et al.,2005;Rathje and Adams,2008;Corbane et al.,2011)。因此,就目前来说识别建筑是否倒塌,比识别更细化的建筑震害在技术上更加成熟、可靠。

综上所述,基于时程分析的区域建筑损失预测模型,可以评估不同损坏程度建筑的经济损失,但是评估的结果依赖于输入参数的质量。当缺乏真实地震动输入时,评估的精度会下降。而遥感图像分析可以获得灾区实际的建筑倒塌分布,但是对未倒塌建筑的震害评估精度则相对较低。因此,一个很自然的想法就是:能否结合时程分析和遥感图像分析技术的优点,既可以提升损失预测模型的精度,也可以同时获得不同损坏程度建筑的经济损失。本书作者和清华大学曾翔博士等给出了一个可能的解决方案(Lu et al.,2018b):当缺乏合理的地震动输入时,选择大量(例如成百上千个)不同地震动作为输入,进行一系列非线性时程分析,得到对应的模拟结果集;进而利用遥感图像分析技术得到灾区建筑倒塌的实际情况;从模拟结果集中挑选出与建筑倒塌实际情况最相似的结果(即最优结果),进而利用其计算区域建筑震损。这样有可能显著提高地震经济损失的预测精度。而其中关键的问题之一是如何从模拟结果集中挑选出最优结果。本节详细描述了这一近实时震损预测框架,并给出了挑选最优结果的两种可能方法,通过 1730 年北京西郊地震虚拟案例对本节方法框架进行了说明和讨论,最后通过一个实际案例(2014 年云南鲁甸地震)进行了验证。

3.5.2　方法框架

本节提出的结合非线性时程分析与震后航拍影像分析技术的近实时区域建筑震损评估框架如图 3-19 所示,主要包含 5 个部分:①从震后灾区的航拍图或遥感图像中,识别倒塌的建筑和未倒塌建筑,得到区域建筑倒塌识别结果;②构造大量震害分析工况,例如可以设计不同强度、不同频谱和不同持时的地震动输入;③分别对每个工况进行区域建筑震害模拟,得到震害模拟结果集,各个模拟结果不仅包括建筑是否倒塌,还包括建筑的详细破坏状态(即完好、轻微破坏、中等破坏、严重破坏);④搜索模拟结果集,从中挑选出与建筑倒塌分布识别结果最匹配的结果,作为最优模拟结果;⑤利用最优模拟结果的详细破坏状态,进行区域建筑震损计算,得到地震经济损失结果。

其中第①、③、⑤部分,已有相关文献做了充分的讨论(见本节后续说明),因此本节仅进行简要叙述,而不展开详细讨论。本节重点针对第④部分提出了两种倒塌分布相似度匹配方法,并对第②部分进行简要说明。需要指出的是,在本节建立的通用框架(图 3-19)下,任意一个部分完全可以替换为其他更好的实现方式,而不限于本节所述的实现方法。

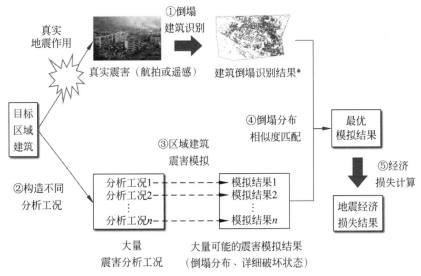

图 3-19　本节建议的近实时区域建筑震损评估框架

* 建筑倒塌分布图片来源:Gusella et al.,2005

1. 倒塌建筑识别

关于如何从震后航拍照片或遥感影像中识别倒塌建筑与非倒塌建筑,可参考大量现有研究。例如,不仅可以通过众包方法将震害图像分发给多人进行人工识别(Xie et al.,2016b),还可以使用图像分类算法自动完成对倒塌与非倒塌建筑的识别(Li et al.,2014a)。这方面已有大量相关研究和实际应用,一些综述文章对此作了很好的总结和描述(Rathje and Adams,2008;Dong and Shan,2013)。因此本节对此不作过多叙述。就 3.5.4 节所给出的鲁甸地震案例而言,本研究结合了中国地震局和各大新闻媒体提供的现场航拍照片和建筑矢量图,并通过目视判读方法(Dong,Shan,2013;Xie et al.,2016b)对灾区 56 栋建筑的倒塌情况进行人工识别,获取了和实际倒塌情况相符合的识别结果。

2. 不同分析工况构造

非线性时程分析结果的合理性受诸多因素的影响,例如:①建筑基础数据的准确性;②建筑模型和参数的合理性;③地震动输入的合理性。第一,随着大数据和智慧城市等技术的进步,城市建筑的数据不断完善(Geiß et al.,2014;Qi et al.,2017)。第二,就建筑模型和参数而言,本节采用 Lu 等(2014b)和 Xiong 等(2016,2017)提出的区域震害模拟方法,大量算例对比表明,该模型参数确定方法具有较高的精度。第三,本书 2.5 节研究了多自由度层模型结构参数(如层间骨架线的屈服点、峰值点、软化点)的不确定性及其对区域建筑震害预测结果的影响,研究结果表明,假定区域内不同建筑的结构参数变量相互独立,则这些参数的不确定性对区域震害分析结果影响较小。因此,本节在构造不同分析工况时,仅考虑了地震动输入的不确定性,即地震动的不确定性成为影响结构地震响应非线性时程分析精度的主要原因。需要说明的是,已有研究也表明,地震强度较大时,地震动不确定性在结构地震响应分析中占据主导地位(Kwon and Elnashai,2006)。

为了得到合适的地震动输入,本节采取如下策略:选择大量不同的地震动,形成一系列非线性时程分析工况;根据倒塌分布的相似度来寻找最接近倒塌分布遥感图像识别结果的地震动输入。对于缺乏足够地震动输入的区域,可以首先选择 p 种不同地面运动预测方程(GMPE),再根据震源参数,针对每个 GMPE 选择 q 条地震动记录,这样可构造 $n = pq$ 个分析工况,为倒塌分布相似度匹配提供基础。

3. 区域建筑震害模拟

对于区域建筑震害模拟,本节应用了本书第 2 章提出的方法。由于其模型参数是基于中国《建筑抗震设计规范》(GB 50011—2010)的设计流程,结合大量中国试验统计数据进行标定的,因此适用于我国的区域建筑震害模拟。对于中国以外的其他国家和地区,我们建议使用适用于当地的模型参数标定方法代替本书第 2 章建议的模型参数标定方法。例如,对于美国地区的建筑,可以使用 Lu 等(2014b)基于美国 HAZUS 数据库提出的参数标定方法。

本节同时通过算例对比了时程分析方法和易损性矩阵方法。本节采用了尹之潜和杨淑文(2004)提出的适用于我国建筑的易损性矩阵,该易损性矩阵方法被广泛应用于我国建筑地震损失评估。易损性矩阵方法需要使用烈度指标。PGA 与烈度的关系具有很大的离散性(Wald et al.,1999),不同研究建议的转换关系也有很大差别。本节采用中华人民共和国国家标准《中国地震烈度表》(GB/T 17742—2008)建议的转换关系进行转换,如表 3-28 所示。

表 3-28　《中国地震烈度表》(GB/T 17742—2008)建议的烈度与 PGA 的对应关系

烈度	七度	八度	九度
对应的 PGA/g	0.09~0.177	0.178~0.353	0.354~0.707

4. 倒塌分布相似度匹配

为了从一系列模拟结果中挑选出与从航拍图像中识别的建筑倒塌分布最匹配的结果，需要对每个模拟结果进行评分。与识别的建筑倒塌分布越相似的模拟结果，其得分越高，而得分最高的模拟结果则被定义为最优模拟结果(图 3-20)。

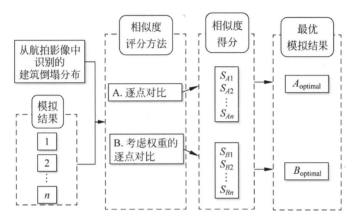

图 3-20　倒塌分布相似度匹配流程

相似性量度(或距离量度)用于量化衡量两个物体之间的相似程度，在模式识别、聚类、分类、推荐系统等问题中扮演着重要角色(Mahmoud,2011；Guo et al.,2013)。特别地，二值相似性和距离量度是使用最为广泛的相似性量度方法之一。由于建筑是否倒塌是一种二值事件，因此本章采用二值相似性和距离量度，衡量模拟结果与航拍识别结果之间的相似性。Choi 等(2010)总结了 76 个二值相似性量度公式，包括广泛应用的 Jaccard 相似性量度和欧几里得距离等。本章选择了其中一个公式，作为倒塌分布相似度匹配方法之一，并称之为"逐点对比法"(见 3.5.3 节)。然而进一步的讨论发现，仅采用二值相似性量度方法可能会在某些情况下存在不合理之处。因此我们通过考虑修正系数，进一步提出了"考虑权重的逐点对比法"。具体内容详见 3.5.3 节。

5. 经济损失计算

为了更清晰地展示本节重点阐述的"倒塌分布相似度匹配"算法，对于经济损失计算部分，采用 3.1 节中所述建筑整体层次的震损预测方法，利用式(3.1-1)和式(3.1-2)计算震损。从这两个计算公式和表 3-1 中可以看出，建筑经济损失计算要求以建筑的详细破坏状态作为输入，仅从灾区航拍照片中识别出建筑的倒塌分布情况，并不足以用于计算经济损失。但建筑的倒塌分布情况可被用于从大量模拟结果中识别最优模拟结果，最优模拟结果中包含建筑的详细破坏状态，从而可用于计算经济损失。这一逻辑过程如图 3-21 所示。

需要说明的是，由于本节提出的近实时震损评估框架的通用性，经济损失计算部分也可以替换为 3.3 节及 3.4 节所述的建筑构件层次的区域震损预测方法。

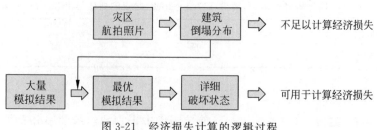

图 3-21 经济损失计算的逻辑过程

3.5.3 倒塌分布相似度匹配算法

为了从一系列模拟结果中挑选出与实际建筑倒塌分布最相似的结果,本节提出了两种相似度匹配方法(图 3-20)。需要注意的是,两个相似度匹配方法之间是彼此独立的。

1. 方法 A:逐点对比法

这一方法最自然的想法是,逐一比较每栋建筑的倒塌情况是否与实际倒塌情况相同。若建筑倒塌情况相同则计 1 分,否则计 0 分。该方法简单而有效,它本质上等效于文献(Choi et al.,2010)中定义的一种二值相似性量度方法,本节称该方法为逐点对比法。具体表示如下。

设随机变量 y 表示建筑倒塌情况,y 服从伯努利分布,即 $y \sim B(1,p)$,其中 p 为建筑倒塌概率。$y=1$ 表示倒塌,$y=0$ 表示未倒塌。对任一模拟结果 i,对任一建筑 j,设模拟的建筑倒塌情况为 y_{ij};该建筑实际倒塌情况为 y_j。则得分定义为

$$S_{a_{ij}} = \begin{cases} 1, & y_{ij} = y_j \\ 0, & y_{ij} \neq y_j \end{cases} \qquad (3.5\text{-}1)$$

设建筑总数为 m,则该模拟结果的总得分为

$$S_{Ai} = \frac{1}{m} \sum_{j=1}^{m} S_{a_{ij}} \qquad (3.5\text{-}2)$$

由式(3.5-1)和式(3.5-2)可见,模拟结果的总得分 S_{Ai} 仅考虑了建筑是否倒塌,而未考虑建筑的位置坐标、结构类型等其他重要信息。因此,逐点对比法在某些情况下可能不够合理。例如,考虑图 3-22 所示的包含 12 栋建筑的区域,图中给出了实际倒塌分布(图 3-22(a))和三个模拟结果(图 3-22(b)~(d)),深色填充代表发生倒塌的建筑。从实际倒塌分布图中可见,倒塌的建筑均为砌体结构,由此可以推测,在本次震害中砌体结构的倒塌概率比较高,而混凝土框架结构的倒塌概率相对比较低。模拟结果 1(图 3-22(b))与实际倒塌分布相差最大,逐点对比法给该结果一个较低分数(得分为 $S_{A1}=7/12$ 分),这是合理的。模拟结果 2(图 3-22(c))表明有一栋混凝土框架结构发生倒塌,虽然根据实际倒塌分布情况可知,在此次地震下混凝土框架结构不大可能发生倒塌,但逐点对比法仍然给了模拟结果 2 一个较高的分数(得分为 $S_{A2}=10/12$ 分)。模拟结果 3(图 3-22(d))也得到了与模拟结果 2 相同的分数($S_{A3}=S_{A2}=10/12$),但显然模拟结果 3 与实际倒塌分布的相似度更高。这个例子表明逐点对比法无法区分模拟结果 2 和模拟结果 3 的差别。

2. 方法 B:考虑权重的逐点对比法

由上述讨论可知,需要为式(3.5-2)定义的每栋建筑的得分乘以一个修正系数,这个修

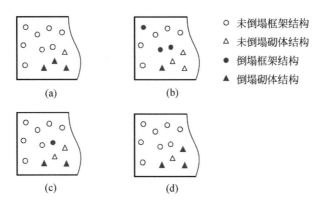

图 3-22　一个案例,对比两种相似度匹配算法(逐点对比法、考虑权重的逐点对比法)的评分结果
(a) 实际倒塌分布;(b) 模拟结果 1:$S_{A1}=7/12$,$S_{B1}=0.596$;(c) 模拟结果 2:$S_{A2}=10/12$,$S_{B2}=0.857$;
(d) 模拟结果 3:$S_{A3}=10/12$,$S_{B3}=0.882$

正系数与建筑的倒塌概率有关。不同建筑的倒塌概率不同,取决于建筑特性和建筑位置。因此,本节提出考虑权重的逐点对比法,采用如下评分规则:

$$S_{b_{ij}}=S_{a_{ij}} \tag{3.5-3}$$

$$w_{b_j}=\begin{cases} p_j, & y_j=1 \\ 1-p_j, & y_j=0 \end{cases} \tag{3.5-4}$$

其中,w_{b_j} 为建筑 j 的权重;p_j 为建筑 j 的倒塌概率。该模拟结果 i 的总得分定义为

$$S_{Bi}=\frac{\sum_{j=1}^{m} S_{b_{ij}} w_{b_j}}{\sum_{j=1}^{m} w_{b_j}} \tag{3.5-5}$$

这样,问题就转化为如何求每栋建筑的倒塌概率 p_j。设建筑倒塌概率的决定因素为向量 $\boldsymbol{x}$,$\boldsymbol{x}$ 可能由建筑坐标、结构类型、建造年代、层数等构成。假定

$$p_j=P(y=1\mid \boldsymbol{x}=\boldsymbol{x}_j;\boldsymbol{\theta})=h(\boldsymbol{\theta}^{\mathrm{T}}\boldsymbol{x}_j)=\frac{1}{1+\mathrm{e}^{-\boldsymbol{\theta}^{\mathrm{T}}\boldsymbol{x}_j}} \tag{3.5-6}$$

$$1-p_j=P(y=0\mid \boldsymbol{x}=\boldsymbol{x}_j;\boldsymbol{\theta})=1-h(\boldsymbol{\theta}^{\mathrm{T}}\boldsymbol{x}_j) \tag{3.5-7}$$

式中,$\boldsymbol{\theta}$ 为待定参数向量;逻辑函数(logistic function)$h(z)$ 的值域为 $(0,1)$。式(3.5-6)和式(3.5-7)也可以合并为如下一个公式:

$$P(y\mid \boldsymbol{x};\boldsymbol{\theta})=h(\boldsymbol{\theta}^{\mathrm{T}}\boldsymbol{x})^y[1-h(\boldsymbol{\theta}^{\mathrm{T}}\boldsymbol{x})]^{1-y} \tag{3.5-8}$$

由于已知建筑的实际倒塌情况,我们可以利用这一信息,采用极大似然准则估计 $\boldsymbol{\theta}$,即 $\boldsymbol{\theta}$ 的取值应使倒塌建筑的倒塌概率 p_j 尽可能大,未倒塌建筑的倒塌概率 p_j 尽可能小。因此,求解 $\boldsymbol{\theta}$ 等效于求解式(3.5-9)所示最优化问题。

$$\hat{\boldsymbol{\theta}}=\arg\max_{\boldsymbol{\theta}}L(\boldsymbol{\theta})=\arg\max_{\boldsymbol{\theta}}\prod_{j=1}^{m}P(y=y_j\mid \boldsymbol{x}=\boldsymbol{x}_j;\boldsymbol{\theta})$$

$$=\arg\max_{\boldsymbol{\theta}}\prod_{j=1}^{m}h(\boldsymbol{\theta}^{\mathrm{T}}\boldsymbol{x}_j)^{y_j}[1-h(\boldsymbol{\theta}^{\mathrm{T}}\boldsymbol{x}_j)]^{1-y_j} \tag{3.5-9}$$

在实践中,为了避免过拟合现象,通常要在式(3.5-9)中添加正则项,使之成为式(3.5-10)所示优化问题并加以求解,其中 λ 是非负的正则化参数。

$$\hat{\boldsymbol{\theta}} = \arg\max_{\boldsymbol{\theta}} e^{-\lambda\boldsymbol{\theta}^{\mathrm{T}}\boldsymbol{\theta}} \prod_{j=1}^{m} h(\boldsymbol{\theta}^{\mathrm{T}}\boldsymbol{x}_j)^{y_j} \left[1 - h(\boldsymbol{\theta}^{\mathrm{T}}\boldsymbol{x}_j)\right]^{1-y_j} \tag{3.5-10}$$

由式(3.5-8)到式(3.5-10)描述的这一过程,实际上是一种机器学习算法,即逻辑分类(logistic classification)(Bishop,2006)。任意一栋建筑 j 的倒塌概率因素向量 $\boldsymbol{x}_j$ 和实际倒塌情况 $\boldsymbol{y}_j$ 构成了一个训练样本,样本总数等于建筑总数 m。通常仅选取一部分样本(如60%)作为训练集,训练得到参数向量 $\boldsymbol{\theta}$;一部分样本(如20%)作为交叉验证集,确定正则化参数 λ 的取值;剩下的样本作为测试集,测试机器学习精度(Bishop,2006)。

得到 $\boldsymbol{\theta}$ 后,就能由式(3.5-6)求得每栋建筑的倒塌概率。注意到 $h(\boldsymbol{\theta}^{\mathrm{T}}\boldsymbol{x}_j)$ 仅与实际倒塌分布有关,而与模拟结果无关。

如图 3-22 所示,采用考虑权重的逐点对比法进行评分,模拟结果 3 的得分 S_{B3} 高于模拟结果 2 的得分 S_{B2},因此,考虑权重的逐点对比法相对逐点对比法而言更为合理。

如果能提供合适的训练样本,机器学习方法本身也能直接作为地震经济损失预测方法,但这要求训练样本中不仅要给出建筑是否倒塌的信息,还要给出建筑的详细破坏状态。然而,目前遥感图像识别暂时难以准确判断非倒塌破坏状态,因此难以提供准确的训练样本。一种可能的方法是利用历史地震的现场调查数据作为训练样本。这的确是一种可行的方案,但与易损性矩阵方法类似的是,对于缺少历史震害数据的地区,采用其他地区数据训练得到的分类器能否给出合理的预测结果,值得进一步研究。

3.5.4　案例分析:清华大学校园虚拟地震

1. 地震情境

为进一步展示上文所述倒塌分布相似度匹配方法的效果,本节选择清华大学校园作为案例(包含 619 栋建筑)加以讨论,建筑详情见本书 3.3.3 节。清华大学校园附近最近的一次强震为 1730 年北京西郊地震,距今已将近 300 年。以这次地震事件为情境,进行基于情境的地震模拟(FEMA,2012c),并视之为"目标情境"。

文献资料指出,1730 年北京西郊地震为 6.5 级,震中位置为 40.0°N,116.2°E 附近,约在圆明园—玉泉山一带(环文林等,1996),距离清华大学校园案例区域中心约 4.3km。如图 3-23 所示,此次地震的发震断层取为 F$_3$ 清河隐伏断层(环文林等,1996;玄月,2011)。F$_3$ 清河隐伏断层为正断层,走向 55°,倾角 69°(环文林等,1996;周青云等,2008;玄月,2011),全长 15km(周青云等,2008)。1730 年北京西郊地震时间过早,缺乏相应的地震动记录。对于这种情况,已有文献建议(Douglas,2007)采用较为广泛认可的衰减模型。因此,本节选用广泛使用的美国下一代地震动衰减关系(NGA)项目组提出的 GMPE 之一——CB14 模型(Campbell and Bozorgnia,2014)计算目标场地的反应谱。需要说明的是,这里 CB14 模型仅用于生成一个虚拟的"目标情境"地震事件,用以对比本章提出的不同倒塌分布相似度匹配算法的准确性。在 3.5.5 节中,进一步通过一个实际地震事件,对本章所提方法进行了验证。

使用太平洋地震研究中心(PEER)提供的在线数据库 NGA-West2 和地震动选择工具

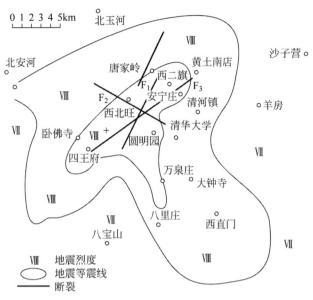

图 3-23　1730 年 M6.5 北京西郊地震等震线图

修改自华金玉等(2005)

（Ancheta et al.,2014），选择了一条与目标反应谱接近的地震动作为输入地震动（名称为 DARFIELD_GDLCN），如图 3-24 所示。由于校园面积不大（4km²），为简化起见，所有建筑使用同一条地震动时程，但调幅至不同的 PGA，每栋建筑的 PGA 均由 CB14 模型计算。由于断层位于清华大学校园的西北角，因此位于校园西北方向的建筑地震动的 PGA 要高于位于东南方向的建筑。CB14 模型可给出目标谱的中位值和标准差，这里 PGA 取其中位值。

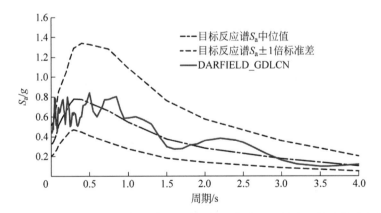

图 3-24　清华大学校园示例区域中心点目标反应谱以及所选地震动的反应谱

2. 倒塌建筑识别

给定上述地震动输入，可以通过区域建筑震害模拟得到"目标情境"下的结构破坏状态，进而可以很容易地得到结构倒塌分布，如图 3-25 所示。

3. 不同分析工况构造

如上文所述，由于 1730 年北京西郊地震缺少地震动记录和合适的 GMPE，因此选择了

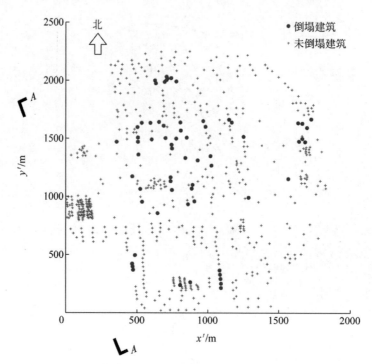

图 3-25　"目标情境"(即 1730 年 M6.5 北京西郊地震)下,清华大学校园建筑倒塌分布情况

(A—A 所示剖面图见图 3-26(b))

x' 和 y' 为建筑坐标,x' 轴由西向东,y' 轴由南向北。

NGA West 2 项目组提出的另 3 种 GMPE,即 BSSA14 模型(Boore et al.,2014)、ASK14 模型(Abrahamson et al.,2014)和 CY14 模型(Chiou and Youngs,2014),以及《中国地震动参数区划图》(GB 18306—2015)建议的椭圆衰减关系,共计 4 种 GMPE。4 种 GMPE 计算得到的 PGA 均值的分布如图 3-26 所示。从图中可以看出,目标区域范围内,PGA 的大小与建筑坐标基本呈线性关系。然而,不同 GMPE 计算得到的 PGA 均值不同,衰减速度(斜率)也不同。因此,仅选用以上 4 种 GMPE,可能难以构造出与"目标情境"有较高相似度的分析工况。为此,定义了式(3.5-11)所示的 5 种不同斜率的线性衰减函数,其中 PGA_{max} 代表目标区域内最大 PGA,其值域取为 $\{0.1g, 0.2g, \cdots, 1.0g\}$。这样,式(3.5-11)事实上一共定义了 50 种不同的 GMPE(5 个计算公式,每个公式中的 PGA_{max} 有 10 种不同的取值)。

$$PGA = \begin{cases} PGA_{max}\left[100\% + \dfrac{(y' - y'_{max})(100\% - 80\%)}{y'_{max} - y'_{min}}\right] \\[2mm] PGA_{max}\left[100\% + \dfrac{(y' - y'_{max})(100\% - 60\%)}{y'_{max} - y'_{min}}\right] \\[2mm] PGA_{max}\left[100\% - \dfrac{(x' - x'_{max})(100\% - 80\%)}{x'_{max} - x'_{min}}\right] \\[2mm] PGA_{max}\left[100\% - \dfrac{(x' - x'_{min})(100\% - 60\%)}{x'_{max} - x'_{min}}\right] \\[2mm] PGA_{max} \end{cases} \qquad (3.5\text{-}11)$$

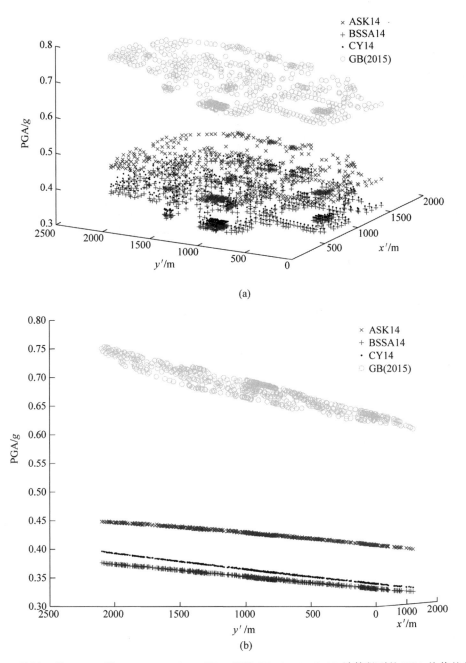

图 3-26 使用 4 种 GMPE,即 ASK14、BSSA14、CY14 以及 GB 18306—2015,计算得到的 PGA 均值的分布
(a) 俯瞰;(b) 图 3-25 中 A—A 剖面图

选取广泛使用的 El Centro 1940 地震动,以及 FEMA P695 报告推荐的 22 条远场地震
动和 28 条近场地震动(FEMA,2009),共计 51 条地震动记录作为输入。这样,一共可构造
2550 种不同的非线性时程分析工况。

需要说明的是,上述方法是用于快速构造大量分析工况的一种简化途径,如果读者对研
究地区的地震特征有更多了解,就可以根据当地地震特征构造合适的分析工况,从而提高精
度和效率。

4. 区域建筑震害模拟

通过运行上述非线性时程分析工况，可得到 2550 个模拟结果。每个模拟结果均包括各个建筑的详细破坏状态。图 3-27(a)显示了每个分析工况下、每种破坏状态的建筑数量。分析工况是按照地震强度从小到大排序并编号的，因此从工况 1 到工况 2550，建筑的震害逐渐变得严重。

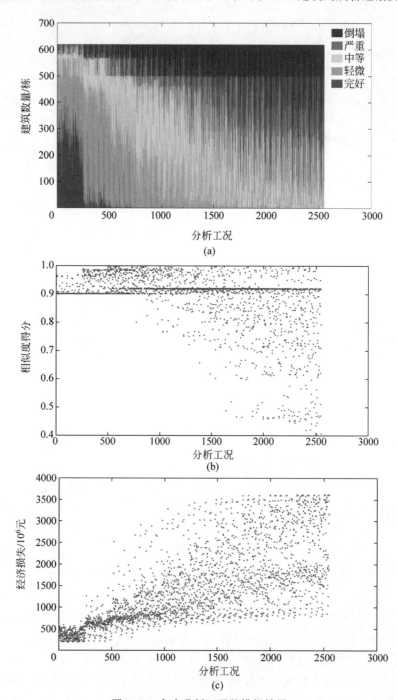

图 3-27 各个分析工况的模拟结果

(a) 每种破坏状态对应的建筑数量；(b) 使用考虑权重的逐点对比法计算的相似度得分；(c) 计算的各模拟结果的地震损失

5. 相似度匹配与地震损失评估

分别使用本章提出的两种倒塌分布相似度匹配方法,可以计算得到各个模拟结果的得分,以及最优模拟结果。以考虑权重的逐点对比法为例,计算得到的各个模拟结果对应的相似度得分如图 3-27(b)所示。使用式(3.1-1)和式(3.1-2)计算得到各个模拟结果对应的地震经济损失,如图 3-27(c)所示。

为了评价相似度得分是否有效地衡量了模拟结果和实际倒塌分布的相似性,进一步绘制出了得分-损失关系,如图 3-28(a)和(b)所示。图中实心点代表每个模拟结果对应的损失 V_j(j 为模拟结果编号)。实线代表根据"目标情境"下建筑破坏状态计算得到的实际损失 V_{actual}。虚线代表使用尹之潜和杨淑文(2004)的易损性矩阵方法计算得到的损失 V_{Yin}。从图中可以看到:

(1) 模拟结果的相似度得分越高,模拟的经济损失 V_j 越有向实际值 V_{actual} 收敛的趋势。

(2) 两种相似度匹配方法的结果非常接近。特别地,两种方法都得到 1 个最优模拟结果,其相似度得分都为 1.0,即与"目标情境"实际倒塌分布(图 3-25)完全相同。

(3) 最优模拟结果对应的经济损失 V_{opt} 为 13.156 亿元(图 3-28(c)),与实际损失 V_{actual}(11.004 亿元)相比,误差为 19.6%,可见最优模拟结果对应的损失是实际经济损失的一个很好的估计。虽然最优模拟结果与实际结果的倒塌分布相同,但它们的建筑详细破坏状态不同,因此 V_{opt} 与 V_{actual} 并不相等。

(4) 与实际损失 V_{actual} 相比,易损性矩阵方法给出的损失 V_{Yin}(2.869 亿元)偏低。这可能是由于易损性矩阵方法的合理性依赖于历史震害统计数据,然而北京地区将近 300 年没有经历过强震,缺少相关的统计数据,因此利用易损性矩阵方法可能难以准确描述北京地区的结构的抗震性能。而利用最优模拟结果对应的损失 V_{opt} 可以很好地估计实际经济损失。

需要说明的是,图 3-28(a)中相似度得分为 0.9 左右的区间内聚集了大量实心点。这是由于该"目标情境"下实际建筑倒塌率为 10.5%,即有 89.5% 的建筑未发生倒塌。因此,即使一个分析工况的模拟结果为"所有建筑均未倒塌",它仍能得到 0.895 的相似度得分(逐点对比法)。当得分进一步提高时,意味着部分倒塌建筑得到了正确模拟,因此经济损失会快速趋向实际损失。

6. 其他地震情境

为了评估本章所建议的方法在其他地震情境下的效果,本节进一步选取了两个额外的虚拟地震情境进行分析。这两个情境是在 1730 年北京西郊地震的基础上,保持其他震源参数不变,而将震级调整为 M5 及 M8 得到的。对这两个目标情境,仍然采用 CB14 模型计算每栋建筑的 PGA,并且仍然使用前文所述 2550 个分析工况及其模拟结果,从中选出最优模拟结果。两个目标地震情境下的相似度得分和计算的地震损失如图 3-29 所示。两种相似度匹配算法的结果非常相似,因此图中仅仅给出了考虑权重的逐点对比法的结果。对于M5 情境,通过倒塌分布相似度匹配得到了 5 个最优模拟结果,得分均为 1.0(图 3-29(a)),取这 5 个最优模拟结果对应的损失的中位值作为最终预测的损失 V_{opt}。而对于 M8 情境,一共得到了 302 个最优模拟结果,其得分也均为 1.0(图 3-29(c)),进一步绘制这 302 个最优模拟结果对应的经济损失的分布情况,如图 3-30 所示,损失近似服从正态分布,可据此求

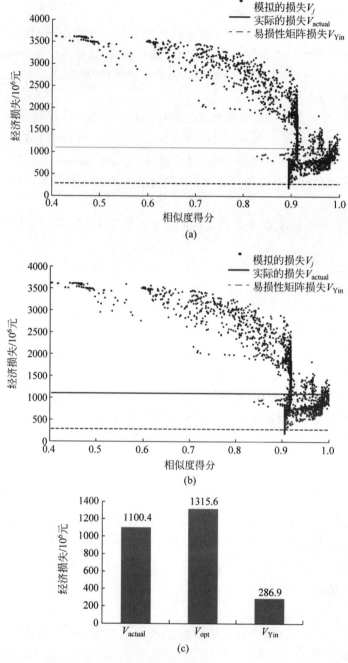

图 3-28 模拟结果得分与地震经济损失的关系(1730 年北京西郊地震)

(a) 逐点对比法；(b) 考虑权重的逐点对比法；(c) 模拟得到的损失和实际损失对比

出变异系数为 0.15，从而考虑多个最优模拟结果的不确定性的影响。

图 3-29(b)和(d)展示了在 M5 情境和 M8 情境下，本章方法预测的损失 V_{opt} 都与实际损失 V_{actual} 接近。

上述三个虚拟地震情境(震级分别为 M5、M6.5、M8)表明，本章建议的方法可用于不同地震强度的损失预测。但需要指出的是，本章方法相对而言更适用于地震强度较高的情况。

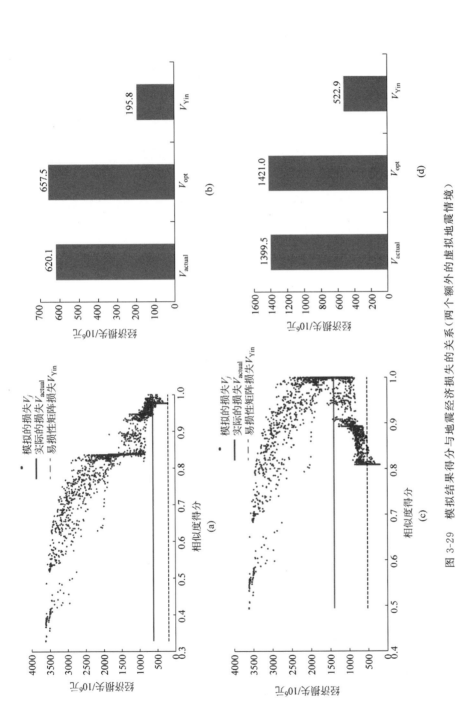

图 3-29　模拟结果得分与地震经济损失的关系（两个额外的虚拟地震情境）

(a) 得分-损失关系（M5 情境）；(b) 模拟得到的损失和实际损失对比（M5 情境）；(c) 得分-损失关系（M8 情境）；(d) 模拟得到的损失和实际损失对比（M8 情境）

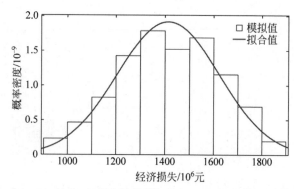

图 3-30   M8 情境下,所有最优模拟结果对应的经济损失的分布

一方面,当地震强度较高时,地震动的不确定性一般占据主导作用(Kwon,Elnashai,2006);另一方面,如果地震强度太低而几乎没有结构发生倒塌,那么灾区的航拍影像可能不足以提供充分的信息用于寻找最优模拟结果。

3.5.5   方法验证:2014 年鲁甸地震

以上案例分析结果说明本章建议的倒塌分布相似度匹配方法,可以给出较好的地震损失预测结果,但案例中的“目标情境”毕竟是基于久远的 1730 年北京西郊地震的虚拟地震事件。为了进一步验证方法的合理性,本节采用了 2014 年 8 月 3 日在我国云南省真实发生的鲁甸地震进行分析。

鲁甸地震震级为 M6.5,震源深度 12km,震中位于 27.189°N,103.409°E,地震给 9km 外的龙头山镇带来了较严重的破坏(Xu et al. ,2015)。地震发生后第二天,中国地震局就利用无人机获取了大量灾区航拍照片。利用这些照片和各大新闻媒体提供的现场航拍照片,可以迅速得到龙头山镇的建筑倒塌分布(图 3-31(a))。而建筑的详细破坏信息则是通过专家赴现场展开震害调查得到的(Lin et al. ,2015)。根据这些详细破坏信息,可以采用式(3.1-1)和式(3.1-2)计算地震的实际经济损失 V_{actual},然而采用实地调查方法得到 V_{actual} 时,距发生地震已经将近一个月了。本节仅就龙头山镇中 56 栋建筑(图 3-31)展开案例分析。

与清华大学校园虚拟地震案例分析(3.5.4 节)类似,我们定义了式(3.5-11)所示的 5 种不同斜率的线性衰减函数,其中 PGA_{max} 的值域取为 $\{0.2g,0.4g,\cdots,1.2g\}$。这样,一共定义了 30 种不同的 GMPE。选用 FEMA(2009)推荐的 28 条近场地震动记录作为输入。因此,一共可构造 840 种不同分析工况。运行这些工况,可以得到 840 种模拟结果。分别使用本章提出的两种倒塌分布相似度匹配方法,可以计算得到各个模拟结果的得分,以及最优模拟结果。绘制得分-损失关系图,如图 3-32 所示。

另外,中国强震动台网捕获到 70 多组鲁甸地震主震记录(Xu et al. ,2015),其中一组恰好由位于龙头山镇的强震台站记录到。本节同时也使用了这个地震动记录和回归得到的地震动衰减关系(Xiong et al. ,2017)作为对比:使用该输入进行非线性时程分析,对其结果进行相似度评分,并计算了该结果对应的经济损失,记为 $V_{recorded}$。该结果的得分-损失对在图 3-32(a)和(b)中用五角星标出。需要说明的是,强震台站实测的地震动记录可能难以完全体现每一栋建筑受到的实际地震作用,因此使用该地震动记录得到的模拟倒塌分布虽然与实际结果很接近,但也并非 100% 相同。

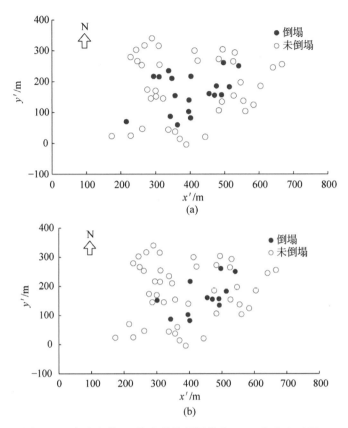

图 3-31　龙头山镇 56 栋建筑的倒塌分布(2014 年鲁甸地震)

(a) 从航拍照片中的识别结果；(b) 最优模拟结果

从图 3-32 中可以看出：

(1) 使用逐点对比法和考虑权重的逐点对比法，均得到同一个最优模拟结果。其得分小于 1，这说明最优模拟结果与实际倒塌结果不完全相同。然而对比模拟的倒塌分布(图 3-31(b))与实际情况(图 3-31(a))，可见二者还是比较相似的。

(2) 使用本章建议的方法得到的最优模拟结果对应的损失 V_{opt} 与实际损失 V_{actual} 接近，而易损性矩阵方法给出的损失 V_{Yin} 偏低，如图 3-32(c)所示。其关键原因是本章建议的方法充分利用了实际建筑倒塌分布情况这一重要信息。

(3) 使用实测鲁甸地震动记录得到的损失预测结果 $V_{recorded}$ 与实际损失 V_{actual} 也吻合良好(这里实际损失 V_{actual} 仅就本节所考虑的龙头山镇 56 栋建筑而言)。

需要说明的是，上述 840 种分析工况在一台多核心计算机上并行运算(中央处理器(CPU)：Intel E5-2695 v4@2.10Hz，36 核；内存：64GB)，耗时仅约 4min，倒塌分布相似度匹配更是能在几秒内完成。如果使用 GPU 加速(Lu et al.，2014b)或分布异构并行计算(Xu et al.，2016b)，计算效率还能有大幅度的提升，使得对于更多分析工况和更大规模区域，也能在几分钟到 1h 内完成计算。随着遥感或无人机技术的进步，震后 24h 内就有望获取大量灾区的卫星或航拍照片，从而迅速识别得到灾区的建筑倒塌情况。因此，本章提供的方法是一种近实时的地震经济损失评估方法，能在震后一两天内给出与耗时数周的专家调

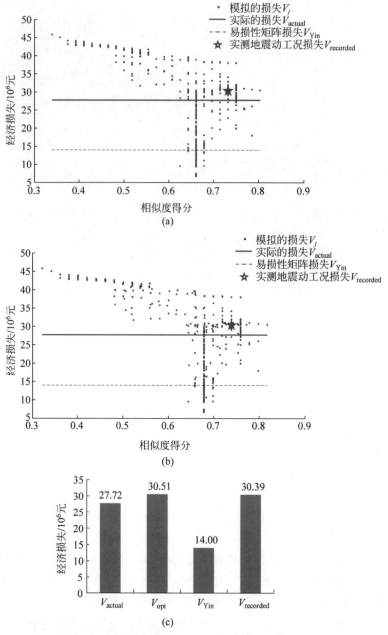

图 3-32　模拟结果得分与地震经济损失的关系(2014 年鲁甸地震)

(a) 逐点对比法；(b) 考虑权重的逐点对比法；(c) 模拟损失与实际损失的对比

查结果接近的震损估计。

在倒塌分布相似度匹配过程中,仅用到了模拟结果中建筑是否倒塌这一信息。这里隐含了一条假定,即如果某一模拟结果得到的建筑倒塌分布与实际的建筑倒塌情况相似,则该模拟结果得到的建筑破坏情况甚至建筑经济损失都与实际震害情况接近。换句话说,区域建筑的震损与灾区建筑倒塌情况是高度相关的。考虑到结构在地震激励下的非线性行为的复杂性,目前本章没有对这一假定的合理性进行严格分析论证。但本章给出的几个案例(3

个清华大学校园虚拟地震案例,以及鲁甸地震实际案例)可被视为数值试验,这些数值试验的结果(图 3-28、图 3-29 以及图 3-32)表明,这一假定是相对合理的。

本节仅通过损伤限值判断建筑整体的破坏状态,进而计算经济损失。事实上,非线性时程分析可以给出建筑每层的位移和加速度时程及峰值,利用这些精细化的结构响应,可以根据 FEMA P-58 方法(FEMA,2012a)计算结构构件、位移敏感型非结构构件以及加速度敏感型非结构构件的破坏状态和维修成本,从而得到更精细的建筑震害和震损模拟结果。这也是非线性时程分析相对于易损性矩阵方法或能力谱方法的一个优势。3.3 节与 3.4 节对此进行了详细的探讨,但为了不使论点过于发散,本节并没有将基于 FEMA P-58 方法的震损评估作为近实时震损框架评估第⑤部分(图 3-19)的具体损失评价方法。

3.5.6 小结

区域建筑地震经济损失是重要的决策指标之一。通过现场调查可以得到相对准确的结果,但耗时往往长达几周甚至几个月。非线性时程分析则更适应震损快速评估的需求,但其准确性取决于地震动输入的合理性。本章提出了一种近实时区域建筑震损评估框架,利用灾区建筑的倒塌分布情况(可利用遥感图像分类技术等快速获取),改善非线性时程分析结果,从而在震后一两天内给出近实时的震损评估。

具体地讲,选择大量不同强度和时程的地震动作为输入,进行一系列非线性时程分析,得到对应的模拟结果集;从模拟结果集中挑选出与灾区建筑的实际倒塌情况最相似的结果(即最优模拟结果),进而利用其计算区域建筑震损。其中最关键的问题之一是如何从结果集中挑选出最优模拟结果。为此本节给出了两种倒塌分布相似度匹配方法:逐点对比法和考虑权重的逐点对比法。通过 1730 年北京西郊地震虚拟案例和 2014 年鲁甸地震实际案例,对本章的方法框架进行了说明和验证。结果表明:

(1)两种倒塌分布相似度匹配方法都能较好地衡量模拟的倒塌结果与实际的倒塌结果的相似性。相似性越高,模拟结果的震损越有向实际震损收敛的趋势。

(2)最优模拟结果对应的经济损失与实际损失比较接近,即使在缺乏实测地震动输入时,仍然能得到与实际损失接近的结果,其关键原因是充分利用了灾区实际建筑倒塌分布这一重要信息。当缺乏充足的历史震害数据时,最优模拟结果可用于对易损性矩阵的参数进行标定。

(3)非线性时程分析可以在几分钟或几小时内完成,而倒塌分布相似度匹配耗时仅几秒钟。随着遥感等方面技术的发展,一般震后 24h 内就能获取大量灾区卫星照片或航拍照片,因此本章建议的方法能适应近实时震损评估的需求。

第4章

城市抗震弹塑性分析的可视化

4.1 概述

城市地震灾害情景模拟不仅需要适合的结构模型(见第 2 章),也需要高真实感可视化技术的支持。当建筑震害模拟从单体推广到区域时,其使用者往往已经不是单纯的结构工程师或者地震工程人员。城市区域建筑群地震灾害的模拟,对城市的规划、管理、应急等都有非常重要的作用。但是,这些部门的人员往往不都具备足够的结构工程知识。因此,需要提供一种更加直观有效的方法,来真实展现城市建筑群地震灾害的场景。因此,本章将提出相应的城市区域建筑群地震灾害场景的高真实感展示方法。本章研究工作主要由本书作者和清华大学研究生杨哲飚、北京科技大学研究生吴元等合作完成。

4.2 城市建筑群震害场景的 2.5D 可视化

第 2 章介绍的城市区域建筑震害预测模型,都是将建筑楼层对象简化为质量点,它并不包含完整的三维信息(只有高度,没有长度、宽度等)。因此,本书作者和清华大学研究生韩博等提出了一个城市建筑群震害场景 2.5D 可视化模型的建立方法。首先需要利用模拟区域的地理信息系统(GIS)数据,获取建筑位置、外形等必要的地理信息(Xu et al.,2008)。通过拉伸建筑物平面多边形,同时结合集中质量剪切层模型,以楼层为基本单元建立建筑的三维几何模型。此外,基于 Tsai 和 Lin(2007)的方法,采用多重纹理技术,对建筑物的不同表面分别进行贴图,以提高显示的真实感,如图 4-1 所示。

从算法上,具体包括以下几个步骤(图 4-2):①建立建筑模型叶节点,用于存储建筑模型;②根据建筑平面几何坐标和层高、层数计算得到顶点信息,生成顶点数组;③采用四边形建立墙面图元,并为其添加颜色和纹理;④采用多边形建立屋顶图元,并对多边形进行镶嵌(tessellation),然后为其添加颜色与纹理;⑤将生成的图元添加到建筑模型中。

在生成屋顶时,受限于建筑平面形状,其边界多边形经常是凹多边形。很多图形引擎,例如 OSG 等(OSG,2016)是基于 OpenGL 开发的,默认无法正确显示凹多边形。因此,需

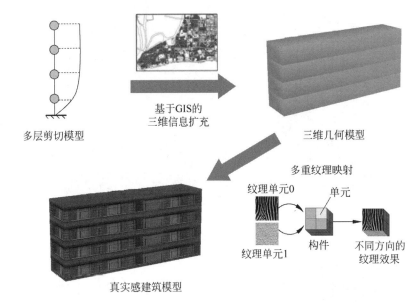

图 4-1　城市建筑群 2.5D 可视化模型的创建方法

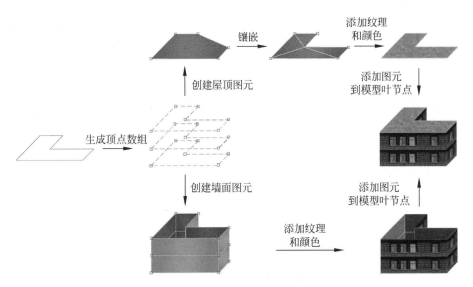

图 4-2　建筑模型创建图解

要对屋顶的凹多边形进行"镶嵌",将多边形分解为三角形或三角形条带,使 OSG 能够正常渲染。OSG 中提供了 osgUtil∷Tessellator 类来实现这一功能。

　　由上述方法得到的城市建筑群 2.5D 模型如图 4-3 所示,通过将 2.5D 模型角点的位移和震害时程分析得到的不同楼层的时程结果相关联,可以直观地得到不同楼层的地震位移响应(图 4-4)。这种方法的优势是实现起来非常简单,而且得到的场景也具有很好的真实感。因此,这是目前区域震害真实感展示的主要手段。

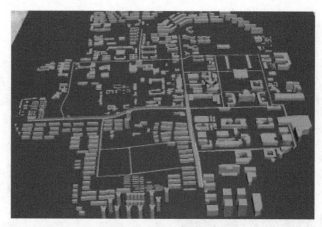

图 4-3　城市建筑群的 2.5D 模型

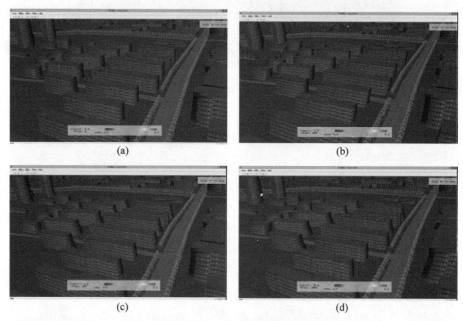

图 4-4　2.5D 建筑模型在不同时刻下的地震响应示例(位移放大 50 倍)

(a) $t=0.0s$；(b) $t=2.0s$；(c) $t=4.5s$；(d) $t=5.0s$

4.3　城市建筑群震害场景的 3D 可视化

4.3.1　引言

图 4-3 所示的城市建筑群 2.5D 模型,无法逼真地反映城市建筑物的真实 3D 几何外形,特别是无法反映建筑物沿着高度方向形状的变化,因而限制了其真实感效果的提升。近年来航空摄影技术以及激光雷达技术的发展使得可以自动或半自动地建立 3D 城市多边形模型(3D urban polygonal model)。事实上,越来越多的城市开始拥有 3D 城市多边形模型

(Shiode,2000；Batty et al.,2001；CyberCity3D,2007；PLW Modelworks,2014)。例如 Google
提供了非常真实的城市 3D 多边形模型,如图 4-5 所示。类似地,商业公司 CyberCity3D 提供全
美 62 个城市的 3D 多边形数据(CyberCity3D,2007)。这些模型提供了非常全面真实的区域环
境几何外形数据,并有非常广泛的应用,比如城市场景仿真、城市烟雾传播的模拟等(Hanna
et al.,2006)。因此,如果将这些城市 3D 多边形模型用于震害场景展示,将极大地提高其真
实感。但是,由于以下两个关键问题,这些城市 3D 多边形模型并不能直接用于震害场景展
示:①这些 3D 多边形模型没有各栋建筑详细的信息(如结构高度、结构类型、建造年代等),
而这些信息对于分析结构的动力特性至关重要;②该模型的建筑几何数据通常都是建筑的
外表面多边形数据,而震害场景展示往往需要各楼层的多边形数据。考虑到城市的 2D-
GIS 数据非常普遍,如果采用 2D-GIS 数据作为每栋建筑的属性数据,再对城市 3D 多边形
模型进行处理,得到每栋建筑的楼层多边形,就可以建立高真实感的城市区域 3D-GIS 模
型,进而提高震害场景展示的真实感。因此,本书作者和东京大学 M. Hori 教授提出了
一种利用城市建筑群空间多边形模型来提高城市区域震害场景展示效果的方法(Xiong et
al.,2015)。

图 4-5　Google Earth 3D 城市多边形模型

4.3.2　整体技术框架

本研究方法主要包括 3 个模块:①城市 3D-GIS 数据获取;②区域结构地震响应计算;
③高真实感的结果可视化。整个方法的研究框架如图 4-6 所示。

模块 1　城市 3D-GIS 数据的获取方法

本部分将采用 2D-GIS 数据并结合城市 3D 多边形模型生成 3D-GIS 数据,然后再利用
生成的 3D-GIS 数据完成模型建立以及结构计算。具体而言分为三个步骤:①从非建筑对
象中识别并获取建筑外形多边形数据;②将识别得到的每栋建筑与其从 2D-GIS 数据获得

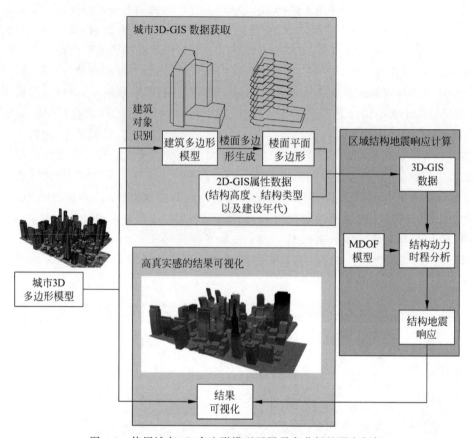

图 4-6　使用城市 3D 多边形模型开展震害分析的研究框架

的属性数据(结构高度、结构类型、建造年代)对应；③对建筑的外形多边形进行切片,得到各楼层形状的多边形,从而最终生成 3D-GIS 数据。在获取完备的 3D-GIS 数据之后,则可以采用本书相关章节的方法,开展结构动力计算。

模块 2　区域结构地震响应计算

由 3D-GIS 模型提供的建筑信息,可以非常方便地按照第 2 章的方法,生成城市区域建筑地震分析模型,进而通过本章介绍的高性能计算方法,获取相应的震害预测结果。而后各栋建筑时程分析的结果将提供给城市 3D 多边形模型进行可视化显示。

模块 3　高真实感的结果可视化

城市 3D 多边形模型能够提供非常真实的城市场景,可以使用它来进行高真实感的可视化显示。将利用非线性时程分析得到的每栋建筑的计算结果(比如位移)映射到该栋建筑的 3D 模型之上,就可以显示地震响应。一些非建筑对象,比如地形、道路和植被等模型,也被添加到城市场景之中,以提升城市地震场景的真实感。

4.3.3　城市 3D-GIS 数据的获取

1. 3D 建筑模型

目前,可以使用不同的方法来定义建筑的 3D 模型(3D 多边形模型,3D 实体模型)

（Förstner，1999）。本研究选择 3D 多边形模型，主要是基于以下考虑：①最有影响力的 3D 城市平台 Google Earth 采用了 3D 多边形模型，因此其认可度较高；②3D 多边形模型可以从一些商业公司（CyberCity3D，2007；PLW Modelworks，2014）或者免费的模型仓库中获得，资源非常丰富；③它们的精度（亚米级）可以满足要求（You et al.，2003）。

一个典型的城市 3D 多边形模型如图 4-7(a)所示，该模型不但包括建筑对象，还包括地形、道路等非建筑对象。而地震动力时程计算需要的 3D-GIS 模型只包括建筑对象，如图 4-7(b)所示。为了完成从 3D 城市多边形模型到 3D-GIS 数据的自动转换，有如下问题需要解决：

（1）建筑震害模拟只需要建筑对象，因此必须识别出建筑对象，剔除掉非建筑对象。

（2）城市 3D 多边形模型并不包含各栋建筑的描述性信息。因此，需要通过 2D-GIS 数据获得每栋建筑的描述性信息，同时需要将每栋建筑的外表面多边形与其 2D-GIS 数据建立映射关系。

（3）需要提出一个算法来解决从外表面多边形到建筑楼层外形多边形的转换。

(a)　　　　　　　　　　　　　(b)

图 4-7　3D 模型转换

(a) 城市 3D 多边形模型；(b) 3D-GIS 模型

2. 建筑对象识别

建筑对象识别的基本任务是从城市 3D 多边形模型中获得单栋建筑的外形多边形，然后将每栋建筑的描述性信息与外形多边形对应从而生成 3D-GIS 数据。为了实现建筑对象识别，将借助建筑 2D-GIS 数据中的建筑平面多边形。其基本原理是：如果一个 3D 多边形位于 2D-GIS 数据的建筑平面多边形的投影范围内，那么这个多边形就是属于这个建筑对象的外形多边形。然而，建筑的 2D-GIS 平面多边形与城市 3D 多边形模型的形状以及具体位置往往有一定的差异，所以无法直接根据 2D-GIS 平面多边形获取该建筑对应的外形多边形。为了得到准确的建筑外形多边形，并将 2D-GIS 数据与城市 3D 多边形模型相联系，需要采用如图 4-8 所示的方法。

首先要对 2D-GIS(图 4-8(b))中建筑平面多边形 P_1 进行一定范围的放大，得到新的平面多边形 P_2。从 P_1 到 P_2 扩大的程度根据具体情况而定，要确保所有 3D 多边形投影都能落在 P_2 范围内。然后提取出所有投影在 P_2 范围中的多边形，并存入 Polygon 类的容器 SubCityPolys，如图 4-8(c)所示。与此同时细分城市 3D 多边形，将原始的城市 3D 多边形模型(图 4-8(a))划分成许多只包含一栋建筑的子模型(图 4-8(c))。图 4-8(c)所提取出的这些多边形既包括建筑对象，也包括植被对象、地形对象等非建筑对象。为了识别出建筑多边形，在高于地表高程 0.5m 处对所有 SubCityPolys 多边形进行切片，切片得到的建筑外表面

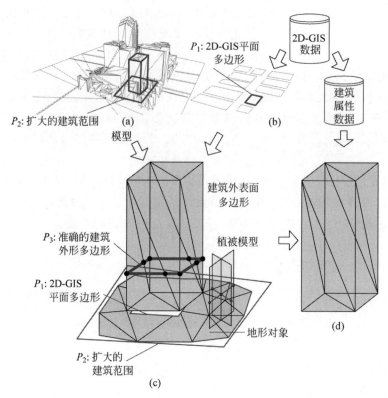

图 4-8　建筑对象识别

(a) 城市 3D 多边形模型；(b) 2D-GIS 数据；(c) Sub-city 多边形；(d) 识别得到的建筑外表面多边形以及其建筑属性数据

多边形将连成一个封闭的多边形 P_3（图 4-8(c)）。然后提取所有投影位于 P_3 内的多边形，将它们作为建筑物的外形多边形，从而过滤掉植被对象、地形对象等非建筑对象，如图 4-8(d)所示。

当识别出建筑对象外形多边形后，就将 2D-GIS 数据库中相应的建筑信息赋到外形多边形上，从而生成 3D-GIS 建筑信息（图 4-8(d)）。

3. 建筑楼面平面多边形生成

通过建筑对象识别，得到每栋建筑的外表面多边形，如图 4-8(d)所示。但是地震动力时程计算往往需要建筑各楼层的平面多边形数据（图 4-9(d)）。所以本部分将对建筑的外表面多边形进行切片，得到每一楼层的平面多边形。

楼面平面多边形生成的步骤如图 4-9 所示。首先从建筑属性数据中可以获得建筑每层的高程数据（图 4-9(a)），而后在该高程处对建筑外表面多边形进行切片，如图 4-9(b)所示。例如，在第 6 层高程处对建筑某个外表面多边形进行切片，可以得到一些交线。对所有的外表面多边形重复相同步骤，得到一组交线（图 4-9(c)）。将这些交线组成一个闭合的多边形，就得到了该层的楼层平面多边形。对其余各层高程进行相同的处理，得到各层的平面多边形（图 4-9(d)）。

通过以上的步骤，自动生成了包含楼层平面多边形的 3D-GIS 数据以及建筑属性信息，这些数据可以用于第 2 章城市建筑震害的模拟。

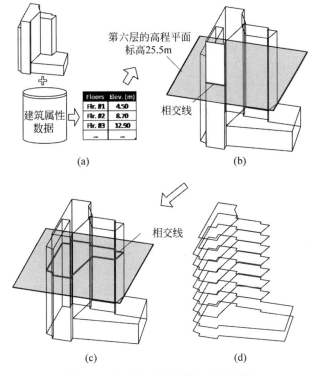

图 4-9　楼面平面多边形生成的步骤

(a) 具有属性数据的建筑外表面多边形；(b) 对外表面多边形进行高程切片；(c) 生成闭合相交线；(d) 楼层平面多边形模型

4.3.4 基于城市 3D 多边形模型的震害场景可视化

1. 数据准备

为了实现基于城市 3D 多边形模型的高真实感的地震响应可视化，需要将地震响应计算结果赋予每栋建筑。首先需要将城市 3D 多边形里面的对象分成两组：第一组是 BuildingPolys，即建筑对象的外表面多边形。它们能根据地震动力时程计算的结果发生变形。第二组是 NonBuildingPolys，它们是通过建筑对象识别过滤出的地形、植被等非建筑模型。NonBuildingPolys 没有变形，但是它们对于提高城市场景的真实性来说非常重要，因此也集成在高真实感可视化场景中。

2. 网格重划分

采用第 2 章的模型对每栋单体建筑进行结构分析之后，会输出每层的动力响应结果以及损伤状态变量。但正如图 4-10(a)显示的那样，城市 3D 多边形模型没有层的概念。因此，需要对 3D 城市建筑的外表面多边形模型进行网格重划分，使位于不同层的多边形能独立显示该层的结构响应(图 4-10(b))。

为了对原始的建筑 3D 多边形模型进行网格重划分，需要根据建筑属性数据获得各楼层的高程。然后对建筑外表面多边形逐一进行分析，判断它是否穿过某一楼层高程：①如果是，则对该多边形进行重划分，将其分为若干个较短的多边形，每个多边形都只位于相应的楼层内，然后分别存入所对应层的多边形对象中。②如果否，则将该多边形直接存入相应的楼层对象中。如图 4-10(a)所示,原模型有较多多边形竖向跨越多层。网格重划分后的效果如图 4-10(b)所示,竖向跨越多层的多边形被分割,从而所有多边形都位于对应的楼层高程范围内。

3. 位移插值

第 2 章地震时程计算通常生成几个离散高程处的结构响应结果。例如,多层剪切模型只生成了 Elevation 1 处的位移响应 δ_1,如图 4-11(a)所示。如果把 Elevation 1 处的位移结果 δ_1 仅仅赋予建筑外表面多边形在 Elevation 1 处的所有节点,则可视化结果如图 4-11(c)所示。可以看出,在 Elevation 1 和 Elevation 0 之间,门、窗之类的一些节点没被赋予任何位移,导致门窗之类的对象在可视化显示的时候和各层的整体位移脱节,这明显是不合适的。因此,为了保证各层之间描述建筑细节的一些节点跟随各层发生位移,将利用线性插值的方法,计算位于两层之间所有节点处的建筑响应结果。所有节点的坐标由式(4.3-1)和式(4.3-2)得到。插值之后各层之间的建筑细节多边形更为真实,可视化结果如图 4-11(d)所示。

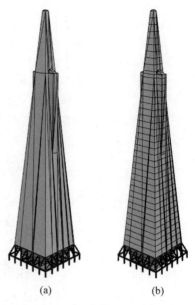

图 4-10　可视化模型网格重划分
(a) 未经过网格重划分的建筑;
(b) 经过网格重划分的建筑

$$x_{n,\text{updated}} = x_{n,\text{original}} + \delta_{0,x} + (\delta_{1,x} - \delta_{0,x})h_n/H \tag{4.3-1}$$

$$y_{n,\text{updated}} = y_{n,\text{original}} + \delta_{0,y} + (\delta_{1,y} - \delta_{0,y})h_n/H \tag{4.3-2}$$

其中,$x_{n,\text{updated}}$、$y_{n,\text{updated}}$ 与 $x_{n,\text{original}}$、$y_{n,\text{original}}$ 分别为插值前后第 n 层节点的 x、y 坐标;$\delta_{0,x}$、$\delta_{0,y}$ 和 $\delta_{1,x}$、$\delta_{1,y}$ 分别是 x、y 方向上计算得到的地震下该节点底部(图 4-11 中 Elevation 0)和顶部(图 4-11 中 Elevation 1)的位移;h_n 为第 n 个节点到 Elevation 0 之间的距离;H 为楼层高度。

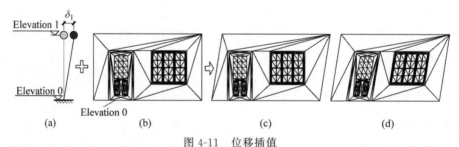

图 4-11　位移插值

(a) 位移结果;(b) 建筑外表面多边形;(c) 将 δ_1 赋予所有位于 Elevation 1 上的节点;(d) 所有其他位于 Elevation 0 和 Elevation 1 之间的节点被赋予插值位移

4.3.5　数据流程

如图 4-12 所示,整个模拟的数据流程从基础输入数据开始。本研究采用基于 Collada DAE 模型格式(Barnes and Finch,2008)的城市 3D 多边形模型,该格式基于开源的 XML 语法,具有很好的可读性。采用开源的 TinyXML 解析器(Lee,2007)对城市 3D 多边形模型

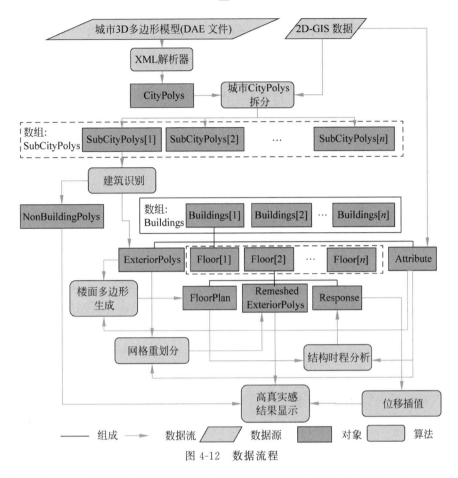

图 4-12　数据流程

进行解析,所有 DAE 文件的节点坐标和多边形都会被存在对象 CityPolys 中。

将城市 3D 多边形 CityPolys 进行细分,生成包含每栋建筑物的 SubCityPolys 对象。对每一个 SubCityPolys 进行建筑对象识别,将识别出来的建筑多边形存在 Buildings[i]. ExteriorPolys 中(图 4-12),其中 i 是建筑编号。而其余的非建筑多边形则存在 NonBuildingPolys 中,用于后续的高真实感可视化显示。将从 2D-GIS 中获得的每栋建筑的属性数据存在 Building 对象中,命名为 Buildings[i]. Attribute。最后,使用 Buildings[i]. Attribute 中的高程数据和 Buildings[i]. ExteriorPolys 中的几何数据生成建筑楼面平面多边形信息。将得到的楼面平面多边形信息存储在 Buildings[i]. Floor[j]. FloorPlan 中,其中 Floor[j] 用于存储与第 j 层楼面相关的所有数据。

城市震害模拟计算结果存储在相应的 Building 对象中。具体而言,每一楼层的动力时程分析结果存储在对应的 Buildings[i]. Floor[j]. Response 中。然后,对模型进行网格重划分,将 Buildings[i]. ExteriorPolys 中的外表面多边形划分成更小的多边形,并将它们存在对应楼层的 Buildings[i]. Floor[j]. RemeshedExteriorPolys 中。

4.3.6　案例分析

本研究使用了一个包含 78 栋建筑的城市 3D 多边形模型,来演示所提出的 3D-GIS 生成方法以及高真实感可视化方法。这一城市 3D 多边形模型中对应的 2D-GIS 数据包括了每栋建筑楼层的数量、高度、建造年代以及结构类型。

1. 3D-GIS 数据生成方法验证

本研究采用该城市 3D 多边形模型来验证所提出的建筑识别方法。结果表明,这 78 栋建筑都能够被自动识别出来,验证了建议方法的适用性和可靠性。如果在某些特殊的情形下,一些建筑没有识别成功,则会根据 2D-GIS 数据输出这些建筑的 ID 以及位置,之后可以对这些建筑做进一步的检查和人工处理。

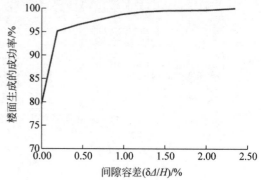

生成楼层平面多边形时,不同线段间可能会存在细小的间隙。这时需要在初始阶段定义间隙容差,即间隙的宽度(即 $\delta\Delta$)和楼层高度(即 H)的比值。如果两条相交线(图 4-9)之间的间隙比容差小,则认为这两条线是连在一起的。楼层平面多边形生成的成功率和不同间隙容差之间的关系见图 4-13。曲线显示当间隙容差大于 2.5% 时,楼面生成的成功率可以达到 100%。因此,在分析中推荐使用该容差值。

图 4-13　楼层平面多边形生成的成功率和间隙容差的关系

2. 3D-GIS 数据生成效率分析

在人口密集的现代化城市中建筑数目庞大,城市 3D 多边形模型的规模也非常巨大。因此,有必要检验数据生成或转换方法的可扩展性。本研究采用不同规模的模型进行测试。测试基于一台桌面级计算机(Intel Core i3 M370 CPU,主频 2.4GHz,4GB 1333MHz DDR3 内存,NVIDIA NVS 3100M 的显卡),采用的编译器为 Microsoft Visual C++ 2010。

模型体量和计算时间的关系如图 4-14 所示,结果表明计算时间与模型体量基本呈线性关系。因此该线性扩展方法能够适用于大规模城市场景。

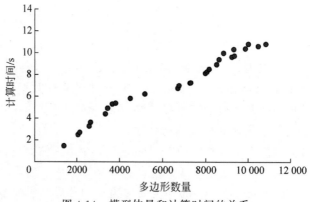

图 4-14　模型体量和计算时间的关系

3. 高真实感可视化效果展示

为了说明本节建议方法的显示效果,将它与传统的 2.5D 可视化方法进行了对比。如图 4-15 所示,和精细化模型(图 4-15(b))相比,2.5D 模型(图 4-15(a))缺少了很多建筑细节。

如图 4-16 所示,本小节建议的方法同样可以用于动力时程响应的可视化。该方法可以显示不同时间步的位移云图,因此可以用来生成建筑地震响应的动画(图 4-17)。

最后,采用本小节建议的方法对一个拥有 78 栋建筑的区域开展地震场景显示。可视化结果如图 4-18 所示,图中清晰地显示出建筑对象和非建筑对象(如地形)。和图 4-19 中的 2.5D 显示结果相比,采用这种方法展示的地震场景显得更为真实。

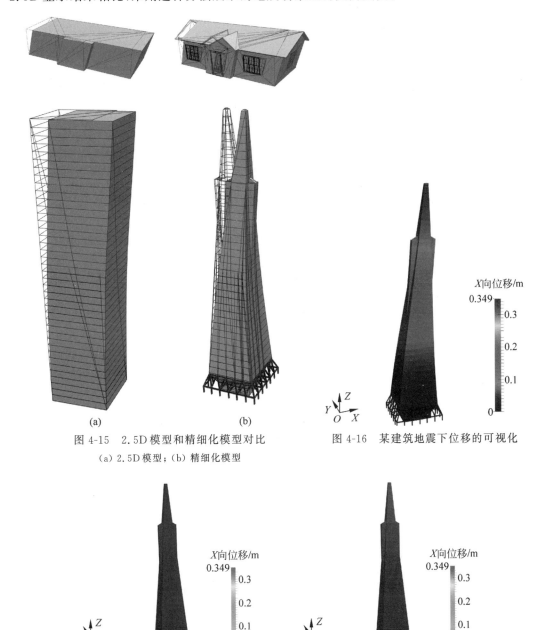

图 4-15　2.5D 模型和精细化模型对比　　　图 4-16　某建筑地震下位移的可视化
（a）2.5D 模型；（b）精细化模型

图 4-17　某建筑地震下的位移动画
（a）$t=0$s；（b）$t=1$s；（c）$t=2$s；（d）$t=3$s

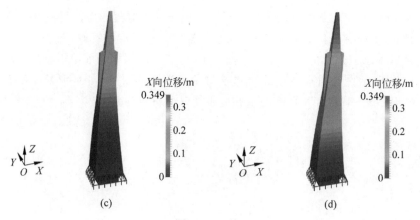

(c)   (d)

图 4-17 （续）

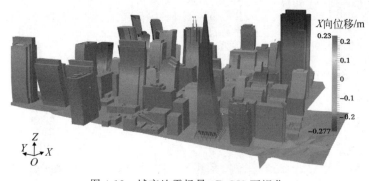

图 4-18 城市地震场景 3D-GIS 可视化

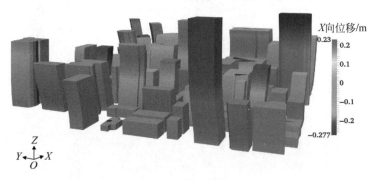

图 4-19 2.5D 城市地震场景可视化

4.4 基于倾斜摄影的城市建筑群震害场景增强现实可视化

4.4.1 引言

4.3 节提出的基于 3D-GIS 的可视化方法,虽然使现实的真实感效果有了显著提升,但是存在两大制约因素:

(1) 城市 3D 模型获取困难。虽然已经有很多模型库可以提供城市的 3D 模型,但总的数量还是很少,而且 3D 模型也往往难以满足实际城市动态发展的需求。

(2)城市 3D 模型一般只有线框信息,缺乏必要的建筑表面纹理和贴图,进而影响了可视化效果的真实感。

倾斜摄影测量(oblique photogrammetry)是近些年兴起的一项新的建模技术,它通过多台传感器从不同的角度采集影像数据,快速、高效地获取图像信息,真实地反映地面纹理,建立符合人眼视觉的真实直观世界(Hoehle,2008),其原理如图 4-20 所示。目前,该技术在灾害调研、应急指挥、国土安全、城市管理、城市规划等方面得到了很好的应用(Yalcin and Selcuk,2015;Nex and Remondino,2014)。倾斜

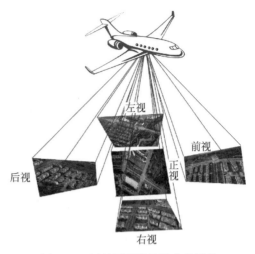

图 4-20 倾斜摄影测量技术的原理

摄影测量可以快速(几个小时的航拍)获取一个城市的 3D 模型,而且包含建筑表面的纹理信息(Vetrivel et al.,2015),从而为城市震害场景真实感 3D 可视化提供了非常良好的工具。

本节将以倾斜摄影测量模型为基础,创建城镇区域的震害增强现实场景,为抗震防灾和虚拟救援训练提供高真实感的环境。

4.4.2 基于倾斜摄影的实景三维模型建模

本研究使用 Bentley 公司开发的 Context Capture 软件(Bentley,2018)构建城市的实景三维模型,建模主要工作流程如图 4-21 所示。

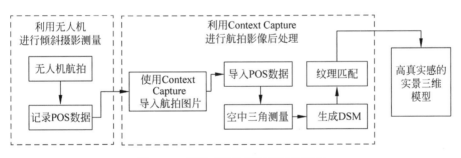

图 4-21 实景三维模型建模工作流程

作为实景三维模型建模的"原材料",航拍影像的质量直接决定了模型的精度,而航线规划又是确保航拍图像质量的关键。实景三维模型的精度主要指模型的地面分辨率(ground sampling distance,GSD)。

在我国《低空数字航空摄影规范》(CH/Z 3005—2010)中,推荐各摄影分区基准面的地面分辨率应根据不同比例尺航摄成图的要求,结合分区的地形条件、测图等高距、航摄基高比及影像用途等,在确保成图精度的前提下按照表 4-1 选择。

地面分辨率确定后,则可估算本次飞行的航高,航高可按下式计算:

$$H = \frac{f \times \text{GSD}}{a} \qquad (4.4\text{-}1)$$

式中,H 为摄影航高,m;f 为镜头焦距,mm;a 为像元尺寸,mm;GSD 为地面分辨率,m。

表 4-1　测图比例尺与地面分辨率

测图比例尺	地面分辨率/cm
1 : 500	≤5
1 : 1000	8～10
1 : 2000	15～20

为了使模型具有较高的精确度,不致因相片之间重叠度不足而导致模型出现空洞或凸包,《低空数字航空摄影规范》(CH/Z 3005—2010)建议相片重叠度不应小于下式计算值:

$$p_x = p'_x + (1 - p'_x)\Delta h / H \qquad (4.4\text{-}2)$$

$$q_y = q'_y + (1 - q'_y)\Delta h / H \qquad (4.4\text{-}3)$$

式中,p'_x、q'_y 为航摄相片的航向、旁向标准重叠度(以百分比表示);Δh 为相对于摄影基准面的高差,m;H 为摄影航高,m。

根据经验,连续影像之间的重叠部分应超过 60%,同一地物在不同拍摄点之间的分割应小于 15°,这样才能获得较好的建模效果。

上述需求参数确定后,应根据设计的飞行高度利用式(4.4-1)反算地面分辨率,确保航拍照片能够符合质量要求。确定无误后,便可根据拟定航拍区域的范围、地面高程变化情况等设计航拍路线,获取指定区域的航拍影像。一般来说,航拍高度为 300m 即可满足 0.1m 级别的分辨率需求。

以上是利用固定翼无人机搭载倾斜摄影镜头的航拍方法。在使用消费级单镜头无人机对重点建筑物环绕拍摄时,应注意使相机云台俯角在 45°左右,以便获取建筑外立面的完整信息,且照片间角度相差不宜超过 15°;除了对建筑物进行环绕拍摄,获取建筑外立面的图像信息外,还应对建筑物屋顶进行补充拍摄,获取建筑物顶面影像信息。

1. POS 数据匹配

对于固定翼无人机而言,航拍的 POS 数据主要指拍摄时飞行器的坐标信息(经度、纬度和高程)和姿态信息(横滚角、俯仰角和偏航角)等。图 4-22 所示为成都某无人机公司某架次航拍所记录的 POS 数据信息。

对于利用小型无人机获取的航拍照片,其相机云台可以将云台位置信息和角信息写入图片 Exif 信息中。获取了 POS 数据或者 Exif 数据后,就可以进行后续的数据合成。

```
[1]     2018-03-22T10:18:04  31.58000700  104.45753991  609.47      0.527121
-2.074107    157.804036   -53.411126   0.002 DSC_0001   353884721
[2]     2018-03-22T10:18:08  31.58000700  104.45753991  609.45      0.498473
-2.045459    157.804036   -40.399254   0.005 DSC_0002   353888205
[3]     2018-03-22T10:30:38  31.58009295  104.45786650  610.55     -0.916732
-0.022918    145.857866  -149.943055   0.021 DSC_0003   354638983
[4]     2018-03-22T10:30:41  31.58009295  104.45786650  610.53     -0.968299
-0.022918    145.794841  -147.645494   0.024 DSC_0004   354641843
[5]     2018-03-22T10:37:12  31.61974736  104.48563776  832.30     -1.289155
-2.188699    150.183697   151.730683  26.970 DSC_0005   355032127
[6]     2018-03-22T10:37:14  31.61934056  104.48588986  831.00     -2.011082
-2.457989    151.650469   151.421286  26.961 DSC_0006   355034003
[7]     2018-03-22T10:37:15  31.61893376  104.48614769  829.60     -0.171887
-1.163104    150.046187   150.997297  26.902 DSC_0007   355035884
```

图 4-22　航拍 POS 数据信息

2. 空中三角测量

空中三角测量是通过技术手段来求解加密点的高程和平面位置的测量方法。该过程的最终目的是通过改进每张照片的外部取向参数,以此来提高生成的数字表面模型(digital surface model,DSM)精度。Context Capture 软件(Bentley,2018)可以利用已有的 POS 信息进行空中三角测量,若 POS 信息不完整,则软件会根据算法自行解算每一张影像的 POS 信息。但需要注意的是,在计算前需要明确各组相片拍摄时镜头所使用的焦距。固定翼无人机使用的五拼镜头相机,其正射镜头和斜射镜头有时可能使用不同的焦距进行拍摄,这点需要尤为注意。

空中三角测量完成后,即可在软件中查看空中三角测量加密点云成果(图 4-23),此时隐约可见模型轮廓已经初步形成。

图 4-23 空中三角测量加密点云

3. 生成 DSM

在生成 DSM 的过程中,有两个参数非常重要:一个参数是生成模型的范围边框,适当地缩减边框可以优化模型生成速度;另一个参数是瓦片尺寸,采用较大的瓦片尺寸则内存占用过多,过小的瓦片尺寸会使模型过于零碎,不便于后处理。

在 Context Capture 软件(Bentley,2018)中,可对 DSM 模型的几何精度、几何简化、空洞填充等设置进行调整。在这些选项中,几何精度这一选项十分重要。该选项共有 4 个等级,包括中、高、极高和超高。对于同一片空中三角测量加密点云而言,几何精度等级越高,生成的模型多边形面数越多。更多的多边形面数虽然可以提供更加精准的几何尺寸信息,但是也会为后处理增加数十倍甚至数千倍的工作负荷。

4. 纹理映射

DSM 数据生成后,Context Capture 软件(Bentley,2018)利用之前的空中三角测量加密成果从倾斜摄影图像中自动提取纹理并映射到 DSM 模型,形成具有真实感的实景三维模型。所提取的纹理如图 4-24 所示。

在利用 Context Capture 软件(Bentley,2018)生成实景三维模型时,为了提高展示效果,软件自动生成了质量极高的纹理,图片分辨率可达 8192×8192。这样的纹理图片会占

图 4-24　模型纹理示意图

用过多的内存,影响可视化的效率。因此,本节建议采用效率更高的 tga 格式并压缩其分辨率,将 tga 纹理图片分辨率压缩为 2048×2048,从而节省计算机资源。

5. 模型重建

上述所有准备工作都完成后,即可开始生成实景三维模型。Context Capture 软件 (Bentley,2018)可以生成多种格式的三维模型。本研究中,主要应用 fbx 格式模型进行可视化模拟。图 4-25 所示为生成的实景三维模型。

(a)　　　　　　　　　　　　　　　　(b)

图 4-25　实景三维模型

(a) 无纹理的 DSM 模型;(b) 纹理映射后的实景模型

在进行模型重建时,根据需要,还可勾选细节层次(levels of detail,LOD)选项,则程序可以根据模型的节点在显示环境中所处的位置和重要度决定物体渲染的资源分配,降低非重要物体的面数和细节度,从而提高场景渲染效率。

4.4.3　建筑物单体识别

如前所述,对实景三维模型的重建过程可以简单概括为导入数据及 POS 数据、空中三角测量、生成模型三个步骤。由于整个模型生成过程中没有人为干预,因此软件并不会对建筑、植被、地形等元素进行区分,而是形成一个连续的三角网格模型。对于这种整体的三维模型,无法针对其中的某一栋建筑进行单独处理。因此,需要对模型进行单体识别操作。单体识别的基本思路与4.3.3节相似,只是为了更好保留倾斜摄影测量得到的模型表面贴图信息,可以采用3ds Max程序(Autodesk,2018)来完成单体识别的操作,具体步骤为:首先,将Context Capture生成的实景三维模型导入3ds Max中,并将其转换为可编辑多边形(editable poly),以便对其进行切割操作。同时,将2D-GIS数据导出为∗.dwg文件并同样导入3ds Max中,如图4-26所示。

图4-26　将GIS线框和模型导入3ds Max

之后,按照4.3.3节的思路,用2D-GIS中的建筑线框数据生成建筑外轮廓包围面,如图4-27所示。

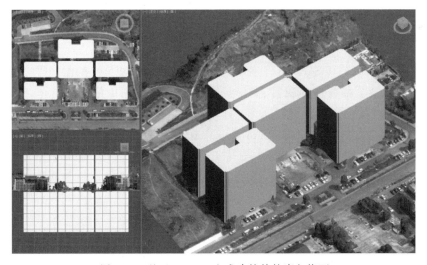

图4-27　基于2D-GIS生成建筑外轮廓包络面

随后,利用3ds Max中ProCutter(超级切割)工具对模型和建筑外轮廓包络面进行布尔运算,即可将模型中建筑物范围内的部分几何体切割并分离出来,如图4-28所示。

考虑到区域内建筑物数量较多,逐栋建筑进行上述操作不仅烦琐,而且容易出现错误,

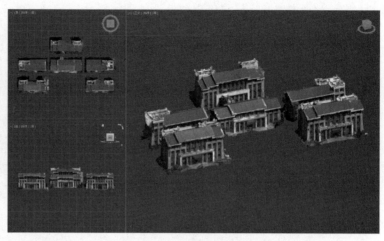

图 4-28　ProCutter 设置及切割结果

因此，本研究利用一段 MaxScript 脚本完成相同的工作，实现了单体化工作的半自动化进行。MaxScript 脚本如下：

```
rangeBox = $GISBOX * as array
mModel = $model
for i in rangeBox do(
    select i
    ProCutter.CreateCutter i 1 false true false false false
    ProCutter.AddStocks i #(mModel) 0 0
)
```

对于一些复杂外形建筑，上述操作无法自动化实现，这时还需要适当补充人工修改。

4.4.4　建筑群地震反应动态可视化

本节主要利用 OSG(OSG,2016)实现建筑群地震反应动态可视化。程序基本流程与 4.3.4 节相似，包括位移数据的映射、图形的修改以及位移的插值等。具体流程如图 4-29 所示。

(1) 数据加载。包括建筑物模型(models)、地形模型(terrain)及计算结果(包括时程位移结果 disp.bin 及结构损伤状况 damage_state 等)的读取。其中，建筑物模型与地形模型分别读取到两个不同的 osg::Group 中，以便分别对两种不同种类的模型采用不同的处理方法。

(2) 设置访问器。对于建筑物模型，需要其在程序运行时每一帧修改顶点坐标实现时程位移动画，因此需要为其添加纹理优化访问器(TextureOptimizier)、动画访问器(SetAnimation)；对于地形模型，由于其无须参与时程位移动画，在动画中只需保持静止不动即可，因此只需为其添加纹理优化访问器即可。纹理优化访问器会遍历每一个模型节点，扫描模型使用的全部纹理并与纹理列表比对，当发现模型使用的纹理在纹理列表中已经存在时，将其重新映射到已经加载的相同纹理上，这样就避免了同一纹理重复加载，大幅减少了内存占用并提高了模型加载效率。纹理优化访问器的主要代码如下：

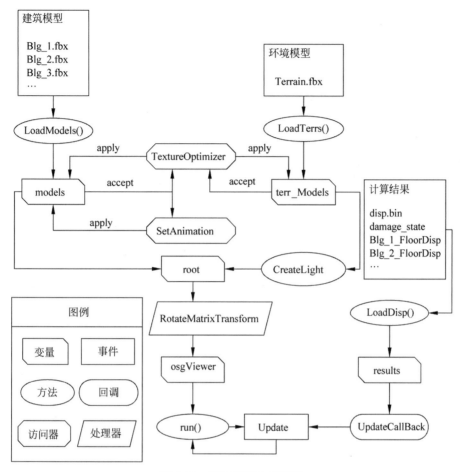

图 4-29　OSG 可视化流程图

```
void apply( osg::StateSet *  state ){
    osg::Texture2D *  tex2D = NULL;
    if ( tex2D = dynamic_cast < osg::Texture2D * > (state-> getTextureAttribute (0, osg::
StateAttribute::TEXTURE))){
        if( tex2D-> getImage() ){
            map < std::string, osg::Texture2D * >::iterator iter= _texList. find( tex 2D-> getImage
()-> getFileName());
            if (iter != _texList. end()){
                state-> removeAttribute(osg::StateAttribute::TEXTURE, 0U);
                state-> setTextureAttribute(0, iter-> second, 0U);         //共享纹理
            }
            else
                _texList. insert(make_pair(tex2D-> getImage()-> getFileName(), tex2D));
        }
    }
}
```

动画访问器则为每一个模型添加更新回调,在渲染画面更新时完成顶点坐标修改。

(3) 场景预处理。包括为模型组添加旋转变换(RotateMatrixTransform),统一所有模型的位置(Transform),以及利用 CreateLight 方法为模型添加光照,实现更好的实时渲染效果。

(4)初始化场景。本研究利用 osgViewer 显示动画场景。在构建场景前,需要将所有处理好的模型组添加到 osgViewer 中。

(5)运行场景。在运行时,每一帧的渲染都会伴随一次更新事件,更新回调在更新事件出现时进行。通过更新回调机制,每一帧所有建筑物模型的顶点坐标都会根据时程位移文件更新。在程序中,如不进行另外的设置,则一个渲染帧对应于时程分析中的一个时间步。

通过上述方法,即可实现地震反应可视化。可视化的效果如图 4-30 所示。需要指出的是,为了使建筑物变形更加明显,本研究中对计算得到的时程位移进行了一定倍数的放大。在图 4-30 所示的动画中,位移放大倍数为 500。

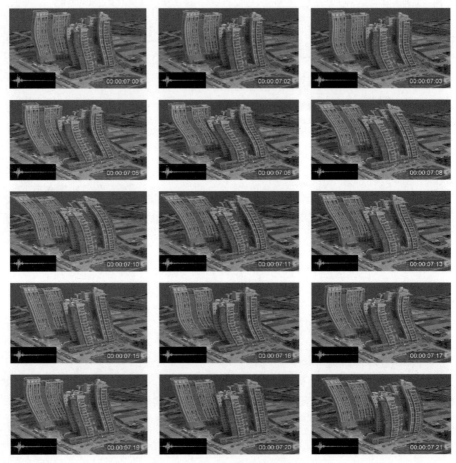

图 4-30　地震反应可视化效果

4.4.5　小结

本节实现的基于倾斜摄影的城市建筑震害场景增强现实可视化,突破了高真实感城市 3D 模型获取的瓶颈。基于 OSG 平台,实现了建筑群地震反应动态可视化效果。使用具有纹理的建筑模型进行时程位移展示,突破了 2.5D 模型或有限元模型真实感差的限制,建筑地震时程响应展示更为直观。本章创建的高真实感震害场景能够为防灾规划和抗震加固提供重要决策支持,对提升城市整体抗震水平、最大限度减少生命财产损失、更好地进行抗震准备都具有很好的意义。

4.5　基于倾斜摄影的城市建筑群倒塌情境可视化

4.5.1　引言

实际的城市区域内,建筑众多且功能各异,新老建筑混杂,密集住宅区、繁荣商业区、老旧建筑区等处建筑的动力特性各不相同,部分建筑由于设计不合理等多方面原因会在地震中发生倒塌。建筑的倒塌一方面会影响建筑最终的废墟分布形式与道路通行能力判断;另一方面会引起大量烟尘,进而严重干扰道路的可见性。因此,建筑地震倒塌的可视化对震前救援演习和救援预案制定等都具有十分重要的意义,有必要开展考虑建筑倒塌行为的城市建筑震害场景可视化。

本节将在4.4节工作的基础上,研究城市建筑群地震倒塌过程与倒塌烟尘的动态可视化方法,其整体框架如图4-31所示。其中轻量化建模、建筑单体识别及未倒塌建筑动态响应可视化已在4.4节介绍,本节将重点介绍倒塌建筑的动态响应及烟尘可视化方法。

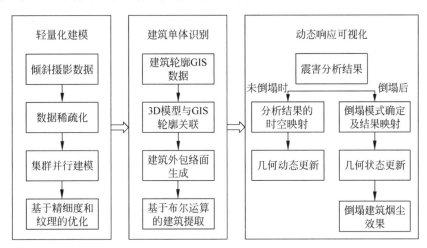

图 4-31　基于倾斜摄影的城市建筑群震害场景可视化框架

4.5.2　倒塌建筑的动态响应可视化

1. 建筑地震倒塌类型

建立城市尺度地震倒塌情境的主要目的是为救援队伍和物资的调配决策提供依据。由于倒塌建筑可能埋压大量人员,而倒塌的类型又影响救援人员数量和设备类型,因此在情境模拟中需要给出特定地震下发生倒塌建筑所处的位置以及倒塌类型。由于城市尺度模拟无法获得每栋建筑的详细信息,难以进行构件层次的精细化倒塌模拟,因此,本节基于区域建筑分析模型的分析结果,结合历史震害资料,估计每栋建筑可能发生的倒塌类型。

1) 框架结构

一般而言,框架结构的抗震性能较好,地震中主体结构的破坏一般较为轻微,而填充墙等非结构构件的破坏较为严重(清华大学土木工程结构专家组等,2008)。部分框架由于地震强度过大或者结构设计不合理,会发生底部一层倒塌、底部数层倒塌或者中间层倒塌等(图4-32)。

图4-32 框架结构典型地震倒塌模式

(a) 底部一层倒塌(1989年美国洛马·普雷塔(Loma Prieta)地震)(付成祥,2014);(b) 底部数层倒塌(2008年汶川地震)(付成祥,2014);(c) 中间层倒塌(1995年日本阪神地震)(Esper and Tachibana,1998)

2) 砌体结构

砌体结构通常在发震区域内数量最多,震害也较为严重(清华大学土木工程结构专家组等,2008)。在地震中发生倒塌的砌体结构大多抗震体系单薄,部分砌体结构未设置圈梁和构造柱,或者未拉结预制楼板(王威等,2010)。砌体结构倒塌一般有两种情况(图4-33):①竖向完全垮塌形成松散型废墟;②底部楼层倒塌。

3) 剪力墙结构

剪力墙结构的抗侧刚度和承载力较大,在地震中表现出了良好的抗震性能。部分剪力墙结构由于设计不合理,在较大的地震作用下会发生整体倾斜倒塌。图4-34所示分别为2010年智利地震和2018年中国台湾花莲地震中出现整体倾斜倒塌的剪力墙结构(周颖等,2011)。

通过总结历史震害情况,本研究主要考虑地震中建筑可能发生的5种倒塌类型,分别是底部一层倒塌、底部数层倒塌、中间层倒塌、竖向垮塌以及整体倾斜倒塌。其中,中间层倒塌一般发生于框架结构,竖向垮塌一般发生于砌体结构,整体倾斜倒塌一般发生于剪力墙结构,框架结构和砌体结构均可能发生底部一层或数层倒塌。

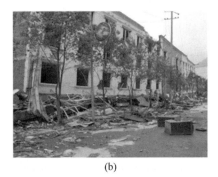

(a)　　　　　　　　　　　　　　　(b)

图 4-33　砌体结构典型地震倒塌模式

（a）竖向垮塌（2008 年汶川地震）（王威等，2010）；（b）底部楼层倒塌（2008 年汶川地震）（刘红彪，2012）

(a)　　　　　　　　　　　　　　　(b)

图 4-34　剪力墙结构典型地震倒塌模式

（a）2010 年智利地震（周颖等，2011）；（b）2018 年中国台湾花莲地震（福建网络广播电视台，2018）

2. 数据映射方法

本节将针对上述 5 种典型倒塌类型，提供一种用于可视化的建筑倒塌过程的坐标变化计算方法。需要说明的是，在本研究中，具体倒塌楼层根据区域建筑分析模型计算结果来确定；建筑的倒塌方向则根据位移响应和倒塌时刻来确定。

以下假设建筑底部 z 坐标为 0，初始倒塌时刻为 0。设一栋建筑物共有 n 层，第 i 层层高为 h_i，第 i 层顶部标高为 H_i，并取 $H_0 = 0$。设建筑倒塌过程共涵盖 m 个时间步，单位时间间隔（即每帧动画的时间间隔）为 Δt。以下将给出从建筑倒塌开始第 j 个时间步的模型坐标。

对建筑中任一点 P，设其初始位置坐标为 (x_P, y_P, z_P)，在任意时刻 t 的位置坐标为 $(x_P(t), y_P(t), z_P(t))$，速度为 $\boldsymbol{v}_P(t) = (v_{P,x}(t), v_{P,y}(t), v_{P,z}(t))$。则点 P 在第 j 个时间步的位置坐标可表示为

$$(x_P(j\Delta t), y_P(j\Delta t), z_P(j\Delta t)) = (x_P, y_P, z_P) + \int_0^{j\Delta t} v_P(t)\mathrm{d}t \qquad (4.5\text{-}1)$$

基于式（4.5-1）及 4.4 节中的数据映射方法和 OSG 回调机制，即可逐帧更新建筑倾斜摄影测量模型，实现城市建筑震害的动态展示。以下将基于一定的假设，提供若干可用于实际可视化操作的位置坐标计算方法。在将来，若对于建筑的倒塌过程具有更为精准、简单的表达形式，也可直接替换式（4.5-1）中的 v_P 进行每帧位置坐标求解。

1）底部一层倒塌

对于底部一层发生倒塌的建筑，假设建筑模型各几何点的 x 坐标和 y 坐标不发生变化，只有 z 坐标发生变化，即 $v_{P,x}(t) = 0$，$v_{P,y}(t) = 0$。

若认为不同高度处坠落速度相等且不随时间变化，则

$$z_P(j\Delta t)=\max\left\{z_P-\frac{j}{m}H_1,\quad 0\right\},\quad 0\leqslant j\leqslant m \qquad (4.5\text{-}2)$$

若认为不同高度处坠落速度相等且随时间线性增长，则

$$z_P(j\Delta t)=\max\left\{z_P-\frac{j^2}{m^2}H_1,\quad 0\right\},\quad 0\leqslant j\leqslant m \qquad (4.5\text{-}3)$$

该种倒塌类别在倒塌初始和结束时刻的可视化效果如图 4-35 所示。

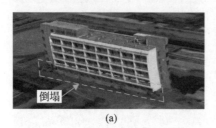 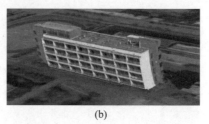

(a)　　　　　　　　　　　　　(b)

图 4-35　建筑底部一层倒塌可视化

(a) 倒塌开始时刻；(b) 倒塌结束时刻

2) 底部数层倒塌或竖向垮塌

对于底部数层倒塌或竖向垮塌，仍假设建筑模型各几何点的 x 坐标和 y 坐标不发生变化，只有 z 坐标发生变化。将倒塌楼层数记作 $r(2\leqslant r\leqslant n)$。

若认为每层相继倒塌、坠落速度相等且不随时间变化，则

$$z_P(j\Delta t)=\max\left\{z_P-\frac{j}{m}H_r,\quad 0\right\},\quad 0\leqslant j\leqslant m \qquad (4.5\text{-}4)$$

若认为每层相继倒塌、不同高度处坠落速度相等且随时间线性增长，则

$$z_P(j\Delta t)=\max\left\{z_P-\frac{j^2}{m^2}H_r,\quad 0\right\},\quad 0\leqslant j\leqslant m \qquad (4.5\text{-}5)$$

以建筑底部数层倒塌为例，该种倒塌类别在倒塌初始和结束时刻的可视化效果如图 4-36 所示。

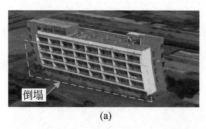 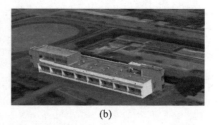

(a)　　　　　　　　　　　　　(b)

图 4-36　建筑底部数层倒塌可视化

(a) 倒塌开始时刻；(b) 倒塌结束时刻

3) 中间层倒塌

中间层倒塌一般发生于框架结构，假设建筑中间第 k 层发生倒塌($1<k<n$)，建筑模型第 1 层到第 $k-1$ 层的各几何点坐标不发生变化，而建筑第 k 层及以上楼层的 z 坐标发生变化。

若认为倒塌楼层及以上部位的坠落速度相同且不随时间变化，则

$$z_P(j\Delta t)=\begin{cases}z_P, & 0\leqslant z_P\leqslant H_{k-1}\\ \max\left\{z_P-\dfrac{j}{m}h_k,\quad H_{k-1}\right\}, & H_{k-1}<z_P\leqslant H_n\end{cases},\quad 0\leqslant j\leqslant m$$

$$(4.5\text{-}6)$$

若认为不同高度处坠落速度相等且随时间线性增长，则

$$z_P(j\Delta t)=\begin{cases}z_P, & 0\leqslant z_P\leqslant H_{k-1}\\ \max\left\{z_P-\dfrac{j^2}{m^2}h_k,\quad H_{k-1}\right\}, & H_{k-1}<z_P\leqslant H_n\end{cases},\quad 0\leqslant j\leqslant m$$

$$(4.5\text{-}7)$$

该种倒塌类别在倒塌初始和结束时刻的可视化效果如图 4-37 所示。

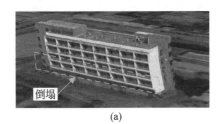 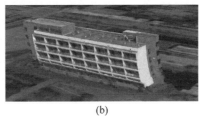

(a)　　　　　　　　　　(b)

图 4-37　建筑中间层倒塌可视化

(a) 倒塌开始时刻；(b) 倒塌结束时刻

4）整体倾斜倒塌

整体倾斜倒塌一般发生于剪力墙结构，该类型倒塌发生时，建筑模型围绕旋转轴倾斜，模型所有几何点的坐标均会发生变化。假设建筑绕轴 Q 的转动角速度大小为 $\omega(t)$（绕轴 Q 沿右手螺旋方向为正），在第 j 个时间步时转过的角度为 θ_j，倒塌结束时倾斜角度为 θ_m（可取为 $\pi/2$）。若轴 Q 的单位方向向量为 $\boldsymbol{q}(q_x,q_y,q_z)$，并任取轴上一点 $T(t_x,t_y,t_z)$，则有如下关系：

$$\theta_j=\int_0^{j\Delta t}\omega(t)\mathrm{d}t \tag{4.5-8}$$

$$(x_P(j\Delta t),y_P(j\Delta t),z_P(j\Delta t),1)=(x_P,y_P,z_P,1)\boldsymbol{A}\left[\boldsymbol{M}(\boldsymbol{q},\theta_j)\right]^{\mathrm{T}}\boldsymbol{A}^{-1} \tag{4.5-9}$$

其中，

$$\boldsymbol{A}=\begin{bmatrix}1&0&0&0\\0&1&0&0\\0&0&1&0\\-t_x&-t_y&-t_z&1\end{bmatrix} \tag{4.5-10}$$

$$\boldsymbol{M}(\boldsymbol{q},\theta_j)=$$

$$\begin{bmatrix}\cos\theta_j+(1-\cos\theta_j)q_x^2 & (1-\cos\theta_j)q_xq_y-\sin\theta_jq_z & (1-\cos\theta_j)q_xq_z+\sin\theta_jq_y & 0\\(1-\cos\theta_j)q_xq_y+\sin\theta_jq_z & \cos\theta_j+(1-\cos\theta_j)q_y^2 & (1-\cos\theta_j)q_yq_z-\sin\theta_jq_x & 0\\(1-\cos\theta_j)q_xq_z-\sin\theta_jq_y & (1-\cos\theta_j)q_yq_z+\sin\theta_jq_x & \cos\theta_j+(1-\cos\theta_j)q_z^2 & 0\\0&0&0&1\end{bmatrix}$$

$$(4.5\text{-}11)$$

特别地,若轴 Q 的方向与 x 轴平行且方向一致,即 $\boldsymbol{q}=(1,0,0)$,则

$$\boldsymbol{M}(\boldsymbol{q},\theta_j)=\begin{bmatrix} 1 & 0 & 0 & 0 \\ 0 & \cos\theta_j & -\sin\theta_j & 0 \\ 0 & \sin\theta_j & \cos\theta_j & 0 \\ 0 & 0 & 0 & 1 \end{bmatrix} \tag{4.5-12}$$

$$(x_0(j\Delta t),y_0(j\Delta t),z_0(j\Delta t))$$

$$=(x_0,y_0,z_0,1)\begin{bmatrix} 1 & 0 & 0 \\ 0 & \cos\theta_j & \sin\theta_j \\ 0 & -\sin\theta_j & \cos\theta_j \\ 0 & (1-\cos\theta_j)t_y+\sin\theta_j t_z & -\sin\theta_j t_y+(1-\cos\theta_j)t_z \end{bmatrix}$$

$$\tag{4.5-13}$$

若认为转动角速度 $\omega(t)$ 为常数,则

$$\theta_j=\frac{j}{m}\theta_m,\quad 0\leqslant j\leqslant m \tag{4.5-14}$$

若认为转动角速度随时间线性增长,则

$$\theta_j=\frac{j^2}{m^2}\theta_m,\quad 0\leqslant j\leqslant m \tag{4.5-15}$$

该种倒塌类别在倒塌初始和结束时刻的可视化效果如图 4-38 所示。

 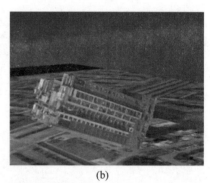

(a)　　　　　　　　　　　　　　(b)

图 4-38　建筑整体倾斜倒塌可视化

(a) 倒塌开始时刻;(b) 倒塌结束时刻

4.5.3　倒塌建筑的烟尘效果

地震作用下建筑在倒塌过程中会产生烟尘(图 4-39)。OSG 提供的粒子系统可以用于模拟倒塌烟尘效果(肖鹏等,2010),在以往桥梁倒塌研究中实现了良好的可视化效果(许镇,2012)。本研究的烟尘建模分为两个步骤,分别是粒子系统状态设置以及粒子系统动态更新。

1. 粒子系统状态设置

粒子系统提供了自定义的状态设置函数,主要包括三个部分:①粒子模板(osgParticle::Particle),用于控制场景中每个粒子的特性,如粒子大小、颜色、生命周期等;②粒子系统放射器(osgParticle::ModularEmitter),用于控制场景中粒子的状态,包括粒子放射器的位置、形

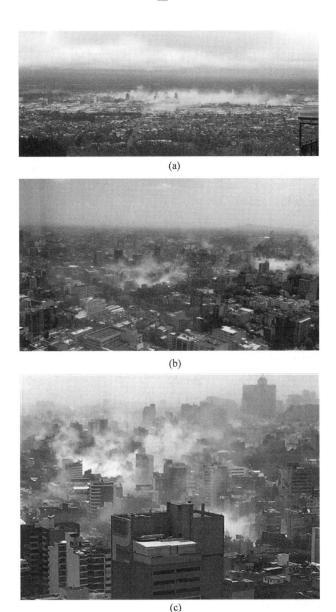

(a)

(b)

(c)

图 4-39　地震下建筑在倒塌过程中产生的烟尘

(a) 2011 年新西兰 Chrstchurch 地震后城区的烟尘(https://nzhistory. govt. nz/media/photo/dust-clouds-above-christchurch)；(b) 2017 年墨西哥城地震后城区的烟尘(整体)(https://www. indiatoday. in/world/story/mexico-earthquake-live-updates-20-09-2017-1031632-2017-09-20)；(c) 2017 年墨西哥城地震后城区的烟尘(局部)(https://mdaily. hangzhou. com. cn/hzrb/2017/09/21/article_detail_1_20170921A063. html)

状、方向等；③粒子系统编程器(osgParticle∷Program)，用于控制粒子在生命周期内的运动，包括 osgParticle∷AccelOperator(模拟重力加速度)以及 osgParticle∷FluidFrictionOperator(模拟空气阻力)等。

　　具体地，在粒子模板方面，根据已有研究，将粒子半径设置为 0.05m(肖鹏等，2010)，将粒子生命周期设置为 70s(许镇，2012)，能够较好地模拟烟尘效果。由于烟尘是灰色的，因此粒子颜色应采用灰度值,通过在 OSG 中的调试,灰度值取 0.3~0.4 较合适。

在粒子系统放射器方面,放射器需要沿建筑发生倒塌的楼层附近布置,因此需要设置 osgParticle::MultiSegmentPlacer,间隔布置粒子放射器。由于场景中重力的存在,粒子在发射后会逐渐向下(z 轴负向)运动,因此将粒子发射方向设置为 z 轴正向,利用重力实现烟尘弥漫的效果。

在粒子系统编程器方面,首先创建重力模拟对象,其中重力加速度默认取值 $9.8 \mathrm{m/s^2}$。此外,参考肖鹏等(2010)提出的方法模拟空气阻力,其中空气黏度(FluidViscosity)设置为 $1.8 \times 10^{-5} \mathrm{Pa \cdot s}$,空气密度(FluidDensity)设置为 $1.29 \mathrm{kg/m^3}$。

2. 粒子系统动态更新

烟尘伴随建筑倒塌出现和消失,本研究采用粒子系统动态更新方法模拟该过程。与建筑倾斜摄影测量模型动态更新的方式不同,粒子系统是直接设置参数建模并添加到 osg::Node 中。粒子系统的更新是在建筑倒塌渲染过程中执行的,因此必须采用 OSG 提供的节点回调机制(NodeCallback)。本研究基于计算得到的建筑倒塌起止时刻,在回调函数中对场景的帧进行计数,在对应时刻显示和隐藏粒子系统。

具体做法为:在倒塌发生时所在的帧显示粒子系统,在倒塌结束时所在的帧隐藏粒子系统。需要注意的是,由于建筑范围较大,单个粒子系统难以实现良好的可视化效果,因此需要将多个粒子系统组成一个 OSG 节点。由于城市中建筑数量众多,倒塌可视化时也会使用大量的粒子系统,这会消耗大量的计算机内存。因此本研究采用 setAllChildrenOff() 和 setAllChildrenOn() 函数完成粒子系统节点的隐藏和显示(肖鹏等,2010),这两个函数属于 osg::Switch 管理类,类似于控制节点的开关。在倒塌开始前以及结束后,粒子系统需要被隐藏,采用 osg::Switch 来管理节点,隐藏时不耗费内存,相比于节点(osg::Node)自带的 SetNodeMask() 函数具有明显的优势。原因在于,SetNodeMask() 函数只是隐藏了节点,粒子系统节点仍然会在场景中绘制,隐藏时会继续消耗计算机内存。

图 4-40 所示为结合烟尘效果的建筑底部数层倒塌过程展示。在建筑未发生倒塌时,无烟尘存在(图 4-40(a));建筑开始发生倒塌时,烟尘逐渐出现(图 4-40(b));建筑倒塌过程中,底部楼层烟尘弥漫(图 4-40(c));建筑底部数层倒塌结束后,烟尘逐渐消失(图 4-40(d))。

4.5.4　案例研究

本节以深圳市宝安区为例,具体展示本研究提出的城市地震灾害情境模拟方法。该区域内建筑的抗震设防烈度为 7 度(GB 50011—2010),区内人员密集,住宅区、工业区、商业区、老旧建筑区等各类建筑群混杂,存在严重的地震灾害风险。本研究选取宝安区广深公路沿线的建筑和环境倾斜摄影测量模型(总面积约 $2 \mathrm{km^2}$),开展城市区域地震灾害场景的可视化。

首先,根据城市 GIS 数据建立区域建筑分析模型。然后,选用被广泛采用的 El Centro 波作为地面运动输入。为展示城市建筑群地震倒塌场景,本节将地面运动峰值加速度调幅至 $800 \mathrm{cm/s^2}$。基于上述建筑模型与地面运动输入,采用非线性时程分析可以获得城市建筑群的地震响应时程结果,并确定发生倒塌的建筑及其对应的倒塌时刻。最后,采用文中提出的方法开展了该区域所有建筑的地震动态响应可视化。

图 4-40 建筑底部数层倒塌烟尘可视化

（a）建筑未倒塌时无烟尘效果；（b）建筑开始倒塌时烟尘逐渐出现；（c）烟尘随建筑倒塌过程弥漫；
（d）倒塌过程结束后烟尘消失

图 4-41 所示为该区域在某一时刻的城市震害场景。图 4-42 给出了局部视角的建筑群震害情况及倒塌过程（建筑水平位移放大 200 倍）。从图中可以发现，该可视化结果可以很好地展示城市建筑群在地震作用下的变形行为，例如图中的建筑 A，可以很明显地展示其动力响应。另外，该方法还可以对倒塌建筑所伴随的烟尘效果进行高真实感展示。该案例研究表明了本研究方法的实用性，可以在城市防灾方面为城市管理者提供良好的参考依据和技术支撑。

图 4-41 地震灾害场景（全局视角）

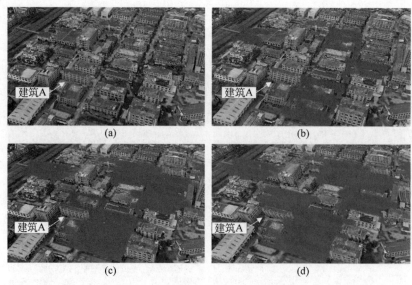

图 4-42　地震灾害场景(局部视角)
(a) $t=0.5\mathrm{s}$；(b) $t=2.4\mathrm{s}$；(c) $t=8.3\mathrm{s}$；(d) $t=15.0\mathrm{s}$

4.5.5　小结

本节基于倾斜摄影的城市建筑群震害可视化框架,重点针对城市建筑群地震倒塌的情境构建开展了研究。主要包括：①基于历史震害资料,归纳总结了 5 种典型的城市建筑倒塌类型,进而提出了其倒塌运动轨迹数据映射方法；②基于 OSG 提供的粒子系统提出了倒塌建筑的烟尘效果可视化方法；③以深圳宝安区为例开展了案例分析,结果表明,本研究提出的可视化方法可以实现城市建筑群地震倒塌情境的高真实感可视化,能够为城市防灾管理提供重要参考与技术支撑。

第5章 基于城市抗震弹塑性分析的次生火灾及次生坠物模拟

5.1 概述

地震不仅会造成城市区域内建筑大量破坏,而且还会引发一系列的次生灾害,典型的地震次生灾害包括次生火灾和次生坠物,严重威胁人民群众的生命财产安全。因此,本章将基于前文提出的城市区域建筑震害分析模型,研究单体和区域尺度的地震次生火灾模拟及高真实感显示方法,以及地震导致的碎片坠落次生灾害及其对人员疏散的影响,为防御地震次生灾害提供参考。本章的研究工作主要由本书作者和清华大学研究生曾翔、杨哲飚等合作完成。

5.2 城市区域地震次生火灾模拟和高真实感显示

5.2.1 引言

地震后大规模的城市次生火灾会造成重大人员伤亡(Sathiparan,2015)。在某些地震事件中,地震次生火灾引起的后果甚至比地震直接导致的后果更严重。例如,1906 年美国旧金山地震和 1923 年日本东京地震造成了 20 世纪和平时期最大的城市火灾(赵思健等,2006;陈素文,李国强,2008;Scawthorn et al.,2005;Mousavi et al.,2008)。其中,1906 年美国旧金山地震导致大范围次生火灾,大火烧了三天三夜,次生火灾造成的房屋破坏占总破坏的 80%,而 1923 年日本东京地震的次生火灾造成了约 14 万人死亡和 44.7 万幢房屋破坏,东京市区被烧毁了约 2/3,次生火灾导致的经济损失占总损失的 77%。因此,城市地震次生火灾及其蔓延问题需要引起高度重视。

地震次生火灾模拟的相关研究经历了充分的发展,但现有模型仍然存在一些局限性,包括:①现有的起火模型难以较准确地判断具体起火位置;②现有的蔓延模型中较少考虑房屋震害对火灾蔓延的影响;③现有模型较少涉及城市建筑群火灾蔓延的高真实感展示。

近年来,区域建筑震害预测方法取得了一些新的进展(参见本书第 2 章),利用多自由度模型和非线性时程分析,可以快速准确地把握区域建筑在地震动作用下的动力响应特性。应用这些研究成果,可在地震次生火灾模拟中更合理地考虑建筑震害对起火和蔓延行为的影响。因此,本书作者与清华大学曾翔博士一起,在现有区域建筑震害预测方法以及现有次生火灾起火模型和蔓延模型的基础上进行发展,提出了考虑建筑震害的地震次生火灾模拟方法和高真实感显示方法。其突出特点包括:①采用基于多自由度建筑模型和非线性时程分析的区域建筑震害预测方法,考虑了建筑和地震的个性化特点,可以模拟不同地震动及不同建筑抗震能力对初始起火位置和火灾蔓延的影响;②基于 OpenSceneGraph(OSG)三维图形引擎和 FDS 火灾模拟软件,从火灾蔓延和烟气蔓延两个方面实现了次生火灾高真实感展示。然后,采用上述方法,对太原市中心城区 44 152 栋建筑进行了次生火灾模拟案例演示。

上述区域地震次生火灾模拟和可视化方法既可用于震前预测,从而为消防规划和基于虚拟现实的火灾防控提供科学依据和技术支持;也可在震后近实时条件下,根据实际地震动、实际天气、风速、风向、起火点等情况,动态调整模拟设置,从而为灾后消防扑救和应急救援工作提供参考。

5.2.2 模拟框架

如图 5-1 所示,本方法框架主要包括 4 个模块:①区域建筑的地震响应模拟;②起火模型;③蔓延模型;④地震次生火灾的高真实感显示。

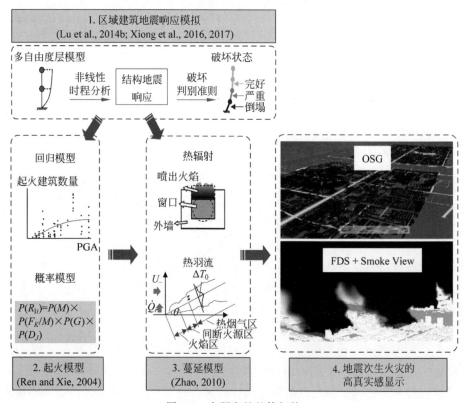

图 5-1 本研究的整体架构

模块 1　区域建筑的地震响应模拟,是地震次生火灾模拟的前提。如前文所述,本节采用了基于多自由度模型和非线性时程分析的区域建筑震害模拟方法(详见本书第 2 章)。该方法可以更好地考虑建筑和地震的个性化特点。

模块 2　起火模型,是在现有回归模型和概率模型(Ren,Xie,2004)的基础上进行发展的,使得模型能更好地考虑房屋震害的影响。建筑震害越严重,导致建筑起火概率越高,因此地震会影响区域内建筑起火概率分布,从而影响具体起火位置。

模块 3　蔓延模型,是在现有的次生火灾蔓延物理模型(Zhao,2010)的基础上进行发展的,使得模型能更好地考虑房屋震害对蔓延的影响。地震将导致建筑外墙出现不同程度的破坏,外墙破坏越严重,建筑被引燃的临界热通量越低。因此,不同的地震会对火灾在建筑群的蔓延特性带来不同的影响。

模块 4　地震次生火灾的高真实感显示,可在三维可视化平台上实现对火情发展过程和烟气扩散效果的展示。区域建筑地震次生火灾的三维场景是使用 OpenSceneGraph(OSG)开源三维图形引擎(OSG,2016)建立的。利用不同颜色表征燃烧状态,从而展示着火建筑的状态变化及火情的发展。利用 Fire Dynamic Simulator(FDS)软件(NIST,2016),计算烟气粒子的运动,并显示在 FDS 的后处理软件 Smokeview 中(NIST,2016),从而展示火灾场景的烟气效果。

以上 4 个模块组成了地震次生火灾模拟和可视化的计算模块。这些计算模块所需的初始数据通过 GIS 平台进行存储和组织,模块之间通过中间文件传递数据,如图 5-2 所示。

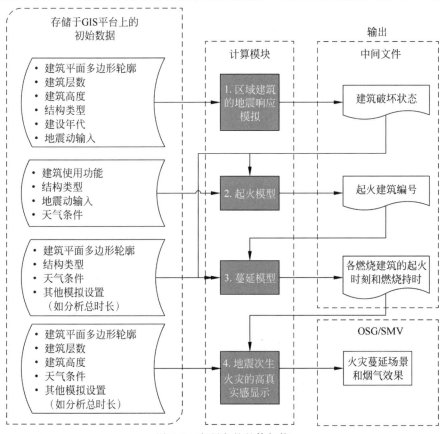

图 5-2　本研究的整体架构

GIS平台主要存储了两类数据：一类是建筑信息，如建筑几何外形、建筑层数、高度、结构类型、建造年代、建筑功能等；另一类是模拟设置，如地震动输入、天气条件（环境温度、湿度、风速、风向、降水等）、分析总时长、分析时间增量步等。计算模块的各个部分分别需要从GIS平台中获取相应数据，作为计算的输入（图5-2）。

计算模块之间也有数据传递。模块1（区域建筑的地震响应模拟）生成建筑破坏状态文件，该文件将作为模块2（起火模型）和模块3（蔓延模型）的输入；模块2（起火模型）生成初始起火建筑的编号文件，该文件将作为模块3（蔓延模型）的输入；模块3（蔓延模型）计算得到各初始起火建筑和后续被引燃的建筑的起火时刻和燃烧持时，并生成相应文件，该文件将作为模块4（地震次生火灾的高真实感显示）的输入，并得到最终输出结果，即火灾蔓延场景和烟气效果。

5.2.3　分析方法

本节将阐述上述4个计算模块的具体实现方法。

模块1　区域建筑的地震响应模拟

模块1区域建筑的地震响应模拟，是后续地震次生火灾模拟的重要前提条件。本节采用本书第2章提出的区域建筑震害多自由度层模型和非线性时程分析，实现建筑的地震响应模拟。

模块2　起火模型

现有起火回归模型大多根据历史地震次生火灾数据，回归得到起火数量与地震动强度的关系式，但具体起火位置则需随机确定或由用户指定。为了给起火位置的选择提供进一步依据，本章建议采用任爱珠等（Ren and Xie，2004）提出的思路：①给定地震强度，利用回归模型计算起火建筑数量 N；②根据单体建筑起火概率模型，计算各建筑发生地震次生火灾的概率；③对目标区域中的所有建筑，按照发生火灾的概率，从大到小排序；④选取概率最高的前 N 个建筑，认为是初始起火建筑。

由于起火回归模型基于历史地震次生火灾事件的统计数据，因此对于统计数据所包含的地区，回归模型有较好的准确性；而对其他地区，回归模型的结果不一定合理。因此在众多起火回归模型中，本研究使用任爱珠等（Ren and Xie，2004）基于中国、美国和日本在1900—1996年的震后火灾数据提出的回归模型，如式（5.2-1）所示。

$$N = -0.117\,49 + 1.345\,34\mathrm{PGA} - 0.8476\mathrm{PGA}^2 \qquad (5.2\text{-}1)$$

式中，N 表示每 $10^5\,\mathrm{m}^2$ 建筑面积内起火建筑数量；PGA 的单位为 g。

设给定 PGA 下，单体建筑发生地震次生火灾的概率为 $P(R|\mathrm{PGA})$。则 $P(R|\mathrm{PGA})$ 可利用式（5.2-2）和式（5.2-3）进行计算（Ren and Xie，2004）：

$$P(R \mid \mathrm{PGA}) = P(M) \times P(F_K \mid M) \times P(D \mid \mathrm{PGA}) \times P(G) \qquad (5.2\text{-}2)$$

$$P(D \mid \mathrm{PGA}) = \sum_j \left[P(D_j \mid \mathrm{PGA}) \times P(C_j \mid D_j) \times P(S_j \mid D_j) \right] \qquad (5.2\text{-}3)$$

式中，$P(F_K|M)$ 反映特定可燃物对建筑起火概率的影响，它与建筑的功能有关，例如加油站等含易燃易爆物品的建筑，震后起火概率相对更高；$P(D|\mathrm{PGA})$ 反映给定 PGA 下单体建筑震害对起火概率的影响；$P(F_K|M)$ 及其他各参数的含义和确定方法如表5-1所示。

表 5-1 起火概率模型计算公式中符号意义和取值

参　　数	含　　义	确 定 方 法
$P(M)$	建筑物有可燃物质的概率	根据(Ren and Xie,2004)确定
$P(F_k|M)$	特定可燃物影响建筑发生起火的概率	根据(Ren and Xie,2004)确定
$P(G)$	天气等其他因素对建筑起火的影响概率	根据(Ren and Xie,2004)确定
$P(C_j|D_j)$	破坏状态 D_j 下建筑易燃物泄漏概率	根据(Ren and Xie,2004)确定
$P(S_j|D_j)$	破坏状态 D_j 下建筑室内起火源引发火灾的概率	根据(Ren and Xie,2004)确定
$P(D_j|PGA)$	给定 PGA 下建筑发生破坏状态 D_j 的概率	根据区域建筑地震响应模拟的结果

需要说明的是,式(5.2-2)的计算结果可能会高估建筑的起火概率(即利用式(5.2-2)计算的起火概率乘以总建筑数量得到起火建筑数量期望,会大于式(5.2-1)计算得到的总起火建筑数量)。因此任爱珠等(Ren and Xie,2004)提出的 $P(D|PGA)$ 不应作为不同建筑的绝对起火风险衡量指标,而应视为不同建筑相对起火风险的衡量指标,即 $P(D|PGA)$ 越大,表明建筑发生地震次生火灾的风险越大。因此,为清晰起见,避免后续讨论中造成误解,基于式(5.2-4)定义了每栋建筑的起火指数 r:

$$r = \frac{P(R|PGA)}{P(R)_{\max}} \times 100 \qquad (5.2-4)$$

式中,$P(R)_{\max}=0.867$ 为使用式(5.2-2)和式(5.2-3)计算可能得到的最大起火概率,对应情况为建筑在地震作用下发生倒塌,建筑内含易燃易爆化学品,且天气条件十分不利(Ren and Xie,2004)。

任爱珠等(Ren and Xie,2004)建议了表 5-1 中所列的大多数参数的取值。对于 $P(M)$,如果建筑存在可燃物质,则 $P(M)$ 值取为 1;如果建筑内不存在可燃物质,则 $P(M)$ 值取为 0。其余几个参数的取值如表 5-2~表 5-5 所示。

表 5-2 $P(F_k|M)$ 的取值

分　类	特　征	取　值
1	易燃易爆的化学物质	0.97
2	易燃物质(例如布、纸张和煤炭等)	0.89
3	木结构	0.795
4	包含木质门窗、家具和家居用品的砌体结构	0.675
5	包含家具和家居用品的钢结构	0.50

表 5-3 $P(G)$ 的取值

天气情况	不利情形	普通情形	有利情形
$P(G)$	0.95	0.80	0.50

注:不利情形是指晴朗、炎热、干燥、大风以及建筑物集中等条件;普通情形是指晴朗、微风以及中等湿度等条件;有利情形包括多云、雨雪、高湿度以及无风等条件。

表 5-4 $P(C_j|D_j)$ 的取值

建筑破坏程度	倒塌	严重破坏	中等破坏	轻微破坏	完好
$P(C_j|D_j)$	0.97	0.89	0.795	0.675	0.50

表 5-5　$P(S_j | D_j)$ 的取值

建筑破坏程度	倒塌	严重破坏	中等破坏	轻微破坏	完好
$P(S_j | D_j)$	0.97	0.89	0.795	0.675	0.50

任爱珠等(Ren and Xie,2004)未提到如何计算给定 PGA 时建筑发生破坏状态 D_j 的概率 $P(D_j | \text{PGA})$。有文献建议使用易损性矩阵得到该参数的取值(赵思健等,2006),但易损性矩阵难以考虑地震动的某些特性(如速度脉冲)带来的影响。因此,本节采用模块 1 所述的区域建筑的地震响应模拟方法,计算得到建筑发生不同破坏状态的概率。具体步骤如下:

(1) 给定 PGA,选择 n 条地震动记录,地震动记录的选择方法可以参考已有文献(FEMA,2012c)。特别地,如需考虑某个特定地震事件导致的次生火灾,则 $n=1$,即直接根据地震情境来生成相应的地震动(Chaljub et al.,2010;Diao et al.,2016)。

(2) 对任一建筑,进行 n 次非线性时程分析,每次分析给出该建筑的一个确定的破坏状态(即完好、轻微破坏、中等破坏、严重破坏、倒塌),从而得到各破坏状态 D_j 的发生次数 n_j。

(3) 采用式(5.2-5)计算 $P(D_j | \text{PGA})$:

$$P(D_j | \text{PGA}) = \frac{n_j}{n} \tag{5.2-5}$$

(4) 对区域中每栋建筑执行上述步骤(1)~(3),利用式(5.2-2)~式(5.2-5),就能得到该区域建筑起火指数 r 的分布。指定 r 值最大的前 N 个建筑,将其作为起火建筑,至此就完成了起火建筑数量和位置的模拟。

需要说明的是,震后建筑内煤气管道的破坏、家具/电器的倾倒、电线的破坏等对建筑起火概率的影响是复杂的、耦合的,但式(5.2-2)和式(5.2-3)给出的单体建筑起火概率作了一定程度的简化。虽然 Zolfaghari 等(2009)、Yildiz 和 Karaman(2013)试图通过建立复杂的事件树模型模拟震后起火,以考虑更多影响起火的因素,但该模型需要更详细的建筑室内数据,此外,该模型没有给出相关验证,因此本节暂时没有应用该模型。

模块 3　蔓延模型

火灾的蔓延包括建筑室内的火势发展和建筑间的火灾蔓延。本节应用了 Zhao(2010)提出的火灾蔓延模型:对于建筑室内的火势发展,模型通过定义着火建筑的温度和热释放率随时间变化的函数来简化模拟建筑起火、轰燃、火灾充分发展、熄灭的过程。对于建筑间的火灾蔓延,模型考虑了两个主要因素,即热辐射和热羽流(图 5-3),着火建筑不仅通过门窗洞口的火焰直接辐射和外墙的热辐射影响邻近的建筑,还通过高温烟气羽流影响下风方向的建筑。对于未起火建筑,在周围起火建筑共同影响下,如果某时刻接收到的热通量超过其临界热通量,则认为该建筑将在该时刻被引燃。模型同时考虑了环境温度、湿度、是否下雨等气象条件对蔓延的影响。通过对 1995 年日本阪神地震次生火灾进行模拟并与实际结果进行对比,对模型进行了验证。火灾蔓延模型(Zhao,2010)的技术细节如下。

1) 建筑内部火灾发展

单体建筑内部火灾发展的简化模型将起火建筑视为独立的点火源,并对单体建筑内部的火灾发展过程进行阶段划分,具体分为房间起火、轰燃、充分发展、倒塌和熄灭 5 个阶段(图 5-4)。首先,初始火源出现在室内,火源在充分通风的情况下经历时间 t_1 后达到轰燃。轰燃发生后,室内火焰与烟气从外墙窗口喷出,此时建筑物初步具备向邻近建筑蔓延的能

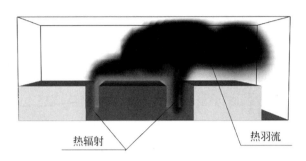

图 5-3　建筑间火灾蔓延的两个主要方式：热辐射、热羽流

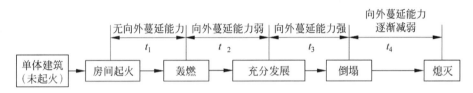

图 5-4　单体建筑火灾发展阶段示意图

力。但此时的建筑物向外蔓延的能力显得较弱，主要进行的是建筑物楼层间的发展蔓延。在这期间，如能及时对该建筑进行火灾扑救，火灾将被控制在个体建筑内部，不具备向邻近建筑蔓延的能力。如果仍旧没能对该建筑实施有效的扑救，经历时间 t_2 后火灾将由室内发展到整幢建筑物。当火灾发展到整幢建筑物时，建筑内部的火势达到了充分发展阶段，室内的温度和热释放率达到峰值（$T_{\max}$ 和 $\mathrm{HRR}_{\max}$）。这时，建筑物具备很强的向外蔓延能力，并通过热辐射和热对流方式向邻近建筑扩展蔓延。随着室内燃料的耗尽和建筑到达耐火极限，建筑物在火灾充分发展 t_3 时间后发生倒塌。倒塌之后，火势快速减弱，向外蔓延的能力也随之降低，经历 t_4 时间后熄灭。根据历史记录和专家建议，各阶段的时间间隔如表 5-6 所示。

表 5-6　单体建筑各火灾发展阶段时间间隔　　　　　　　　　　　　　　min

阶　　段	时间间隔	结构类型		
		木制结构	防火结构	耐火结构
房间起火→轰燃	t_1	[5,10]	[5,10]	[5,10]
轰燃→充分发展	t_2	[20,30]	[30,50]	[50,60]
充分发展→倒塌	t_3	[50,60]	[80,100]	[120,180]
倒塌→熄灭	t_4	[240,300]	[30,40]	[20,30]

除了时间间隔 t，在单体建筑火灾发展模拟时还需要考虑另外两个变量，分别是温度和热释放率，可采用 T 和 Q 表示建筑从起火到熄灭过程中的温度和热释放率。假设所有起火单体建筑的火灾发展各阶段均遵循图 5-5 所示的简化曲线。

2）建筑间火灾蔓延

建筑间火灾蔓延的主要方式包括热辐射、热羽流和飞火蔓延。由于飞火蔓延的复杂性和随机性，本研究暂不考虑飞火蔓延行为。

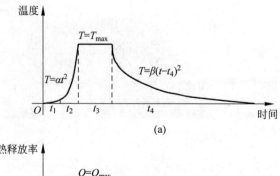

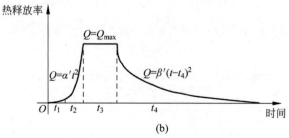

图 5-5　单体建筑内部温度和热释放率发展简化曲线

（a）温度；（b）热释放率

$T_{\max}$ 为起火建筑的温度峰值,建议在 800～1200℃ 间随机选择；$Q_{\max}$ 为热释放率峰值,建议在 40～50 MW 间随机选择；α 和 α' 分别为温度和热释放率的增长系数；β 和 β' 分别为温度和热释放率的衰减系数

（1）热辐射

热辐射是建筑间火灾蔓延的主要方式,其辐射源来自起火建筑的室内烟气、喷出窗口的火焰和受热外墙（图 5-6）。对窗口火焰和外墙的辐射量进行折算后,起火建筑通过外墙发射的热辐射强度可以按照式（5.2-6）计算（Himoto and Tanaka,2000,2002）：

$$\dot{q}_R = \frac{\dot{q}_D A_D + \dot{q}_W (A_W - A_F) + \dot{q}_F A_F}{A_D + A_W} \qquad (5.2\text{-}6)$$

图 5-6　起火建筑物外墙产生的热辐射强度（Himoto and Tanaka,2000,2002）

其中,$\dot{q}_D$ 为室内烟气通过窗口发射的辐射强度,kW/m^2；A_D 为窗口的面积,m^2；$\dot{q}_W$ 为外墙的辐射强度,kW/m^2；A_W 为外墙的面积,m^2；$\dot{q}_F$ 为喷出火焰的辐射强度,kW/m^2；A_F 为火源的面积,m^2。

大量研究发现,外墙和喷出火焰的辐射强度占总辐射强度的 18％～20％（范维澄等,1995）,因此,式（5.2-6）可以简化为

$$\dot{q}_R = \frac{1}{\varphi} \frac{\dot{q}_D A_D}{A_D + A_W} = \frac{k}{\varphi} \dot{q}_D = \frac{k}{\varphi} \sigma T^4 \qquad (5.2\text{-}7)$$

其中,φ 为火焰和外墙辐射占总辐射的折算因子,取 $\varphi=0.8$；k 为建筑外墙的开窗率；σ 为斯蒂芬-玻尔兹曼常数,其值为 $5.6704 \times 10^{-8} kg/(s^3 \cdot K^4)$；$T$ 为室内烟气的温度,K。

（2）热羽流

人们对垂直热羽流的特性已进行了充分的研究,此处采用垂直羽流轴线上的温度来近似代替风力作用下发生倾斜的热羽流轴线温度,按照式（5.2-8）计算。

$$\Delta T_0 = \begin{cases} 900\,, & \text{火焰区：} z/Q_{\mathrm{c}}^{2/5} < 0.08 \\ 60(z/Q_{\mathrm{c}}^{2/5})^{-1}\,, & \text{间断火源区：} 0.08 \leqslant z/Q_{\mathrm{c}}^{2/5} < 0.2 \quad (5.2\text{-}8) \\ 24(z/Q_{\mathrm{c}}^{2/5})^{-5/3}\,, & \text{热烟气区：} 0.2 \leqslant z/Q_{\mathrm{c}}^{2/5} \end{cases}$$

其中，ΔT_0 为羽流轴线上的温度，K；z 为羽流轴线上任意点与起火建筑中心点的距离，m；Q_{c} 为起火建筑的热释放率，kW。

在当前模型中，假设在风力作用下，热羽流上温度对称性依然保持不变，则地处下风向上和热羽流轴线有一定距离的建筑物，其由热羽流升高的温度可以利用式(5.2-9)进行计算（图 5-7）：

$$\begin{cases} \Delta T(r)/\Delta T_0 = \exp[-\beta(r/l_1)^2] \\ \tan\theta = 0.1[U_\infty/(\dot{Q}'g/\rho_\infty C_{\mathrm{P}} T_\infty)^{1/3}]^{-3/4} \quad (5.2\text{-}9) \\ \dot{Q}' = Q_{\mathrm{c}}/\sqrt{A_{\mathrm{Bfloor}}} \end{cases}$$

其中，r 为下风向建筑物中心点到羽流轴线的垂直距离，m；l_1 为高斯半宽度；β 为温度半宽和速度半宽的比例；θ 为风力作用下羽流轴线的倾角；$\dot{Q}'$ 为单位长度的热释放率，kW/m；ρ_∞ 为周围空气的密度，kg/m^2；C_{P} 为热烟气的质量热容，kJ/(kg·K)；T_∞ 为周围环境的温度，K；A_{Bfloor} 为起火建筑的楼层平面面积，m^2。

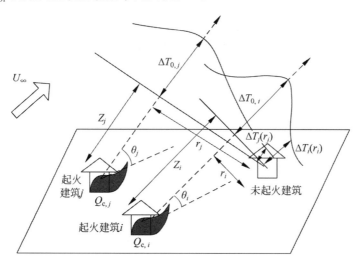

图 5-7　多处热羽流综合作用(Himoto and Tanaka,2000,2002)

由于特大火灾的蔓延常常导致邻近多幢建筑物相继起火，因此下风向未起火的建筑将受到多个热羽流的共同作用。为了简化计算，模型中暂时不考虑多个羽流之间相互混合的复杂机制，仅仅假设多个羽流共同作用下升高的温度是由单个羽流升高温度的叠加。在这样的假设前提下，地处下风向的建筑物由多处热羽流共同作用升高的温度可通过式(5.2-10)进行计算。

$$\Delta T = \Big[\sum_{i=1}^{N} (\Delta T_i)^{3/2}\Big]^{2/3} \quad (5.2\text{-}10)$$

其中，ΔT 为多个羽流共同作用下升高的温度，K；ΔT_i 为单个羽流作用下升高的温度，K；

N 为共同作用在建筑物上的羽流数目。

3）起火条件

未起火建筑主要通过外墙和窗口来接收外界环境的热辐射,如图 5-8 所示,按照建筑表面分为空间 i（室外空间）和 j（室内空间）。在起火建筑的热辐射与热羽流共同作用下,外墙和窗口接收的热辐射强度分别按照式（5.2-11）和式（5.2-12）计算。

$$\begin{cases} \dot{q}_{\mathrm{W}} = \dot{q}_{\mathrm{W},ij} - \dot{q}_{\mathrm{W},ji} \\ \dot{q}_{\mathrm{W},ij} = \varepsilon_{\mathrm{W}} \left[\left(1 - \sum \varphi_{\mathrm{R}}\right) \sigma T_i^4 + \sum \varphi_{\mathrm{R}} \dot{q}_{\mathrm{R}} \right] + h_{\mathrm{W}} \\ \dot{q}_{\mathrm{W},ji} = \varepsilon_{\mathrm{W}} \sigma T_{\mathrm{W}}^4 + h_{\mathrm{W}} T_{\mathrm{W}} \end{cases} \tag{5.2-11}$$

$$\begin{cases} \dot{q}_{\mathrm{D}} = \dot{q}_{\mathrm{D},ij} - \dot{q}_{\mathrm{D},ji} \\ \dot{q}_{\mathrm{D},ij} = \left(1 - \sum \varphi_{\mathrm{R}}\right) \sigma T_i^4 + \sum \varphi_{\mathrm{R}} \dot{q}_{\mathrm{R}} \\ \dot{q}_{\mathrm{D},ji} = \sigma T_j^4 \end{cases} \tag{5.2-12}$$

其中,$\dot{q}_{\mathrm{W}}$ 为墙面的热通量;$\dot{q}_{\mathrm{D}}$ 为没有玻璃的窗口的热通量;ε_{W} 为外墙的发射率,木制墙体的取值约为 0.9;φ_{R} 为墙外热源（起火建筑）对该墙面的热辐射角系数;$\dot{q}_{\mathrm{R}}$ 为外热源（起火建筑）发射的辐射强度,$\mathrm{kW/m^2}$;h_{W} 为墙体的热对流换热系数;T_{W} 为墙体表面的温度,K;T_i 为墙外的温度,K;T_j 为室内的温度,K。

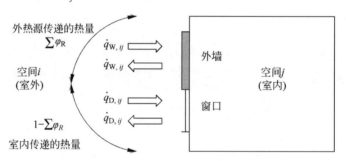

图 5-8　建筑表面热交换示意图（Himoto and Tanaka,2000,2002）

如果未起火建筑物为木制结构,其外墙起火往往先于室内,因此当外墙接收的热辐射强度 $\dot{q}_{\mathrm{W}}$ 超出起火的极限热辐射强度 $\dot{q}_{\mathrm{C}}$ 时,该建筑物就被判断为起火。如未起火建筑外墙为防火或耐火材料,起火往往出现在室内,因此当窗口接收的热辐射强度 $\dot{q}_{\mathrm{D}}$ 超出起火的极限热辐射强度 $\dot{q}_{\mathrm{C}}$ 时,该建筑物被判断为起火。采用木材起火热辐射强度作为基准,依据含水量不同,$\dot{q}_{\mathrm{C}}$ 可在 $10 \sim 18\mathrm{kW/m^2}$ 之间取值。

4）气象条件

气象条件是影响建筑间火灾蔓延的重要因素,其中主要的影响因素包括气温、湿度、降水、风等。

（1）气温

气温是描述空气冷热程度的物理参数。在正常情况下,一天中的最高气温出现在下午 2 时左右,此时火灾蔓延速度最快;最低气温出现在黎明前后,此时火灾蔓延速度最慢。一天中任一时刻的温度可按式（5.2-13）求解（Ren and Xie,2004）：

$$
\begin{cases}
T_\infty = (T_H + T_L)/2 + (T_H - T_L)\cos\left[(24 - t_H + t)\pi/(24 - t_H + t_L)\right]/2, & 0 \leqslant t \leqslant t_L \\
T_\infty = (T_H + T_L)/2 + (T_H - T_L)\cos\left[(t_H - t)\pi/(t_H - t_L)\right]/2, & t_L \leqslant t \leqslant t_H \\
T_\infty = (T_H + T_L)/2 + (T_H - T_L)\cos\left[(t - t_H)\pi/(24 - t_H + t_L)\right]/2, & t_H \leqslant t \leqslant 24
\end{cases}
$$

$$(5.2\text{-}13)$$

其中，T_∞ 为 t 时刻的温度；T_H 为一天中的最高温度；T_L 为一天中的最低温度；t_H 为一天中出现最高温度的时刻；t_L 为一天中出现最低温度的时刻。

（2）湿度

湿度会影响火灾蔓延的速度，较高的空气湿度可以减小火灾的蔓延速度。在模型中，我们将湿度划分为 5 个等级，分别是"非常高（>80%）""高（60%~80%）""中等（40%~60%）""低（20%~40%）""非常低（<20%）"，并依据湿度等级对起火的极限热辐射强度采用不同的取值。

（3）降水

降水会降低温度，减小火灾燃烧的强度。如果降水足够大，火灾可能会熄灭。因此，在降水天气下，模型认为火灾仅限于起火建筑内部，不参与建筑间的火灾蔓延。

（4）风

风会增加火灾蔓延速度和蔓延面积，火灾蔓延模型中考虑了风速和风向的影响。根据气象学标准，风向可以分为 16 个方位，分别是 N、NNE、NE、ENE、E、ESE、SE、SSE、S、SSW、SW、WSW、W、WNW、NW 和 NNW，其中 N、S、E、W 代表北、南、东、西。

需要说明的是，建筑室内的火势发展和建筑间的火灾蔓延在实际情况中都是很复杂的过程。虽然不少研究提出了针对单体建筑的火灾发展模型（Sekizawa et al.，2003；Cheng and Hadjisophocleous，2011），这些模型可以考虑更细节的因素（例如建筑层数、房间布置等）对室内火灾发展的影响，但将这些模型应用于区域建筑尚存在困难，主要是因为建筑室内详细信息不易获取。在现有模型中，Zhao（2010）提出的模型相对比较适用于低矮房屋密集的城市区域，而历史地震次生火灾事件表明，这类区域往往也是发生地震次生火灾的高风险区。因此，尽管 Zhao（2010）的模型存在一定的局限，但它仍是地震次生火灾模拟的一个很好的选择。

然而，Zhao（2010）的模型中并未考虑震害对蔓延的影响。事实上，震害将削弱房屋的抗火能力，加剧火灾的蔓延。据作者所知，目前的地震次生火灾蔓延模型中，仅有少数模型考虑了震害影响，一个典型代表是 Himoto 等（2013）提出的模型。该模型区分了倒塌建筑和未倒塌建筑的燃烧方式。另一方面，对于未倒塌建筑，地震可能导致建筑外围护材料出现不同程度破坏，破坏越严重的建筑越容易被周围起火建筑引燃。

本节借鉴 Himoto 等（2013）的基本思路，假定地震导致的建筑外围护材料的破坏将降低引发建筑着火的极限热通量，如式（5.2-14）所示：

$$\dot{q}_{cr} = \varphi \dot{q}_{cr,H} + (1 - \varphi)\dot{q}_{cr,L} \tag{5.2-14}$$

式中，φ 为围护材料损伤因子，定义为外墙损坏面积与外墙总面积之比；$\dot{q}_{cr,H}$、$\dot{q}_{cr,L}$ 分别为 $\varphi = 1$ 和 $\varphi = 0$ 时的极限热通量。$\dot{q}_{cr,L}$ 的取值可参考文献（Zhao，2010）。

定义 α 为外墙完全破坏时的极限热通量折减系数，如式（5.2-15）所示。而 α 的取值缺乏很好的依据，因此对于 α 对火灾蔓延模拟结果的影响将在下面进一步讨论。

$$\alpha = \frac{\dot{q}_{cr,H}}{\dot{q}_{cr,L}} \tag{5.2-15}$$

建筑外围护材料损伤因子 φ 与结构的地震破坏状态有关。Hayashi 等(2005)根据日本1995 年阪神地震的震害调查数据,给出了 φ 与结构的破坏状态的对应关系。在没有更好的取值依据的情况下,本节采用 Hayashi 等(2005)给出的这一关系。

需要说明的是,Himoto 等(2013)没有对结构震害的确定进行进一步说明,而是随机指定了各建筑的破坏状态。为了改进这一局限,本章模块 1 则给出了模拟结构震害的更加合理的方法。

模块 4　地震次生火灾的高真实感显示

政府减灾规划部门和消防部门等的决策者往往不具备地震工程的相关专业知识,因此,有必要将次生火灾模拟结果加以生动形象的展示,以便于决策者更直观地理解。为此,下文从两个层次出发,对地震次生火灾的高真实感显示进行了研究:

(1)火情发展过程。通过建筑颜色的变化,展现着火建筑的状态变化和整个区域的火情发展。这一可视化结果有利于决策者从整体上把握火势蔓延面积和方向等动态信息,判断火灾蔓延高风险区域,从而为消防救援决策、城市消防规划等提供依据。

(2)火灾烟气效果。利用粒子系统,在三维可视化平台展现火灾现场的烟气弥漫的情况。烟气效果可以提高火灾场景展示的真实感,为火灾演练等营造高真实感的虚拟现实场景(Xu et al.,2014a)。

火情发展过程的可视化基于 Xu 等(2014b)的工作,采用 OSG 开源三维图形引擎实现。OSG 对 OpenGL 进行了很好的封装,是一款很好的三维场景开发工具。利用 OSG 进行高真实感显示的流程如图 5-9 所示。根据建筑的层数、高度和平面形状等信息,拉伸并创建

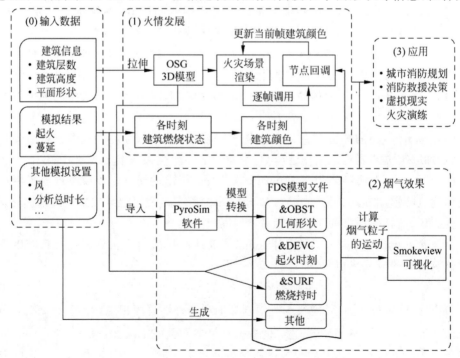

图 5-9　高真实感显示的流程

OSG 三维模型叶节点,并添加到火灾场景根节点中。根据火灾起火与蔓延模拟结果,确定建筑各时刻的燃烧状态(定义为建筑已燃烧时间与建筑燃烧持时的比值),并用从亮到暗的不同颜色表示不同燃烧状态。定义节点回调类(node callback),在 OSG 火灾场景渲染时,每帧都会调用该节点回调类,从而更新当前帧建筑颜色。上述过程可采用 Xu 等(2014b)建议的方法来实现,只不过需要将 Xu 等(2014b)中不同建筑的表面贴图和位移云图替换成燃烧状态云图。

为了向场景中添加真实的烟气效果,采用 FDS 软件对大规模开放区域的火灾发展进行流体力学计算。FDS 采用大涡模拟,可以直接计算烟气粒子的运动,这种运动是遵循物理规律的,因此可大大提高烟气效果的真实感。相反,使用 OSG 中的粒子系统则难以实现这样高真实感的烟气蔓延场景。利用 FDS 软件进行高真实感显示的流程如图 5-9 所示。为符合 FDS 数据输入的要求,本研究借助了商用软件 PyroSim(Thunderhead Engineering,2016),将建筑的 OSG 三维模型转换为 FDS 几何模型。具体地,利用 OSG 提供的函数 osgDB:writeNodeFile()导出建筑三维模型文件,并导入 PyroSim 软件,软件会将其转换生成 FDS 模型文件的几何信息部分,在 FDS 中用"&OBST"关键词定义。之后,根据起火与蔓延模拟结果,得到各建筑的起火时刻与燃烧持时信息,补充至 FDS 模型文件中(分别用"&DEVC"和"&SURF"关键词定义)。再根据风、模拟时间等其他设置,在 FDS 模型文件中补充其他信息。最后提交 FDS 计算,计算结果在 FDS 的后处理软件 Smokeview 中显示。

通过建立如上所述的 4 个模块,可以顺利地实现本节建议的地震次生火灾模拟和高真实感显示框架。另外,FDS 和 Smokeview 均为开源、跨平台软件,可以很容易地从互联网下载得到。因此,本章建议的方法和相关软件适用于多数城市区域的地震次生火灾模拟。本章下一节将通过一个案例对此进行进一步说明。

5.2.4　案例分析

1. 案例区域介绍

本节选定了太原市中心城区作为案例进行分析。该区域东西宽约 8.3km,南北宽约 3.1km,整个案例分析区域面积约 26km^2,包含 44 152 栋建筑,如图 5-10 所示。建筑层数分布如图 5-11 所示,绝大多数建筑为低层建筑,因此,Zhao(2010)的地震次生火灾蔓延模型适用于该区域的分析。

根据中国《建筑抗震设计规范》(GB 50011—2010),太原中心城区案例区域为 8 度设防。选择规范规定的场地反应谱作为目标谱,借助太平洋地震研究中心(PEER)提供的在线工具(PEER,2016),从 PEER NGA-West2 数据库中选择并调幅了 30 条地震动记录作为输入。地震动反应谱如图 5-12 所示,可见,在低层和多层建筑基本周期段(基本周期小于 2s),这些地震动的反应谱与场地反应谱吻合较好。

本案例选择设防地震水准(PGA=0.2g)地震作用进行分析,该地震水准下,大量老旧未设防建筑将出现严重破坏或倒塌,而新建的设防建筑则一般会出现中等以下破坏状态,因此可以更好地展现本章建议的方法可以考虑不同破坏状态对地震次生火灾的影响。而如果地震动太小或太大,则建筑破坏状态可能都很轻微或都很严重,因此可能难以清晰地展现该方法的特点。

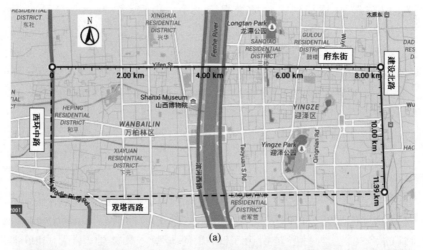

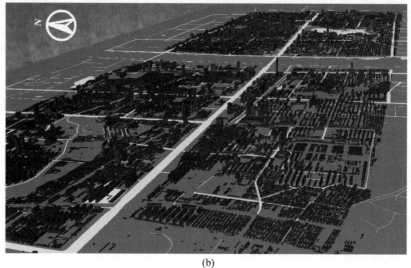

图 5-10　案例分析区域：太原中心城区

（a）范围；（b）三维图

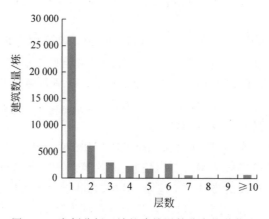

图 5-11　案例分析区域的建筑层数分布统计信息

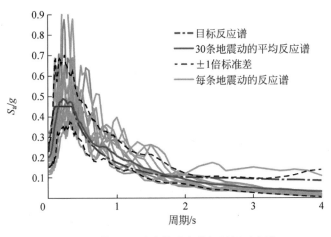

图 5-12　输入地震动的反应谱与目标反应谱

2. 起火模拟

选用图 5-12 所示的 30 条地震动对算例区域建筑进行非线性时程分析,得到建筑的破坏状态。利用式(5.2-2)~式(5.2-5)即可得到各建筑在不同地震动作用下的起火指数 r 以及平均起火指数 r_m。利用式(5.2-1)可计算得到 $PGA = 0.2g$ 时算例区域起火建筑数量 $N = 32$。各建筑平均起火指数如图 5-13 所示。指定平均起火指数 r_m 最高的前 32 栋建筑为起火建筑,可得到起火建筑位置(图 5-13)。将起火指数由高到低排序,图中圆圈数字表示排序次序(数字越小表示起火指数越高,排序越靠前)。进一步标示出平均震害最严重的前 1000 栋建筑,如图 5-14 所示。对比可知,该案例中建筑震害与建筑起火可能性呈正相关关系。

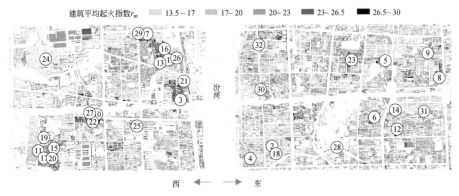

图 5-13　各建筑平均起火指数 r_m 及 32 栋起火建筑位置

由于地震动的特异性,在不同地震动作用下,建筑起火指数及起火点的分布不同。为了说明这一点,从 30 条地震动的分析结果中挑选两条地震动的结果进行对比,一条为近场地震动(Imperial Valley-02,El Centro Array ♯9),另一条为远场地震动(Northwest Calif-02,Ferndale City Hall)。图 5-15 给出了这两条地震动下的起火情况。注意到虽然两条地震动的 PGA 相同,但它们的加速度反应谱不同,从而导致具有不同动力学特性的建筑产生不同破坏状态。因此,不同地震动下起火指数分布存在差别。然而,如果采用易损性矩阵方法计算结构震害,则同一 PGA 下只能给出相同的地震起火结果。

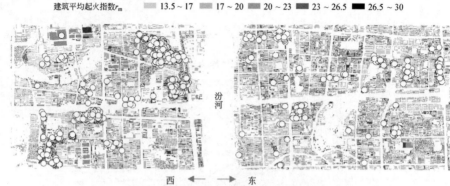

图 5-14　平均震害最严重的前 1000 栋建筑位置

图 5-15　所选择的两条不同地震动下建筑起火指数

3. 火灾蔓延模拟

设定天气条件为西风(风速 $v = 6\text{m/s}$),最低气温 $T_{\text{low}} = 10℃$,最高气温 $T_{\text{high}} = 25℃$,外墙完全破坏时的极限热通量折减系数 α 取 0.4。在得到起火建筑位置后进行火灾蔓延模拟,不同地震动输入下,总燃烧建筑占地面积的平均结果与加减一倍标准差的结果如图 5-16 所示。火灾在初期有加速蔓延趋势,18 h 后变缓慢,但部分地震动作用下在 20～35h 时仍有加速蔓延现象。45h 后,火灾完全熄灭。在不考虑消防扑救的情况下,最终平均燃烧占地面积约为 0.45km^2,为总建筑占地面积的 5.5%。约 6h 后,不同地震动下火灾蔓延情况的差异开始增大。在第 45 小时时,不同地震动导致的燃烧占地面积变异系数(标准差与平均值之比)约为 5%。

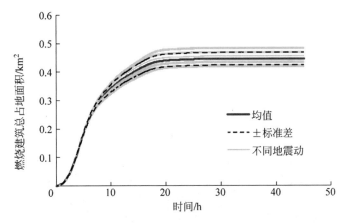

图 5-16　总燃烧面积-时间关系曲线：平均结果与标准差

由于外墙完全破坏时的极限热通量折减系数 α 的取值缺少很好的依据，因此本研究将讨论 α 的取值对火灾蔓延的影响。保持天气条件和起火位置不变，不同的 α 取值下，燃烧建筑总占地面积随时间 t 的变化如图 5-17 所示，第 45 小时左右火灾完全熄灭。图中总燃烧面积指采用 30 条地震动分别模拟得到的平均值。由图可见，α 越小，总燃烧面积越大，即震害对蔓延的加剧作用越大。$\alpha = 0.4$ 时，考虑震害对蔓延的影响比不考虑震害影响总燃烧面积增大了约 10%（$t = 45\text{h}$）。

风是影响火灾蔓延的重要因素，保持其他条件不变（取 $\alpha = 0.4$），仅改变风速 v，得到燃烧建筑总占地面积随时间的变化曲线如图 5-18 所示。图中燃烧建筑总占地面积指采用 30 条地震动分别模拟得到的平均值。当 $v = 2\text{m/s}$ 时，火势蔓延速度和最终总燃烧面积与无风（$v = 0\text{m/s}$）时几乎相同。当风速进一步增大时，不仅会加大火灾蔓延速度，也会导致最终总燃烧面积增加。当 $v = 6\text{m/s}$ 时，最终总燃烧面积比无风时增加了 42%。可见风对火灾蔓延有很大的加剧作用。根据《太原年鉴》（太原市地方志办公室，2015），太原市年平均风速为 $1.4 \sim 2.2\text{m/s}$。在这一风速水平下，燃烧建筑总占地面积约为 0.31km^2，占建筑总占地面积的 3.8%。此外，地震次生火灾燃烧持时约为 22h。然而，需要指出的是，如果风速达到 6m/s，火灾蔓延面积将会显著增加（图 5-18）。因此，如果发生地震次生火灾时风速远远大于年平均风速（$1.4 \sim 2.2\text{m/s}$），则可能造成比上述预测值更为严重的后果。

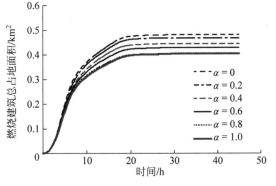

图 5-17　不同的 α 取值下总燃烧面积-时间关系曲线

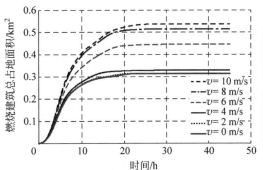

图 5-18　不同风速下总燃烧面积-时间关系曲线（v 代表风速）

从上述分析可知,本研究建议的蔓延模型能考虑不同地震动对蔓延结果的影响,从而把握地震动的特异性和离散性。此外,模型还能合理地反映风速对火灾蔓延的加剧作用。

4. 高真实感可视化结果

火灾蔓延可视化效果如图 5-19 所示,图 5-19(a)~(c)三张图片分别显示了 4h、6h、10h 时的火灾情况,不同颜色直观地表达了火情发展的动态过程。烟气效果展示如图 5-20 所示,从图中可见,烟气粒子的运动清晰地展现了城市区域中次生火灾的起火位置和严重程度,增强了火灾蔓延场景的真实感。

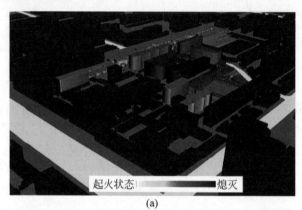

(a)

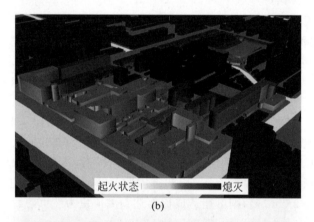

(b)

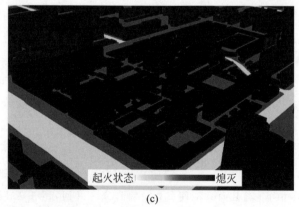

(c)

图 5-19 利用 OSG 展示的火灾蔓延效果

(a) $t=4h$；(b) $t=6h$；(c) $t=10h$

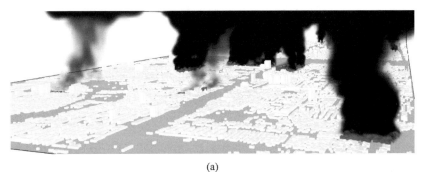

(a)

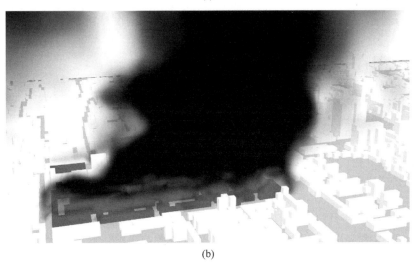

(b)

图 5-20 利用 Smokeview 展示的烟气效果

(a) 整体视角；(b) 局部视角

需要说明的是，本节建议的方法引入了一定的假设，主要包括：①起火模型中的回归模型主要是基于中国、美国和日本的震后火灾数据提出的，因此主要适用于这些国家的城市区域地震次生火灾模拟。对于其他国家和地区，则应针对性地采用适用于该地区的起火模型。②在火灾蔓延模型中，暂时没有考虑喷淋、烟感等消防设施以及消防部门的影响。然而，地震可能导致喷淋等消防设施出现破坏而难以正常工作，消防部门也可能因道路损坏等原因无法对所有起火建筑及时做出扑救反应。因此，本节通过上述假定给出的模拟结果偏于保守，但可以认为有一定的合理性。③三维可视化场景中没有体现建筑门窗等细节，但如图 5-20 所示，采用目前的细节层次，已经可以营造一种真实的火灾蔓延场景了。今后的研究中，可以在现有工作的基础上，对火灾场景进行进一步细化。

5.2.5　小结

本节在现有地震次生火灾起火模型和蔓延模型的基础上进行发展，提出了考虑建筑震害的地震次生火灾模拟方法和高真实感显示框架。之后对中国太原市中心城区进行了次生火灾预测案例研究。得出结论如下：

（1）本节采用区域建筑地震响应时程分析，得到建筑震害，可以考虑不同地震动记录和不同建筑抗震能力差别对初始起火位置的影响和对火灾蔓延的影响。

（2）在火灾蔓延的初始阶段，不同地震动的蔓延结果比较接近；但一定时间后，不同地震动下火灾蔓延情况逐渐出现差异。建筑外围护结构的震害会增大火灾蔓延面积。

（3）基于 OSG 引擎的高真实感显示可以使用不同颜色表征建筑燃烧状态，从而展现火灾蔓延场景。而利用 FDS 和 Smokeview 开源软件，可以实现真实的烟气效果。这些高真实感可视化结果可以方便非专业人士直观地理解次生火灾模拟结果，从而为消防救援决策、城市消防规划等提供依据。

5.3　地震次生坠物灾害及其对人员疏散的影响

5.3.1　引言

城市中的多层、高层建筑大量采用砌体填充墙作为外围护结构，以往历次地震中建筑外围护填充墙破坏严重（清华大学土木工程结构专家组等，2008；Hermanns et al.，2014），墙体砌块也因为各楼层的地震响应发生坠落。次生坠物导致了大量的人员伤亡（Peek-Asa et al.，1998；Chan et al.，2006；Qiu et al.，2010），此外坠物还会覆盖交通道路，严重阻碍应急疏散和救援（Goretti and Sarli，2006；Hirokawa and Osaragi，2016）。人员在前往应急避难场所的过程中受到坠物等周围环境的影响时，行进速度也会发生变化（Orazio et al.，2014；Bernardini et al.，2016）。因此，有必要对非结构构件次生坠物进行深入研究，分析影响建筑坠物的因素，并考察次生坠物的分布情况及其对疏散的影响。

目前，地震引起的非结构构件坠物方面已有一些研究工作，Xu 等（2016a）采用 ASCE-07（ASCE，2010）中给出的不同类型非结构构件破坏限值，假设达到一定层间位移角时，该楼层外围护墙即会发生破坏并坠落。黄秋昊等（2013）直接采用 1/300rad 层间位移角作为外围护结构的破坏限值，并假设破坏后的碎片以一定水平速度抛出。Liu 等（2015）根据非结构构件的易损性曲线，选择层间位移角限值作为破坏准则，对室内隔墙和吊顶进行坠物分析。上述研究均直接采用层间位移角限值作为填充墙破坏的准则，事实上，墙体所受的面外加速度、墙体宽厚比同样会对填充墙的破坏和坠物产生影响，现有的墙体破坏和坠物准则有待改进。

在次生坠物分布方面，Liu 等（2015）在分析中假定构件损坏所产生的坠物完全覆盖地面，Cimellaro 等（2017）则假定了原有障碍物附近坠物的分布范围。不少研究人员利用卫星照片识别建筑损伤和室外的碎片分布（Saito et al.，2004；Quagliarini et al.，2016）。例如，Quagliarini 等在卫星照片的基础上，通过统计回归得到坠物形成的公式，研究中假定坠物是均匀分布的。上述研究较少考虑构件破坏后的碎片在地面上的碰撞和运动，而且坠物分布是不均匀的，现有模型无法满足研究需求。

地震下人员疏散行为模拟需要考虑多种因素，Xiao 等（2016）采用社会力模型用于模拟疏散，提出了完成疏散的时间要求。Wijerathne 等（2013）模拟了城市中人员的疏散，考察了对城市熟悉程度不同的人员的行为。Osaragi 等（2012）考虑了建筑倒塌对道路的覆盖以及次生火灾的影响，并对疏散过程中的区域进行了风险评估。Orazio 等（2014）通过分析地震时人员的行为，给出了相关人员运动的模型，并考虑了建筑倒塌残骸对人员行为的影响。人员在室外疏散时,均会经过坠物区域,已有的研究大多考虑结构倒塌引起的坠物对疏散的影响,而较少考虑非结构构件的坠物对人员行动的影响(Alexander,1990)。忽略非结构构件坠物会低估对人员疏散的影响;假设人员在有部分碎片覆盖的区域无法通行,则又会高估坠物的影响(Quagliarini et al.,2016)。尤其是在因高估坠物范围而判断道路被完全阻断的情形中,疏散过程和总时间会出现较大偏差。

因此,有必要针对非结构构件在地震中的坠落和分布进行研究,并定量分析碎片对人员行进速度的影响,考察坠物情形中的疏散过程,识别地震中坠物碎片分布的危险区域。本书作者和清华大学研究生杨哲飚、谢昭波一起,首先给出了地震次生坠物灾害分析框架;其次设计了综合考虑面内层间位移角和面外加速度的拟静力试验装置,基于试验结果提出了新的墙体破坏和坠物准则;之后提出了非结构构件(砌体填充墙)坠物的模拟方法,并给出了坠物分布的公式;而且,通过试验量化了碎片分布对人员运动的影响;最后以清华大学校园教学区为例,应用本节提出的分析方法计算了地震次生坠物分布,实现了震后疏散模拟,并确定了疏散道路中的高风险区域。

5.3.2　模拟框架

地震次生坠物灾害分析框架分为 5 个模块,分别为:①区域建筑和道路基础数据库;②区域建筑非线性时程分析;③非结构构件破坏准则确定;④坠物分布计算;⑤疏散情境构建与模拟。分析架构如图 5-21 所示。

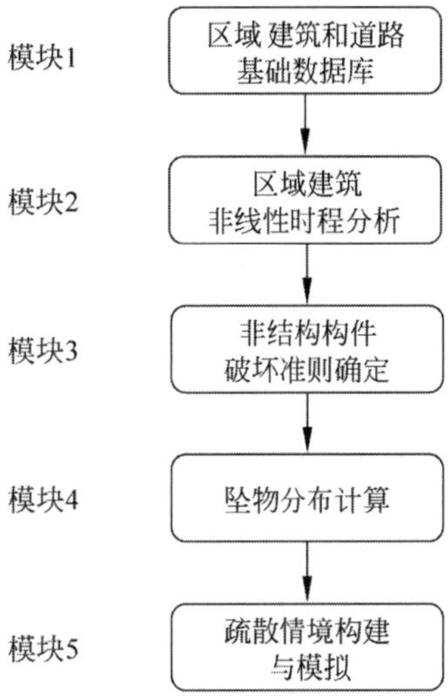

每个模块的具体内容如下:

模块 1　区域建筑和道路基础数据库

获取建筑宏观参数和道路信息,在 GIS 平台建立基础数据库,为建筑地震响应计算和疏散情境构建提供数据支持。

模块 2　区域建筑非线性时程分析

区域内建筑的非线性时程分析结果是坠物分布计算的基础,这里采用第 2 章提出的建筑多自由度模型和非线性时程分析方法,计算得到每个建筑各层的位移时程和速度时程。

模块 3　非结构构件破坏准则确定

采用非结构构件拟静力试验,考察了层间位移角、面外加速度和墙体宽厚比对填充墙体脱落比例的影响,并基于

图 5-21　本研究的整体架构

试验结果拟合确定非结构构件的破坏准则。基于模块 1 得到建筑各层的位移时程和速度时程,结合破坏准则可以确定非结构构件发生破坏的时刻和坠落的比例。

模块 4　坠物分布计算

非结构构件如砌体墙等,在满足模块 3 中的破坏准则时,就会发生破坏形成坠物(ASCE,2010;Xu et al.,2016a)。坠物之间以及坠物与地面会发生相互碰撞,采用 LS-DYNA 模拟坠物运动的过程,并在此基础上确定坠物在地面上的分布。

模块 5　疏散情境构建与模拟

根据模块 1 的基础数据库确定建筑及避难场所的位置、道路信息、各建筑内人员的数

目,根据模块 4 的计算结果,在疏散场景中建立坠物分布的区域。考虑人员经过坠物覆盖的区域时行进速度的变化,采用社会力模型(Helbing and Molnar,1995)进行人员疏散的模拟。

5.3.3 分析方法

1. 区域建筑和道路基础数据库

区域建筑和道路基础数据库是建筑动力响应计算以及疏散场景建构的基础,数据库中包含建筑信息、道路信息、避难场所位置、人员数量等,利用 GIS 平台存储和管理这些数据。通过城市建设档案数据库、Google Earth 模型(Xiong et al.,2015)、实地调查(Zeng et al.,2016)等方式可以获取建筑高度、层数、结构类型、建造年代、建筑面积等建筑属性数据;Google 地图(Wu et al.,2007)、OpenStreetMap(Haklay and Patrick,2008)拥有丰富的地理信息数据,从中可以直接获取建筑外形、道路信息、避难场所位置等信息。疏散模拟时需要确定建筑内人员的数量,FEMA P-58 报告中给出了不同用途建筑内人员的密度(FEMA,2012a),依据建筑面积可以计算得到每栋建筑人员的数量。

2. 区域建筑非线性时程分析

区域建筑非线性时程分析为坠物分布计算提供基本数据。本节采用第 2 章提出的多自由度建筑模型和非线性时程分析方法,得到建筑的地震响应结果(如每层的位移时程和速度时程)。

3. 非结构构件破坏准则确定

外围护填充墙作为一类典型的非结构构件在建筑中得到大量使用,本节以填充墙为例研究其在地震下的破坏准则。加气混凝土砌块具有密度小、隔音效果良好等优点,常用于建筑的外围护填充墙,因此试验选用该类型砌块制作填充墙试件。建筑中填充墙常见的厚度在 $100\sim240$ mm(Hashemi and Mosalam,2006;Wakchaure and Ped,2012;周晓洁等,2015),为考虑不同墙体宽厚比的影响,试验设计了两种墙体厚度(100mm,200mm),填充墙试件的尺寸分别为 1600mm×1600mm×100mm(图 5-22(a))和 1600mm×1600mm×200mm(图 5-22(b))。

本节设计了一种专门的拟静力加载装置,可以综合考虑面内层间位移角和面外加速度。该装置由钢框架与混凝土支座组成,钢框架包含左右两个钢立柱和上下两根钢梁,钢立柱和钢梁之间采用铰接,如图 5-23(a)所示。钢框架用来模拟实际建筑中支承外围护墙的结构框架,利用剪力键和砂浆将砌筑完成的填充墙试件固定在钢框架内部,保证试件和钢框架协同变形。试验设置一个往复荷载加载点,通过作动器施加水平荷载。作动器与钢框架的上部钢梁直接相连,底部支座通过钢压梁固定在地梁上。钢框架作为一个平行四边形机构,在作动器作用下会发生水平错动,与之相连的填充墙试件会相应地产生变形,用于模拟地震时因楼层位移产生的外围护墙变形。加载装置底部的两个混凝土支座上各设有四个孔道(图 5-23(b)),底部钢梁通过锚杆与混凝土支座连接,从而实现钢框架的固定。

为了模拟地震时填充墙所受的面外加速度,钢框架能够以不同角度向面外倾斜,倾斜墙体重力加速度的面外分量即用于模拟地震时的面外加速度。试验共设计了 5 组混凝土支座

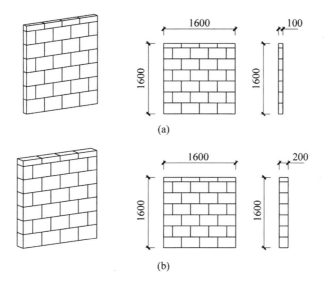

图 5-22　填充墙试件

（a）100mm 厚；（b）200mm 厚

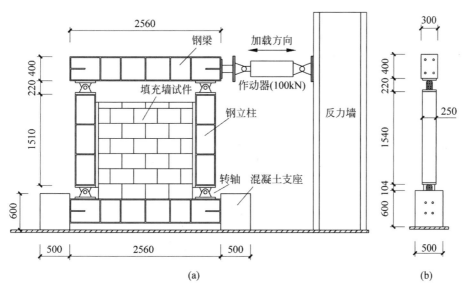

图 5-23　试验加载装置

（a）正视图；（b）侧视图

（总计 10 个），每组混凝土支座的孔道位置如图 5-24 所示，使得钢框架在面外能够以 5 种角度倾斜（即 0°、15°、30°、45°、60°）（图 5-25），对应的面外地震加速度分别为 0.0g、0.26g、0.50g、0.70g、0.87g。

　　试验采用位移控制的拟静力加载方式，设计加载为 24 级，每个加载级重复两次（JGJ/T 101—2015），当钢框架的层间位移角超过 1/30rad 或填充墙试件完全脱落时停止加载。

　　在试验中，各填充墙试件在面内剪切变形作用下逐渐产生裂缝。随着变形不断增大，裂

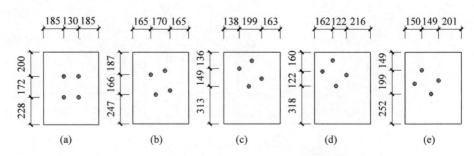

图 5-24　混凝土支座的孔道位置

(a) 0°；(b) 15°；(c) 30°；(d) 45°；(e) 60°

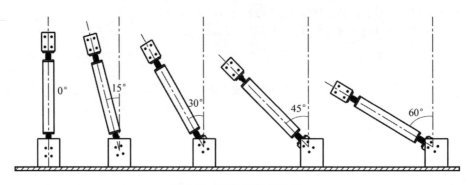

图 5-25　试验框架侧视图

缝逐渐变宽,数量也不断增多。当填充墙试件的倾斜角度为 0°时(即不存在面外加速度),即使试件发生严重破坏,加气混凝土砌块也很难掉落。当填充墙试件倾斜时(即存在面外加速度),在试件开裂后砌块陆续坠落(图 5-26)。各填充墙试件在不同层间位移角下的破坏情况如表 5-7 和表 5-8 所示。100mm 厚的填充墙试件在层间位移角为 1/75rad 时就开始有砌块坠落。相对地,200mm 厚的填充墙体只有在层间位移角达到 1/50rad 时,倾斜角度最大(即面外加速度为 0.87g)的试件才开始有较大面积的砌块坠落,其余试件均无砌块脱落。由对比可知,在面外加速度相同时,100mm 厚的墙体比 200mm 厚的墙体更早发生砌块脱落现象,且最终脱落的砌块数量更多。填充墙体破坏的规律为:试件倾斜角度越大(即面外加速度越大),墙体越薄,填充墙砌块掉落的时间就越早;在同样层间位移角下,脱落的墙体面积就越大。

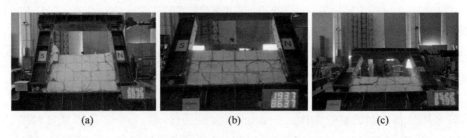

图 5-26　不同倾角下墙体破坏坠落情况

(a) 30°；(b) 45°；(c) 60°

表 5-7　100mm 厚填充墙体的破坏情况

面外加速度	层间位移角/rad				
	1/100	1/75	1/50	1/30	＞1/30
0.26g	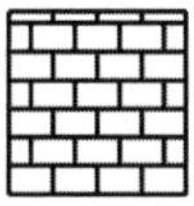	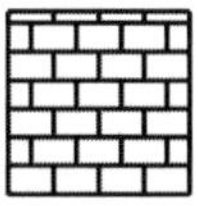	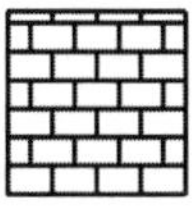	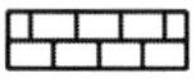	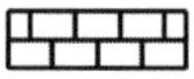
0.50g	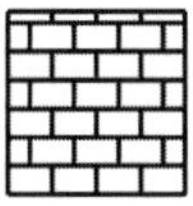	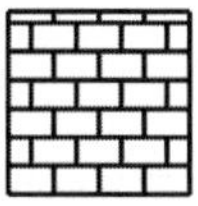	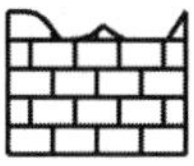	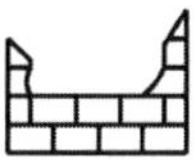	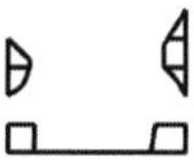
0.70g	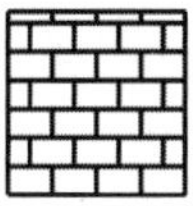	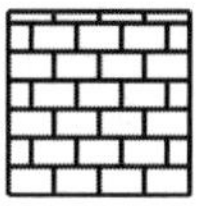		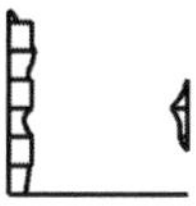	
0.87g	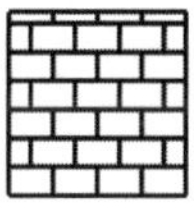				

表 5-8　200mm 厚填充墙体的破坏情况

面外加速度	层间位移角/rad				
	1/100	1/75	1/50	1/30	＞1/30
0.26g	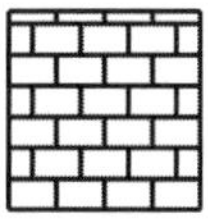	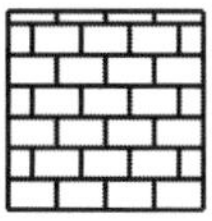	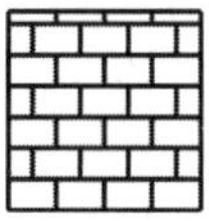	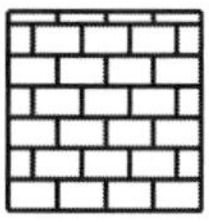	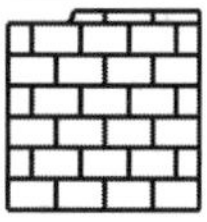
0.50g	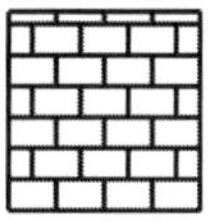	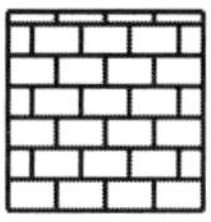	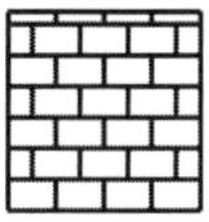	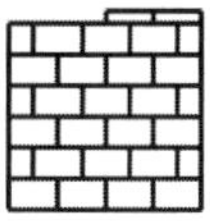	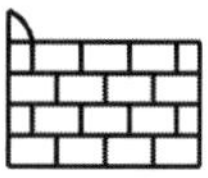
0.70g	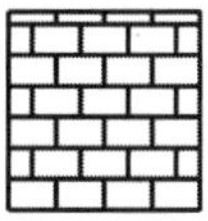	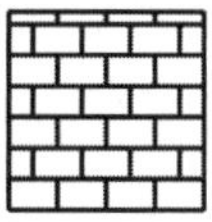	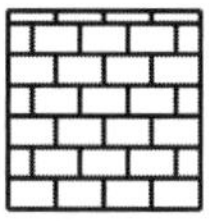	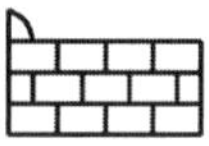	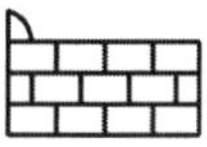
0.87g	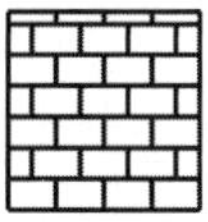	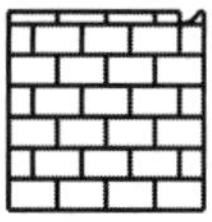		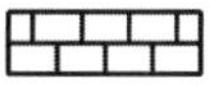	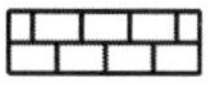

将脱落的墙体面积除以墙体总面积,可以得到墙体砌块的脱落比例。不同面外加速度和层间位移角下墙体脱落面积的比例如表 5-9 所示。

表 5-9　填充墙脱落面积的比例　　　　　　　　　　　　　%

层间位移角/rad	面外加速度(墙体厚度 100mm)				面外加速度(墙体厚度 200mm)			
	0.26g	0.50g	0.70g	0.87g	0.26g	0.50g	0.70g	0.87g
1/100	0	0	0	0	0	0	0	0
1/80	0	0	0	48.1	0	0	0	0

续表

层间位移角/rad	面外加速度(墙体厚度100mm)				面外加速度(墙体厚度200mm)			
	0.26g	0.50g	0.70g	0.87g	0.26g	0.50g	0.70g	0.87g
1/60	0	0	38.2	62.5	0	0	0	0.3
1/50	0	32.4	52.5	62.5	0	0	0	33.2
1/40	6.0	60.1	87.3	93.8	0	0	0.3	68.8
1/35	47.4	60.1	87.3	93.8	0	0	0.3	68.8
1/30	68.8	88.7	87.3	93.8	0	3.1	52.1	68.8
>1/30	68.8	88.7	87.3	93.8	2.1	36.5	52.1	68.8

面外加速度为 0 的填充墙试件(即墙体竖直),当层间位移角超过 1/30rad 时破坏严重,部分砌块虽然因为裂缝而和周围分离,但分离的砌块和周围砌体依然接触咬合,而面外合力基本不存在,因此这些砌块并不会脱落形成坠物。分析可知,砌块脱落需要满足两个条件:①墙体出现贯通裂缝;②砌块所受的面外合力大于砌块之间的摩擦力。填充墙砌块脱落的面积比例与层间位移角、面外加速度和墙体宽厚比有关。层间位移角越大,坠物数量越多。当层间位移角和墙体宽厚比相同时,面外加速度越大,墙体产生的坠物越多。墙体的宽厚比也会影响墙体坠落的比例,宽厚比越大,砌块越容易发生坠落。根据表 5-9 的试验数据,采用 Logistic 函数对试验结果进行拟合,填充墙砌块掉落比例公式如下:

$$A_{\text{debris}} = A_{\text{wall}} \cdot \frac{\lambda_{\max}}{1 + e^{9.87(1-\gamma\Delta)}} \tag{5.3-1}$$

其中,$\lambda_{\max}$ 为砌块坠落面积比最大值,根据 $\lambda_{\max} = 1 - e^{-0.15\eta}$ 计算,η 为墙体宽厚比;A_{debris} 为墙体坠落的砌块面积;A_{wall} 为填充墙墙体面积;Δ 为层间位移角;γ 为修正系数,按照式(5.3-2)计算:

$$\gamma = 183.1\alpha^3 - 86.6\alpha^2 - 12.46\alpha^2\eta - 15.38\alpha + 13.36\alpha\eta \tag{5.3-2}$$

式中,$\alpha = a_{\max}/g$,$a_{\max}$ 为楼层最大加速度,g 为重力加速度。

由公式计算得到的墙体掉落面积比例和试验结果对比如图 5-27 所示,两者吻合良好,验证了填充墙砌块掉落比例计算公式的可靠性。该公式可作为填充墙破坏和坠物准则,用于建筑坠物分布计算。

4. 坠物分布计算

本节采用砌块抛掷试验结合有限元模拟的方法,来计算地震下坠物的分布。由于文献中缺乏砌块运动和分布的相关数据,因此本研究首先进行砌块抛掷试验,之后通过建立合适的 LS-DYNA 模型来模拟砌块运动过程。在此基础上,在 LS-DYNA 中建立各楼层砌体填充墙的有限元模型,赋予砌块水平初速度模拟地震中破坏后的初始运动过程,各有限元模型的目的是分析砌块所在楼层和初速度对砌块分布的影响。当计算得到地面不同位置处的砌块坠物密度后,采用统计拟合方法确定坠物分布密度公式。

抛掷试验选择了外围护填充墙中使用的混凝土加气砌块,尺寸则为常见的 250mm×200mm×100mm。为了避免单一高度处抛掷可能导致的有偏性,试验选择在三个高度(1.8m、5.4m、9.0m)处以不同的水平初始速度抛掷砌块(图 5-28),记录砌块最终落地位置的距离 d 和角度 φ。图 5-29 所示为砌块抛掷试验示意图。

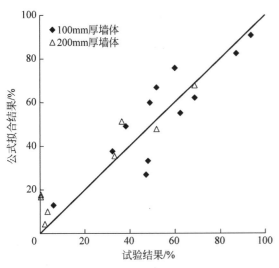

图 5-27　填充墙坠物比例结果对比

图 5-28　砌块抛掷试验

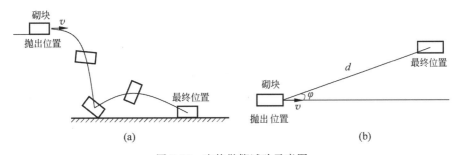

(a)   (b)

图 5-29　砌块抛掷试验示意图

(a) 砌块抛掷运动(侧视图)；(b) 砌块位置(俯视图)

　　在 LS-DYNA 中模拟砌块抛掷试验,首先需要确定填充墙砌块和地面的材料参数。由于砌块和地面均为混凝土,LS-DYNA 中 PLASTIC KINEMATIC(MAT 3)参数简单且碰撞计算时稳定性较高,综合考虑后选用该材料模型来模拟砌块与地面。材料参数如表 5-10所示,参数取值由试验测得。

表 5-10　坠物分布密度公式参数取值

参　　数	砌　　块	地面混凝土
密度/(kg/m³)	1200	2500
弹性模量/GPa	0.8	8.0
强度/MPa	1.0	11.2

　　砌块之间以及砌块与地面之间选择 Automatic-Node-To-Node(ANTN)接触类型(LSTC,2014),共模拟了试验中 10 个砌块的抛掷及运动过程。表 5-11 所示为砌块最终位置的模拟结果和试验结果。距离和角度对比如图 5-30 所示。模拟结果和试验结果吻合良好,验证了 LS-DYNA 中砌块抛掷模型和参数设置的可靠性。

表 5-11 砌块抛掷结果对比

编 号	模 拟		试 验	
	距离 d/m	角度 φ/(°)	距离 d/m	角度 φ/(°)
1	2.2	13	2.3	10
2	3.1	−11	3.1	−15
3	3.5	−5	3.7	−5
4	3.5	−20	3.9	−17
5	4.4	12	4.5	16
6	4.4	−17	4.4	−18
7	5.4	−7	5.7	−6
8	5.5	2	5.3	5
9	5.5	18	5.4	18
10	6.5	2	6.8	2

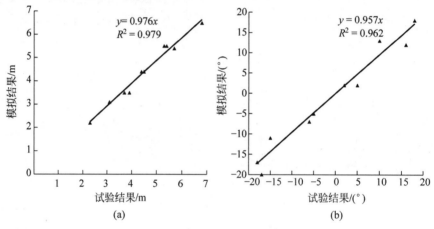

图 5-30 砌块抛掷结果对比
(a) 距离对比; (b) 角度对比

　地震作用下各楼层都有可能发生砌块坠落,坠物的分布与砌块所在楼层和抛出时的速度有关。为了考察各因素对坠物分布的影响,本研究采用 LS-DYNA 软件来模拟地震下各楼层填充墙的砌块坠落和碰撞情况。具体地,建立了从第一层到第十层共 10 个填充墙模型(图 5-31),建筑中填充墙的高度因层高而异,常见的高度在 2.8～3.4m(Hashemi and Mosalam,2006; Pujol and Fick,2010),此模型中填充墙的尺寸选为高度 3m、宽度 4m,模型参数按照前文的方法设置。

　图 5-21 的模块 2 中建筑非线性时程分析基于区域建筑分析模型,通过计算给出了各楼层位移和速度时程结果,因此认为每层的填充墙在达到层间位移角限值发生破坏时,该层的砌块都以相同的水平初速度抛出(Xu et al.,2016a)。根据已有研究(Lu et al.,2014b; Xu et al.,2016a),在峰值加速度小于 $400\mathrm{cm/s^2}$ 的地震下,楼层速度的最大值基本小于 2m/s,砌块破坏时抛出的速度也不会超过该值。各层填充墙模型的砌块设置 4 种抛出的初速度(0.5m/s、1.0m/s、1.5m/s、2m/s),总共有 40 个算例,计算得到填充墙的坠物分布(图 5-31(b))。将地面划分成若干 1m×5m 的子区域,统计各算例子区域内的坠物密度。

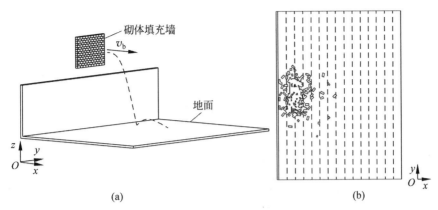

图 5-31　砌块抛掷结果对比

(a) 三层楼处的填充墙模型；(b) 坠物分布结果

对统计数据进行拟合,得到各层楼坠物分布密度的公式,如式(5.3-3)所示。

$$P_d = \frac{d + C_1 \times v_b + C_2}{C_3} \times \exp\left[-\frac{(d + C_4 \times v_b)^2}{C_5}\right] \tag{5.3-3}$$

其中,P_d 为所需计算区域(宽度为 1m)的坠物分布密度；v 为某楼层砌块抛出时的速度,m/s；d 为所需计算区域与建筑之间的距离,m；$C_1 \sim C_5$ 为常数,各楼层取值不同,如表 5-12 所示。子区域内的坠物来自建筑的各个楼层,当计算得到来源于各楼层的坠物密度后,采用线性叠加方式计算该子区域内最终的坠物分布密度。

表 5-12　坠物分布密度公式参数取值

楼层	C_1	C_2	C_3	C_4	C_5
1	-0.30	0	0.77	-0.29	2.25
2	-0.45	0	1.30	-0.60	3.33
3	0	-12.12	-15.05	-1.80	2.44
4	0	-16.89	-24.82	-2.08	3.08
5	0	-21.29	-36.17	-2.25	3.93
6	0	-19.13	-32.30	-2.43	4.15
7	0	-22.18	-38.70	-2.68	4.27
8	0	-21.54	-41.85	-2.82	5.24
9	0	-19.52	-34.26	-2.98	3.88
10	0	-22.31	-41.10	-3.04	4.21

有限元分析结果和式(5.3-3)预测的坠物覆盖密度结果比较如图 5-32 所示,两者吻合良好,验证了式(5.3-3)的可靠性和准确性。

5. 疏散情境构建与模拟

疏散情境构建包括疏散环境构建和人员行为模拟两部分。疏散环境中建筑位置、道路信息、避难场所位置以及各建筑的人数由图 5-21 中模块 1 的基础数据库即可确定,道路上的坠物分布则由模块 4 确定。在人员行为方面,本研究选用社会力模型进行疏散模拟,该模

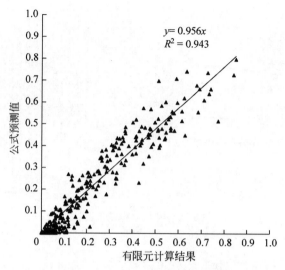

图 5-32　坠物覆盖密度有限元计算结果和公式预测结果对比

型得到了实际疏散过程的验证(Johansson et al.，2008；Li et al.，2015b)，在疏散模拟中得到了广泛的使用(Parisi et al.，2009；Wan et al.，2014；Xiao et al.，2016)。在无坠物覆盖的区域，人员按照正常速度行进；而在有坠物覆盖的区域，人员的行进速度会受到影响，而行进速度的变化会对疏散过程产生较大影响。为了考察坠物对人员速度的影响，本研究设计了不同障碍物占比下的人员运动实验，记录人员通过跑道的时间，拟合得到人员行进速度和障碍物密度之间的关系。在获得不同区域内人员的运动行为后，即可在疏散环境中设置人员速度，由于人员行动的直径约为 0.7m(Lakoba et al.，2005)，因此将坠物覆盖区域分成宽度为 1m 的相邻的子区域，在模块 4 中计算得到了每个子区域的坠物密度，按照坠物密度的不同将各子区域设置不同的人员行进速度。由此完成疏散情境构建，进行人员疏散模拟。

由于人员运动的直径在 0.7m 左右(Lakoba et al.，2005)，当考虑障碍物对人员行进速度的影响时，试验中人员在经过跑道时应处在同一障碍物密度中，因此跑道的宽度选用 1.5m，跑道的长度则选择 20m。跑道上设置 4 种障碍物密度的情形，比例分别为 5%、10%、15% 和 25%，如图 5-33(a) 至图 5-33(d) 所示。为了防止人员被坚硬的障碍物绊倒受伤，选用纸盒作为障碍物，纸盒尺寸为 290mm×170mm×190mm。在各障碍物情形中，每个人用行走方式和跑步方式经过跑道，记录两种方式下人员通过的时间，共 13 个人参加实验。图 5-34 所示为有障碍物情形下人员运动试验。

在试验时发现，当跑道上障碍物密度达到 25% 时(图 5-33(d))，人员已经无法通行，因此在该密度处，人员行走速度和跑步速度取为 0。对试验结果进行拟合，曲线如图 5-35 所示。

行走情形：

$$R = \frac{v_{\mathrm{p}}}{v_{\mathrm{p_0}}} = \begin{cases} -8.39 \times \exp(11.86 P_{\mathrm{d}} - 5.03) + 1.06, & 0 \leqslant P_{\mathrm{d}} < 25\% \\ 0, & 25\% \leqslant P_{\mathrm{d}} \leqslant 100\% \end{cases}$$

(5.3-4)

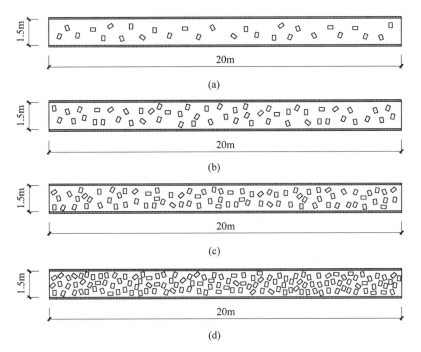

图 5-33　跑道示意图

（a）障碍物密度为 5%；（b）障碍物密度为 10%；（c）障碍物密度为 15%；（d）障碍物密度为 25%

图 5-34　有障碍物情形下人员运动试验

（a）行走情形；（b）跑步情形

跑步情形：

$$R = \frac{v_p}{v_{p_0}} = \begin{cases} 0.61 \times \ln(-3.61P_d + 1.13) + 0.92, & 0 \leqslant P_d < 25\% \\ 0, & 25\% \leqslant P_d \leqslant 100\% \end{cases}$$

(5.3-5)

其中，R 为折减系数；v_p 为人员的速度，m/s；v_{p_0} 为无坠物时人员的速度，m/s；P_d 为人员行经区域的障碍物占比。

5.3.4　算例

在清华大学教学区内共有 15 栋建筑，大多为教学楼和科研场所，上课时段人员众多，选

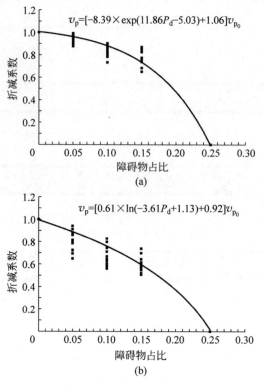

图 5-35　人员行进速度拟合结果

(a) 行走情形；(b) 跑步情形

择该区域作为地震次生坠物计算和人员疏散的分析对象。操场位于教学区东北方,它作为应急避难场所(GB 50413—2007,GB 21734—2008)是区域内人员疏散的目的地。教学区示意图如图 5-36 所示,其总面积约 $0.22\mathrm{km}^2$,其中单斜线的多边形是建筑,灰色区域是道路,网格四边形区域为避难场所。

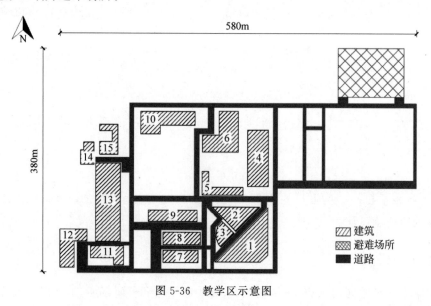

图 5-36　教学区示意图

FEMA P-58 给出了不同用途建筑内人员的密度(FEMA,2012a),依据建筑用途和面积即可确定人员的数量。各建筑的基本信息如表 5-13 所示。

表 5-13 建筑的基本信息

编 号	层 数	结 构 类 型	建 筑 用 途	人员数量/人
1	5	框架剪力墙	教学楼	1190
2	9	框架剪力墙	教学楼	740
3	4	框架剪力墙	教学楼	360
4	4	框架结构	科研场所	265
5	2	砌体结构	科研场所	75
6	1	砌体结构	科研场所	70
7	3	框架结构	教学楼	450
8	3	框架结构	教学楼	490
9	5	框架结构	教学楼	590
10	4	框架剪力墙	公共场所	430
11	5	框架结构	教学楼	660
12	2	框架结构	教学楼	480
13	2	框架结构	科研场所	235
14	5	砌体结构	科研场所	125
15	2	砌体结构	科研场所	70

根据《建筑抗震设计规范》(GB 50011—2010),该区域地震设防烈度为 8 度,设计基本地震(重现期 475 年)的峰值地面加速度(PGA)为 200cm/s^2,罕遇地震(重现期 2475 年)的 PGA 为 400cm/s^2。地震动输入采用 El Centro 地震动记录,峰值地面加速度分别选择设防地震情况时的 200cm/s^2 和罕遇地震情况时的 400cm/s^2。研究中建立的三种疏散情境分别为:

(1) 无坠物情形下的人员疏散;

(2) 有坠物情形下的人员疏散,输入地震动的 PGA 为 200cm/s^2;

(3) 有坠物情形下的人员疏散,输入地震动的 PGA 为 400cm/s^2。

后两种疏散情境下的坠物分布如图 5-37 所示,其中红色多边形为通行阻断区域,人员无法通过,即坠物覆盖比例超过 25%;黄色多边形为通行减速区域,坠物覆盖的比例为 0~25%。由于坠物的存在,人员在经过这一区域时速度会减小。从图中可以看到,在情境 2 中(PGA=200cm/s^2),只有建筑 1 附近存在 1m 宽的减速区域,而其余建筑周围均无坠物。情境 2 和无坠物情境 1 相近,情境 2 中的人员通行基本不受坠物影响。而在疏散情境 3 中(PGA=400cm/s^2),建筑 1 和建筑 2、建筑 3 之间的 7m 宽的通道有部分被坠物堵塞,其中 A 处被堵塞的宽度为 3m,B 处被堵塞的宽度为 5m,说明 A 处和 B 处的通道存在较大风险。C 处有 2m 宽的道路被坠物堵塞。在情境 3 的其余道路上均未有坠物堵塞,部分道路存在减速区域,对人员的通行速度存在部分影响。

对三种情境进行人员疏散模拟,由于坠物主要分布在建筑 1、建筑 2 和建筑 3 周围的道路上,而位于这些建筑密集区内的人员占总人数的比例超过 36%,因此重点分析了这部分人员的疏散情况,疏散结果如图 5-38 所示。建筑 1 和建筑 3 的人员在三种疏散情境中的疏

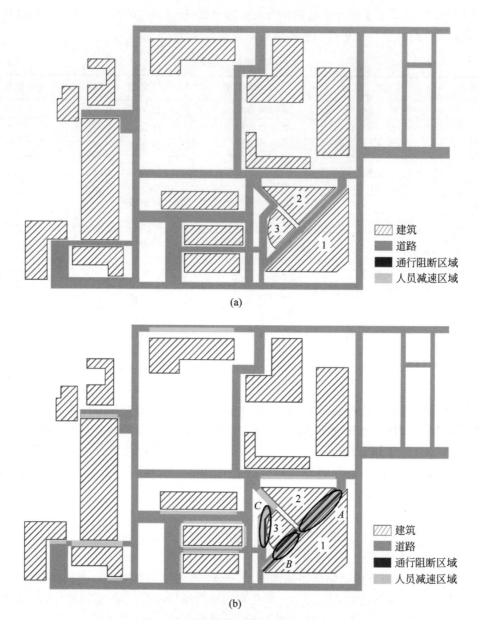

(a)

(b)

图 5-37　不同疏散情境下的坠物分布

(a) PGA＝200cm/s²（疏散情境 2）；(b) PGA＝400cm/s²（疏散情境 3）

散距离基本相等（图 5-38(a)），原因在于三种疏散情境中，虽然周围通道存在坠物，但通道没有完全被堵塞（图 5-37），因此人员并没有绕路。图 5-37(a)显示建筑 1 仅有 1m 宽的坠物减速区域，建筑 3 周围没有坠物，对人员基本无影响，因此建筑 1 和建筑 3 在疏散情境 1 和情境 2 中的平均疏散时间也相等。在疏散情境 3 中，建筑内人员的平均疏散距离基本不变，说明坠物并未改变绝大部分人员原先的疏散路线，但是坠物的存在使得建筑 1 内的人员平均疏散时间增加 41%，建筑 3 内的人员平均疏散时间增加 31%，增加幅度显著。

　　各情境下人员整体的疏散时间如表 5-14 和图 5-39 所示。其中无坠物情形时人员需要

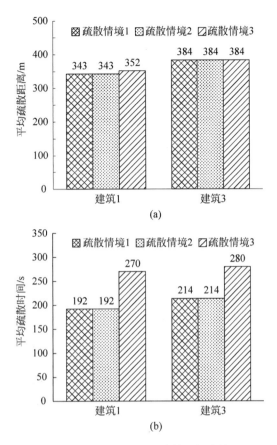

图 5-38 疏散结果对比(建筑 1 与建筑 3)

(a) 平均疏散距离;(b) 平均疏散时间

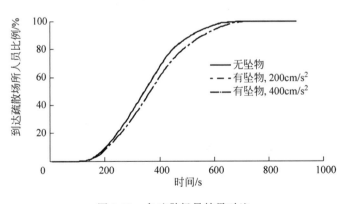

图 5-39 各疏散场景结果对比

707s 全部到达避难场所,情境 2(PGA=200cm/s²)的总疏散时间和无坠物时的基本相等,与图 5-37(a)中坠物分布的分析结果一致。在情境 3 中(PGA=400cm/s²),疏散时间增加约 5%。考察 95% 的人员完成疏散所需的时间,情境 3 比情境 1 增加 8%,而情境 2 和情境 1 的时间依旧十分接近。

表 5-14　建筑基本信息

编号	疏散情境	95％人员到达时间/s	100％人员到达时间/s
1	无坠物	565	707
2	有坠物，PGA＝200cm/s²	568	708
3	有坠物，PGA＝400cm/s²	609	741

由算例分析结果可知，尽管坠物对人员整体的疏散时间影响不大，但是对建筑密集区而言，坠物覆盖的道路面积尤为显著，导致个别建筑内人员的疏散时间明显增加，这些人员在疏散过程中会面临更多风险。因此，进行区域疏散分析时，不仅需要着眼于整体的疏散情况，更应该对建筑密集区内的人员重点加以考虑，分析坠物对疏散时间和疏散距离造成的影响。

5.3.5　小结

本节提出了地震次生坠物灾害分析框架，采用该框架对清华大学校园教学区进行地震坠物分布计算，并模拟了各种坠物情形下的人员疏散，相关结论如下：

（1）基于填充墙试验结果，本节提出了填充墙砌块掉落比例公式，该公式可作为外围护填充墙的破坏准则，用于地震中建筑的坠物计算。

（2）本节通过砌块抛掷试验和 LS-DYNA 有限元模拟，给出了砌块坠物落地后的运动和分布模型。

（3）当考虑砌块落地后的运动时，坠物的范围远大于未考虑砌块落地后的运动时的范围。在所研究的算例中，对于建筑密集区内的部分人员而言，当坠物没有完全阻断道路时，人员的疏散距离变化较小，但坠物的大量存在会显著增加人员的疏散时间，有必要在疏散演练和应急救援中加以考虑。

（4）本节提出的方法能够计算地震下建筑的坠物分布情况，识别具有高坠物风险的道路，为震后应急救援、城市规划提供决策依据和技术支持。

5.4　考虑坠物次生灾害的避难场所规划

5.4.1　引言

应急避难场所可以在地震后为受灾人群提供临时安置，是减轻地震灾害后果的重要手段。应急避难场所不仅可以在室内，如体育馆等大空间公共建筑（ARC，2002；FEMA，2008），也可以在室外（GB 50413—2007，GB 21734—2008），如大型公园和绿地等。为了防止出现意外伤害，应对应急避难场所进行合理选址。为充分保证人员安全，应急避难场所要避免周边建筑外围非结构坠物导致的二次伤害。在避难场所规划标准中（中华人民共和国住房和城乡建设部，2015），建议当有可靠抗灾设计保证建（构）筑物不会发生倒塌或破坏时，应急避难场所距两侧建筑的距离应大于坠落物安全距离，以避免避难人员遭受坠物伤害。然而，该标准并未给出坠物危害距离的计算方法，这也限制了它的应用。

本节提出了一套区域建筑群地震作用下非结构坠物危害的分析方法。通过 IDA 方法考虑地震动的不确定性,通过多自由度模型分析建筑群的非线性动力响应,并采用前文建议的外围非结构构件破坏准则,模拟了地震作用下的非结构构件坠物分布。以北京某一高层住宅小区为例,给出 50 年设计周期内不同坠物分布的概率水平,据此建议了应急避难场所的适合区域。

5.4.2 整体架构

区域建筑群外围非结构坠物危害分析包括 3 个步骤:建筑群坠物分布计算、地震动不确定性分析和应急避难场所选址,如图 5-40 所示。

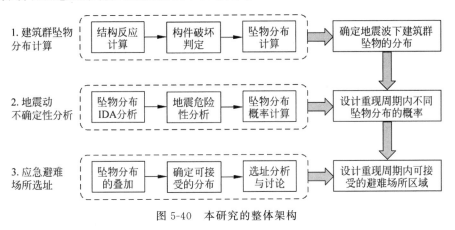

图 5-40 本研究的整体架构

1) 建筑群坠物分布计算

采用第 2 章建议的多自由度模型,对区域建筑群的主体结构在确定地震动下的结构反应进行非线性时程分析,得到每个楼层的位移、速度等时程数据;基于 5.3 节提出的围护构件失效准则,判定其是否发生坠落;如果发生坠落,则所产生的碎块速度等于该时刻楼层水平速度,按照平抛运动计算坠物的水平距离,从而得到确定地震动下建筑群外围非结构坠物的分布。

2) 地震动不确定性分析

参照倒塌易损性分析中的 IDA 方法,选择大量地震动记录和不同地震强度,计算特定坠物分布的易损性曲线;根据场地特征,计算场地的地震危险性;通过坠物分布易损性和地震危险性的积分,计算在一定设计年限内坠物分布的概率。

3) 应急避难场所选址

在 GIS 平台上,给出考虑概率叠加后的建筑坠物分布结果;根据可接受的概率水平,确定区域建筑非结构坠物的分布范围;讨论应急避难场所的选址问题,给出最为适合的避难场所选址区域。

5.4.3 分析方法

1. 建筑群的非结构坠物分布计算

1) 区域建筑群结构地震反应计算

结构地震反应计算采用多自由度层模型,其具体实现方法已在第 2 章作了详细介绍,这里不再赘述。

2）外围非结构物破坏准则

根据 5.3 节提出的非结构构件失效准则，就可以判断外围非结构物的破坏状态和破坏时刻。

3）坠物分布计算

围护构件破坏后，产生的碎块与楼层具有相同的水平速度，将发生平抛运动。假设在第 i 个时间步建筑 j 层外围非结构物发生破坏，其高度为 h_j，速度为 $v_{i,j}$，则坠物的落点距离如式（5.4-1）所示：

$$d_{i,j} = v_{i,j}\sqrt{\frac{2h_j}{g}} \qquad (5.4\text{-}1)$$

其中，速度 $v_{i,j}$ 由非线性时程分析得到。

对于一栋建筑而言，尽管大部分碎块的落点非常靠近建筑，但是离建筑越远的碎块具有的动能越大，破坏性越强。因此，其坠物危害距离应该为所有碎块落点的最大距离。假设楼层数为 m，外围非结构物破坏后的总时间步数为 n，则建筑碎块的危害距离如式（5.4-2）所示：

$$d_{\max} = \max\left(\left|v_{i,j}\sqrt{\frac{2h_j}{g}}\right|\right), \quad i=1,2,3,\cdots,n; \ j=1,2,3,\cdots,m \qquad (5.4\text{-}2)$$

由于地震在方向上具有不确定性，假设建筑非结构坠物在各个方向上均可达到最大距离 $d_{\max}$。根据以上方法，可以求出确定地震动下每一栋建筑物的外围非结构坠物分布范围，进而可以计算整个区域的坠物分布情况。

2. 地震动不确定性分析

不同地震事件将产生不同强度、持续时间和频谱特性的地震动记录。地震动记录的这些不确定性可以通过在分析中使用大量地震动记录加以考虑。FEMA P695 对地震动记录的选取进行了大量研究（FEMA,2009），并推荐了一套地震记录数据库，本节选择该地震动记录进行动力时程分析。

地震动强度的不确定性则通过 IDA 加以考虑。对建筑群逐条输入上述 50 条 FEMA P695 地震动记录，并逐步增大地震动强度（IM）。

假设某一点到建筑墙面的水平距离为 d_0，坠物的最大距离为 $d_{\max}$，则该点被坠物覆盖的概率为 $P(d_{\max} \geqslant d_0)$。通过 IDA 和地震危险性分析，可以得到建筑设计基准期内的总概率。具体方法分为以下三个步骤。

1）建筑群的 IDA

选择一组用于 IDA 的地震动记录，记为 N_{total}（在本节取 $N_{\text{total}}=50$）。对各个建筑输入这组地震动记录，以进行时程分析。为了与我国目前的抗震设计规范一致，选取 PGA 作为地震动强度指标。在某一地震动强度下，对结构输入上述地震记录，按照前文的坠物分布计算方法得到一组坠物最大距离 $d_{\max}$。记录 $d_{\max} \geqslant d_0$ 的地震动数（记为 $N_{d_{\max}\geqslant d_0}$），由此得到该地震动强度下被坠物覆盖的概率为

$$P(d_{\max} \geqslant d_0 \mid IM) = N_{d_{\max}\geqslant d_0}/N_{\text{total}} \qquad (5.4\text{-}3)$$

单调增加地震动强度，重复上一步骤，得到结构在不同地震动强度输入下的 $P(d_{\max}\geqslant$

d_0),直到 $P(d_{max} \geqslant d_0) = 1.0$,从而得到 d_0 位置被坠物覆盖的易损性曲线。为了更好地解释坠物分布在不同地震动强度下的变异性,假定易损性曲线服从对数正态分布。5.4.4 节的模拟算例表明,拟合曲线满足对数正态分布的这一假定通过了显著性水平为 5% 的 Kolmogorov-Smirnov 检验。

2) 地震危险性分析

地震危险性分析给出了设计使用年限(Y 年)内建筑结构所在场地遭遇不同地震动强度 IM 的概率密度,用 $P(\mathrm{IM})$ 表示,可以根据设计规范和给定场地的地震数据通过函数拟合得到。

3) 设计年限内坠物分布全概率计算

设计使用年限 Y 年内结构坠物覆盖指定距离的全概率采用式(5.4-4)计算:

$$P(d_{max} \geqslant d_0 \text{ in } Y \text{ years}) = \int_0^{+\infty} P(d_{max} \geqslant d_0 \mid \mathrm{IM}) P(\mathrm{IM}) \mathrm{dIM} \tag{5.4-4}$$

其中,$P(d_{max} \geqslant d_0 \text{ in } Y \text{ years})$ 为结构在设计使用年限 Y 年内发生坠物覆盖距离 d_0 的概率;$P(d_{max} \geqslant d_0 \mid \mathrm{IM})$ 为 $P(d_{max} \geqslant d_0)$ 在给定 IM 下的条件概率,由 $P(d_{max} \geqslant d_0)$ 和 IM 的易损性曲线给出;$P(\mathrm{IM})$ 为结构所在场地在设计使用年限 Y 年内发生强度为 IM 地震的可能性,由地震危险性分析给出。

选取一组逐渐增大的 d_0,根据上述方法可以计算出该结构周边不同距离被坠物覆盖的概率,进而可以根据此结构评价建筑周边的坠物分布的危险性。将上述方法应用到不同建筑上就可以得到一个区域内坠物分布的危险性,为应急避难场所的选址提供依据。

3. 应急避难场所选址

对于应急避难场所选址问题,最重要的是给出可接受的区域建筑群坠物分布范围。首先,需要考虑不同建筑物的碎块叠加的影响。在 GIS 平台上,将目标区域划分成精细的网格。对于每个网格,不同建筑物坠物的影响是独立的,可以进行概率相加。因此,将不同建筑物坠物覆盖该网格的概率进行叠加,可以得到该网格最终被坠物覆盖的概率,以此作为坠物风险评价的依据。

其次,要确定可接受的概率水平。ASCE(ASCE,2010)以 50 年设计周期内倒塌概率不超过 1% 作为设计目标,因此,本研究也采用超越概率 1% 作为可接受水平的概率水平,从而保证坠物危害的概率不大于建筑倒塌概率。在 GIS 平台下,选择坠物覆盖概率大于等于 1% 的网格,这些网格将是坠物危害的影响区域,不适合作为应急避难场所。

5.4.4　算例

该算例为中国北京市海淀区某一高层住宅小区,共有 19 栋住宅,均为钢筋混凝土结构,平均每栋建筑 20 层,平均高度约为 60m,外围非结构物为填充墙。

以小区中一栋典型建筑为例,该楼 20 层,60.5m 高。按照本研究提出的坠物距离计算方法,使用多自由度弯剪耦合模型进行地震响应分析和不同 d_0 下 $P(d_{max} \geqslant d_0)$ 的易损性曲线的计算。当 $d_0 = 10.0$m 时,不同 PGA 情况下 $P(d_{max} \geqslant d_0)$ 的概率分布,以及基于对数正态分布的拟合曲线(Zareian and Krawinkler,2007)如图 5-41 所示。从该曲线中可以看出,当 PGA 小于 0.5g 时,坠物距离大于 10m 的概率几乎为零,这说明 PGA 很小时外围非结构物未发生破坏或发生破坏但速度很小,没有达到 10m 的距离;而当 PGA 为 1.0g 时,碎块距离大于 10m 的概率为 26%。

根据中国规范中规定的该地区地震危险性特征分区,该小区所在区域 50 年超越概率分别为 63%、10% 和 2% 的设计地震动强度 PGA 分别为 $0.07g$、$0.20g$、$0.40g$。50 年超越概率是指未来 50 年内工程场地至少发生一次地震动强度超过给定值 PGA 的概率,因此地震危险性曲线(50 年超越概率与地震动强度的关系,用函数 $P(\text{PGA})$ 表示)需要满足如下两个边界条件:当 PGA=0 时,50 年内工程场地遭受 PGA 大于 0 的地震是必然事件,其 50 年超越概率应为 100%;当 PGA=$+\infty$ 时,50 年内工程场地遭遇 PGA 无穷大的地震是不可能事件,其 50 年超越概率应为 0。为了满足地震危险性曲线的边界条件,并使得拟合的地震危险性曲线尽量接近规范数值,对地震危险性曲线采用式(5.4-5)的形式进行拟合(马玉宏,谢礼立,2002),拟合结果如图 5-42 所示。

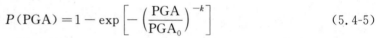

$$P(\text{PGA}) = 1 - \exp\left[-\left(\frac{\text{PGA}}{\text{PGA}_0}\right)^{-k}\right] \tag{5.4-5}$$

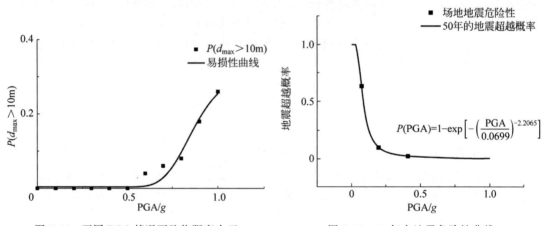

图 5-41　不同 PGA 情况下坠物距离大于
10m 的概率分布

图 5-42　50 年内地震危险性曲线

根据 50 年内地震危险性概率拟合曲线(图 5-42)和不同 PGA 情况下坠物距离大于 10m 的概率拟合曲线(图 5-41),按照式(5.4-5)进行积分,可以得到该建筑在 50 年期限内坠物距离大于 10m 的全概率约为 0.63%,不到 1%。将 d_0 在 1~15m 间取值,可以得到该建筑坠物分布情况在 50 年期限内的全概率如图 5-43 所示。可以看出,该建筑的坠物覆盖概率随距离增加逐渐减少,这与震害实际经验相吻合。特别地,当距离大于 15m 后,坠物覆盖概率基本为 0。

对小区 19 栋建筑都进行坠物覆盖密度的计算,得到小区整体的坠物分布的概率如图 5-44 所示。在图 5-44 中颜色越深的区域表明被坠物覆盖的概率越大,坠物危害风险也越高。该结果已经考虑了不同建筑坠物的叠加,由图 5-44 可以看出建筑间隔较密区域的深色会非常突出,这很好地反映了建筑群对非结构坠物分布的影响。

取覆盖概率大于等于 1% 的区域作为坠物的影响区域,则该小区坠物影响区域如图 5-45 所示。从图 5-45 中可以看出,坠物影响区域是非常大的,因此应急避难场所的可用空间也非常有限。在碎块影响区域外存在一个空白的平面区域,非常适合作为应急避难场所,如图 5-45 所示。另外,小区已有的应急避难场所区域也在图中标示。新旧应急避难场所的面

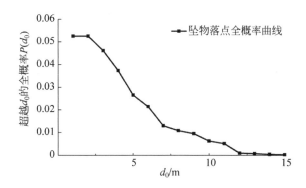

图 5-43　在 50 年设计期内建筑不同距离的坠物覆盖概率

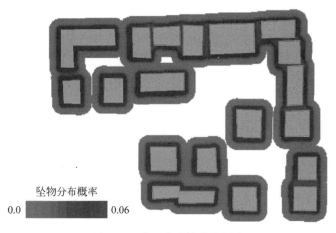

图 5-44　小区内坠物分布概率

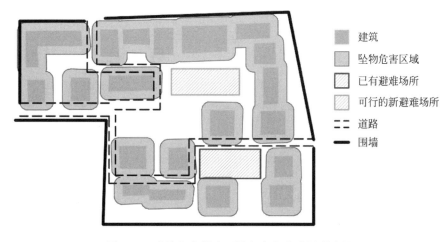

图 5-45　坠物危害影响区域与应急避难场所选址

积是相同的,且都靠近道路,便于疏散。但是,通过对比可以发现旧的应急避难区域有部分位于坠物影响区域内,而且旧的应急避难区域附近的通行道路均受坠物影响,这些重叠区域非常危险,人员很可能被建筑的非结构坠物击中而造成伤亡。而新选择的应急避难区域完全避开了坠物影响区域,相对更加安全、可靠。因此,本研究建筑外围非结构坠物危害的分析对应急避难场所的选址决策具有参考价值。

5.4.5　小结

本节提出一套针对区域建筑群的非结构坠物危害的分析方法。建筑群坠物的分布通过多自由度层模型和非线性时程分析得到,坠物在建筑全生命周期内的分布概率基于 IDA 方法和地震危险性分析得到。选择一个高层住宅小区,进行了坠物危害案例分析,为应急避难场所选址提供了量化的决策依据。该方法还可用于震后应急疏散路线的选择等。本研究提出的方法可为地震应急管理提供参考。

第6章

基于城市抗震弹塑性分析的地震应急与恢复

6.1 概述

开展城市抗震弹塑性分析的一个重要目的就是服务于城市地震灾害的应急评估,为恢复重建提供策略依据。本章将基于前面章节介绍的关键技术与方法,针对城市地震灾害,提出一套震损评估系统(6.2节)。基于此,分别探讨采用机器学习提升应急评估效率的方法(6.3节),以及考虑主余震累积损伤的震损分析方法(6.4节)。针对震后恢复决策,将介绍一种考虑劳动力资源约束的恢复重建决策分析方法(6.5节)。本章研究工作主要由本书作者和清华大学研究生程庆乐、徐永嘉、孙楚津,深圳大学研究生黄津等合作完成。

6.2 基于城市抗震弹塑性分析的震损评估系统 RED-ACT

地震后准确快速地评估建筑的破坏情况对抗震救灾有着重要意义。近年来,数次重大地震灾害的经验表明,对于灾区实际震损的评价能力有待进一步完善。地震发生后,灾区往往通信不通畅,现场缺乏组织,短时间内难以有足够的专业人员对建筑震损进行评价,同时网络上不实言论的传播可能干扰正常救灾信息的获取和决策。因此,需要提出科学、客观、及时的震损评价方法。

目前近实时震损评价系统可以根据服务范围分为:①全球范围的系统;②局部的系统(Erdik et al.,2014)。全球范围的震损评价系统主要有:Prompt Assessment of Global Earthquakes for Response(PAGER)(Wald et al.,2010),Global Disaster Alert and Coordination System(GDACS)(GDACS,2018),World Agency of Planetary Monitoring and Earthquake Risk Reduction (WAPMERR)(Trendafiloski et al.,2011),Earthquake Loss Estimation for the Euro-Med Region (NERIES-ELER)(European Commission,2016);局部的系统主要包括 Earthquake Rapid Reporting System in Taiwan,USGS-ShakeCast,Istanbul earthquake rapid response system 和 Rapid response and disaster management system in Yokohama(Erdik and Fahjan,2008)。这些震损评价系统一般由地

震输入参数、建筑信息和易损性、直接经济损失和人员伤亡三个部分组成。地震输入参数根据地震台网实时监测数据(一般包括地震的震级、震中位置和震源深度)和地面运动预测方程(GMPE)得到,建筑信息可通过宏观与微观统计信息结合的方法获得,建筑的破坏情况则根据易损性关系和能力需求方法推算,经济损失和人员伤亡主要依据经验公式求得。但现有系统存在的问题主要有:①单一的地震动参数输入较难全面地考虑地震动的动力特性;②基于易损性的震害分析方法对于缺乏实际震害数据的地区较难给出准确的震害预测结果;③基于静力推覆的能力-需求分析方法难以考虑地震动的持时、速度脉冲等特性。此外,中国地震局开发了较为完善的地震速报程序(中国地震台网中心,2018),可在短时间内给出地震发生的时间、地点、震源深度和震级的报告,并提供震中周边城市乡镇、震中天气和区域历史地震等相关信息,但是,地震局提供的速报信息中没有包含建筑震害的预测信息。

针对上述问题,本书基于动力弹塑性时程分析和实测地面运动记录,提出了一套近实时的地震破坏力分析评价方法并开发了相应的系统,以下将进行详细介绍。

6.2.1　地震破坏力分析评价方法

本书基于实测地面运动记录和动力弹塑性时程分析,提出了一套近实时的地震破坏力分析评价方法。该方法分为 3 个部分:①通过地震台站获取发震地区实测地面运动记录;②将实测地面运动记录输入到典型单体建筑的有限元模型中,进行动力弹塑性分析,根据计算模型的分析结果评价本次地震对典型单体建筑的破坏情况;③建立发震区域典型的区域建筑数据库,运用第 2 章城市区域建筑震害模拟方法,将实测地面运动记录输入到目标区域建筑分析模型中,根据区域分析结果评价本次地震对该地区建筑的破坏情况及人员加速度感受分布。以下将对这 3 个部分进行具体的介绍。

1. 地震动记录

地震动记录的获取是时程分析的关键。我国现有数以千计个正式运行的强震台站,强震台站所测数据可在震后短时间内获取(杨陈等,2015)。地震发生后,中国地震台网能够及时获取震中周边的地面运动记录,连同台站经纬坐标、记录时间和仪器参数等信息记录在数据文件中。对所获取的实测地面运动记录进行处理,就可以为动力弹塑性时程分析提供地震动数据。

2. 单体结构分析

单体结构震害分析主要针对典型类型结构。不同结构在地震动作用下的响应不同,呈现出不同的变形特点和破坏机制,产生不同程度或不同类型的破坏。特别是一些典型单体建筑曾经经历过详细的振动台试验或拟静力试验,其抗震性能已经通过试验手段进行准确标定。通过对典型建筑进行动力弹塑性时程分析,可以详细地获取单体建筑各个位置的结构响应情况,分析其损伤机制和安全储备,同时更好地理解地震对于不同结构的破坏能力和破坏机理,为科学研究和结构设计提供参考。

目前,本系统所选取的典型单体结构包括钢筋混凝土框架结构和砌体结构,随着系统的开发与完善,更多的典型单体结构将会加入其中,为地震破坏力评价提供更为丰富的信息。对于钢筋混凝土结构,采用基于材料的纤维梁模型来建模;对于砌体结构,则采用基于构件的滞回模型加以模拟(陆新征,2015)。以下将对本系统所选取的典型单体结构进行介绍。

1) 多层钢筋混凝土框架

钢筋混凝土框架结构广泛应用于城市和乡镇的建筑中,尤其是学校、医院等重要建筑,在分析建筑震害时具有很好的代表性。本系统采用的典型钢筋混凝土框架结构选取施炜等(2011)设计的 3 个六层 RC 框架模型。3 个 RC 框架按照Ⅱ类场地、设计地震分组第二组的丙类结构进行设计,抗震设防烈度分别为 6 度、7 度和 8 度,以对比地震动对不同抗震设防烈度的 RC 框架的破坏情况。该 RC 框架设计采用常用于学校和医院等建筑的典型平面和立面布置(图 6-1),选取中间榀框架(图 6-1(a)中阴影部分)进行设计配筋,混凝土等级均为C30,纵筋种类均为 HRB335。采用基于材料的纤维梁模型建立其有限元分析模型,为分析典型框架结构地震下的响应提供基础。

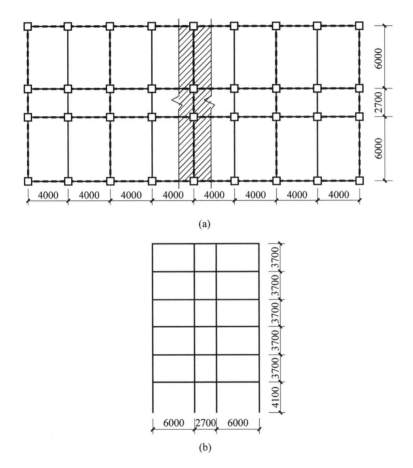

图 6-1　六层 RC 框架结构布置(施炜等,2011)(单位:mm)

(a) 平面布置;(b) 立面布置

2) 砌体结构

砌体结构广泛存在于乡镇房屋建筑中,而且砌体结构在遭遇地震时容易发生破坏。特别是未设防砌体结构,其破坏可能成为震后直接经济损失的主要来源。因此,有必要在地震破坏力速报系统中关注砌体结构的震害情况。本系统所选取的砌体结构包括单层未设防砌体、五层简易砌体和四层设防砌体。

（1）单层未设防砌体结构

纪晓东等（2012）开展了砖木结构的振动台试验，试验以北京市的一栋单层三开间农村住宅砖木结构为原型，以砖柱、砖墙和木梁砌筑搭建，模型照片如图6-2所示。试验通过振动台输入实测地面运动加速度时程记录和人工波，得到该单层结构的加速度-位移滞回曲线。本系统采用十参数滞回模型（陆新征等，2015），根据试验的结果对模型屈服点、峰值点和软化段参数进行了标定，作为层间剪切滞回关系，以此建立该单层砌体结构分析模型，用以反映地震对于典型自建农村住宅房屋的破坏力。

图6-2　单层三开间农村住宅砖木结构振动台试验（纪晓东等，2012）

（2）五层简易砌体结构

朱伯龙等（1981）开展了五层简易砌体结构的足尺拟静力试验。模型由粉煤灰密实砌块砌筑而成，有圈梁但没有构造柱，其结构布置图如图6-3所示。试验通过对各层施加水平荷载，得到反复荷载作用下的基底剪力-顶点位移关系。与单层未设防砌体结构相同，采用十参数滞回模型（陆新征等，2015）依据试验结果进行参数标定，建立了该多层砌体结构的分析模型，用以分析多层低设防水平砌体结构的震害。

（3）四层设防砌体结构

许浒等（2011）采用十参数滞回模型（陆新征等，2015），提出了一个四层设防砌体的模型，该砌体结构每层两个开间，前后纵墙开有门窗洞（图6-4），材料为MU10烧结实心砖和M5砌筑水泥砂浆。建立该模型的具体技术细节参见文献（许浒等，2011），本系统采用该模型分析多层设防砌体结构的震害。

3. 区域建筑分析

区域建筑地震破坏力评价的关键问题为区域建筑震损分析方法和区域建筑数据库的建立。其中，区域建筑震损分析方法选取第2章的城市抗震弹塑性分析方法；区域建筑数据库基于《第六次全国人口普查》（国务院人口普查办公室，国家统计局人口和就业统计司，2012）等数据，通过求解线性规划问题来构建。

根据《第六次全国人口普查》可以获得我国（除港、澳、台外）主要城市建筑按照层数、承重类型和建造年代分类的各个类别建筑的总数，但这些分类之间是彼此独立的。本方法将建筑按照层数、承重类型和建造年代一共分为33类，比如"1990年以前，砌体结构，平房""1990年以前，砌体结构，2～3层"等。求解此问题构成的N元一次不定方程组即可获得这33类建筑的比例。在获得33类建筑的比例之后，就可以建立各个区域的建筑模型数据库，服务于后续的地震破坏力评价。需要说明的是，如果目标区域已经有每栋建筑的统计信息，则可以直接采用这些信息建立分析模型。

将每个台站获得的地震动输入到目标区域的建筑数据库中，即可计算该台站处地震动

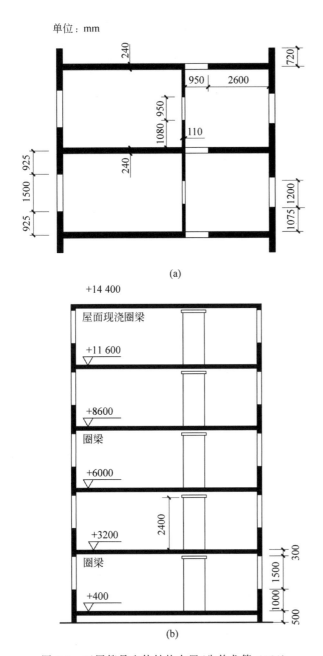

图 6-3　五层简易砌体结构布置(朱伯龙等,1981)

(a) 平面图；(b) 剖面图

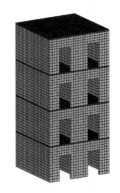

图 6-4　四层砌体结构模型

(许浒等,2011)

破坏情况,综合当地所有台站记录的分析结果可以给出区域地震动破坏力的分布情况,如图 6-5 所示。同时,中小地震下的人员加速度感受对于抗震韧性有着重要意义,因此该方法基于加速度感受准则(表 6-1)以及城市抗震弹塑性分析得到的楼层加速度,可以确定每个台站处不同人员加速度感受的比例,如图 6-6 所示。

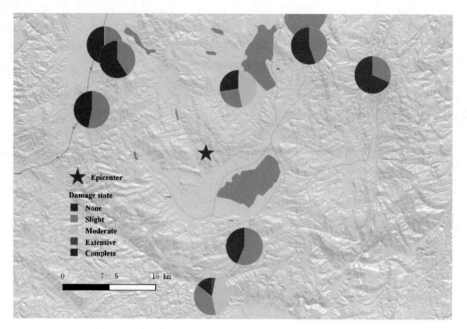

图 6-5　地震破坏力分布（2018-08-13，M5.0，通海地震）

表 6-1　加速度与人员不舒适度对应关系（Simiu and Scanlan，1996）

不舒适度	加速度/（m/s^2）	不舒适度	加速度/（m/s^2）
难以感觉	＜0.05	非常不适	0.5～1.5
可感觉	0.05～0.15	难以忍受	＞1.5
不适	0.15～0.5		

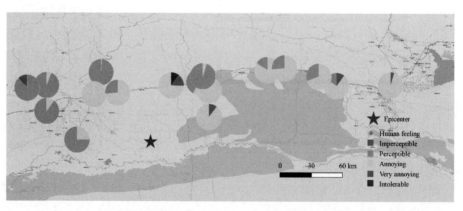

图 6-6　人员加速度感受分布（2020-01-16，M5.6，新疆阿克苏地区库车地震）

6.2.2　系统开发

　　根据上述所提出的方法，本书开发了相应的地震破坏力评价系统，该系统共由 5 个功能模块组成，分别为地震动模块、单体计算模块、区域计算模块、后处理模块和报告生成模块，系统设计流程图如图 6-7 所示。各模块的主要功能介绍如下。

（1）地震动模块。其功能为读取指定格式的地震动文件，处理并展示地震动的时程和加速度反应谱，生成计算模块所需的标准格式地震动文件。

（2）单体计算模块。其功能为读取地震动文件，进行指定典型单体的计算分析，得到单体建筑的响应计算结果。

（3）区域计算模块。其功能为读取地震动文件，进行目标区域的计算分析，并以清华大学校园为对比算例，得到目标区域内每栋建筑的破坏状态。

（4）后处理模块。其功能为读取单体计算和区域计算的结果文件，提取单体建筑响应数据和目标区域不同结构类型建筑的破坏情况比例，生成用于交换的数据文件。

（5）报告生成模块。其功能为读取后处理模块生成的数据文件，完成数据整理和可视化，将震害结果自动生成地震破坏力报告和其他展示形式。

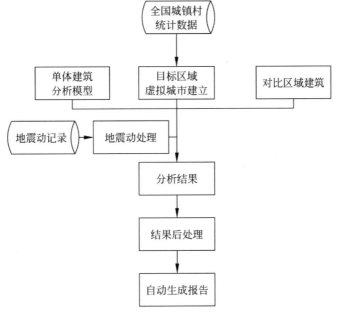

图 6-7　系统设计流程

根据设计流程图开发相应的速报系统，系统界面如图 6-8 所示。利用速报系统可以输入实测地震动，选择目标区域和典型单体建筑，评估该地震动的破坏力，并自动生成分析报告。其中，分析报告包括地震情况简介、强震记录分析、地震动对典型区域破坏力分析、地震动对典型单体的破坏力分析、结论等 5 个部分，如图 6-8 所示。分析结果将反馈给地震应急部门和发布到网络平台（微信公众号、网页等），为地震的应急响应和普及公众防震减灾知识提供参考。

为了使系统在震后快速给出分析结果，在整个系统中引入了高性能计算。首先，利用 OpenMP 库对整个程序进行并行处理。同时，整个程序布置在云计算平台上（如腾讯云、阿里云等），可以根据震后计算量的大小合理分配计算资源。云计算平台的计算效率和本地计算平台基本一样，因此，利用云计算可以使多条地震动的计算时间与单条接近，显著提高计算效率，并且云计算平台价格低廉、可灵活配置，与速报系统十分契合。

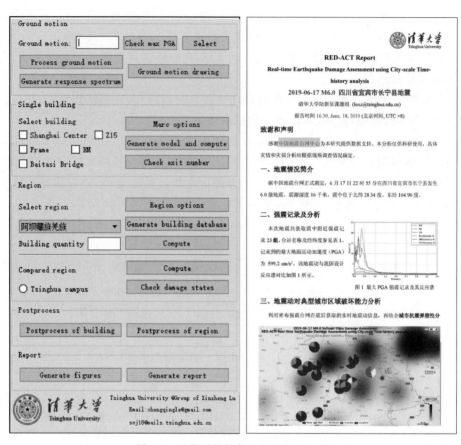

图 6-8　速报系统软件界面和报告示例

6.2.3　应用案例

　　本书所提出的方法被中国地震台网中心、四川省地震局采纳,成功应用于九寨沟地震等国内外百余次地震的破坏力应急评估(表 6-2)。本节将以 2017-08-08 九寨沟 7.0 级地震破坏力分析作为典型的应用案例(陆新征等,2017)进行介绍。

表 6-2　地震破坏力评价方法应用案例

序号	地 震 名 称	序号	地 震 名 称
1	2016-12-08 新疆呼图壁 6.2 级地震	11	2018-09-08 云南墨江 5.9 级地震
2	2016-12-18 山西清徐 4.3 级地震	12	2018-09-12 陕西宁强 5.3 级地震
3	2017-03-27 云南漾濞 5.1 级地震	13	2018-10-16 新疆精河 5.4 级地震
4	2017-08-08 四川九寨沟 7.0 级地震	14	2018-10-31 四川西昌 5.1 级地震
5	2017-09-30 四川青川 5.4 级地震	15	2018-11-04 新疆阿图什 5.1 级地震
6	2018-02-12 河北永清 4.3 级地震	16	2018-11-25 新疆博乐 4.9 级地震
7	2018-05-28 吉林松原 5.7 级地震	17	2018-12-08 新疆昌吉 4.5 级地震
8	2018-08-13 云南通海 5.0 级地震	18	2018-12-16 四川宜宾 5.7 级地震
9	2018-08-14 云南通海 5.0 级地震	19	2018-12-20 新疆克孜勒苏 5.2 级地震
10	2018-09-04 新疆伽师 5.5 级地震	20	2019-01-03 四川宜宾 5.3 级地震

续表

序号	地　震　名　称	序号	地　震　名　称
21	2019-01-07 新疆伽师 4.8 级地震	64	2018-11-02 日本本州 5.2 级地震
22	2019-01-12 新疆喀什 5.1 级地震	65	2018-12-01 美国阿拉斯加 7.2 级地震
23	2019-02-24 四川宜宾 4.7 级地震	66	2018-12-26 意大利西西里 5.0 级地震
24	2019-02-25 四川自贡 4.9 级地震	67	2019-01-03 日本熊本 5.0 级地震
25	2019-01-03 四川宜宾市珙县 5.3 级地震	68	2019-01-08 日本九州 6.3 级地震
26	2019-04-14 北京怀柔 3.0 级地震	69	2019-01-18 日本东京 5.0 级地震
27	2019-05-16 云南昭通 4.7 级地震	70	2019-01-19 日本东京 4.0 级地震
28	2019-05-18 吉林松原 5.1 级地震	71	2019-01-26 日本熊本 4.4 级地震
29	2019-06-17 四川宜宾 6.0 级地震	72	2019-01-26 日本东北 5.7 级地震
30	2019-06-22 四川宜宾 5.4 级地震	73	2019-02-08 日本静冈 4.1 级地震
31	2019-07-04 四川宜宾 5.6 级地震	74	2019-02-10 日本奄美 4.8 级地震
32	2019-07-21 云南永胜 4.9 级地震	75	2019-02-21 日本北海道 5.7 级地震
33	2019-09-08 四川内江 5.4 级地震	76	2019-03-01 新西兰 5.0 级地震
34	2019-09-16 甘肃张掖 5.0 级地震	77	2019-03-02 日本 6.2 级地震
35	2019-10-12 广西玉林 5.2 级地震	78	2019-03-07 日本宫城县 4.6 级
36	2019-10-28 甘肃甘南夏县 5.7 级地震	79	2019-03-09 日本岐阜县 4.5 级地震
37	2019-12-05 唐山市丰南区 4.5 级地震	80	2019-03-13 日本纪伊水道 5.2 级地震
38	2019-12-05 新疆阿克苏地区拜城 4.9 级地震	81	2019-04-03 中国台湾台东县 5.6 级地震
39	2019-12-09 四川绵阳 4.6 级地震	82	2019-04-11 日本本州东岸 6.0 级地震
40	2019-12-18 四川内江市资中 5.2 级地震	83	2019-04-18 中国台湾 4.7 级地震
41	2019-12-23 天津蓟州 3.3 级地震	84	2019-04-28 日本十胜 5.6 级地震
42	2019-12-26 湖北孝感市 4.7 级地震	85	2019-05-05 日本根室 5.3 级地震
43	2020-01-09 北京房山区 3.2 级地震	86	2019-05-08 日本岩手 4.4 级地震
44	2020-01-16 新疆阿克苏地区库车 5.6 级地震	87	2019-05-10 日本九州岛 6.3 级地震
45	2020-01-18 新疆喀什地区伽师 5.4 级地震	88	2019-05-11 日本日向 4.9 级地震
46	2020-01-19 新疆喀什地区伽师 6.4 级地震	89	2019-05-25 日本千叶 5.1 级地震
47	2020-02-03 四川成都 5.1 级地震	90	2019-05-27 秘鲁 8.0 地震
48	2020-02-21 新疆喀什地区伽师 5.1 级地震	91	2019-06-04 日本鸟岛 6.1 级地震
49	2020-03-05 北京昌平区 2.1 级地震	92	2019-07-04 美国加州西尔斯山谷 6.4 级地震
50	2020-03-23 新疆阿克苏拜城 5.0 级地震		
51	2020-05-18 云南昭通 5.0 级地震	93	2019-07-05 美国加州里奇克雷斯特 7.1 级地震
52	2020-05-26 北京门头沟 3.6 级地震		
53	2020-07-12 唐山 5.1 级地震	94	2019-07-25 日本千叶 5.3 级地震
54	2020-07-13 新疆伊犁州霍城 5.0 级地震	95	2019-07-28 日本三重 6.4 级地震
55	2018-02-06 中国台湾花莲 6.5 级地震	96	2019-08-04 日本福岛 6.2 级地震
56	2016-04-16 日本熊本 7.3 级地震	97	2019-08-29 日本青森 6.1 级地震
57	2016-08-24 意大利 6.2 级地震	98	2019-10-12 日本千叶县 5.7 级地震
58	2016-11-13 新西兰 8.0 级地震	99	2019-11-23 日本北海道 5.6 级地震
59	2017-09-20 墨西哥 7.1 级地震	100	2019-12-19 日本青森 5.5 级地震
60	2017-11-23 伊拉克 7.8 级地震	101	2020-01-03 日本千叶 5.9 级地震
61	2018-06-18 日本大阪 6.1 级地震	102	2020-05-25 新西兰北岛 5.8 级地震
62	2018-09-06 日本北海道 6.9 级地震	103	2020-06-04 美国西尔斯山谷 5.5 级地震
63	2018-10-26 日本北海道 5.4 级地震	104	2020-06-23 墨西哥瓦哈卡州 7.5 级地震

2017 年 8 月 8 日,北京时间 21 时 19 分 46 秒,四川省北部阿坝州九寨沟县发生 7.0 级地震(震中北纬 33.20°,东经 103.82°)。本书作者从国家强震动台网中心获取了 17 组强震动观测记录。其中,九寨百河强震台(51JZB)震中距最小,震中距为 30.50km,台站位置为北纬 33.2°,东经 104.1°。九寨百河强震台地震动记录的东西、南北以及垂直向加速度峰值分别为 $-129.5\mathrm{cm/s^2}$、$-185.0\mathrm{cm/s^2}$ 和 $-124.7\mathrm{cm/s^2}$,其地震动时程曲线如图 6-9 所示。对九寨百河强震台地震动记录的 3 个分量(东西方向(EW)、南北方向(NS)和竖直方向(UD))求加速度反应谱(阻尼比 5%),并将加速度反应谱与我国 8 度Ⅱ类场地设计反应谱和我国近年来重要地震震中附近强震记录进行对比,如图 6-10 所示。可见,与我国近年来记录到的一些强震记录相比,此次九寨沟地震的反应谱值明显较低。

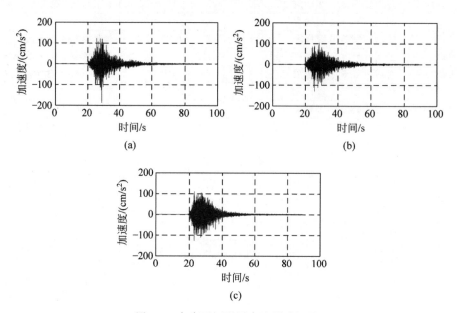

图 6-9　九寨百河强震台地震动记录
(a) NS 方向分量;(b) EW 方向分量;(c) UD 方向分量

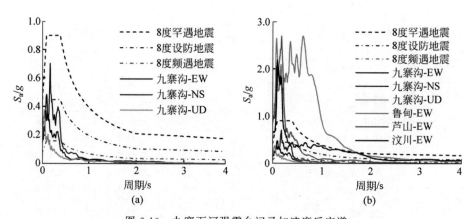

图 6-10　九寨百河强震台记录加速度反应谱
(a) 与规范加速度反应谱对比;(b) 与我国近年来震中附近强震记录加速度反应谱对比

将九寨百河强震台记录输入到典型框架结构中,得到结构的层间位移角包络如图 6-11(a)所示。可以看出,8 度框架基本无损伤,6 度和 7 度框架层间位移角刚刚超过《建筑抗震设计规范》(GB 50011—2010)规定的弹性层间位移角限值 1/550rad,损伤程度较轻,故此地震动对上述框架的破坏力较弱。

将记录分别输入到单层未设防砌体、五层简易砌体和四层设防砌体模型中,对比模型分析结果和文献中试验或模拟的破坏状态限值可以得到以下结论:单层未设防砌体结构发生中等破坏;五层简易砌体结构由于周期较长,避开了地震动的主要频率,所以基本完好;四层设防砌体结构的底层层间位移角超过弹性层间位移角限值,尚未达到峰值承载力对应的变形,其层间位移角包络如图 6-11(b)所示。

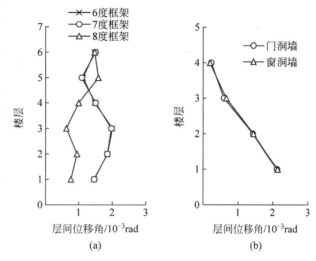

图 6-11　九寨百河强震台记录下典型结构层间位移角包络
(a) 多层钢筋混凝土框架;(b) 四层设防砌体结构

将记录输入目标区域中,得到不同结构类型建筑的破坏状态比例如图 6-12 所示。可以看出:阿坝地区典型乡镇的中等以上破坏率约为 70%,典型农村的中等以上破坏率约为 98%,农村建筑破坏情况较为严重,但是未见倒塌建筑。从图 6-12 中可以看出,阿坝地区破坏较严重的建筑类型为未设防砌体、设防砌体和土木结构,而框剪结构破坏程度较轻,农村的框架结构受到一定程度的破坏。进一步分析框架结构的破坏情况可以得出:发生中等破坏的框架结构多为 6 层以下低矮短周期框架,而 6 层及 6 层以上框架破坏程度较轻。总体说来,灾区建筑可能受到一定的破坏,但是发生倒塌的可能性较小。

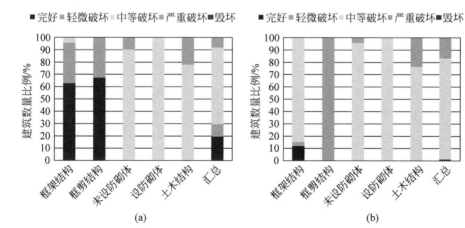

图 6-12　九寨百河强震台记录下阿坝地区典型乡镇和典型农村建筑破坏情况
(a) 阿坝地区典型乡镇建筑破坏情况;(b) 阿坝地区典型农村建筑破坏情况

根据灾后实际震害调查结果,灾区不同程度受损房屋 73 671 间,实际倒塌 76 间(戴君武等,2018),倒塌率为 0.1% 左右。可见本书所提出的方法预测的倒塌概率和实际震害较为一致。之所以得到这样的结果,是因为该分析是基于实测地震动进行的计算,可以更好地考虑实际地震的破坏能力。本研究提供的分析结果为本次地震的应急响应和普及公众防震减灾知识提供了参考。

6.3 基于机器学习的城市建筑群震害实时评估方法

6.3.1 引言

6.2 节建立了 RED-ACT 震损评估系统,利用此系统可以在震后快速地估计震损情况。但相关部门对于震损应急评估的实时性要求日益增长,上述系统的分析效率仍然面临严峻的挑战。

近年来,机器学习方法发展十分迅速,表现出强大的非线性、模糊性学习能力,在土木工程领域得到了广泛的应用(Salehi and Burgueno,2018)。而基于机器学习方法开展预测,一般思路为"在包含大量样本的训练集上预先完成模型训练,并验证其可靠性,此后直接调用训练好的模型完成工作任务并给出结果,无须再次训练"。由于耗时较多的网络训练、调整与测试工作均可在地震发生前完成,在应急震害评估中仅需调用模型完成预测并给出结果,所需计算量大幅降低,因此,将机器学习方法引入抗震弹塑性分析必将具有很高的效率,满足"实时性"要求。

建立基于机器学习的城市建筑群震害实时评估方法需要首先明确地面运动输入的关键特征。地面运动加速度时程是典型的时序数据,理论上能够完全表征地震动的破坏力;通过小波变换获得的小波时频图(将在后文介绍)也可以全面地反映地震动的时域、频域特征。

机器学习方法非常适合挖掘潜在的、模糊的规律与关联,并据此完成非线性分类、预测等工作(Salehi and Burgueno,2018)。其中,循环神经网络(recurrent neural network,RNN)是学习时序数据的有力工具,在文字处理、语音识别、序列预测等很多领域得到了广泛的应用(Graves et al.,2013;Liu et al.,2016);长短时记忆神经网络(long short term memory neural network,LSTM)是对经典 RNN 的一项重要改进,可以进一步提升网络学习时序数据特征的能力。将地面运动加速度时程记录作为输入,通过 LSTM 学习、挖掘样本特征,建立与地震动破坏力的关联,从而完成地震动破坏力实时预测,是本节提出的两种思路之一。另一种十分重要的方法是卷积神经网络(convolutional neural network,CNN),它是学习、处理图像数据的首选方法,在视频分类、人脸识别、自动驾驶等领域有着广泛的应用(Li et al.,2015a)。将对地震动进行小波变换所得的小波时频图作为输入,通过 CNN 开展特征学习,建立其与地震动破坏力的关联进而完成地震动破坏力实时预测,是另一工作思路。

因此,本节将提出两种利用神经网络方法开展地震动破坏力实时预测工作的思路。其一基于 LSTM 并以地震动加速度时程记录为输入,其二基于 CNN 并以地震动的小波时频图为输入。

6.3.2　基本框架与研究方法

基于神经网络的地震动破坏力实时预测方法框架如图 6-13 所示。

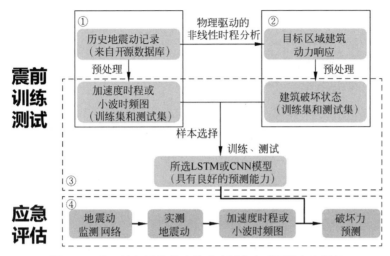

图 6-13　基于神经网络的地震动破坏力实时预测方法框架

上述框架包含 4 个主要部分：

(1) 基于开源数据库获取历史地震动记录,通过预处理生成加速度时程或小波时频图；

(2) 基于建筑抗震弹塑性分析获取目标区域建筑动力响应,得到建筑破坏状态；

(3) 提取地震动特征,并将地震动机理与建筑破坏状态匹配,用于训练和测试 LSTM 和 CNN 模型；

(4) 在应急阶段,从地震动监测网络获取地震动记录,并进行预处理,采用训练好的 CNN 或 LSTM 模型计算得到破坏力的预测情况。

目前,世界多国建立了地震动数据库,如美国的 PEER NGA-East/West/West2 (PEER,2016)数据库、日本的 K-NET 数据库(NIED,2019)等。上述数据库包含了近几十年来所监测、记录到的海量地震动,其震级、震源深度、震源机制、(台站)震中距等各不相同,样本十分丰富。另外,上述数据库是完全公开的,从中下载地震动记录十分方便。因此,本研究通过 PEER NGA-West 数据库(PEER,2016)获取了 10 548 条地震动记录,并进行了适当的前处理,以此作为训练样本集合开展模型训练。前处理方法将在 6.3.3 节、6.3.4 节中详述。

为保证训练样本与测试样本的独立性,本研究还通过日本 K-NET 数据库（NIED, 2019）,按照一定规则获取了 3 万余条地震动,进行了适当的前处理,并最终从中选择了 1875 条作为测试样本。具体的地震动获取、筛选与前处理办法详见 6.3.3 节和 6.3.4 节。

6.3.3　基于 LSTM 的地震动破坏力预测

1. 原理简介与地震动处理

1）原理简介

经典循环神经网络（RNN）的基本结构如图 6-14（Zhang et al.,2018）所示,包括输入层、隐藏层和输出层，t 时刻的输入数据记为 x_t，隐藏层数据记为 s_t，输出层数据记为 o_t。与其他神经网络不同，在进行 $t+1$ 时刻的分析时，RNN 会将 t 时刻的隐藏层参数 s_t 和 $t+1$ 时刻的输入数据 x_{t+1} 一并输入，以获得 $t+1$ 时刻的隐藏层数据 s_{t+1} 和输出数据 o_{t+1}。网络的这一特性决定了其每一步的预测结果将与之前的输入建立关联（Zhang et al.，2018）。长短期记忆网络（LSTM）是对 RNN 的一项重要改进，可以通过遗忘门（forget gate）、输入门（input gate）和输出门（output gate）来实现对历史信息及当前输入的记忆或遗忘，克服了普通 RNN 缺乏"长期依赖"信息学习能力（即很容易遗忘距离较远的历史信息）的缺陷，因而具有更加强大的时序数据学习与预测能力。

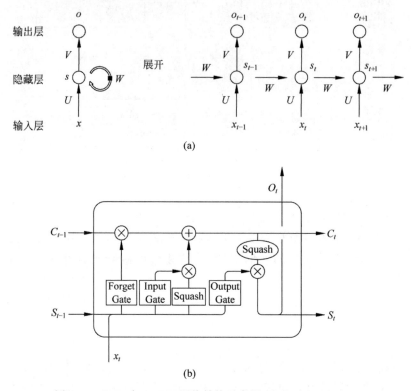

图 6-14　RNN 与 LSTM 网络结构示意图（Zhang et al.，2018）
（a）基础 RNN 网络结构；（b）LSTM 网络的基本单元

　　RNN/LSTM 的学习对象正是时序数据本身，因此不需要改变加速度时程这一形式。不过，仍然需要适当的前处理以保证样本的多样性、模型输入维度（序列长度）的一致性及学习的效率。为此，本研究分别对通过 PEER NGA-West 数据库（PEER，2016）获取的 10 548 条地震动以及通过 K-NET 数据库（NIED，2019）获取的 1875 条地震动进行了系列处理，以下将详细介绍。

　　2）样本前处理

　　本研究对通过 PEER NGA-West 数据库获取的 10 548 条训练样本依次进行了如下处理。

　　（1）调幅

　　天然地震中破坏性地震的比例较小，而破坏性强震的地震动也会随着传播而逐渐衰减，在远离震中的区域测得的地震动破坏力同样较弱。因此,在原始地震动作用下,所分析的单体建筑(中国Ⅶ度区典型 3 层 RC 框架)大多处于"完好"或"轻微破坏"状态,造成"中等破坏""严重破坏"或"毁坏"的样本比例不足 5%,高破坏能力的样本有所欠缺。

因此,本研究选取调幅系数 1.0、2.0、3.0 和 4.0,将每条地面运动加速度记录分别乘以相应的调幅系数,得到 42 192 条调幅后的地震动。研究认为,这样的调幅所造成的误差一般是可以接受的(Bommer and Acevedo,2004;Watson-Lamprey and Abrahamson,2006;Luco and Bazzurro,2007)。原始地震动与调幅后地震动中,各个破坏力等级的样本比例如表 6-3 所示。可以看出,调幅后能造成中等破坏及以上的地震动样本比例变为原先的 3.62 倍,增强了样本多样性。

表 6-3　调幅前、调幅后各破坏力等级地震动比例　　　　　　　　　　　　　　%

破坏力等级	完好 (Level 0)	轻微破坏 (Level 1)	中等破坏 (Level 2)	严重破坏 (Level 3)	毁坏 (Level 4)
调幅前	62.68	32.44	4.29	0.53	0.06
调幅后	39.13	43.22	13.16	2.91	1.58

(2) 持时调整

在天然地震动记录中,具有较强破坏力的区段一般仅占据整个记录的一小部分,主要区段以外的部分往往时长较长但幅值较小,对建筑的破坏力十分有限。若将整个地震动作为输入,在大量无效区段上进行的运算分析会耗费大量时间,且可能干扰模型学习、挖掘主要特征。因此,本研究按照以下原则,截取长度为 30s 的地震动主要区段:

① 若地震动持时不足 30s,保留完整地震动并在末尾补充 0~30s;

② 当地震动持时超过 30s 时,若 PGA 出现在最前/最后 15s,则截取最前/最后 30s;

③ 其他情况下,截取 PGA 出现时刻前后各 15s。

(3) 采样频率调整

PEER NGA-West 数据库中,地震动采样频率多种多样。其原始记录中同时包含"时间"与"地面运动加速度"两个一一对应的维度,不会导致歧义。但 LSTM 的输入是一维时序数据,因此仅能将"地面运动加速度"这一维度作为输入,时间维度将被舍弃。如果不进行采样频率调整,则所输入数据的含义将出现混乱。鉴于工程领域一般不关心频率过高的地震动分量,且 50Hz 的采样频率为很多地震动监测网络、设备所采用,因此本研究将所有截取后(持时 30s)的地震动统一调整为采样频率 50Hz(步长 0.02s)。

为保证训练和测试样本的独立性,基于日本 K-NET 数据库,采用上述方法筛选、预处理,得到了 4375 条地震动。其中,1875 条地震动被选为验证集,而其余 2500 条地震动被选为测试集。需要指出的是,前述预处理过程理论上可能带来一定误差,但下面的研究将表明,这样的处理将带来显著的效率与预测准确率提升。

2. LSTM 网络结构的调整与对比

机器学习库 TensorFlow(Girija,2016)的可靠性与计算效率已在诸多研究中得到了验证,因此本研究基于 TensorFlow 建立训练模型所需的 LSTM。其中,输入层维度设置为 1501(每个样本在按照前文所述规则调整后,步长 0.02s,持时 30s,因此总计 1501 时间步的数据),label 为 0~4 五个整数,分别代指五种破坏状态(表 6-3);输出层维度设置为 1,即最终输出结果即为建筑破坏状态(0~4 五个整数之一)。在本研究中,所选优化器为神经网络训练中广泛采用的 Adam 优化器(Kingma and Ba,2015),loss 的表征指标为 categorical cross entropy(交叉熵),是开展多分类任务时常用的损失函数。

为探究网络结构对学习效率、模型预测能力的影响,本研究保持其他设定不变,建立了16 个网络结构各不相同的 LSTM,并随机地将前文所述的 42 192 条地震动中的 95% 划分为训练集,5% 划分为验证集,基于结构不同的网络开展训练。训练完成后,在前文所述的包含 1875 条地震动的测试集上开展准确率测试。所建立的 16 个 LSTM 结构及其他超参数设定如表 6-4 所示。

表 6-4　LSTM 结构与其他超参数设定

模型编号	隐藏层层数	每层 cell 数	其他超参数
1	1	20	
2	1	30	
3	1	50	
4	1	80	
5	1	100	
6	2	30	学习率:0.005
7	2	50	批量大小(batch size):50
8	2	80	迭代次数:60
9	2	100	dropout:0.5
10	3	30	输入样本维度:1501
11	3	50	(步长 0.02s,总计 30s)
12	3	80	
13	3	100	
14	4	30	
15	4	50	
16	4	80	

在研究、比选网络结构时,为排除随机因素的干扰,每一网络结构的算例提交三次。最终,得到不同网络在测试集上的准确率以及训练耗时,如表 6-5 所示。

表 6-5　不同 LSTM 网络的测试集准确率及训练耗时

网络编号	隐藏层层数	每层 cell 数	测试集最优准确率/%	训练耗时/h
1	1	20	81.07	7.28
2	1	30	81.06	9.42
3	1	50	81.48	14.40
4	1	80	81.91	20.51
5	1	100	82.12	42.45
6	2	30	82.55	14.88
7	2	50	81.86	19.19
8	2	80	82.18	42.46
9	2	100	80.31	109.52
10	3	30	82.07	18.21

续表

网络编号	隐藏层层数	每层 cell 数	测试集最优准确率/%	训练耗时/h
11	3	50	82.07	29.73
12	3	80	82.66	54.61
13	3	100	78.44	200.85
14	4	30	82.39	26.35
15	4	50	81.48	45.48
16	4	80	54.13	147.56

对表 6-5 的数据进行统计分析,可以发现:

(1) 合理的网络复杂度范围内,所得模型的预测能力变化不大,网络 3~8、10~12、14 所得模型均具有相近的准确率(82%左右);这些网络结构所得模型预测能力好,总体效率很高,且可能具有更好的泛化能力,综合来看是完成地震动破坏力预测任务的最佳选择。

(2) 简单的网络(例如网络 1、2)训练效率高,所得模型准确率也可达到 80%以上,在追求训练效率或计算能力不足时是合理的选择;值得注意的是,当所选网络复杂程度过高时,不仅训练耗时长,而且模型预测能力更差,因此不宜选取。

此外,为验证前文所述的步长调整、采样频率调整的合理性,本研究设定了 6 个对比网络,其网络结构与表 6-4 中网络 2~4、6~8 一致。但对比网络的输入是原始的地震动(未经步长和采样频率调整的),输入层维度设定为 10 000。对比网络训练所得模型的测试集准确率、训练耗时及其与试验网络相应结果的对比如表 6-6 所示。

表 6-6　对比网络与试验网络的测试集准确率、训练耗时对比

层数	cell 数	对比网络准确率/%	试验网络准确率/%	提升比例/%	对比网络训练耗时/h	试验网络训练耗时/h	时间节省比例/%
1	30	74.12	81.06	6.94	75.49	9.42	87.52
1	50	72.47	81.48	9.01	143.61	14.40	89.97
1	80	74.17	81.91	7.74	326.60	20.51	93.72
2	30	72.84	82.55	9.71	190.28	14.88	92.18
2	50	72.89	81.86	8.97	246.80	19.19	92.75
2	80	74.71	82.18	7.47	573.95	42.46	92.60

注: 对比网络的输入为不经持时、采样频率调整且维度为 10 000 的完整地震动,试验网络的输入为经过持时、采样频率调整且维度为 1501 的地震动;两者其他设定一致。

从表 6-6 的对比可以发现,对地震动进行合理的持时、采样频率调整能节约至少 87%的模型训练时间,同时预测准确率最高可提升 9.71%。

3. 超参数调整及其影响

1) 超参数选择及原理简介

表 6-4 给出了网络结构分析时的超参数设定。本节将针对 dropout ratio 和 learning rate 两个重要的超参数进行调整并分别研究其影响。不过,对表 6-4 中列举的全部 16 种网络结构进行超参数调整、分析的工作量过大,也无必要。为降低工作量,同时保证结论的普适性,本节从前文推荐的网络结构中选取了 4 个,用于研究超参数取值的影响。所选 4 个网

络为网络 5(1 layer，100 cells)、6(2 layers，30 cells)、7(2 layers，50 cells)、11(3 layers，50 cells)。这 4 个网络的复杂度(以训练时间表征)在建议的合理复杂度范围内均匀分布，且决定网络结构的超参数(网络层数与每层 cell 数目)取值多样化，因此基于这 4 个网络讨论得到的结论具有代表性。

dropout ratio 主要影响网络的泛化能力。在训练过程中，通常会随机地、暂时地断开一定比例神经元的连接，这一断开连接的神经元比例即为 dropout ratio，设定合理的 dropout ratio 是训练神经网络时避免对训练集样本过拟合的一种有效方法，它在类似研究中得到广泛认可与应用(Pham et al.，2014；Schmidhuber，2015)。learning rate 是网络参数更新时的重要超参数。理论上，learning rate 越大，参数更新越快，学习速率一般也越快；但过高的学习速率可能导致参数在极值附近反复波动，影响收敛速度，甚至导致模型不收敛(发散)。

2) dropout ratio 调整

如前文所述，dropout ratio 是影响网络的泛化能力的重要超参数，进行网络结构研究比选时初步取为 0.5，但最优取值一般需要通过试验确定；对其作用机理也仅仅停留在猜想层面，尚未给出证明(Srivastava et al.，2014)。因此，本研究设定了包含 4 种结构的 52 个网络，分别开展训练、测试，并统计了其所得模型的测试集准确率，部分结果如表 6-7 所示。

表 6-7 网络设定及模型准确率

网络结构	dropout ratio	准确率/%	网络结构	dropout ratio	准确率/%	网络结构	dropout ratio	准确率/%
2 layers 30cells	0.95	74.93	2 layers 50cells	0.95	74.72	3 layers 50cells	0.95	66.61
	0.85	78.78		0.85	79.73		0.85	78.53
	0.75	80.69		0.75	78.16		0.75	80.30
	0.65	82.40		0.65	82.29		0.65	79.79
	0.60	81.17		0.60	82.19		0.60	81.97
	0.55	81.97		0.55	82.24		0.55	80.85
	0.50	82.55		0.50	81.86		0.50	82.07
	0.45	82.19		0.45	81.55		0.45	82.03
	0.40	81.33		0.40	80.85		0.40	80.43
	0.35	83.09		0.35	82.40		0.35	82.19
	0.25	81.07		0.25	81.39		0.25	82.40
	0.15	81.76		0.15	82.45		0.15	82.35
	0.05	83.41		0.05	82.03		0.05	82.24

对表 6-7 中的数据进行分析，可以发现：

(1) 当 dropout ratio 取值过高时，模型的预测准确率将显著下降，且训练失败的概率提高，原因是过高的 dropout ratio 导致学习获得的信息大量丢失；当 dropout ratio 取值小于等于 0.65 时，模型的预测能力不再随着 dropout ratio 的改变而显著改变，因此开展本研究时，可以依据 Srivastava 等(2014)的建议，在 0.5 左右选取 dropout ratio。

(2) 对 dropout 参数进行调整并未使所得模型的预测能力得到明显提升，说明在本研究的样本规模与网络复杂度下，限制模型预测能力的因素并非 dropout ratio 取值。

3）learning rate 调整

如前所述，learning rate 是影响网络的学习效果与效率的重要超参数，不过目前的研究同样无法给出普适性的选定方法或依据，一般需要通过试验确定。因此，本研究设定了包含 4 种网络结构的 20 个模型，并分别统计了其最优测试集准确率，如表 6-8 所示。

表 6-8　网络设定及模型准确率、最优模型出现时相应迭代次数

网络结构	dropout ratio	准确率/%	网络结构	dropout ratio	准确率/%
1 layer 100cells	0.001	83.04	2 layers 30cells	0.001	80.11
	0.0025	79.56		0.0025	80.79
	0.005	82.12		0.005	82.55
	0.0075	81.11		0.0075	81.22
	0.01	79.51		0.01	79.99
2 layers 50cells	0.001	82.61	3 layers 50cells	0.001	82.61
	0.0025	81.54		0.0025	81.80
	0.005	81.86		0.005	82.07
	0.0075	80.58		0.0075	80.52
	0.01	80.20		0.01	80.10

从表 6-8 中可以看出，随着 learning rate 的取值增加，所得模型准确率变化不大，且测试集收敛速度也未见提升。且随着 learning rate 的取值增加，模型参数的更新加快，训练过程波动加剧；降低 learning rate 的取值也可以限制波动的幅度与波动次数。本研究建议 learning rate 取值在 0.001 左右；这一取值不仅不会降低模型准确率，而且可以使训练过程更为平稳、有序，因此更易判别何时收敛进而提前终止训练，以获得更高的效率。

4. 小结

本节对 LSTM 网络的结构、超参数进行了调整，并分析了其测试集准确率、训练过程与训练耗时等，得到以下结论：

（1）网络结构在合理复杂度范围内时，所得模型预测能力相近。此范围内，简单的网络适用于追求效率的情景，相对复杂的网络则可能具有更好的泛化能力；过于复杂的网络不仅训练耗时长，且所得模型预测能力差，不宜选取。

（2）本研究中，dropout ratio 建议取 0.50 左右；learning rate 的推荐取值为 0.001 左右，这一较低的取值不会降低模型预测能力，而且有利于训练过程平稳、有序，从而更易判别收敛；过高的 learning rate 取值容易导致训练过程反复波动。

6.3.4　基于 CNN 的地震动破坏力预测

本节将提出基于 CNN 的地震动破坏力预测方法，并介绍样本收集与前处理方法，开展网络结构的设定与比选、训练过程的分析、超参数的调整与比较、误差分析等。

1. CNN 简介与地震动前处理

1）CNN 简介

卷积神经网络（CNN）是学习视频、图像数据的有力工具，利用它可以有效地学习、挖掘数据的深层次特征，从而准确、高效地完成分类、预测工作（Krizhevsky et al.，2012）。

CNN 同样由输入层、输出层和隐藏层组成,其中输入层读取基于小波变换方法得到的地震动小波时频图;而输出层同样直接输出 0~4 五个整数表示的建筑破坏状态。

2)地震动获取与预处理

本部分研究所采用的地震动与 6.3.3 节所述基本一致。来自 PEER NGA-West 2 数据库的地震动组成了训练、验证集,而来自 K-NET 数据库的地震动组成了测试集。由于 CNN 所需的输入是小波时频图,因此地震动的前处理方法有所不同,需对地震动进行如下处理。

(1)调幅与持时调整

采用 6.3.3 节所述方法,对训练集地震动进行调幅(测试集无须调幅),并截取地震动中时长为 30s 的主要区段。

(2)绘制小波时频图

对截取后的地震动进行连续小波变换,并对变换得到的小波系数进行取模、绘图,得到小波时频图。小波变换基于通用的软件包 PyWavelets 完成(PyWavelets,2020),所采用的小波为"cgau8"(Complex Gaussian Wavelets 8)小波,该小波如图 6-15 所示。绘图过程采用通用软件包 Matplotlib 完成(Matplotlib,2019),横轴(时间轴)取值范围为 0~30s,与前述调整后持时一致;纵轴(频率轴)取值范围为 0~20Hz(Liu et al.,2006;Mai and Dalguer,2012),包含了地震工程中感兴趣的主要区段。需要指出的是,小波变化方法的输入数据包含时间维度,将自动考虑采样频率因素,因此无须对地震动进行采样频率调整。获得小波时频图后,将所得到的小波时频图进行裁切,将坐标轴及其外的不包含数据的区域裁去,以减小对网络训练过程产生的干扰。

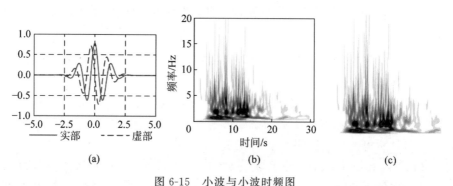

(a)   (b)   (c)

图 6-15　小波与小波时频图

(a) cgau8(PyWavelets,2020);(b) 裁剪前小波时频图;(c) 裁剪后小波时频图

2. 网络建立与结构调整

本研究基于 TensorFlow 建立了 1 个包含 18 个隐藏层的 CNN,作为本研究的基准网络。该基准网络的结构如图 6-16 所示。其优化器选择随机最速下降优化器(stochastic gradient descent,SGD)(Robbins and Monro,1951;Mei et al.,2018),并采用 Momentum 方法(Sutskever et al.,2013)加速训练。此方法效率较高,具有一定的逃离鞍点的能力,得到了广泛的认可(Krizhevsky et al.,2012;Ge et al.,2015)。

随后,在该基准网络的基础上,本节建立了 6 个不同网络结构的 CNN,以研究网络结构对模型预测能力的影响。其具体的结构改动及超参数设定如表 6-9 所示。

图 6-16 基准 CNN 网络结构

表 6-9 CNN 结构与超参数设定

网 络 编 号	网 络 改 动	总层数	其他超参数设定
1	移除层 3、4、9、10	14	
2	移除层 3、4	16	dropout ratio：0.3
3	基准网络	18	learning rate：0.01
4	复制层 7、8 并插入到层 10、11 之间	20	输入维度：64×64
5	复制层 1、2 并插入到层 4、5 之间	20	批量大小：50
6	复制层 1、2 并插入到层 4、5 之间，复制层 7、8 并插入到层 10、11 之间	22	迭代次数：30

随后，将训练样本中的 95% 划分为 training set、5% 划分为 validation set，开展模型训练；完成后基于测试样本进行模型测试，得到的训练耗时、准确率如表 6-10 所示。为控制随机因素（如初始化）的影响，每种网络结构提交 3 个不同算例。

表 6-10 不同 CNN 训练耗时与准确率

网络编号	总层数	准确率/%	训练耗时/h
1	14	87.95	8.94
2	16	88.75	12.56
3	18	92.64	18.86
4	20	91.52	22.31
5	20	91.25	26.63
6	22	91.63	29.17

对表 6-11 中的数据进行分析，可以得到以下结论：

网络 3～5 所得模型具有良好的预测能力，虽然训练耗时较网络 1、2 略有延长，但总体效率仍然较高，是完成本任务的最佳网络结构；简单的网络（例如网络 1、2）所得模型预测能力相对较差；虽然十分复杂的网络（例如网络 6）所得模型预测能力同样较好，但训练耗时长，效率低。

3. 超参数调整与影响分析

6.3.3 节所述的 dropout ratio 和 learning rate 两个超参数在 CNN 中作用原理相似，且同样重要。本部分设定了包含 4 种网络结构（表 6-9 中网络结构 2～5）的 40 个网络，以探究调整 dropout ratio 对模型预测能力的影响,具体设定及准确率测试结果如表 6-11 所示。由于 6.3.3 节中的研究已经证明,LSTM 中 dropout ratio 取值过高将显著降低所得模型的预测能力,而 CNN 中 dropout 的原理是一致的,因此这里将 dropout ratio 的取值范围限定为 0.05~0.5,梯度为 0.05。

表 6-11 dropout ratio 取值设定与测试集准确率

dropout ratio	网络编号	准确率/%	网络编号	准确率/%	网络编号	准确率/%	网络编号	准确率/%
0.05		89.28		90.72		88.64		88.53
0.10		89.71		89.12		89.33		89.33
0.15		89.55		89.01		87.09		89.60
0.20		89.23		88.21		87.89		88.43
0.25	2	88.27	3	89.92	4	90.29	5	92.32
0.30		88.75		92.64		91.52		91.25
0.35		87.73		88.96		90.09		89.60
0.40		86.56		89.12		89.55		88.32
0.45		88.16		88.21		88.05		90.76
0.50		89.39		88.27		89.49		89.33

本部分同样基于 4 种网络结构(表 6-9 中网络结构 2~5)的 28 个网络,探究调整 learning rate 的影响,具体设定及准确率测试结果如表 6-12 所示。learning rate 取值范围为 0.0025~0.0175,梯度 0.0025。

表 6-12 learning rate 取值设定与测试集准确率、最优模型相应迭代次数

learning rate	网络编号	准确率/%	网络编号	准确率/%
0.0025		87.09		88.69
0.005		87.79		89.49
0.0075		88.11		89.01
0.01	2	88.75	3	92.64
0.0125		86.56		88.16
0.015		87.36		89.44
0.0175		86.08		88.16
0.0025		89.65		88.43
0.005		89.23		89.49
0.0075		88.32		90.29
0.01	4	91.52	5	91.25
0.0125		89.33		89.65
0.015		88.85		90.59
0.0175		89.28		88.43

分析上述数据,可以发现:

(1)在表 6-11 所限定的范围内调整 dropout ratio,对所得模型的预测能力影响并不显著,这表明所得最优模型受到过拟合的影响较小,在此范围内选取 dropout ratio 均是合理的,且 dropout ratio 并非模型预测能力的控制因素;

(2)在表 6-12 所给出的范围内调整 learning rate,对所得模型的预测能力影响同样不显著,因此 learning rate 并非模型预测能力的控制因素。

4．误差分析

在前文中,CNN 训练所得模型测试集准确率高且训练过程稳定,具备较好的应用价值。但神经网络的预测原理与人类先验知识差异明显,且训练、预测过程复杂、不透明,存在"整体准确率较高但局部样本误差很大"的可能性,为应用神经网络方法预测地震动破坏力带来了一定的风险,应当在模型评估时予以关注。为此,本部分选取 4 个表现较好的模型,对其预测结果(建筑破坏等级)进行了详细分析。结果如表 6-13 所示。

表 6-13　预测误差分析

网络结构	dropout ratio	learning rate	各误差等级比例/%		
			0 level	±1 level	其他
2	0.20	0.0100	88.4	11.6	0.00
3	0.30	0.0125	88.2	11.8	0.00
4	0.05	0.0100	88.6	11.4	0.00
5	0.10	0.0100	89.3	10.7	0.00

对表 6-13 及具体预测结果进行分析,可以发现:在单体建筑地震动破坏力预测任务中,表现良好的模型不仅能正确预测绝大部分地震动样本的破坏能力,且对于少量无法正确预测的地震动样本,误差均可以被限制在±1 级破坏状态以内,不存在预测结果与实际结果严重偏离的样本,这显著提升了本节方法的价值。

5．小结

本节实现了以小波变换所得"小波时频图"为输入的、基于 CNN 的地震动破坏力实时预测,并得出以下结论。

(1) CNN 所得模型预测能力最高可达 92.64%,且训练过程稳定,经过前期少数几次迭代后(一般不超过 10 次),所得模型的准确率即达到或十分接近最优结果。通过监测训练过程并合理地确定终止规则,可以进一步显著提升 CNN 训练效率。因此,对单体建筑的地震动破坏力预测工作而言,CNN 在准确率和整体效率方面都更具有优势。

(2) 本研究推荐 dropout ratio 取 0.50 以下,在此范围内取值对准确率影响并不显著。建议的 learning rate 取值范围为 0.005～0.01,取值过低则收敛速度减慢,取值过高则会大幅提升模型训练失败概率。

(3) 对 CNN 不能正确预测的样本的分析表明,其误差均可控制在±1 级破坏状态范围内,这进一步提升了本方法的实用价值。

6.3.5　复杂区域案例分析——以清华大学校园为例

本节将基于 3.3.3 节中的清华大学校园的建筑群开展更复杂的区域案例分析,采用前文提出的基于 CNN、LSTM 的两种方法,实现地震动对区域建筑群的破坏力预测。

1．案例简介

1) 校园信息与预测方法

清华大学校园的抗震设防烈度为 8 度(0.20g),场地类别为Ⅱ类,校园面积约 4km^2。基于城市抗震弹塑性分析方法,可以建立清华大学校园的区域建筑分析模型,开展非线性时程分析。

2)破坏力表征指标选取

不同于单体建筑,区域建筑群体的破坏状态的指标更加多样化。最为准确的固然是预测每栋建筑的破坏等级,但这样将耗费较多的时间与资源;将区域内建筑作为一个整体预测同样是可靠的方法,其准确率相对较低但预测效率将显著提升。

当采用逐栋建筑预测策略时,地震动破坏力指标和单体建筑完全一致;但当采用区域整体预测策略时,应当提出新的适用于区域尺度的破坏力指标。考虑到地震应急工作中最重要的任务是生命救援和转移安置,而出现"严重破坏"及以上破坏状态的建筑是造成人员伤亡的主要原因,出现"中等破坏"及其以上状态的建筑可能无法用于应急,需要转移安置人员。因此,本研究选取"中等破坏及以上建筑比例""严重破坏及以上建筑比例"作为地震动破坏力表征指标。

2. 网络设定与结果分析

1)CNN 方法

基于 6.3.4 节的结论,本节采用前述表现良好的 CNN 网络结构,并选定 dropout ratio 为 0.5、learning rate 为 0.005,完成训练、测试。其中,针对每一类不同的建筑,分别训练不同的模型,并将每个模型的预测结果进行汇总以得到区域总体破坏情况。最终结果如表 6-14 所示。

表 6-14　CNN 结构、参数设定及预测准确率

预测结果等级差	0(准确)	±1	±2 或更大
样本比例/%	82.8	16.1	1.1

2)LSTM 方法

类似地,本研究选取了前述表现良好的 LSTM 网络结构,并完成了训练、测试。但在 LSTM 方法中,采用了预测区域整体破坏状态的策略(而非逐栋建筑开展预测)。在该任务中,区域整体破坏状态采用如表 6-15 所示的规则进行定义。

表 6-15　区域整体破坏状态定义

破坏等级比例/%	中等破坏及以上	严重破坏及以上
[0.0,20.0)	M-1	E-1
[20.0,50.0)	M-2	E-2
[50.0,80.0)	M-3	E-3
[80.0,100.0)	M-4	E-4

针对上述两项不同指标,分别开展预测,混淆矩阵如图 6-17 所示。

3. 本节方法的优势分析

1)准确性优势分析

实际震害预测中,常用的一类方法是基于易损性曲线或易损性矩阵的方法,其本质是基于统计数据的经验方法或半经验方法。由于只需要基于统计规律完成简单计算,此类方法的效率同样很高。尹之潜等(2004)开展了大量研究,给出了中国不同类型结构在不同烈度

		预测			
		E-1	E-2	E-3	E-4
实际	E-1	0.921	0.068	0.003	0.008
	E-2	0.062	0.803	0.126	0.008
	E-3	0.000	0.072	0.641	0.288
	E-4	0.006	0.000	0.079	0.915

(a)

		预测			
		M-1	M-2	M-3	M-4
实际	M-1	0.938	0.030	0.012	0.020
	M-2	0.086	0.781	0.129	0.004
	M-3	0.000	0.070	0.835	0.095
	M-4	0.003	0.001	0.053	0.944

(b)

图 6-17　不同区域尺度破坏指标混淆矩阵

(a) 指标为严重破坏及以上建筑比例；(b) 指标为中等破坏及以上建筑比例

注：图中不同颜色表示预测结果与实际结果相差的等级,相等为深色,差 1 个等级为浅色,相差 2 个及以上为白色。

条件下的震害矩阵。本节基于该方法,计算得到了清华大学校园建筑相应的震害结果,并将非线性时程分析结果、本节方法所得结果进行了对比(采用了单体、区域两个不同尺度的破坏指标),如表 6-16、表 6-17 所示。可以看出,本节方法的准确率显著高于易损性方法。

表 6-16　不同方法预测结果对比(采用单体建筑破坏指标)　　　　　　　％

方　　法	破 坏 状 态				
	完好	轻微破坏	中等破坏	严重破坏	毁坏
非线性时程分析方法	65.3	19.2	9.5	4.2	1.8
CNN 方法	73.1	16.8	6.3	3.1	0.7
基于 PGA 的易损性方法	83.8	9.3	3.8	1.9	1.2
基于 PGV 的易损性方法	86.6	8.2	3.0	1.4	0.8

表 6-17　不同方法预测结果对比(采用区域尺度破坏指标)

方　　法	指　　标	等　　级			
		1	2	3	4
基于 PGA 的易损性方法	中等破坏及以上	0.973	0.129	0.128	0.361
	严重破坏及以上	0.980	0.197	0.131	0.000
基于 PGV 的易损性方法	中等破坏及以上	0.975	0.012	0.021	0.367
	严重破坏及以上	0.989	0.087	0.028	0.000
LSTM 方法	中等破坏及以上	0.938	0.781	0.835	0.944
	严重破坏及以上	0.921	0.803	0.641	0.915

2) 实时性优势分析

本节所提出的基于 CNN、LSTM 的地震动破坏力预测方法具有很好的实时性。需要强调的是,虽然网络训练与测试、模型预装载工作耗时较长,但此部分工作完全在震前完成,对震时应急的效率没有任何影响。

震时,计算机或其他分析平台接收到实测地震动后,可以自动化地完成地震动前处理、输入与预测工作,并实时呈现结果。本节随机选取了 10 条不同的地震动,对比了通过非线性时程分析获取的地震动破坏力及基于本节方法预测地震动破坏力所需时间,如表 6-18 所示。所有测试程序均在普通计算工作站(CPU：Intel Xeon Gold 6154 @ 3.00GHz)上单线程运行。可以看出,基于 CNN 方法、采用逐栋预测策略,耗时仅为非线性时程分析方法的 1/12；而基于 LSTM 方法、采用区域整体预测策略,耗时仅为非线性时程分析方法的约 1/1500,效率大幅提升。

表 6-18　不同方法平均耗时对比

方　法	CNN 方法(逐栋预测策略)	LSTM 方法(区域整体预测策略)	非线性时程分析方法
平均耗时/s	63	0.52	769

特别的,由于 LSTM 方法(基于区域整体预测策略)耗时极短(平均为 0.52s),因此还可以在地震动记录的过程中不断开展预测,获取截至当前时刻的破坏力结果,并持续更新至地震动停止。例如,以 1s 为时间间隔,完成某地震动的实时破坏力预测,如图 6-18(b)所示。将其与地震动加速度时程曲线(如图 6-18(a))进行对比表明,所预测的破坏力快速提升的阶段(30~50s)恰好是该地震动的主要区段,且"严重破坏及以上"指标对应的等级提升,滞后于"中等破坏及以上"指标,这符合结构破坏的发生顺序。

由于机器学习方法对计算资源消耗较小,因此本方法可以进一步与地震监测或预警设备融合,实时给出某次地震对特定地区或特定工程结构的破坏能力,从而显著提升震后评估的效率和准确度。

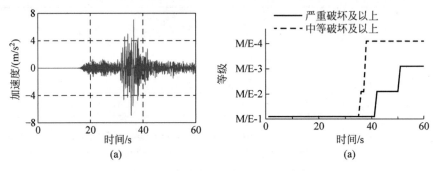

图 6-18　地震动破坏力实时预测案例

(a) 地震动加速度时程;(b) 相应的 LSTM 预测结果

6.4　基于城市抗震弹塑性分析的主余震损失分析

6.4.1　引言

地震后往往伴随着大量的余震,如 1976 年唐山地震、2008 年汶川地震和 2015 年尼泊尔戈尔卡(Gorkha)地震、2016 年意大利中部地震等。结构在主震下遭受破坏来不及修复,而余震的发生往往会加剧在主震下已经损伤建筑的进一步破坏,如 2011 年新西兰基督城地震(Potter et al.,2015)、2015 年尼泊尔地震(Chen et al.,2017)、2016 年意大利中部地震(Rinaldin and Amadio,2018)等,因此需要考虑余震对建筑的影响。本节将根据所提出的主余震序列构造方法,结合基于非线性多自由度模型和时程分析方法的区域震害预测方法(即城市抗震弹塑性分析方法),提出一套主余震作用下区域建筑震害预测方法。

6.4.2　主余震作用下区域建筑震害预测方法

本节提出的主余震作用下区域建筑震害预测方法框架如图 6-19 所示。该方法主要包括以下步骤:

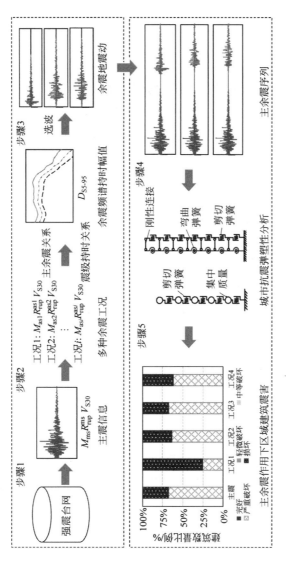

图 6-19　主余震作用下区域建筑震害预测方法框架

（1）通过地震台网快速获取主震实测地面运动记录及震级、位置、断层等宏观信息；

（2）由于余震发生的时间、位置和震级等的不确定性，本节假定多种余震震级、位置、断层信息，构造多种余震情境；

（3）根据构建的余震情境，依据主余震关系，确定余震幅值和频谱特征，再根据震级持时关系确定余震持时特征；

（4）选取与余震幅值、频谱、持时、震级和场地信息相近的地震动作为余震记录，构造主余震序列；

（5）输入主余震序列到区域建筑分析模型中，进行非线性时程分析即可预测主余震作用下区域建筑的震害。

6.4.3　区域建筑分析模型主余震验证

合理、准确地计算建筑在主余震下的响应是预测建筑在主余震下震害的关键，本节通过与建筑在主余震作用下的实测响应和已经公开发表论文中的模型计算结果对比，验证本书第 2 章提出的区域建筑分析模型在主余震工况下分析的准确性。

1. 与建筑实测响应对比

从 CESMD 数据库（Haddadi et al.，2012）中选取建筑在实际主余震作用下的实测响应记录，与所采用的区域建筑分析模型的计算结果进行对比。图 6-20 给出了 10 组对比结果，其中建筑及主余震详细信息如表 6-19 所示，表中建筑结构类型采用 HAZUS 中建筑分类方式进行分类，分析输入的地震动均为建筑底部实测的地震动记录。典型的建筑顶点位移时程的对比如图 6-21 所示，对应表 6-19 中编号为 3 的建筑。从对比结果可以看出，本节所采用的区域建筑分析模型计算的主余震响应与建筑实测主余震响应较为一致。

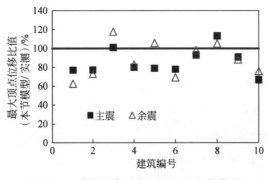

图 6-20　建筑主余震实测记录与本节模型
计算结果对比

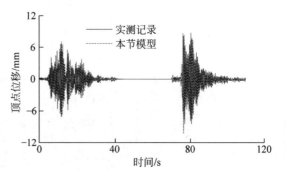

图 6-21　编号 3 的建筑顶点位移
时程对比

表 6-19　建筑及主余震基本信息

编号	建筑名称	主 震	余 震	层数	结构类型	建造年份
1	毕晓普 2 层办公楼	2016-02-16 美国大松湖 M4.8 级地震	2016-02-16 美国大松湖 M4.3 级地震	2	S1L	1976
2	奥克兰 11 层居民楼	2011-10-20 美国伯克利 M4.0 级地震	2011-10-20 美国伯克利 M3.8 级地震	11	C2H	1972

续表

编号	建 筑 名 称	主　震	余　震	层数	结构类型	建造年份
3	核桃溪镇 10 层商业楼	1980-01-24 美国利弗莫尔 M5.9 级地震	1980-01-26 美国利弗莫尔 M5.8 级地震	10	C2H	1970
4	核桃溪镇 10 层商业楼	2011-10-20 美国伯克利 M4.0 级地震	2011-10-20 美国伯克利 M3.8 级地震	10	C2H	1970
5	福图纳 1 层超市	1992-04-25 美国佩特罗利亚 M7.1 级地震	1992-04-26 美国佩特罗利亚 M6.5 级余震	1	RM1L	1979
6	奥克兰 24 层居民楼	2011-10-20 美国伯克利 M4.0 级地震	2011-10-20 美国伯克利 M3.8 级地震	24	C2H	1964
7	伯克利 2 层医院	2011-10-20 美国伯克利 M4.0 级地震	2011-10-20 美国伯克利 M3.8 级地震	2	S2L	1984
8	皮埃蒙特 3 层学校办公楼	2011-10-20 美国伯克利 M4.0 级地震	2011-10-20 美国伯克利 M3.8 级地震	3	C2L	1973
9	奥克兰 3 层商业楼	2011-10-20 美国伯克利 M4.0 级地震	2011-10-20 美国伯克利 M3.8 级地震	3	S5L	1972
10	旧金山 6 层政府办公楼	2011-10-20 美国伯克利 M4.0 级地震	2011-10-20 美国伯克利 M3.8 级地震	6	S5M	1987

2. 与已发表文献对比

为了进一步验证本节所采用的区域建筑分析模型,可以对主余震下结构的行为进行较好的模拟,本节将区域建筑分析模型在主余震下的响应与已经公开发表的论文中结构的主余震响应进行了对比,建筑基本信息及输入的主余震和所出自论文信息如表 6-20 所示,所选对比论文中具体的建筑主余震分析方法和结果可参考对应的文献。相应的对比结果如图 6-22 所示,其中,横坐标为区域建筑分析模型计算出的建筑各层的层间位移角,纵坐标为对比论文所给的层间位移角。典型的层间位移角的对比结果如图 6-23 所示,分别对应表 6-20 中编号为 1、2 和 7 号的案例。图 6-24 给出了表 6-20 中编号 9 和 10 所示的一栋 3 层 RC 框架在主余震作用和主震单独作用下的对比结果。从对比结果可以看出,本节所采用的模型的计算结果与公开发表论文中的结构在主余震下响应的分析结果较为一致。

表 6-20　与论文对比所选的建筑及主余震基本信息

编号	结 构 类 型	主余震信息	参 考 文 献
1	20 层钢框架	2010/2011 年基督城地震序列	
2	3 层钢框架	1980 年马姆莫斯湖地震序列	
3	9 层钢框架	1980 年马姆莫斯湖地震序列	(Ruiz-García et al., 2018)
4	3 层钢框架	2011 年东日本大地震序列	
5	9 层钢框架	2011 年东日本大地震序列	
6	4 层钢框架	1980 年马姆莫斯湖地震序列	
7	8 层钢框架	1980 年马姆莫斯湖地震序列	(Ruiz-García and Negrete-Manriquez,2011)
8	12 层钢框架	1980 年马姆莫斯湖地震序列	
9	3 层 RC 框架	帝王谷地震主余震序列	(Hatzivassiliou and Hatzigeorgiou, 2015)
10	3 层 RC 框架	帝王谷地震主震	

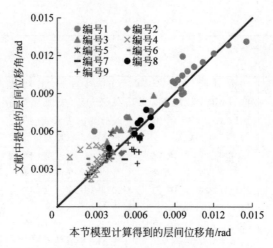

图 6-22　区域建筑分析模型主余震作用计算结果与已发表论文中结果对比

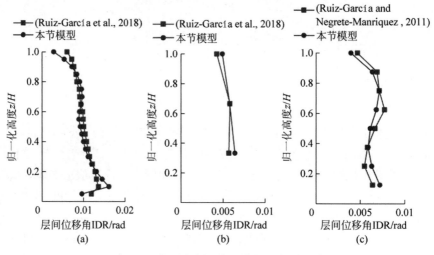

图 6-23　典型案例层间位移角的对比结果

（a）编号 1；（b）编号 2；（c）编号 7

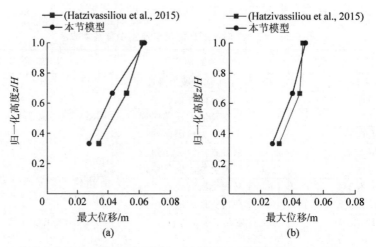

图 6-24　RC 框架在主余震作用和主震单独作用下的对比结果

（a）主余震作用；（b）主震作用

6.4.4　主余震序列构造方法

合理地构造主余震序列能为预测区域建筑在主余震作用下的震害结果提供地震动输入,下面详细介绍本节所提出的面向多目标参数(余震幅值、频谱、持时、震级和场地信息)的主余震序列构造方法。

1. 确定余震地震动幅值与频谱

根据 NGA-West2 地震动数据库中实际主余震记录,Kim 和 Shin(2017)提出了确定余震水平向地震动参数的方法,本节采用该方法,根据主震记录和主余震基本信息确定余震的幅值和频谱特性,如式(6.4-1)~式(6.4-4)所示:

$$\ln \frac{Y^{AS}}{Y^{MS}} = f_{mag} + f_{dist} + f_{site} \tag{6.4-1}$$

$$f_{mag} = \begin{cases} c_0 + c_1(M^{AS}/M^{MS}), & M^{AS}/M^{MS} \geqslant 0.75 \\ c_2 + c_3(M^{AS}/M^{MS}), & M^{AS}/M^{MS} < 0.75 \end{cases} \tag{6.4-2}$$

$$f_{dist} = \left(c_4 + c_5 \ln \frac{R_{rup}^{AS}}{R_{rup}^{MS}}\right)\left(1 - \frac{M^{AS}}{M^{MS}}\right) \tag{6.4-3}$$

$$f_{site} = c_6 \ln V_{S30}\left(1 - \frac{M^{AS}}{M^{MS}}\right) \tag{6.4-4}$$

式中,Y^{MS} 和 Y^{AS} 分别为主余震的强度指标,该指标可以是峰值加速度(PGA)、峰值速度(PGV)和 5% 阻尼比的拟加速度反应谱(PSA);f_{mag}、f_{dist} 和 f_{site} 分别为主余震关系关于震级、距离和场地因素的成分;M^{MS}、M^{AS} 分别为主震和余震的矩震级;R_{rup}^{MS} 和 R_{rup}^{AS} 分别为主震和余震的断层距;V_{S30} 为地表以下 30m 范围内的土层平均剪切波速;$c_0 \sim c_6$ 为回归系数。

运用该方法得到的地震动 PSA 与两组实测主余震记录进行对比(两组实测记录为 Goda 和 Taylor(2012)中 Station ID 为 288 和 318 的两组实测主余震记录),如图 6-25 所示。

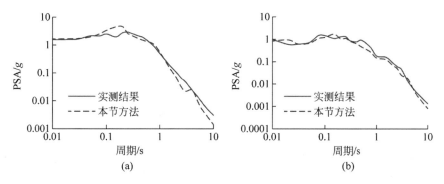

图 6-25　实测余震 PSA 与本节主余震关系计算的 PSA 对比
(a) 288-Whittier Narrows-01 & 02；(b) 318-Northridge-01 & 06

2. 确定余震持时

持时是地震动的三要素之一,在结构分析结果中有重要影响,需要在选择地震动时考虑持时的影响。关于地震动持时的定义很多(Bommer and Martínez-Pereira,1999),本节选择应用较多的"重要持时"作为本方法中地震动持时的定义(Du and Wang,2016),选用Bommer 等(2009)提出的根据震级、断层、场地信息确定持时的方法来确定余震的重要持时。该方法基于 NGA-West 地震动数据库,回归得到了重要持时的公式,如式(6.4-5)所示:

$$\ln D_S = c_0 + m_1 M_w + (r_1 + r_2 M_w)\ln\sqrt{R_{rup}^2 + h_1^2} + v_1 \ln V_{S30} + z_1 Z_{tor} \quad (6.4\text{-}5)$$

其中,D_S 为重要持时(本节选用 $5\% \sim 95\%$ I_A 之间的时间间隔作为持时的指标,即 $D_{S5\text{-}95}$);Z_{tor} 为地面到断层顶部的深度;c_0、m_1、r_1、r_2、h_1、v_1 和 z_1 为回归系数。详细的根据震级确定重要持时的方法参见文献(Bommer et al.,2009)。

3. 选波构造主余震序列

在余震的幅值、频谱特性和持时确定后,便可以在 NGA-West2 在线数据库中运用其选波工具选取与余震的幅值、频谱、持时以及震级和场地信息多目标相近的地震动作为余震地震动记录。本节提出的构造主余震序列的方法能够构造区域范围的主余震序列场,为预测主余震下区域建筑的响应提供了主余震输入。每次分析时可以选取多组余震地震动记录,一方面多组地震动输入可以减小地震动输入带来的不确定性;另一方面也可以充分利用本节所采用的区域建筑分析模型的计算效率。

4. 实际主余震情境验证

这里将以一次实际主余震情境为例,验证本节建议的构造主余震记录的方法。选取表 6-21 中 2011 年的 Berkeley M_w 4.0-M_w 3.8 主余震序列(CESMD,2018a,b)作为验证案例。

表 6-21　2011 年 Berkeley 主余震基本信息

类　　别	震级 M_w	位　　置	震源深度/km
主震	4.0	37.86°N,122.25°W	8.0
余震	3.8	37.87°N,122.25°W	9.6

该次地震在 Oakland-11-story Residential Bldg(ORB)台站处记录到两次地震的地面运动记录和结构响应的时程,其中,实测主余震记录如图 6-26 所示。

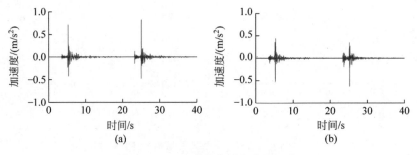

图 6-26　ORB 建筑实测主余震记录

(a) 90°方向;(b) 0°方向

将余震的基本信息输入到式(6.4-5)可以估计余震的重要持时 D_{S5-95} 为 3.08s,而该点实测余震的重要持时 D_{S5-95} 为 2.66s,相对误差约为 15.8%。将主余震的基本信息输入到式(6.4-1)~式(6.4-4),即可估计 ORB 台站处余震的 PSA,将其与实测余震 PSA 对比如图 6-27 所示。

根据以上余震信息,在 PEER 地震动数据库中选取与余震幅值、频谱、持时、震级和场地信息相近的地震动构造主余震序列。本次分析选取了 15 组地震动记录,选波结果如图 6-28 所示,说明本节提出的主余震序列构造方法能较为合理地构造目标主余震序列。

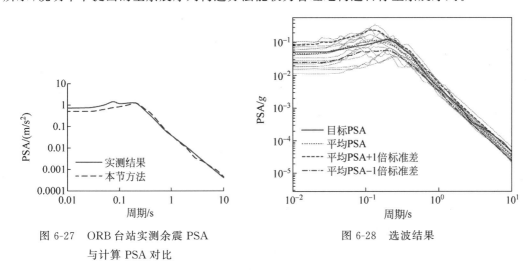

图 6-27　ORB 台站实测余震 PSA
与计算 PSA 对比

图 6-28　选波结果

将主震与余震地震动记录连接在一起,中间加入足够长的加速度为 0 的间隔(大于 20s)以保证结构在主震作用完后静止,即构造好主余震序列。将实测主余震记录输入区域建筑分析模型中,计算出的建筑余震下的最大顶点位移与选波构造的 15 组地震动计算结果的平均值的误差为 11.54%。需要指出的是,15 组地震动计算出的建筑余震下的最大顶点位移的变异系数为 0.34。

6.4.5　案例分析——以龙头山镇鲁甸地震为例

本节将以龙头山镇鲁甸地震为例,说明本研究所建议的主余震作用下区域建筑震害预测方法的具体实现流程。龙头山镇的震害调查收集了钢筋混凝土框架结构、设防砌体结构和未设防砌体结构共计 56 栋建筑的结构及震害资料。根据收集的建筑的基本信息(建筑层数、层高、结构类型、建造年代和建筑面积),采用第 2 章的参数标定方法建立该区域建筑群分析模型。在此基础上,本节给出了不同主余震情境下龙头山镇的震害预测结果,具体实现流程如下。

(1) 本次鲁甸地震的基本信息如表 6-22 中主震信息所示,并在龙头山镇台站记录到本次地震的地面运动记录。

(2) 由于余震发生的时间、位置和震级等的不确定性,这里示例性地假定了 4 种余震情境,余震基本信息如表 6-22 所示。

(3) 输入余震的基本信息到式(6.4-5)可以估计余震的重要持时 D_{S5-95} 如表 6-22 所示。

表 6-22　案例中主震信息及构造的余震基本信息

类　别	震级 M_w	断层距/km	震源深度/km	重要持时 D_{S5-95}
主震	6.1	14.9	12.0	—
主余震一	6.1	14.9	12.0	5.55
主余震二	5.5	14.9	12.0	4.57
主余震三	5.0	14.9	12.0	3.73
主余震四	5.5	13	12.0	4.28

（4）输入主震记录和主余震的基本信息到式（6.4-1）～式（6.4-4），即可估计龙头山镇台站处余震的 PSA，不同主余震情境下的余震 PSA 如图 6-29 所示。

（5）根据以上余震信息，在 PEER 地震动数据库中选取与余震幅值、频谱、持时、震级和场地信息相近的地震动作为余震记录，每种主余震情境选取了 20 组地震动记录。

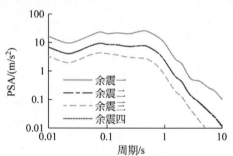

图 6-29　不同主余震情境下的余震 PSA

（6）将主震与余震地震动记录连接在一起，中间加入足够的间隔（大于 20s）以保证结构在主震作用完后静止，即构造好主余震序列。将构造好的主余震记录输入到龙头山镇 56 栋建筑中进行时程分析，即可得到主震单独作用和各个主余震情境下的建筑震害分析结果，如图 6-30 所示，取 20 组地震动分析结果的平均值。图 6-30（b）所示为达到"毁坏"破坏状态建筑所占比例的标准差，可以看出，随着震级的减小，余震造成的影响在减小，结构的破坏主要由主震控制，计算结果的离散程度相应在减小。本方法能够给出建筑在不同主余震情境下的震害结果，分析结果可以为震后应急救援提供参考。例如，图 6-30 初步可以说明，发生 5.0 级以下余震时，该地区建筑震害不会有大的变化，可以按照既定救灾方案进行救灾；而发生 5.5 级以上余震时，该地区建筑震害会有所加剧，应当根据灾情加剧程度增加救援力量和物资。

（7）本节所提出的方法能给出不同建筑在不同主余震情境下的结构响应，如表 6-23 所示，给出了龙头山镇建筑编号为 Building_1 和 Building_2 两栋建筑在不同主余震情境下的最大层间位移角及破坏状态，精细化的震害分析结果为区域建筑主余震震害预测提供了丰富的参考信息。

表 6-23　典型建筑最大层间位移角（单位：rad）及破坏情况

类别	结构类型	层数	主震	主余震一	主余震二	主余震三	主余震四
Building_1	RM2L	3	0.0206 严重破坏	0.0474 毁坏	0.0231 严重破坏	0.0206 严重破坏	0.0232 严重破坏
Building_2	RM2L	2	0.0203 严重破坏	0.0452 毁坏	0.0226 严重破坏	0.0203 严重破坏	0.0227 严重破坏

需要说明的是，完成上述一个主余震案例的分析仅需要 70s（Intel Xeon E5 2630 @2.40GHz and 64GB RAM），说明本节所提出的主余震作用下区域建筑震害预测方法有

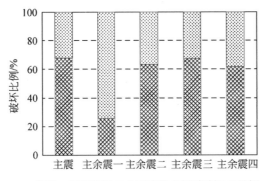

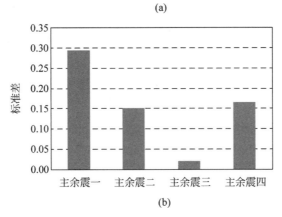

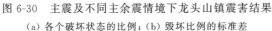

图 6-30 主震及不同主余震情境下龙头山镇震害结果

（a）各个破坏状态的比例；（b）毁坏比例的标准差

很高的分析效率,这使得该方法在地震应急中能得以较好地应用。主震发生后,可以快速构建多种主余震情境并给出相应的震害预测结果,为震后的应急救援决策提供了重要参考信息。

6.5 考虑劳动力资源约束的恢复重建决策

6.5.1 引言

随着建筑抗震设计方法的发展,严格按照规范设计的建筑具有较好的抗震性能,建筑的倒塌风险较小,人员的生命安全能够得到保证。但在 2011 年新西兰基督城地震中,基督城 CBD 中大量的建筑虽然没有倒塌,但是由于破坏导致建筑功能中断,造成了严重的直接和间接经济损失（Wikipedia,2012；Parker and Steenkamp,2012）。因此,如何提高城市建筑的震后功能可恢复能力正逐渐得到越来越多的关注（Franchin and Cavalieri,2015；Ouyang and Fang,2017；Mahmoud and Chulahwat,2018）。

本节将先提出一个基于弹塑性时程分析的区域建筑抗震韧性评估框架。其次,结合 FEMA P-58 的构件损伤评估方法（FEMA,2012a）,提出基于构件损伤的整体结构剩余功能定量计算方法。之后,基于 REDi 建筑维修时间确定方法与用工需求计算方法(Almufti and Willford,2013),提出一个考虑资源约束的区域建筑维修规划方法与区域恢复模拟方法。最后,本研究针对北京城市区域开展建筑抗震功能可恢复模拟,并讨论不同维修规划方案的效果。

6.5.2 基本框架

本研究基于时程分析的区域建筑抗震韧性评估框架主要包含 5 个部分,如图 6-31 所示。

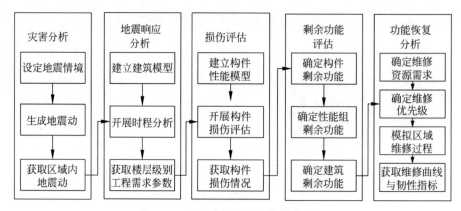

图 6-31 区域建筑抗震韧性评估框架

1) 灾害分析

第一部分首先需要设定地震场景,然后根据设定的地震场景,采用场地地震动模拟(Hori and Ichimura,2008;Graves and Pitarka,2010)或者采用 PSHA 分析(Mcguire,2010)结合人工地震波生成(Gasparini and Vanmarcke,1976)的方式,获取整个研究区域范围内的地震动记录。

2) 地震响应分析

该部分首先根据区域中不同类型建筑的特点,生成相应的区域建筑分析模型。例如对于城市区域中的一般多层建筑,可以采用 MDOF 剪切层模型;对于一般高层建筑,可以采用 MDOF 弯剪耦合模型;对于区域中抗震性能较为复杂的建筑,可以采用精细有限元模型。之后,采用第一部分获取的地震动时程记录,对区域中每栋建筑进行时程分析,最终得到建筑楼层层次的工程需求参数。

3) 损伤评估

该部分基于时程分析获取的每栋建筑各层的楼面加速度与层间位移角等工程需求参数(EDP)进行损伤评价。例如可以采用 FEMA P-58 损伤评价方法(FEMA,2012a)计算建筑中不同楼层的结构与非结构构件达到不同损伤等级的概率。

4) 剩余功能评估

该部分根据不同构件的损伤情况,分别评估各构件的剩余功能。根据各构件的剩余功能,评估各功能组的剩余功能。最后根据各功能组的剩余功能,评估整体结构的剩余功能(Burton et al.,2015)。

5）功能恢复分析

该部分根据建筑各层中结构与非结构构件的损伤程度,并结合楼面面积与整体建筑面积,估算每栋建筑维修时所需的工人数量(Almufti and Willford,2013)。之后根据区域中每栋建筑的剩余功能、工人需求以及现有工人数量,对区域建筑的维修优先级进行评估。最后根据评估得到的维修顺序,对区域中所有建筑进行恢复模拟,获取区域整体的功能恢复曲线与功能可恢复指标 R 。

框架中前 3 部分的方法在过去已有大量研究,但框架的第四部分和第五部分相关的研究较少,实现方法还不明确。因此,本节将主要针对框架的第四部分和第五部分进行讨论。

6.5.3　剩余功能计算

1. 加权公式

城市建筑的功能主要可以分为两类：一类是建筑本身的物理使用功能。例如,对于居住建筑,其使用功能为居住功能,因此居住面积可以作为住宅建筑的物理功能指标。建筑的第二类功能是建筑的社会经济重要性属性。物理使用功能相同的建筑可能具有不同的社会经济重要性属性。例如医院、电力、应急响应相关的办公建筑的重要性就显著大于一般办公楼的重要性。因此,在本研究中,为了同时考虑建筑本身的物理使用功能属性与社会经济功能属性,采用如式(6.5-1)所示的计算公式确定建筑的功能。

$$Q_0 = \alpha Q_{\mathrm{UI}} \tag{6.5-1}$$

其中, Q_{UI} 表示建筑的某种物理使用功能指标(例如建筑面积等)；系数 α 表示考虑社会经济重要性的加权参数。

2. 单体建筑剩余功能

建筑在遭遇地震之后,使用功能将会受损或完全丧失。为辅助维修规划与决策,需定量地确定每栋建筑的震后剩余功能。考虑到建筑实际的震后功能受外部的供水、供电、供气、交通以及建筑内部构件的实际损伤情况等多方面影响,具有较大不确定性,因此,本研究主要参考 FEMA P-58(FEMA,2012a)以及 Burton 等(2015)的研究,采用概率的手段,主要对建筑构件破坏导致的震后剩余功能进行定量确定。为了方便研究开展,本研究根据建筑震后破坏程度,对建筑的四种损伤状态分别进行讨论。

1）LS_0：未破坏

该状态表示建筑的结构和非结构构件都没有发生破坏,因此建筑的功能没有受到影响。对此状态,建筑的损失功能比例为 0.0,如式(6.5-2)所示。

$$P(Q_{\mathrm{loss}} \mid \mathrm{LS}_0) = 0.0 \tag{6.5-2}$$

式中, $P(Q_{\mathrm{loss}} \mid \mathrm{LS}_0)$ 表示建筑达到损伤状态 LS_0 时,建筑的损失功能比例。但是值得注意的是,即使建筑的结构和结构构件都没有发生破坏,建筑也可能由于受到外部环境影响而发生功能中断,例如外部电力中断或者供水中断等。或者由于建筑内部的设施受加速度影响造成使用功能的下降,因此在实际应用中 $P(Q_{\mathrm{loss}} \mid \mathrm{LS}_0)$ 可以大于 0.0。

损伤状态 LS_0 发生的概率,可以根据建筑震害模拟得到的建筑各层 EDP,采用 FEMA P-58 的方法(FEMA,2012a)进行计算。根据 FEMA P-58 方法,建筑中不同性能组发生破坏为独立随机事件。因此,建筑中所有性能组都不发生破坏的概率为每个性能组不发生破坏概率的乘积,如式(6.5-3)所示。

$$P(\text{LS}_1 \mid \text{EDP}) = \prod_{i=1}^{l} P(\text{PG}_i\_\text{DS}_0 \mid \text{EDP}) \tag{6.5-3}$$

其中,$\text{PG}_i\_\text{DS}_0$ 表示建筑中第 i 个性能组未发生破坏(DS_0);$P(\text{PG}_i\_\text{DS}_0 \mid \text{EDP})$ 表示在给定 EDP 的情况下,性能组 PG_i 未发生破坏的概率。

2)LS_1:部分功能可使用的破坏

损伤状态 LS_1 表示建筑的结构构件性能组未发生严重破坏,因此结构上是安全的。但是此时建筑的非结构构件性能组可能发生了一定的破坏,从而影响结构的功能。

为了考虑不同非结构构件性能组发生损伤后对结构使用功能的影响,本研究采用系统可靠性方法进行分析(Burton et al.,2015)。如图 6-32 所示,首先可以将建筑的不同性能组(PG)根据其功能情况划分成多个功能组(FG)。多个功能组采用串联的方式进行连接,一旦某个功能组的功能发生破坏,则可能导致结构整体功能的完全丧失或者部分丧失。例如,一旦楼层通道功能组丧失,结构功能将完全丧失,而水供应功能组完全丧失,建筑功能也将受到严重影响;但如果没有后备的合适应急居住地,建筑仍可以勉强进行使用。因此,结构在 LS1 损伤状态下的损失功能比例 $P(Q_{\text{loss}} \mid \text{LS}_1)$ 可以根据式(6.5-4)进行计算。

$$P(Q_{\text{loss}} \mid \text{LS}_1) = 1 - \prod_{j=1}^{m} \left[1 - P(Q_{\text{loss}} \mid \text{FL}_j)P(\text{FL}_j \mid \text{LS}_1, \text{EDP})\right] \tag{6.5-4}$$

式中,$P(Q_{\text{loss}} \mid \text{FL}_j)$ 表示建筑中第 j 个功能组功能丧失时整体建筑损失功能比例。该参数的取值可以根据专家判断,对不同类型的功能组进行相应的取值。例如对于楼层功能组,一旦该功能组失效,建筑将完全无法使用,因此对于该功能组,$P(Q_{\text{res}} \mid \text{FL}_j) = 1.0$;$P(\text{FL}_j \mid \text{LS}_1, \text{EDP})$ 表示给定工程需求参数,并且已知建筑处于 LS_1 损伤的情况下,功能组 j 发生功能丧失的概率。该值与功能组内部各性能组的损伤程度相关,计算方法如下所示。

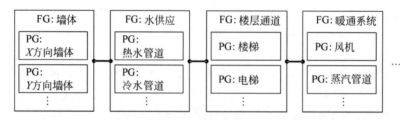

图 6-32　基于区域建筑分析模型的震害模拟与维修模拟实现流程

功能组由多个构件性能组并联组成,某个性能组的功能丧失只会导致该功能组功能下降,而不会导致该功能组功能的丧失。例如图 6-32 中,如果电梯性能组功能丧失,楼层通道功能组的功能不会完全丧失。只有当楼层通道功能组中的所有性能组都丧失功能之后,该功能组的功能才完全丧失。因此,某个功能组在 LS_1 和特定工程需求参数作用下功能丧失的概率 $P(\text{FL}_j \mid \text{LS}_1, \text{EDP})$ 可以根据式(6.5-5)进行计算。

$$P(\text{FL}_j \mid \text{LS}_1, \text{EDP}) = \sum_{k=1}^{n} P(\text{FL}_j \mid \text{LS}_1, \text{PL}_k)P(\text{PL}_k \mid \text{LS}_1, \text{EDP}) \tag{6.5-5}$$

式中,$P(\text{FL}_j \mid \text{LS}_1, \text{PL}_k)$ 表示功能组 j 中第 k 个性能组发生功能丧失,以及在结构处于损伤状态 LS_1 时,功能组 j 功能损失的比例。该值通常表示不同性能组对整个功能组总功能贡献的比例,因此所有性能组的该值总和为 1;$P(\text{PL}_k \mid \text{LS}_1, \text{EDP})$ 表示在某个工程需求参数以

及 LS_1 情况下,性能组 k 功能丧失的概率。

$P(PL_k|LS_1,EDP)$ 可以采用式(6.5-6)进行计算。

$$P(PL_k \mid LS_1,EDP) = \sum_{x=1}^{p} P(PL_k \mid LS_1,PG_k\_DS_x)P(PG_k\_DS_x \mid LS_1,EDP)$$

(6.5-6)

其中, $P(PL_k|LS_1,PG_k\_DS_x)$ 表示性能组 k 达到损伤等级 DS_x,并且整体结构处于 LS_1 状态时,性能组 k 功能丧失的概率。该值需要通过专家决策进行确定。例如对于某性能组,如果达到损伤状态 DS_1,仅仅是外观受损,不影响使用,则 $P(PL_k|LS_1,PG_k\_DS_x)$ 可以取较小的值。如果达到 DS_2 可以认为功能丧失,则该值可以取 1。式(6.5-6)中 $P(PG_k\_DS_x|LS_1,EDP)$ 表示在某工程需求参数和 LS_1 情况下性能组 k 发生 DS_x 等级破坏的概率。由于整体结构达到 LS_1 等级主要根据结构构件的破坏等级进行判定,而本节中建筑功能损失主要针对非结构构件进行计算,所以 $PG_k\_DS_x$ 与 LS_1 为独立随机事件,可以采用式(6.5-7)计算 $P(PG_k\_DS_x|LS_1,EDP)$。

$$P(PG_k\_DS_x \mid LS_1,EDP) = P(PG_k\_DS_x \mid EDP)$$ (6.5-7)

在某 EDP 时,结构达到 LS_1 限值的概率可以根据式(6.5-8)进行计算。

$$P(LS_1 \mid EDP) = \prod_{k=0}^{n}\prod_{x=1}^{p} P[LS_1 \mid P(PG_k\_DS_x \mid EDP)] - P(LS_0 \mid EDP)$$ (6.5-8)

式中, $P(PG_k\_DS_x|EDP)$ 表示某 EDP 时结构构件性能组 k 达到破坏等级 DS_x 时的概率; $P[LS_1 \mid P(PG_k\_DS_x \mid EDP)]$ 表示当结构构件性能组 PG_k 达到破坏等级 DS_x 的比例为 $P(PG_k\_DS_x|EDP)$ 时整体结构可以使用的概率。该值可以根据 FEMA P-58 中的不安全概率统计进行确定(FEMA,2012a)。

3) LS_2:不可使用的破坏

达到该等级时,可以认为建筑的结构构件出现了较为严重的损坏,因此建筑无法占用,建筑功能完全丧失。因此,达到 LS_2 时建筑的损失功能比例可以根据式(6.5-9)进行计算。

$$P(Q_{loss} \mid LS_2) = 1.0$$ (6.5-9)

建筑在某工程需求参数作用下,达到 LS_2 的概率可以根据式(6.5-10)进行计算。

$$P(LS_2 \mid EDP) = 1 - P(LS_0 \mid EDP) - P(LS_1 \mid EDP) - P(LS_3 \mid EDP)$$ (6.5-10)

4) LS_3:不可修复破坏

达到该等级时,可以认为建筑的结构构件出现了非常严重的损坏,因此建筑不但无法使用,也不具有维修价值,建筑功能完全丧失。因此,达到 LS_3 时建筑的损失功能比例可以根据式(6.5-11)进行计算。

$$P(Q_{loss} \mid LS_3) = 1.0$$ (6.5-11)

建筑在某工程需求参数作用下,达到 LS_3 的概率 $P(LS_3|EDP)$ 可以基于多自由度模型弹塑性时程分析得到的残余层间位移角进行计算。

通过以上方法,可以得到在某工程需求参数作用下,结构达到某个损失状态 LS_y 的概率 $P(LS_y|EDP)$ 以及损失状态 LS_y 对应的结构的损失功能比例 $P(Q_{loss}|LS_y)$。因此,结构在工程需求参数作用下剩余功能的期望可以采用式(6.5-12)进行计算。

$$E(Q_{res} \mid EDP) = Q_0\left[1 - \sum_{y=0}^{3} P(Q_{loss} \mid LS_y) \cdot P(LS_y \mid EDP)\right]$$ (6.5-12)

其中 Q_0 表示地震发生之前,建筑加权后的功能指标(式(6.5-1))。

6.5.4 维修规划单元的恢复曲线和资源需求曲线

1. 维修规划单元

由于城市区域建筑数量庞大,在实际进行区域维修规划的时候无法针对每一栋建筑分别确定其维修的优先级,通常会对区域建筑设定 RSU(维修规划单元)。每个 RSU 包含抗震性能接近、建造年代相近,同时空间位置也靠近的多栋建筑。在实际进行维修规划时,只需要确定每个 RSU 的维修优先级,即可完成维修规划,这样可以显著降低实际应用的难度。

2. 单体建筑的维修时间和工人需求曲线

单体建筑的维修序列如图 6-33 所示。其中结构维修序列需在其他非结构维修序列之前,维修序列 A~F 可以同时进行。根据 REDi(Almufti and Willford,2013)以及 FEMA P-58 的方法(FEMA,2012a),可以计算每个维修序列所需的工人数量以及维修时间。

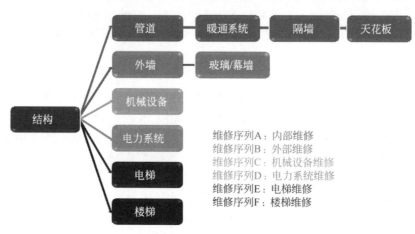

维修序列A:内部维修
维修序列B:外部维修
维修序列C:机械设备维修
维修序列D:电力系统维修
维修序列E:电梯维修
维修序列F:楼梯维修

图 6-33　单体建筑不同类型构件性能组的维修序列

根据每个维修序列的开始时间以及结束时间,对所有维修序列所需的工人数量进行汇总,可以得到图 6-34 所示的单体建筑用工需求曲线 $D_{\mathrm{Blg}i}(t)$。

3. 维修规划单元的恢复曲线和用工需求曲线

本节所指的维修规划单元恢复曲线和用工需求曲线表示给予充足资源条件的结果,即

对于某个维修规划单元,充分满足维修规划单元的用工需求,维修规划单元中每栋建筑同时按照其最大用工量进行维修。根据前文方法,可以得到每栋建筑最快完成修复的时间 $T_{\mathrm{Blg}i}$ 以及相应的用工需求曲线 $D_{\mathrm{Blg}i}(t)$。值得注意的是,在实际应用中,某些维修规划单元可能无法获得足够的维修优先级,因此无法满足其维修所需的最大用工量,这时维修规划单元恢复的时间可能更长。对于这种情况,将在 6.5.5

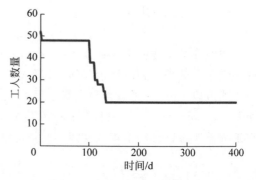

图 6-34　单体建筑用工需求曲线

节作进一步详细的讨论。

维修规划单元的功能恢复曲线如图 6-35 所示。地震刚发生后,RSU 内每栋建筑的功能损伤大小可以根据 6.5.3 节中的方法进行计算。对维修规划单元内所有建筑的功能损失进行汇总,即可得到地震发生后维修规划单元内的总功能损失量 $Q_{\text{loss,RSU}}$,如图 6-35 所示。

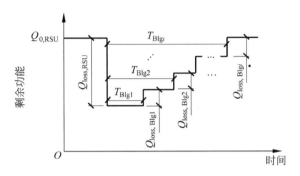

图 6-35　RSU 的功能恢复曲线

考虑到单栋建筑的功能占城市整体功能的比重较小,因此本研究忽略单体建筑在维修过程中的功能变化对恢复曲线的影响,认为单体建筑在达到其维修总时间 $T_{\text{Blg}i}$ 时,一次性恢复其在地震中损失的全部功能 $Q_{\text{loss,Blg}i}$。因此,维修规划单元内的建筑依次完成维修时,维修规划单元的功能恢复曲线呈阶梯状,如图 6-35 所示。

针对维修规划单元的用工需求曲线,参照前文方法,可以分别得到每栋建筑的用工需求曲线 $D_{\text{Blg}i}(t)$,将维修规划单元内所有建筑的用工需求曲线进行叠加,可以得到维修规划单元整体的用工需求曲线 $D_{\text{RSU}}(t)$,如式(6.5-13)所示。

$$D_{\text{RSU}}(t) = \sum_{i=0}^{n} D_{\text{blg}i}(t) \tag{6.5-13}$$

6.5.5　维修规划与模拟

1. 城市区域功能恢复曲线

由于区域建筑维修的时候资源并不是无限的,所以不可能给予所有维修规划单元充足的资源进行维修,因此应确定区域中不同维修规划单元的维修优先级。不同的维修规划单元维修优先级规范方案对应不同类型的区域功能恢复曲线,如图 6-36 所示。其中 Type 1 恢复曲线表示使区域尽可能在最短的时间实现整个区域的全部功能的恢复。对于该恢复路径,需要给予维修时间较长的维修规划单元更高的优先级。因此,该类型恢复路径在前期恢复速度较慢,但后期恢复速度较快。Type 2 恢复曲线基于 Cimellaro 等(2010)提出的功能可恢复指标定量描述(式(6.5-14)),R 的值越小表示区域的可恢复性能越好。因此 Type 2 恢复曲线表示使可恢复指标 R 最大化的恢复曲线。该种恢复曲线通常给予维修时间较

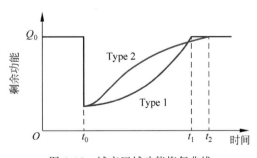

图 6-36　城市区域功能恢复曲线

短的建筑更高的维修优先级,以保证在维修前期区域建筑功能的快速恢复。该种维修模式能满足避难所的需求,以及城市功能快速恢复的要求(Cimellaro et al.,2010;SPUR,2012),因此在接下来的讨论中,将采用 Type 2 恢复方式,通过式(6.5-14)中 R 的值评价维修恢复规划的效果。

$$R = \int_{t_0}^{t_0+T_{LC}} Q(t)/T_{LC} \, dt \tag{6.5-14}$$

其中,t_0 表示地震发生时间;T_{LC} 表示城市区域的功能恢复总时间;$Q(t)$ 表示城市区域的功能恢复函数。

2. 维修顺序

有资源约束的区域建筑维修规划属于 NP-hard 问题,并且城市中建筑数量庞大,要得到可恢复指标 R 全局最大的优化结果,计算工作量巨大。因此本节将基于功能可恢复指标 R 的特点,提出简化的维修规划单元维修规划方法。

如图 6-36 与式(6.5-14)所示,功能可恢复指标 R 表示归一化后区域建筑剩余功能在时间维度的积分。因此尽可能增大恢复前期的恢复速率,可以有效增大可恢复指标 R(Cimellaro et al.,2010)。

基于以上讨论,提出了两种恢复优先级系数 P_1 与 P_2,如式(6.5-15)、式(6.5-16)所示。

$$P_1 = \frac{Q_{\text{loss,RSU}\_i}}{Q_{\text{loss,max}}} \cdot \frac{T_{\min}}{T_{\text{RSU}\_i}} \tag{6.5-15}$$

$$P_2 = \frac{Q_{\text{loss,RSU}\_i}}{Q_{\text{loss,max}}} \cdot \frac{W_{\min}}{W_{\text{RSU}\_i}} \tag{6.5-16}$$

其中,$Q_{\text{loss,RSU}\_i}$ 表示第 i 个 RSU 的震后功能损失;T_{RSU_i} 表示第 i 个维修规划单元在给予充足资源情况下的恢复时间;W_{RSU_i} 表示第 i 个维修规划单元在资源约束下的工人需求,可以由工人需求曲线积分面积得到;$Q_{\text{loss,max}}$ 表示每个 RSU 功能损失中的最大值;$T_{\min}$ 和 $W_{\min}$ 分别表示所有 RSU 维修时间和工人需求中的最小值。

由式(6.5-15)、式(6.5-16)可知,对于一个维修规划单元而言,其恢复优先级系数 P_1 或者 P_2 越大,表示该维修规划单元越能在相对较短的时间内实现较大的功能恢复。因此,对区域内所有维修规划单元分别计算其恢复优先级系数,然后按照恢复优先级系数的大小顺序进行修复,即能实现区域建筑功能的快速恢复。

值得注意的是,恢复优先级系数 P_2 相比于 P_1,考虑了维修规划单元对资源的需求程度。当区域恢复没有受到资源限制时,按照 P_1 计算得到恢复曲线即可实现功能的快速修复。但是如果当区域的修复资源有限时,为了保证对资源更高的利用效率,则应采用 P_2 计算区域维修规划单元的维修优先级。两种恢复优先级系数的效果对比将在下文详细讨论。

3. 维修模拟

城市区域中每个维修规划单元在进行维修时,并不总是能获得足够的资源。对于未获得足够资源的维修规划单元,其修复时间将长于 6.5.4 节中计算得到的修复时间。为了计算资源有限情况下维修规划单元的维修时间,下面将提出工作块的概念。

根据 6.5.4 节的方法,可以得到维修规划单元的资源需求曲线,如图 6-37 所示。资源需求曲线反映了一个维修规划单元在不同维修阶段所需要的最大资源数量,同时也可以体现每个维修阶段持续的时间。因此,可以将一个维修规划单元的维修过程理解为多个工作块,每个工作块的工作量为该阶段最大资源需求与持续时间的乘积。每个维修规划单元的维修过程为多个工作块维修过程的串联。首先对第一个工作块进行维修,此时所使用的资源可以小于等于该工作块的最大工作需求。随着时间的推进,一旦完成一个工作块将继续开始下一个工作块的维修过程,直到每个工作块都维修完成,才认为整个维修规划单元的维修工作结束。采用以上方法,可以很容易地计算资源数量小于最大资源需求量时维修规划单元的维修时间。

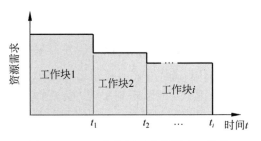

图 6-37　RSU 的资源需求曲线与工作块

基于工作块的概念,可以采用如下伪码 1 中的流程,对整个考虑资源约束的城市区域建筑维修过程进行模拟:

伪码 1　维修模拟

$Time = 0$
$RemainWork = GetTotalRemainWork()$
$ResidualFunctionality[0] = GetInitialFunctionality()$
WHILE $RemainWork > 0$
　$AvailWorkers = TotalWorkers$
　FOR $I = 1\ to\ Sizeof(RSUList)$
　　IF $AvailWorkers == 0$
　　　BREAK
　　END IF
　　IF $RSUList[I].RemainWork > 0$
　　　IF $AvailWorkers > RSUList[I].WorkerLimit$
　　　　$RSUList[I].RemainWork\ -= TimeStep * RSUList[I].WorkerLimit$
　　　　$AvailWorkers\ -= RSUList[I].WorkerLimit$
　　　ELSE
　　　　$RSUList[I].RemainWork\ -= TimeStep * AvailWorkers$
　　　　$AvailWorkers = 0$
　　　END IF
　　END IF
　　IF $RSUList[I].RemainWork <= 0$
　　　$ResidualFunctionality[Time]\ += RSUList[I].FuncLoss$
　　　$RSUList.erase[I]$
　　END IF
　END FOR
　$Time\ += TimeStep$
　$ResidualFunctionality[Time]$
　　$= ResidualFunctionality[Time - TimeStep]$
　$RemainWork = GetTotalRemainWork()$
END WHILE

具体包括以下 5 个步骤:

(1) 初始化当前的时间,对整个区域所有维修规划单元的总工作量 $RemainWork$ 进行统计,并计算整个区域震后的剩余功能 $ResidualFunctionality[0]$。之后进入 **WHILE** 循环,直至整个区域所有的工作 $RemainWork$ 量不大于零。

（2）每个 **WHILE** 循环表示在一个时间区间 $TimeStep$ 内（一天、一周等）的维修过程。每个 **WHILE** 循环首先对可用工人量 $AvailWorkers$ 进行初始化,使其为工人的总数,之后进入每个 RSU（维修规划单元）模拟的 **FOR** 循环。值得注意的是,维修规划单元的容器 $RSUList$ 已经预先对其中包含的维修规划单元进行了维修规划排序,维修将按照 $RSUList$ 中的维修规划单元顺序依次进行。

（3）进入每个维修规划单元模拟的 **FOR** 循环后,首先判断 $AvailWorkers$ 是否为零。如果为零则表示区域内所有工人均已分配完毕,没有足够的工人对该维修规划单元进行维修,因此 **BREAK**,跳出维修规划单元的 **FOR** 循环。如果 $AvailWorkers$ 大于零,则判断当前维修规划单元的剩余工作量 $RSUList[I].RemainWork$ 是否大于 0。如果大于零则表示该维修规划单元未完成维修,接下来将对该维修规划单元进行维修。

（4）由于 $RSUList$ 中已经按照维修规划单元的维修优先级进行排序,维修规划单元的 **FOR** 循环是按照维修规划单元的优先级由高到低依次循环的,所以对于每个循环进入的维修规划单元,只要 $AvailWorkers$ 有足够资源,应尽可能满足当前维修规划单元的需求。所以首先判断剩余工人数量 $AvailWorkers$ 是否大于当前维修规划单元当前工作块所需的最大资源量 $RSUList[I].WorkerLimit$。如果是,则对该维修规划单元分配最大的资源量进行维修;如果否,则将当前全部的资源 $AvailWorkers$ 分配给该维修规划单元进行维修。

（5）完成了每个维修规划单元的循环之后,判断该维修规划单元的工作量是否全部完成。如果是,则更新 $ResidualFunctionality$ 获取区域功能恢复曲线。最后更新当前时间,并统计所有维修规划单元剩余的总工作量,然后进入下一个时间区段进行维修。

6.5.6　算例分析

为了对本节提出的建筑震后剩余功能计算方法与维修规划方法进行展示,本节以北京城市区域为例开展算例分析。首先对研究区域内所有建筑进行弹塑性时程分析;之后采用本节提出的方法计算所有建筑的震后剩余功能以及用工需求曲线;最后根据本节提出的震后建筑维修规划方法,对整个北京震后的建筑进行维修恢复规划,并讨论采用不同维修规划方法的效果。

1. 算例介绍

本节针对北京市朝阳、昌平、大兴、东城、房山、丰台、海淀、怀柔、门头沟、密云、平谷、石景山、顺义、通州、西城、延庆共计 16 个行政区,6604 个住宅小区,68 930 栋住宅建筑进行了模拟。

北京城市区域的住宅建筑结构类型分布和层数分布如图 6-38 所示。由图 6-38 可以看出,本研究选取的北京住宅建筑主要为框架结构和剪力墙高层建筑。本节所采用的北京住房数据主要根据房屋出租交易数据统计获得(http://www.fang.com)。由于新建筑的数据更为完整,因此数据集中有大量 2000 年之后的高层住宅建筑。同样,采样数据有一定的偏差,将来如果能够获取更为全面、准确的数据,可以采用本节方法更为准确地预测区域的震害结果。

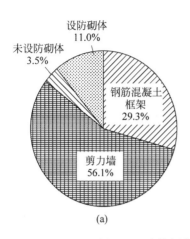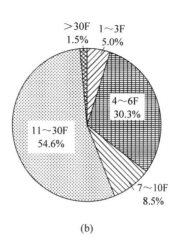

图 6-38　本算例分析的北京城区住宅建筑分布情况

(a) 建筑结构类型分布；(b) 建筑层数分布

　　根据 6.5.3 节的介绍可知，采用加权的建筑功能不但能反映建筑的物理使用功能，也能反映建筑的社会经济功能。对于本算例来讲，由于区域内的建筑数量巨大，无法人为设定不同建筑的社会经济功能系数 α。住宅建筑的单位面积房租数据能从侧面反映不同建筑的社会经济属性。单位面积房租高的建筑通常位于城市经济活动较为活跃的区域并距离工作地较近，尽快对其进行优先维修，能促进城市区域经济的快速恢复。如果先维修远离工作地的房子，会增大通勤压力，不利于区域经济活动的快速恢复。因此，本算例采用区域建筑的单位面积房租数据作为建筑的社会经济功能系数。北京市所有小区的房租数据通过房屋交易网站(http://www.fang.com)进行获取，如图 6-39 所示。由图 6-39 可以清晰地发现，北京市房租呈现中心区房租高，外围区域房租低的特点。市核心区的房租可高达 200 元/(m² · 月)，而外围郊区的房租可以低至 50 元/(m² · 月)。因此，市中心区和郊区的房租价格具有较大的差异，该差异对之后的维修规划模拟有着很大的影响。

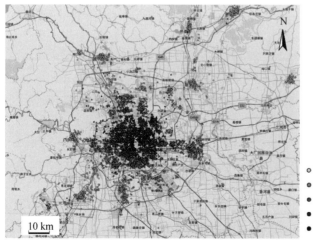

图 6-39　北京城市区域租金分布图(单位：元/(m² · 月))

2. 地震数据

本算例设置了 M8.0 和 M7.0 两个地震场景。根据付长华（2012）的研究，设置震中于北京东郊三河—平谷，断层走向为 $50°$（从正北顺时针量至走向方向的角度）。地震的震中位置以及 M8.0 地震场景下整个区域的地震动参数 S_a 0.3s 数据分布如图 6-40 所示。

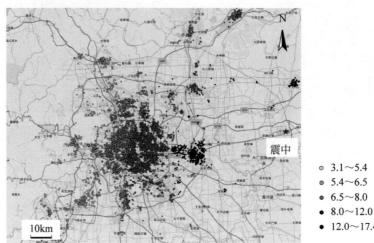

图 6-40　北京城市区域地震动强度 S_a 0.3s 分布图（单位：m/s^2）

采用本书提出的方法，对区域中的多层以及高层住宅建筑进行震害模拟，得到每栋建筑各层的地震响应结果。再根据 6.5.3 节提出的建筑震后剩余功能计算方法，得到未经加权的建筑剩余功能比。该指标可以反映区域中不同建筑的损伤情况。如图 6-41 所示，在 M7.0 地震场景下，区域中住宅建筑的损伤较小，并基本呈现东部严重、西部较轻的结果。该结果与图 6-40 中地震动强度指标的分布结果基本吻合。值得注意的是，图 6-41(a)中，北京中部核心区有零星建筑的损伤比较严重。这主要是由于市区内有部分未设防砌体结构发生了较为严重的破坏，导致剩余性能比较低。在 M8.0 地震场景下，整个区域的损伤情况相对 M7.0 地震场景时明显增大，但仍呈现出东部损伤较为严重、西部损伤稍轻的规律（图 6-41(b)）。

3. 维修模拟

根据房租加权之后的建筑剩余功能，采用 6.5.4 节与 6.5.5 节介绍的方法，对 M8.0 地震场景下的北京采用优先级系数 P_1 与优先级系数 P_2 分别确定了不同小区（维修规划单元）的优先级，如图 6-42 所示。

图 6-42 中深色的点表示维修优先级较高的维修规划单元。采用优先级系数 P_1 与优先级系数 P_2 的结果都呈现出市中心区内房租高的区域维修优先级高、外围房租低的区域维修优先级低的规律。

采用 6.5.5 节的维修模拟方法对 M8.0 和 M7.0 地震场景下按照不同维修优先级的维修规划结果进行了维修模拟。维修模拟过程中，整个区域的工人数量参考北京统计数据（http://tjj.beijing.gov.cn/），采用 72.4 万个工人进行模拟。此外，为了进行对比，同样采用了无限工人数量进行维修模拟。模拟得到的区域功能恢复曲线如图 6-43 所示。

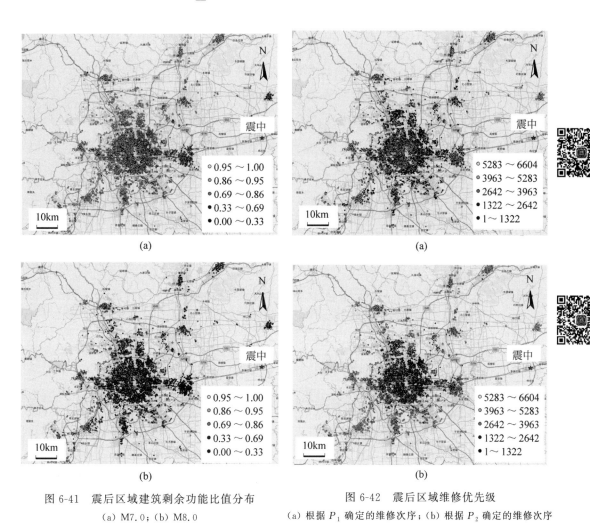

图 6-41　震后区域建筑剩余功能比值分布
(a) M7.0；(b) M8.0

图 6-42　震后区域维修优先级
(a) 根据 P_1 确定的维修次序；(b) 根据 P_2 确定的维修次序

　　图 6-43(a) 所示为在 72.4 万个工人约束条件下的模拟结果。相比于图 6-43(b) 中无资源约束的结果，区域居住功能的恢复速度更慢。此外，由图 6-43 可以发现，M7.0 地震场景下，由于区域的震害较小，区域功能的恢复速度显著更快。

　　图 6-43 中采用优先级系数 P_1 与 P_2 的功能恢复曲线较为接近，为了更清楚地展示不同优先级系数对区域功能可恢复指标的影响，图 6-44 中分别展示了不同地震场景以及采用不同优先级系数时的区域功能可恢复指标结果。结果显示，在有资源约束的情况下，采用优先级系数 P_2 的可恢复指标比采用优先级系数 P_1 的可恢复指标更大。这主要是由于优先级系数 P_2 能很好地考虑资源的最大化利用，因此在资源受限时能实现区域功能的快速恢复。但是值得注意的是，图 6-44 的结果显示，在无资源约束时采用优先级系数 P_1 的可恢复指标更大。这主要是由于根据式(6.5-15)中 P_1 的定义，在没有资源约束时，采用优先级系数 P_1 能保证恢复曲线以最大的速度进行恢复，因此可以得到更大的可恢复指标 R。

　　图 6-45 展示了不同地震场景以及采用不同维修规划方法条件下整个城市的工人用量时程曲线。其中图 6-45(a) 和 (b) 分别为工人数量有约束和无约束情况下的结果。图中结

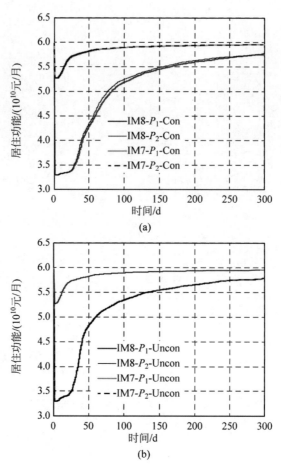

图 6-43 M8.0 和 M7.0 地震作用下区域居住功能恢复曲线

（a）有约束；（b）无约束

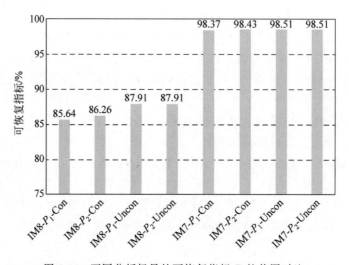

图 6-44 不同分析场景的可恢复指标 R 柱状图对比

果表明,采用优先级系数 P_1 和优先级系数 P_2 的维修规划方法用工时程曲线的差异较小。
图 6-45(a)中,由于存在工人数量的约束,M8.0 和 M7.0 地震场景分别在 56 天和 17 天之内
的用工数量维持在满负荷状态。之后由于部分损伤较轻的建筑完成维修,用工需求大幅下
降。图 6-45(b)中,由于没有工人数量的限值,用工需求在最初接近 250 万人。

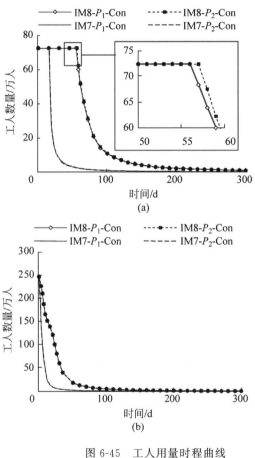

图 6-45　工人用量时程曲线

(a) 有约束；(b) 无约束

为了进一步分析区域建筑维修过程,采用热力图展示了 M8.0 地震场景下,采用优先级
系数 P_2 进行维修规划的不同时间点工人分布数据,如图 6-46 所示,图中展示了从维修开始
10~170 天的工人数量分布情况。该结果可以清晰地说明采用优先级系数 P_2 优化下的维
修开展情况。由于中心城区的房租较高,因此中心城区的维修优先级也更高(图 6-42),所
以 10 天的时候,维修作业主要集中在城市中心区。随着维修进程的开展,30~50 天时,中
心城区损伤较轻的建筑逐渐完成维修,维修作业逐渐向城市外围开展。70~110 天时,区域
内建筑的维修逐步完成,用工需求开始小于总资源量(图 6-45(a)),因此区域内的工人数量
大幅减少。130~170 天时,区域内大部分损伤较轻的建筑均已完成维修,最后仅剩下东部
损伤较重且维修优先级较低的小区,以及市区内零星抗震性能较差,且损伤较重的小区还未
完成维修工作。

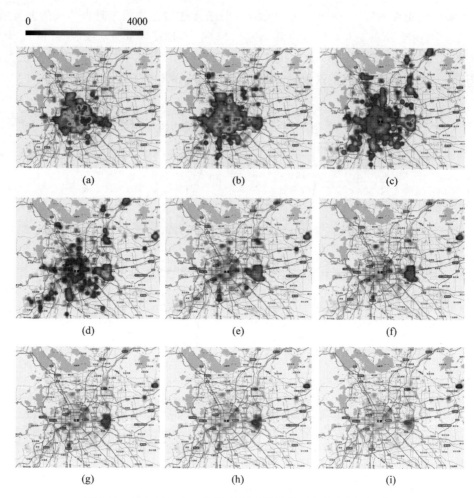

图 6-46　M8.0-P_2-Con 不同时间点的维修工人分布（人/km²）

（a）10 天；（b）30 天；（c）50 天；（d）70 天；（e）90 天；（f）110 天；（g）130 天；（h）150 天；（i）170 天

第**7**章
城市地面运动场构造及
场地-城市效应

7.1 概述

地面运动输入是开展城市弹塑性分析的重要依据。目前,地面运动输入主要是从强震台网获取的实测地面运动记录,或者由地震动传播模拟得到的地表地震动记录。一般而言,强震台站的密度有限,相邻台站间距大于10km,在这一距离范围内,大部分中、小城市的建筑分布都会存在显著差别。但现有台站记录仅能表征有限点位的地面运动,缺乏符合城区当地特征的地震动输入,从而影响震害评估结果的可靠性。地震动传播模拟由于受到计算模型网格密度的限制(一般网格间距在1~4km),得到的地表地震动是各个节点位置离散的记录。因此,根据已知台站的记录推测台站覆盖区域内的地面运动场对震害评估有着重要意义。7.2节将提出一套基于有限点位记录的地面运动场构造方法,为城市震害分析的精细化提供技术支撑。

此外,在进行区域分析时,在人口密集的城市中,众多的结构体系在空间上紧密分布,因此城市区域内大量建筑的存在会对场地地震动产生显著影响,即"场地-城市效应"(site-city-interaction effect,以下简称"SCI效应")。因此,7.3节提出一套可以考虑"场地-城市效应"的区域建筑震害分析方法,并进行了方法可行性与准确性的验证,进而分析"场地-城市效应"对震害评估的影响(详见7.4节)。

7.2 基于有限点位记录的地面运动场构造方法

7.2.1 引言

通常情况下,地震发生后可获取的台站记录仅能表征有限点位的地面运动特征。如果台站间距较大,台站间建筑分布形式差异大,缺乏符合城区当地特征的地面运动输入,将影响震害评估结果的可靠性,也难以满足精细化震害分析的需求。因此,开展基于有限点位记录的地面运动场构造研究对震害评估具有重要意义。目前,根据已知点地面运动推测未知点地面运动的方法主要有以下几种。

1）基于地震学原理的物理驱动方法

该方法根据强震动数据采用有限断层法（Atkinson and Assatourians,2015）等物理驱动的地震动模拟方法进行地震反演。该方法严格遵循地震学的原理,能够考虑震源、路径、场地条件等的影响,可以给出较为准确的模拟地震动。但这类方法需要确定较多地下结构和断层参数。同时,该方法计算耗时长,难以满足在震后快速评估的实时性需求（Pitarka et al.,2020；Zhang et al.,2012）。

除了根据已经发生的地震进行反演,还可以根据预先生成的地震动情境库进行相似度匹配。这类方法采用严格的地震动模拟方法（如有限点源法（Boore,2003）、有限断层法（Atkinson and Assatourians,2015）等）生成情境库,然后根据实际观测得到的记录,选取与实测记录相近的场景作为本次地震的模拟结果（Kagawa and Akazawa,2000）。但目前这类方法主要适用于局部地区,在大尺度的区域推广难度较大。

2）相干函数法

基于相干函数的地震动场构造方法根据地震动功率谱模型和相干函数确定地震动的互功率谱矩阵,继而采用三角级数法等合成具有相关性的地震动（Hao,1989；Zerva and Zervas,2002；Yang et al.,2002）。这类方法能较好地考虑地震动在空间的相互关系,但对台站间距有较为严格的要求,更适用于间距较小的台阵记录的分析。因此,现实中强震台站之间过大的间距限制了这类方法的应用。

3）基于地震动记录的插值方法

基于地震动的插值方法可以分为时域、频域和时域-频域的插值方法（Suzuki et al.,2017；Thráinsson et al.,2000）。Suzuki 等（2017）对时域地震动开展反距离权重插值,模拟了 2016 年熊本地震地面峰值加速度,但并未对该方法的准确性进行详细说明。Thráinsson 等（2000）通过对台阵地震动记录的分析,提出了在频域上对地震动进行插值的方法,该方法在低频（5Hz 以下）和 1km 间距以内的台站记录的插值中能取得很好的效果。Huang 和 Wang（2015a,b）基于小波包分解在时域-频域上对小波包系数进行克里金插值,进而生成目标点地震动。上述方法能快速获取灾区地震动场,但在区域建筑震害分析中的准确性和适用性有待进一步研究。

上述成果为相关研究提供了一定的研究基础,但是仍缺乏满足城市震害高效应急评估需求的快速、准确的地面运动构建方法。因此,本节基于实测台站地面运动记录,提出了一套基于有限点位记录的地震动模拟方法框架,并分析了该框架的适用条件。然后,采用清华大学校园案例开展分析,验证了上述框架的可靠性。最后,以旧金山市中心建筑遭遇 Hayward 断层 M7.0 级模拟地震为例,对所提出的方法的具体实现流程和优势进行进一步说明。

7.2.2　强震动库与插值台站组

本节基于日本国家地球科学与灾害预防研究所的 K-net/KiK-net 强震观测台网,选取了日本地区 1996 年 5 月—2019 年 7 月期间震级 M3.6 级及以上的地震事件,建立了包含 72 639 条台站记录的强震动数据库,相应的地震动记录可以通过日本强震台网进行下载（NIED,2019）。

为了分析不同距离和场地因素对插值误差的影响,构建了插值台站组。本节定义的插值台站组是某一既有台站(以下称作"目标台站")与其周边若干个台站(以下称作"周边台站")共同构成的一个集合。对于每一个地震动事件,采用集合中周边台站实测记录构造目标台站处的地面运动。通过将其与目标台站处的实测地面运动进行对比,即可判断地面运动场构造方法的误差。

结合日本台站布设规律(Aoi et al.,2011),本节选取目标台站和周边4个台站构建一组插值台站组。对于给定目标台站,其周边台站一般不止4个,因此可以构建多组插值台站组。同时,插值台站组在构建的时候需要遵循以下规则:

R1.所选台站组不能跨越大海,可以通过台站间高程分布进行判断;

R2.目标台站需要被周边台站所包围,确保插值为内插;

R3.震中不位于插值台站组所包括的范围内;

R4.台站组间高程差小于150m。

此外,在本次分析中,为减小单次地震的不确定性,还要求插值台站组拥有的地震事件记录不应小于5次。当然,这个要求仅用于本节误差分析要求,在实际地面运动场构造时则不必考虑,只要符合R1到R4即可。高程差之所以定义为150m,是因为高程差大于150m的插值台站组插值误差一般较大,详细分析参见7.2.3节。

根据以上插值台站组构建方法,本节建立了东京、北海道和熊本3个地区的插值台站组,共计1085组,台站间距范围为0.01~54.6km,平均台站间距为15.4km,典型插值台站组如表7-1和图7-1所示。对每个插值台站组,基于所建立的强震动数据库,选取包含台站组地震记录的地震事件开展地震动构造,共生成33 702组预测地震动与实测地震动用于开展后续误差分析。其中涉及的地震动记录的震级、地面峰值加速度(PGA)和震中距分布如图7-2所示。

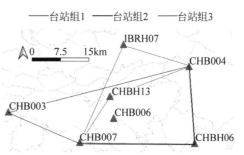

图 7-1　典型插值台站组位置示意图

表 7-1　典型插值台站组

插值台站组	目标台站	周边台站 1	周边台站 2	周边台站 3	周边台站 4
1	CHB006	CHB004	CHBH06	CHB007	CHBH13
2	CHB006	CHB004	CHBH06	CHB007	CHB003
3	CHB006	CHB004	CHBH06	CHB007	IBRH07

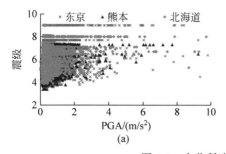

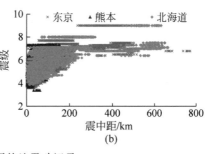

图 7-2　本节所选用的地震动记录

(a) PGA 与震级分布;(b) 震中距与震级分布

7.2.3 基于反距离加权插值的地面运动反应谱构造方法

1. 反距离加权插值方法

以往的研究表明,采用反距离加权插值(inverse distance weight,IDW)方法可以较好地实现从已知点到未知点的地面运动特征参数推测(Suzuki et al.,2017;Zerva,2009)。因此,本节根据台站记录得到的实测地震动,确定每个台站处的地震动反应谱(阻尼比取 0.05),采用 IDW 方法计算得到未知点的反应谱,如式(7.2-1)所示:

$$\hat{S}_0(T_j) = \frac{\sum_{i=1}^{n} \frac{1}{d_i^p} S_i(T_j)}{\sum_{i=1}^{n} \frac{1}{d_i^p}} \tag{7.2-1}$$

其中,$\hat{S}_0(T_j)$ 为未知点处地面运动在周期 T_j 处的反应谱预测值;$S_i(T_j)$ 为第 i 个台站地震动记录在周期 T_j 处的反应谱值;d_i 为已知台站到未知位置的距离;p 为权重,本节取为 2(Suzuki et al.,2017;Thráinsson et al.,2000);n 为未知点周边用于插值的台站数量,考虑到台站的实际分布以及后续误差分析需要,本节建议 n 取 4。

2. 误差评价指标

为定量分析预测地震动和实测地震动之间的误差大小,本节选取如式(7.2-2)所示的误差评价指标,该指标广泛应用于地震动选波中(Wang et al.,2015)。

$$E_{\text{IDW}} = \frac{\sum_i w(T_i) \left[\ln(S_a(T_i)_{\text{predict}}) - \ln(S_a(T_i)_{\text{actual}}) \right]^2}{\sum_i w(T_i)} \tag{7.2-2}$$

其中,$S_a(T_i)_{\text{predict}}$ 和 $S_a(T_i)_{\text{actual}}$ 分别为周期 T_i 处的预测反应谱值和实测反应谱值;T_i 选取为 0.01~10s 对数等间距的 100 个点;$w(T_i)$ 为不同周期点的权重,本节选取 $w(T_i)=1$。

采用上述方法,可以计算 7.2.2 节中生成的 33 702 组预测地震动与实测地震动的反应谱误差,用于后续分析。

3. 反应谱误差分析

由于目标台站与周边台站的场地类型与距离和高程可能影响构造得到的地震动,因此下面分别针对场地类型、距离和高程差开展研究。

1)场地类型的影响

为了对台站场地类别进行分类,需要确定每个台站处地面以下 30m 的平均剪切波速(V_{S30})。其中,对于 KiK-net 台网的台站,可以直接通过钻孔数据进行确定;对于 K-net 台网的台站,根据 20m 深度的钻孔数据进行推测(Boore,2004)。在确定每个台站处的 V_{S30} 之后,采用 NEHRP 规范根据 V_{S30} 对台站场地进行分类(Building Seismic Safety Council,2001)。

对每个插值台站组,分析与目标台站场地类别相同的周边台站数量,记为 n_s,并以此进行分类。每种分类情况下,对不同误差限值 E_t,统计反应谱误差 E_{IDW} 小于 E_t 的台站比例,结果如图 7-3 所示。可见,周边台站场地类别与目标台站场地类别相同的数量越多时,采用本节提出的插值方法的可靠性越高。

因此,当未知点周边台站有多种选择组合时,推荐尽量选择与未知点场地类别相同的周边台站共同构成插值台站组。

2) 台站间距的影响

周边台站与目标台站的距离也是影响插值方法精度的重要因素。根据每个插值台站组中目标台站到周边 4 个台站的距离,以及

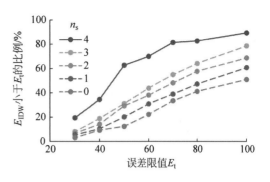

图 7-3　场地类别对插值误差的影响

该台站组在每个地震事件下的预测反应谱与实测反应谱的误差,可以建立台站距离与预测误差的联系。由上一节分析可知,周边台站与目标台站的场地类别情况对于预测的误差有显著的影响。因此,进一步根据每个插值台站组的 n_s 情况,分别回归得到不同 n_s 下的误差预测公式,如式(7.2-3)所示。

$$\hat{E}_t = \begin{cases} 100\left(\dfrac{3.65}{d_1}+\dfrac{4.54}{d_2}+\dfrac{15.20}{d_3}+\dfrac{2.83}{d_4}\right)^{-1}, & n_s=4 \\[2mm] 100\left(\dfrac{0.77}{d_1}+\dfrac{6.42}{d_2}+\dfrac{11.08}{d_3}+\dfrac{3.72}{d_4}\right)^{-1}, & n_s=3 \\[2mm] 100\left(\dfrac{1.77}{d_1}+\dfrac{0.41}{d_2}+\dfrac{3.76}{d_3}+\dfrac{14.69}{d_4}\right)^{-1}, & n_s=2 \end{cases} \quad (7.2\text{-}3)$$

其中,d 表示周边台站与目标台站的距离,$i(i=1,2,3,4)$ 表示距离从小到大的排序,即对任意 $1\leqslant i\leqslant j\leqslant 4,0<d_i\leqslant d_j$,$\hat{E}_t$ 为插值误差的估计值。对于 $n_s<2$ 的情况,由于拟合结果较差,故并未给出回归公式,且在此时也不建议采用本节的地震动构造方法。

图 7-4 给出了实际插值误差与回归公式估计误差的对比,其中,横坐标是反应谱插值得到的实际误差,纵坐标是利用回归公式预测的误差大小。在实际应用时,可以根据 n_s 选取相应的公式估计误差大小,进而判定预测地震动用于震害分析时可能带来的误差。

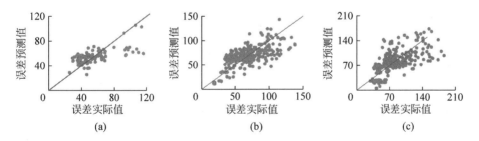

图 7-4　实际插值误差与回归公式预测误差的对比

(a) $n_s=4$；(b) $n_s=3$；(c) $n_s=2$

3) 台站高程的影响

7.2.2 节曾提出,插值台站之间的高程差不宜大于 150m,本节对此条件进行讨论。首先根据 7.2.2 节的方法,建立了高程差大于 150m 的插值台站组,共计 479 组。进一步统计了小于不同高程差的台站中插值误差小于误差限值 70 的台站比例和大于不同高程差的台站中插值误差大于误差限值 70 的台站比例。结果表明,在高程差小于 150m 的台站中,插

值误差小于误差限值 70 的比例达到 55％,而在高程差大于 150m 的台站中,插值误差大于误差限值 70 的比例达到 64％,这说明当高程差不超过 150m 的时候,插值误差一般较小,而当高程差超过 150m 时,插值误差一般较大,因此本节将高程差限值定为 150m。

7.2.4 基于连续小波变换的地震动构造方法

1. 基本方法

在确定未知点地震动的反应谱后,本节采用连续小波变换修正该未知点附近台站记录得到未知点地震动(Montejo and Suarez,2013)。该方法不仅能够生成与目标反应谱相近的地震动,还能保留地震动原始的特征、降低结构分析的不确定性(Gascot and Montejo,2016)。该方法主要包括 4 个步骤。

(1) 选取未知点附近某一台站记录作为种子地震动,并对种子地震动时程 $f(t)$ 进行连续小波变换得到小波系数 $C(s,p)$,如式(7.2-4)所示:

$$C(s,p) = \int_{-\infty}^{+\infty} f(t)\psi_{s,p}^{*}(t)\mathrm{d}t = \int_{-\infty}^{+\infty} f(t)\frac{1}{\sqrt{s}}\psi^{*} \cdot \frac{t-p}{s}\mathrm{d}t \qquad (7.2\text{-}4)$$

其中,s 和 p 分别为伸缩因子和平移因子;"$*$"表示共轭复数;$\psi(t)$ 为小波函数,小波函数选取的是在地震动分析中广泛使用的小波函数(Hancock et al.,2006;Suárez and Montejo,2005),如式(7.2-5)所示。

$$\psi(t) = \mathrm{e}^{-\zeta\Omega|t|}\sin\Omega t \qquad (7.2\text{-}5)$$

其中,ζ 和 Ω 分别为定义小波形状和中心频率的参数。对于上述小波函数,伸缩因子 s 与周期 T 的关系如式(7.2-6)所示:

$$T = \frac{2\pi}{\Omega}s \qquad (7.2\text{-}6)$$

(2) 计算不同周期 T 处目标反应谱与地震动反应谱之间的比值 $R(T)$。

(3) 将每个小波系数乘以对应的 $R(T)$,并通过逆小波变换得到调整后的地震动时程,如式(7.2-7)所示:

$$f(t) = \frac{1}{K_{\psi}}\int_{0}^{+\infty}\left(\int_{-\infty}^{+\infty}\frac{1}{s^2}R(T)C(s,p)\psi_{s,p}(t)\mathrm{d}p\right)\mathrm{d}s$$

$$= \frac{1}{K_{\psi}}\int_{0}^{+\infty}\left(\int_{-\infty}^{+\infty}\frac{1}{s^2}R\left(\frac{2\pi}{\Omega}s\right)C(s,p)\psi_{s,p}(t)\mathrm{d}p\right)\mathrm{d}s \qquad (7.2\text{-}7)$$

(4) 计算并对比生成地震动的反应谱与目标反应谱,并重复上述(1)~(3)步骤,直到二者的误差小于相应限值或达到迭代次数时,得到最终修正的地震动。

上述方法细节详见文献(Montejo and Suarez,2013)。

上述方法需要指定附近某一台站的记录作为种子地震动。为进一步分析最优的种子地震动选取方法,分别将插值台站组中的 4 个周边台站的记录作为种子地震动,开展连续小波变换,得到不同种子地震动下的插值误差。我们统计了每个地震事件下,误差最小的预测结果所采用的种子地震动的来源,如图 7-5 所示。可以看到,最近的台站地震动作为种子地震动是相对最优选择。与此同时,场地条件对最优种子地震动的选择没有显著影响(只有约 51％的最优种子地震动与目标点场地一致)。该结论与 Gascot 和 Montejo(2016)的研究结论相符。因此,在插值分析时建议选取与未知点最近的地震动作为种子地震动。

2.地面运动误差分析

7.2.3节介绍的地震动反应谱误差评价指标是预测地震动和实测地震动之间误差的定量表征,而本节构造地面运动场旨在服务于建筑震害分析,因此需要分析不同地震动误差下震害分析结果之间的差异,进而确定满足震害分析需求的地震动误差限值。

为确定可用于区域建筑震害分析的误差限值,采用城市抗震弹塑性分析方法计算不同误差下的区域建筑破坏情况。本节选取清华大学校园619栋建筑作为分析对象,该区域结构类型丰富,包含钢筋混凝土框架、钢筋混凝土剪力墙结构、设防/非设防砌体结构等,具有一定的典型性。在7.2.2节生成的地震动中随机选取9700组实测地震动和预测地震动作为输入,计算清华大学校园619栋建筑在实测地震动和预测地震动下每栋建筑的破坏状态,统计预测地震动和实测地震动作用下建筑破坏状态一致的比例,并分析其与地震动误差之间的关系,结果如图7-6所示。

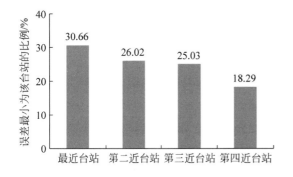

图7-5　误差最小的预测结果所采用的
种子地震动的来源

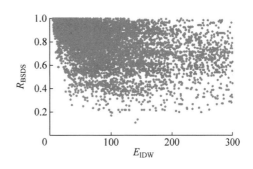

图7-6　建筑破坏状态一致的比例与
插值误差的关系

此处,当误差限值为 E_t 时,区域内结构破坏状态一致的比例 R_{BSDS} 大于某一给定比例 y 的概率 P 由式(7.2-8)确定:

$$P(E_t,y)=P(E_{IDW} \leqslant E_t, R_{BSDS} > y)/P(E_{IDW} \leqslant E_t) \tag{7.2-8}$$

P 与 E_t 和 y 的关系如图7-7所示。为方便实际应用,本节根据图7-7的结果进行统计得到表7-2。可首先根据实际需求确定 y 和 P,然后查表确定误差限值 E_t。根据实际震损评价经验,一般认为破坏状态一致的比例大于80%的地震动可以满足实际震害分析的需求。因此,本研究建议,在缺少明确精度目标时,可以取 $y=80\%$,$P=85\%$,则根据表7-2,误差临界值 E_t 可以选为46。

表7-2　给定 P 和 y 下的误差限值 E_t

P	y				
	70%	75%	80%	85%	90%
95%	40	18	13	11	6
90%	66	48	31	14	7
85%	101	70	46	17	11
80%	157	100	60	34	12
75%	335	147	76	46	14

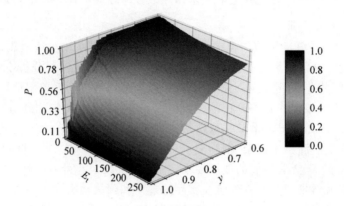

图 7-7　不同误差限值 E_t 下结构破坏状态一致的比例大于 y 的概率 P

7.2.5　地面运动场构造方法框架

根据对上述误差影响因素的分析,提出基于有限点位记录的区域地震动场模拟方法框架(图 7-8),主要包括如下 5 个步骤:

步骤 1:建立未知点对应的插值台站组,需要遵循图 7-8 中所示的原则 R1~R4。对插值台站组确定与目标台站场地类别相同的周边台站数量 n_s。在运用本方法进行未知点地震动插值时,n_s 应尽量大,当 $n_s < 2$ 时不建议采用本方法。

步骤 2:根据实际需求设定插值地震动精度目标,根据 7.2.4 节的表 7-2 确定反应谱误差限值 E_t。

步骤 3:根据场地条件与距离,采用 7.2.3 节的式(7.2-3)估算插值地震动的反应谱误差 $\hat{E}_t$,并与步骤 2 中确定的误差限值比较,判断本方法对该插值台站组的分析结果是否符合目标要求。例如,未知点周围有 4 个台站和未知点场地条件一致,即 $n_s = 4$,当未知点到周边台站的距离均为 8km 时,根据式(7.2-3)得到 $\hat{E}_t = 30.5$。若实际精度目标需要保证 $y = 0.8$,$P = 80\%$,则根据表 7-2 可得 $E_t = 60$,此时 $\hat{E}_t < E_t$,满足需求,可以用于插值计算。

步骤 4:对于符合目标要求的插值台站组,对实测台站记录反应谱进行反距离加权插值,确定台站间未知点的地震动反应谱。

步骤 5:选取插值台站组内距离未知点最近的台站记录作为种子地震动,根据步骤 4 得到的反应谱和连续小波变换修正得到未知点处的地面运动。

7.2.6　方法验证

为了验证所提出的地震动生成方法,本节以上述清华大学校园建筑为例,选择 1679 年三河—平谷地震的模拟地震动(距离模拟震中 58km 左右)对所提出的方法进行验证(付长华,2012)。需要说明的是,相比于实际地震,模拟的地震动在考虑震源、路径和场地等因素影响的同时,能够得到任何点的地震动,便于进行更精细化的精度讨论。因此本节选择模拟的地震动情境对所提出的分析方法进行验证。

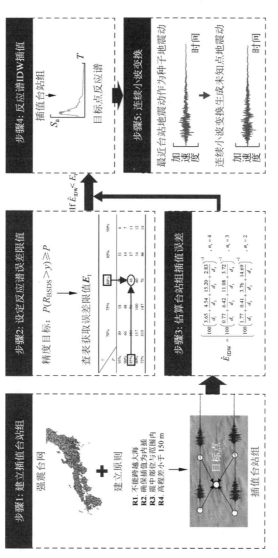

图7-8　基于有限点位记录的地面运动场构造方法框架

付长华(2012)的研究可以提供清华大学校园内每栋建筑的地面运动输入。为了进一步分析生成地震动对结构分析的影响,本节首先选取图 7-9 中四边形区域内的 223 栋建筑开展分析,建立 Case TA,并假设只知道图 7-9 中四边形四个顶点处的地面运动,采用前文提出的方法插值得到四边形内部每栋建筑的输入用于地震响应分析。

首先,选取四边形内任意一栋建筑所在位置,将其与已知的 4 个点构成插值台站组,该插值台站组满足 7.2.2 节提出的基本原则 R1~R4。

其次,分析本节提出方法的适用性。该区域范围内场地条件相同,均属于 NEHRP 规范的 D 类(Allen and Wald,2009)。设定实际需求为保证结构破坏状态一致的比例大于 80% 的概率不小于 85%,根据表 7-2 得到反应谱误差限值 E_t 为 46。根据误差预测公式(7.2-3)计算估计的反应谱误差得到 $\hat{E}_t$。实际分析表明,对于四边形区域内的所有未知点,$\hat{E}_t$ 均小于 E_t,因此可以运用本节的方法构造未知点处地震动。

最后,采用四个已知点处的地震动反应谱结果,对每个未知点进行反距离加权插值,并选取距离未知点最近的记录作为种子地震动,采用连续小波变换修正得到未知点处的地面运动。

需要说明的是,生成的地震动的实际误差与由式(7.2-3)估算的 $\hat{E}_t$ 是有区别的。对于四边形区域内部建筑,每栋建筑输入的预测地震动的实际误差如图 7-10 所示,其中预测得到的地震动误差小于误差限值(E_t=46)的比例达到 78.9%,这在一定程度上说明了本节方法对无台站处点位地震动预测的适用性。典型台站插值反应谱与实际地震动反应谱对比如图 7-11 所示,可以看到,运用本节方法得到的地震动时程和反应谱与模拟地震动较为接近。

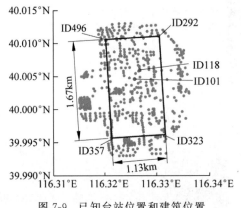

图 7-9 已知台站位置和建筑位置

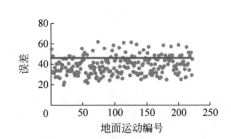

图 7-10 四边形区域内每栋建筑预测地震动的误差

构造地震动场一个主要的用途是服务于建筑的震损评价,不同输入工况下区域建筑的破坏情况是衡量所构造的地震动场用于震损评价优劣的关键指标。为此,本节再建立两组工况用于对比本方法的震损评价精度。

CaseTB:只知道 4 个点的模拟地震动(图 7-9 中四边形 4 个顶点),每栋建筑采用最近地震动作为输入,这是在缺少插值地面运动时常用的一种方法。

CaseTC:每栋建筑输入各自所在位置处模拟得到的地震动,可以认为是最为准确的结果。

采用城市抗震弹塑性分析方法计算每栋建筑的破坏情况。通过对比发现,对于四边形

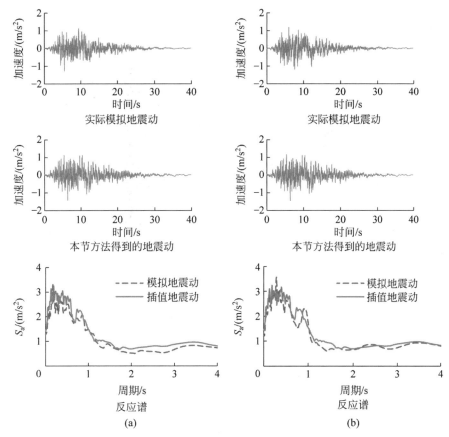

图 7-11　典型台站插值与实际模拟地震动的时程和反应谱对比

(a) Building_ID101；(b) Building_ID118

区域内部 223 栋建筑,Case TA 和 Case TB 计算得到的建筑破坏状态与 Case TC 一致的比例分别为 85.2% 和 80.7%,这说明相比于传统的最近点输入方法,根据本节方法生成的地震动场预测的建筑震害结果更为准确,这对于提高震损评价结果的精度有重要意义。

7.2.7　案例分析——以旧金山 Hayward 断层 M7.0 级模拟地震为例

本节以旧金山市中心部分区域遭遇 Hayward 断层 M7.0 级模拟地震情境为例,对所提出的地震动生成方法进行进一步的说明。

案例区域为旧金山市中心部分区域(如图 7-12 所示,经度:−122.4721°W～−122.4030°W;纬度:37.7101°N～37.7435°N),共包括 15 478 栋建筑。采用的地震情境为 Hayward 断层 M7.0 级模拟地震(Rodgers et al.,2018),该地震情境设定 Hayward 断层发生了一场 M7.0 级地震,基于 SW4 开源地震动模拟平台模拟得到了旧金山及周边 120km×80km×30km 区域的地震动传播过程,以及地表各个网格点处(图 7-12 中三角形)的地面运动。该模拟工作具体可以参阅文献(Rodgers et al.,2018)。案例区域共有 8 个网格点,如图 7-12 所示。

采用城市抗震弹塑性分析方法,基于上述建筑属性和地震情境,对旧金山市中心部分区域进行震害模拟,设定如下 3 种工况。

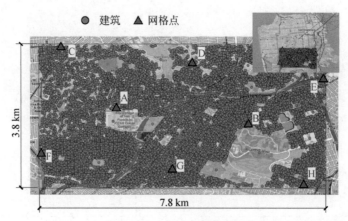

图 7-12　台站和建筑位置

Case SA：已知如图 7-12 所示的 8 个台站地震动，每栋建筑利用最近点台站地震动作为输入。

Case SB：假设 A、B 两台站地震动记录未知，其余 6 个台站（C～H）地震动已知，每栋建筑从 C～H 台站中选取最近的台站地震动作为输入。

Case SC：已知 C～H 6 个台站地震动，根据本节方法得到 A、B 台站处地震动，每栋建筑从 A～H 台站中选取最近的台站地震动作为输入。

对于 Case SC，A 点可以与周边已知的 4 个点（C、D、F、G）构成插值台站组，该插值台站组满足 7.2.2 节提出的基本规则；设定实际需求为保证结构破坏状态一致的比例大于 80% 的概率不小于 85%，根据表 7-2 得到反应谱误差限值 E_t 约为 46。根据误差预测公式计算估计的反应谱误差得到 $\hat{E}_t = 7.6 < E_t$，因此可以运用本节方法构造未知点处地震动。同理，上述方法对于 B 点也同样适用。

利用本节方法得到的 A、B 两点的地震动时程与实际模拟地震动时程和反应谱的对比如图 7-13 所示，地震动强度指标的对比如表 7-3 所示。可以看到，本节方法得到的地震动时程、反应谱和地震动强度指标与模拟地震动吻合良好。进一步地，Case SB 和 Case SC 工况下计算的建筑破坏状态与 Case SA 工况下的破坏状态一致的比例分别为 82.16% 和 91.10%，可见本节所提出的地震动生成方法能提高震害分析结果的精度。

表 7-3　本节方法生成的地震动与实际模拟地震动强度指标对比

项　目		PGA/(m/s²)	PGV/(m/s)	Housner 强度/m
A 点	实际	1.554	1.494	5.261
	插值	1.407	1.371	5.051
	相对误差	−9.46%	−8.21%	−4.00%
B 点	实际	1.448	1.332	5.084
	插值	1.518	1.344	4.951
	相对误差	4.83%	0.95%	−2.62%

为了进一步体现本节方法的优势，对 Case SC 的网格进行了加密，得到 Case SD 和 Case SE，如图 7-14 所示，所对应的网格间距大约分别为 2km、1km、0.7km，此时各点位的

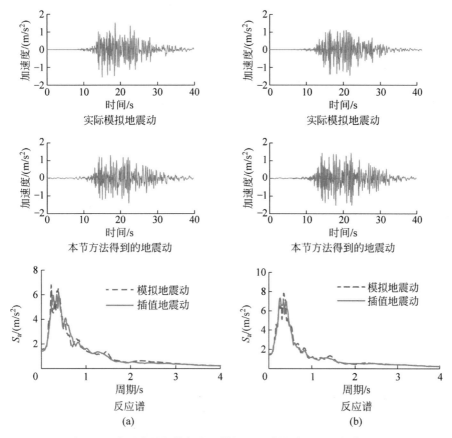

图 7-13　典型台站插值与实际模拟地震动的时程和反应谱对比

(a) A 点；(b) B 点

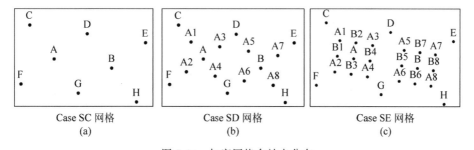

图 7-14　加密网格台站点分布

(a) 网格间距约 2km；(b) 网格间距约 1km；(c) 网格间距约 0.7km

插值误差 $\hat{E}_t \leqslant E_t = 46$，满足所设定的构造条件。其中，Case SD 工况下建筑破坏状态与 Case SC 工况下破坏状态一致的比例为 87.5%，Case SE 工况下建筑破坏状态与 Case SD 工况下破坏状态一致的比例为 96.0%。这说明本节所提出的地震动生成方法能得到更为精细的地震动输入场，同时，对于本算例，当插值网格加密到 1km 时，所构造的地震动场已经能够满足震害分析的需要，不需要花费计算资源进行进一步的加密。

同时，生成上述的单条地震动仅需要 45s(Intel Xeon E5 2630 @2.40GHz and 64GB

RAM),分析方法的高效使得该方法在地震应急中能得以较好应用,为震后震害分析提供更多有价值的输入信息。

7.2.8 小结

本节提出了一套基于有限点位记录的区域地震动场模拟方法,该方法基于实测台站记录反应谱利用反距离加权插值方法确定未知点地震动反应谱,根据未知点反应谱和连续小波变换修正未知点最近处台站记录得到未知点地震动;根据历史强震数据、插值误差定义和城市抗震弹塑性分析方法,分析了不同场地条件和距离下误差的大小,给定了本节地震动构造方法的适用条件。主要结论如下:

(1)提出一套基于有限点位记录的区域地震动场模拟方法,解决因为台站密度不足导致台站中间区域地震动难以确定的问题,为震后应急评估提供了重要输入信息;

(2)给出了地震动误差与区域建筑震害的关系,进而确定了不同分析需求下的误差限值;

(3)本节建议在运用所提出方法进行未知点地震动插值时,选取的周边台站场地类别应尽量与未知点场地类别相同。

7.3 场地-城市效应及其分析方法

7.3.1 引言

在 2.2.2 节中,将区域震害分析的地震数据模块分为 LOD0 至 LOD3 这 4 个层级。目前,常规的区域建筑震害分析一般采用 LOD0 至 LOD2 层级的地震数据,即自由场地地震动。这种区域建筑震害分析方法一般包含下面两个步骤:①通过地震波传播模拟(Wang et al.,2018)、地震波随机模拟(Huang and Wang,2015a; Huang and Wang,2017)或者地震动预测方程(GMPEs)获取自由场地地面运动;②基于自由场地地面运动计算建筑响应,预测建筑震害。上述方法也许可以较好地考虑场地的影响,但忽略了建筑的存在对于场地地震动的影响,即土体-结构相互作用(soil-structure-interaction,SSI)和结构-土体-结构相互作用(structure-soil-structure-interaction,SSSI)。特别地,对于建筑密集的城市区域,大量多层、高层建筑在空间上紧密分布,这将显著改变场地的特征。这种城市建筑群与场地之间整体的相互作用一般被称为场地-城市效应(SCI 效应)(Bard et al.,2006)。

近年来,国际上已经有一批研究学者针对这一问题分别从理论、试验和模拟等方面开展了一定的研究(Tsogka and Wirgin,2003; Kham et al.,2006; Groby and Wirgin,2008; Semblat et al.,2008; Hori and Ichimura,2008; Ghergu and Ionescu,2009; Uenishi,2010; Lou et al.,2011; Mazzieri et al.,2013; Boutin et al.,2014; Isbiliroglu et al.,2015; Sahar et al.,2015,2016; Schwan et al.,2016; Aldaikh et al.,2016; Kato and Wang,2017)。上述既有研究均表明:场地地震动会受到建筑的显著影响,这可能导致建筑受到的地震动激励与自由场地情况具有不可忽略的差异。因此在进行区域建筑震害模拟时,需要合理考虑 SCI 效应的影响。

此外,现有的 SCI 效应研究更多地关注场地地震动的传播模拟,所采用的建筑模型一般比较简单,大多为弹性模型。这些模型并不准确且无法考虑实际结构的非线性行为,因此其模拟结果与实际结构差异明显。因此,本书笔者与香港科技大学王刚教授、黄杜若博士在已有研究基础上,结合开源谱元分析软件 SPEED(Mazzieri et al.,2013)及 2.3 节、2.4 节所介绍的区域建筑分析模型,提出了考虑"场地-城市效应"的区域建筑震害模拟方法(详见 7.3.2 节);随后,通过振动台试验验证了所提出方法的合理性(详见 7.3.3 节);并对一组三维盆地算例进行了详细分析(详见 7.3.4 节);最后以清华大学校园作为案例,进行了区域建筑非线性时程分析(详见 7.3.5 节)。通过上述章节的分析,表明了 SCI 效应对建筑地震破坏的影响及本节方法在实际问题研究方面的可行性和优势。

7.3.2　考虑 SCI 效应的城市抗震弹塑性分析

1. 区域建筑分析模型与 SPEED 软件

本节将提出考虑 SCI 效应的区域建筑非线性时程分析耦合方法。本方法在建筑分析中,采用 2.3 节及 2.4 节提出的区域建筑分析模型表征地面上不同建筑的关键特征。为了便于考虑 SCI 效应,本研究采用开源程序 SPEED 模拟场地地震波传播。SPEED 是一款基于谱元法的开源程序,可用于三维介质内地震波的传播分析,且集成了非连续伽辽金方法,可以解决区域场地建模的复杂网格问题 (Mazzieri et al.,2013)。目前该程序已经被成功应用于新西兰基督城、希腊塞萨洛尼基城区等大型区域范围的计算与分析(Mazzieri et al.,2013;Abraham et al.,2016;Evangelista et al.,2017;Smerzini et al.,2017)。

在 SPEED 中,波动在土体中传播的控制方程为

$$\rho \ddot{u} + 2\rho \xi \dot{u} + \rho \xi^2 u - \nabla \cdot \boldsymbol{\sigma}(u) = f \tag{7.3-1}$$

其中,ρ 为土体密度;u、$\dot{u}$ 和 $\ddot{u}$ 分别为土体中的位移、速度与加速度场;ξ 为衰减因子;$\boldsymbol{\sigma}(u)$ 为柯西应力张量;f 为体积力密度。在进行动力分析时,采用显式 Newmark 方法($\beta=0,\gamma=0.5$)。

2. SCI 效应的耦合数值模拟方法

图 7-15 所示为考虑 SCI 效应的区域建筑震害耦合数值模拟方法示意图。该方法包含两个主要部分:第一部分是在 SPEED 软件中依据式(7.3-1)模拟地震波在土体中的传播;第二部分是采用区域建筑分析模型进行每栋建筑的时程分析。为了将这两个部分进行耦合,在每个计算时间步,需要提取建筑的基底反力并将其应用于土体分析;同时需要将土体计算得到的建筑所在位置地面运动加速度作为建筑的基底输入用于建筑分析。本方法的详细过程如下。

(1) 给定 t_n 时刻的场地响应和边界条件,t_{n+1} 时刻的土体位移响应 $\boldsymbol{u}_{\text{soil}}^{(n+1)}$ 可以通过显式 Newmark 方法($\beta=0,\gamma=0.5$)求解。在整个土体上,式(7.3-1)可以用矩阵的形式表示为

$$\left(\frac{1}{\Delta t^2} + \frac{\xi}{\Delta t}\right) \boldsymbol{M}_{\text{soil}} \boldsymbol{u}_{\text{soil}}^{(n+1)}$$

$$= \boldsymbol{F}_{\text{ext,soil}}^{(n)} - \boldsymbol{F}_{\text{int,soil}}^{(n)} - \xi^2 \boldsymbol{M}_{\text{soil}} \boldsymbol{u}_{\text{soil}}^{(n)} + \frac{\xi}{\Delta t} \boldsymbol{M}_{\text{soil}} \boldsymbol{u}_{\text{soil}}^{(n-1)} + \frac{1}{\Delta t^2} \boldsymbol{M}_{\text{soil}} (2\boldsymbol{u}_{\text{soil}}^{(n)} - \boldsymbol{u}_{\text{soil}}^{(n-1)})$$

$$= \boldsymbol{F}_{\text{boundary}}^{(n)} + \boldsymbol{F}_{\text{interaction}}^{(n)} - \boldsymbol{F}_{\text{int,soil}}^{(n)} - \xi^2 \boldsymbol{M}_{\text{soil}} \boldsymbol{u}_{\text{soil}}^{(n)} + \frac{\xi}{\Delta t} \boldsymbol{M}_{\text{soil}} \boldsymbol{u}_{\text{soil}}^{(n-1)} + \frac{1}{\Delta t^2} \boldsymbol{M}_{\text{soil}} (2\boldsymbol{u}_{\text{soil}}^{(n)} - \boldsymbol{u}_{\text{soil}}^{(n-1)})$$

$$\tag{7.3-2}$$

其中,上标代表时间步;$\boldsymbol{F}_{\text{ext,soil}}^{(n)}$ 为 t_n 时刻作用于土体的外力,该外力包含两个部分,其中 $\boldsymbol{F}_{\text{boundary}}^{(n)}$ 为底部地震动输入荷载和土体吸收边界对应的力,$\boldsymbol{F}_{\text{interaction}}^{(n)}$ 为施加于每栋建筑所在位置处建筑与土体之间的相互作用力,它等于基于结构动力学理论计算得到的建筑底部反力;$\boldsymbol{F}_{\text{int,soil}}^{(n)}$ 为从 t_n 时刻土体响应中获得的内力;$\boldsymbol{M}_{\text{soil}}$ 为土体的质量矩阵。

式(7.3-2)不仅考虑了每栋建筑与土体之间的相互作用,也考虑了由各处土体不一致运动引起的波的传播和相互作用,从而可以自然地把握不同建筑之间以及自由场地与建筑周围场地之间的波场相互作用。

(2)获得土体在 t_{n+1} 时刻的位移场后,将各个建筑所在位置(例如图 7-15 中 A 和 B 点)t_n 时刻的加速度 $\ddot{u}_{\text{soil}}^{(n)}$ 指定为对应建筑的基底加速度输入,该值可以通过式(7.3-3)采用显式 Newmark 方法进行计算:

$$\ddot{u}_{\text{soil}}^{(n)} = \frac{u_{\text{soil}}^{(n+1)} - 2u_{\text{soil}}^{(n)} + u_{\text{soil}}^{(n-1)}}{\Delta t^2} \tag{7.3-3}$$

(3)基于区域建筑分析模型,分别进行每栋建筑的动力响应分析。每栋建筑在 t_{n+1} 时刻的非线性结构响应 $\boldsymbol{u}_{\text{bldg}}^{(n+1)}$ 可以通过式(7.3-4)获得:

$$\left(\frac{1}{\Delta t^2}\boldsymbol{M}_{\text{bldg}} + \frac{1}{2\Delta t}\boldsymbol{C}_{\text{bldg}}\right)\boldsymbol{u}_{\text{bldg}}^{(n+1)}$$

$$= -\boldsymbol{M}_{\text{bldg}}(\boldsymbol{1})\ddot{u}_{\text{soil}}^{(n)} - \boldsymbol{F}_{\text{int,bldg}}^{(n)} + \frac{1}{2\Delta t}\boldsymbol{C}_{\text{bldg}}\boldsymbol{u}_{\text{bldg}}^{(n-1)} + \frac{1}{\Delta t^2}\boldsymbol{M}_{\text{bldg}}(2\boldsymbol{u}_{\text{bldg}}^{(n)} - \boldsymbol{u}_{\text{bldg}}^{(n-1)})$$

$$\tag{7.3-4}$$

其中,$(\boldsymbol{1})$ 代表向量 $(1,1,\cdots,1)^{\mathrm{T}}$;$\boldsymbol{M}_{\text{bldg}}$ 为每栋建筑的质量矩阵;$\boldsymbol{C}_{\text{bldg}}$ 为瑞利(Rayleigh)阻尼矩阵;$\boldsymbol{F}_{\text{int,bldg}}$ 表示从建筑非线性分析结果中得到的内力。值得注意的是,在求解结构非线性响应时,假定每栋建筑的底部(如图 7-15 中的 A、B 点)固定,将基底加速度输入 $\ddot{u}_{\text{soil}}^{(n)}$ 引起的惯性力施加在建筑每一层。所以,图 7-15 和式(7.3-4)中的 $\boldsymbol{u}_{\text{bldg}}$ 代表了建筑相对于基底的位移。因此,建筑与场地连接处的位移一致性自然满足。

(4)采用结构 t_{n+1} 时刻的基底反力作为更新后的土体-结构相互作用力 $\boldsymbol{F}_{\text{interaction}}^{(n+1)}$,并将其施加在建筑所在位置处的土体用于下一步计算。

(5)循环步骤(1)~(4)直至计算完成。

为了实现上述过程,首先应当获取建筑基本数据,主要包括建筑高度、建筑层数、结构类型、建造年代、建筑位置以及其他设计信息。结构的自振周期是可选的参数,如果建筑数据中不包含该信息,则可以通过经验公式和建筑其他信息进行估计。其次,为了更新土体-结构相互作用力 $\boldsymbol{F}_{\text{interaction}}$,需在每栋建筑所在位置施加对应的 Neumann 边界条件。因此,在 SPEED 中开发了一种新型的函数类型,使得采用该函数类型的边界力可以依据区域建筑分析模型计算得到的土体-结构相互作用力进行实时更新。

相对于已有的 SCI 效应分析方法,本节提出的耦合数值模拟方法仅需额外的建筑基本数据以及相互作用力边界作为输入。建筑的骨架线可以依据 2.3 节及 2.4 节介绍的标定方法得到,极大地降低了建模工作量。此外,如前文所述,采用区域建筑分析模型进行区域建筑震害模拟准确、高效。

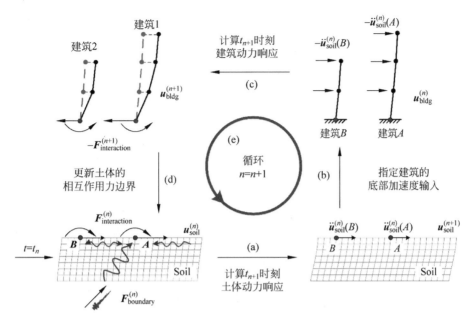

图 7-15　SCI 效应的耦合数值模拟方法示意图

7.3.3　振动台试验及其验证

为验证本研究方法的合理性与准确性,本节首先选取了 Schwan 等(2016)完成的一组缩尺振动台试验进行数值模拟。试验模型如图 7-16(a)所示。场地尺寸为 2.13m×1.76m×0.76m($X \times Y \times Z$),采用聚氨酯泡沫,材料密度为 49kg/m³,阻尼比为 4.9%,剪切波速为 33m/s,泊松比为 0.06。场地沿 X 向实测基本频率为 9.36Hz。试验中采用铝条模拟建筑,铝条高度为 0.184m,厚度为 0.5mm。铝条沿 X 方向的基本自振频率约为 8.45Hz,实测阻尼比约为 4%。试验中,在底部沿 X 方向将 Ricker 子波按照位移形式输入,并保证子波的谱加速度峰值频率在 8Hz 左右。试验中建筑有两种布局形式,其一是仅有一栋建筑,其二是有 37 栋建筑,如图 7-16(b)所示。

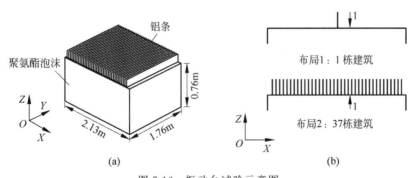

图 7-16　振动台试验示意图

(a) 振动台试验模型;(b) 建筑布局示意图

下面介绍模拟方法。首先,分别建立场地和建筑的模型。建筑采用区域建筑分析模型模拟,并保证其具有与实测值一致的基本频率、高度和质量;另外,场地采用三维实体单元模拟。场地模型的单元划分如图 7-17 所示(X-Z 平面)。单元沿 Z 向的尺寸为 93.75mm；单元沿 Y 向的尺寸为 0.05m；X 向的单元划分依据建筑的位置进行；模型第一层单元的高度为 10mm，可以考虑铝条的"基础"部分的质量影响。计算时，场地单元采用二阶谱单元。考虑到场地的剪切波速（33m/s）以及本模拟中考虑的频率范围（5~20Hz），每个波长范围内的平均谱元点数目不少于 5 个，这表明本模型单元划分合理（Komatitsch and Tromp，1999）。将 Ricker 子波作为底部的 Dirichlet 边界条件输入到建立的模型中，进行计算分析，并将试验和模拟得到的 1 点处地面运动记录及相应的传递函数进行比较，结果如图 7-18 和图 7-19 所示。

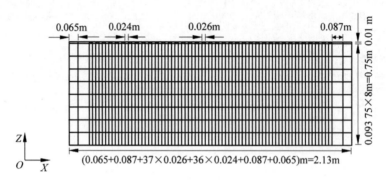

图 7-17　场地模型的单元划分示意图

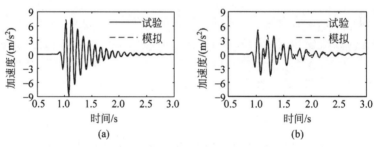

图 7-18　两种建筑布局下 1 点地面运动记录对比

(a) 建筑布局 1；(b) 建筑布局 2

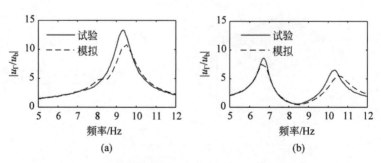

图 7-19　两种建筑布局下传递函数 $|u_{\Gamma}/u_{b}|$ 的比较

(a) 建筑布置方案 A；(b) 建筑布置方案 B

（u_{Γ} 为场地表面位移，u_{b} 为场地底部位移）

图 7-18 及图 7-19 表明,随着地面建筑的密度增大,SCI 效应的影响将变得愈发显著。在仅有 1 栋建筑时,场地的特征几乎不改变。但当场地上建筑数目足够多时,SCI 效应将降低场地的基本频率,且会同时引发一个高频率模态。此外,相比于建筑较少时传递函数中的一个高峰值(如图 7-19(a)所示),SCI 效应下的传递函数中两个峰值的幅值均较低(如图 7-19(b)所示)。模拟和试验结果的比较表明,本节提出的耦合数值模拟方法可以准确地模拟 SCI 效应的影响。

此外,为考虑复杂地形与大规模建筑之间的相互作用,本书作者参考 Schwan 等(2016)的振动台试验方法,开展了 7 组振动台试验。缩尺试验建筑考虑 3 种建筑层数,分别为 3 层(B1)、9 层(B2)和 13 层(B3)。根据 Aldaikh 等(2016)的研究中各项参数缩尺比例,经过仔细选材,最终采用表 7-4 中的缩尺比例进行试验设计。

表 7-4　振动台试验相似比

参　　数	单位	试验模型	原型模型	相似比(试验/原型)	文献相似比(Aldaikh et al.,2016)
长度	m	0.26	27	1/100	1/100
剪切波速	m/s	44	200	1/4.5	1/4.76
周期	s	0.313	0.9	1/3	1/3
密度	kg/m^3	34.5	2000	1/58	1/26.3

本振动台试验考虑两种场地,即平整场地(F)与带有地形的场地(H),其尺寸如图 7-20(a)和(b)所示。聚氨酯泡沫的弹性模量约为 0.148MPa,密度约为 34.5kg/m^3。建筑模型采用角铝、铝板与配重组装形成,其典型的拼装形式如图 7-20(c)所示。配重分为两种,尺寸均为 1mm×20mm×1m,材料分别为铝(G1)和铁(G2)。考虑到组装后结构稳定性,实际试验中采用图 7-20(c)中表格所示的 3 种组装方式(B1、B2、B3),并将组装好的建筑模型底部粘贴

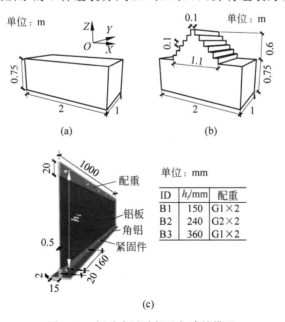

图 7-20　振动台试验场地与建筑模型

(a)平整场地 F;(b)带地形场地 H;(c)建筑模型

于场地表面,以完成建筑与场地的连接。

　　试验中,对每种场地与每种建筑进行组合,每种组合考虑两种建筑布置形式(图7-21(a)):C1为场地中间放置1栋建筑;C2为场地上均布17栋相同的建筑,间距0.1m;自由场地工况记作"C0"。地震动输入主要选取4组:①EQ1:白噪声,幅值1m/s²,持时60s;②EQ2:Ricker子波,主频8Hz,幅值1m/s²,持时2s;③EQ3:El Centro波,对原波进行相似计算后,幅值约0.25m/s²,持时约17.90s;④EQ4:Kocaeli波,对原波进行相似计算后,幅值约0.32m/s²,持时约9.06s。由于本试验中的试件尺寸小、质量轻,因此本试验选用三轴ADXL335加速度传感器进行数据采集。该加速度传感器尺寸小、质量轻,对本试验轻质量试件影响很小。加速度计具体布置如图7-21(b)所示。其中,BP表示安装在建筑顶端,SP表示安装在场地表面,ST表示已经过专业标定的加速度计(粘贴于加载底座上)。本次试验加载装置采用中国地震局工程力学研究所地震模拟振动台,数据采集设备由北京东方振动和噪声技术研究所提供。

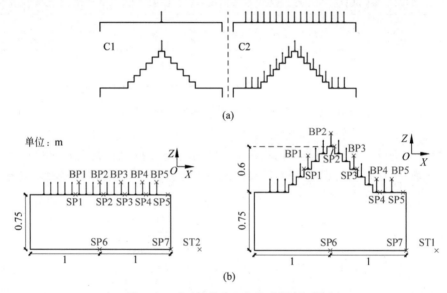

图 7-21　试验建筑布置与传感器布置图

(a)场地与建筑的组合形式;(b)传感器布置图

　　采用与Schwan等(2016)的试验类似的数值模拟方法,对上述试验开展模拟,其中EQ2工况下的典型分析结果如图7-22所示。图中分别给出了场地上SP2与建筑BP2的时程对比,同时给出了SP2处传递函数的对比。从图中可以发现,随着建筑数目的增多,场地的基本频率逐步降低。同时,传递函数会在建筑基本频率的邻域内产生一处波动,大于该频率处传递函数下降,小于该频率处传递函数上升。模拟方法也可以很好地把握建筑对于场地地震波传播的影响,与试验结果吻合良好。

7.3.4　三维盆地算例

1. 三维盆地模型概述

盆地中的地震动常会被显著放大。另外,在盆地场地基本周期与结构相近时,可能出现

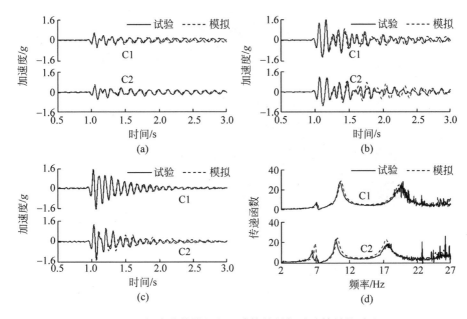

图 7-22　耦合数值模拟方法计算结果与试验结果的对比

（a）场地 F 中 BP2 处建筑顶点加速度对比；（b）场地 H 中 BP2 处建筑顶点加速度对比；（c）场地 H 中 SP2
处场地表面加速度对比；（d）场地 H 中 SP2 处传递函数对比

"双共振"（double-resonance）。在出现"双共振"时，SCI 效应将十分明显（Kham et al.，2006；Semblat et al.，2008）。在本节中，将采用 7.3.2 节提出的方法，分析一个考虑 SCI 效应的三维盆地算例。为了充分利用已有研究成果，本节选取 Sahar 和 Narayan（2016）分析的梯台形盆地模型作为研究对象。在本节，采用弹性模型模拟建筑，并以 Ricker 子波作为地震动输入。不过，当可以获取具体的建筑信息时，本节所提出的耦合数值模拟方法可以模拟建筑的非线性动力行为，应用案例如 7.3.5 节所述。

本次分析中考虑场地范围为 3km×3km，深度为 600m。场地中央有一个梯台形（TRP）盆地，深度为 150m，盆地侧面与水平面呈 30°倾角，其详细尺寸如图 7-23 所示。场地其余各部分均为岩石层，最下方划分出深度 100m 的一层作为平面地震波的输入层。场地的土体参数如表 7-5 所示。在场地中央按照 3×3 形式布置建筑群（分别记为 B1～B9），各个建筑群的中心点分别记为 P1～P9，相邻建筑群之间的间距为 52m，如图 7-24 所示。每个建筑群内布置 3×3 栋建筑，建筑平面为边长 56m 的正方形，间距 28m，每层层高 3m，具体层数在不同的算例中有所不同。

表 7-5　盆地和岩体参数（Sahar et al.，2016）

材料	密度/(kg/m^3)	剪切波速 $V_S/(m/s)$	压缩波速 $V_P/(m/s)$	剪切波品质因子 Q_S^*	压缩波品质因子 Q_P
盆地	1800	360	612	36	61
岩体	2650	1800	3060	180	300

注：Q 因子用于表征阻尼振子的行为，$Q=1/2\zeta$，ζ 是阻尼比（Thomson，1996）。

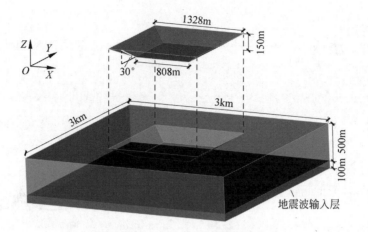

图 7-23　梯台形盆地尺寸示意图

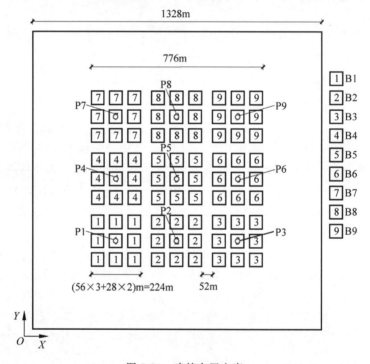

图 7-24　建筑布置方案

根据场地参数可以发现,自由场地的基频在 0.6Hz 左右,因此采用主频为 0.6Hz 的 Ricker 子波从场地底部沿 X 方向输入。为了使场地与建筑的基本频率接近以实现"双共振",在部分算例中将场地上布置的建筑设定为 16 层(基本频率为 0.625Hz)。为了进行对比,保持建筑位置不变,在另一算例中将部分建筑群中的建筑变更为 8 层,用以分析建筑高度/基频对 SCI 效应的影响。

基于上述模型,本研究计算如下三种工况。

Case 1:分析自由场地地震波传播,并采用自由场地地面运动记录计算相应的建筑响应。

Case 2：计算中考虑SCI效应,所有建筑均为16层(基本频率为0.625Hz)(布局A),本工况为"双共振"情况。

Case 3：计算中考虑SCI效应,其中B1、B3、B5、B7和B9建筑群中建筑为16层(基本频率为0.625Hz),其余建筑群中建筑为8层(基本频率为1.25Hz)(布局B)。

在计算中,本研究记录了盆地表面的运动记录,并对P1～P9的地面运动记录进行了详细分析。

2. Case 1：不考虑SCI效应的自由场地结果

经分析,在0.6Hz的Ricker子波作用下,场地表面盆地范围内的峰值加速度与峰值速度分布情况如图7-25和图7-26所示。虽然本工况为自由场地模型,但是为方便后文讨论,图中采用白色框线画出了建筑的位置。从图中可以发现,虽然在本算例中地震波沿X方向输入,但是由于盆地边界的反射,场地表面产生了Y方向的地震波。同时,由于场地的对称性,PGA与PGV分布也具有对称性。整体而言,盆地场地中心部分的PGA与PGV最高。另外,图7-25(a)、图7-26(a)中,PGA与PGV的分布主要有三个峰值点,水平间距约为192m。由于PGA与PGV分布的相似性,下面的章节将仅针对每个工况中PGA分布的差异展开讨论。

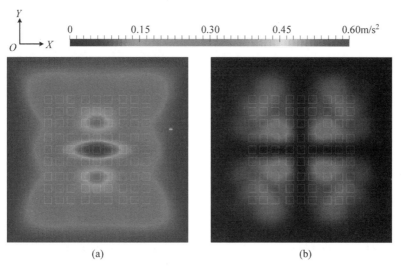

图7-25　自由场地表面的PGA分布

(a)沿X方向的PGA分布；(b)沿Y方向的PGA分布

根据计算结果,可以得到P1～P9处地震动相对于输入地震波的传递函数。由于场地的对称性,在只沿X方向输入地震波时,P1、P3、P7和P9处得到的传递函数一致；P2和P8处得到的传递函数一致；P4和P6处得到的传递函数一致(后文的计算发现,在Case 2和Case 3中有相同的结论)。因此,接下来将只给出P1、P2、P4与P5处的传递函数与反应谱,如图7-27所示。从图中可以发现,整个场地的基频在0.66Hz左右。但是不同位置的地面运动会表现出不同的特性。整体而言,场地传递函数峰值集中在图中阴影所示的四个频率区间：0.66Hz左右；0.78～0.80Hz；1.00～1.07Hz；1.29～1.39Hz。

目前的区域建筑震害分析方法一般直接采用自由场地地震动作为输入进行时程分析。

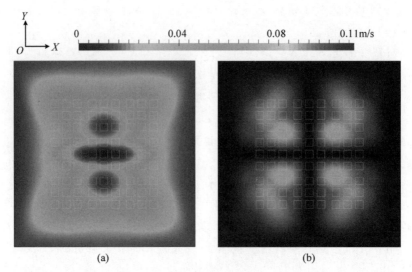

图 7-26　自由场地表面的 PGV 分布

(a) 沿 X 方向的 PGV 分布；(b) 沿 Y 方向的 PGV 分布

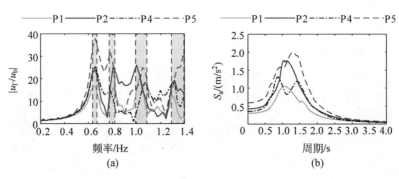

图 7-27　Case 1 中 P1、P2、P4 和 P5 的传递函数与反应谱

(a) 传递函数；(b) 反应谱

因此，本节也将自由场地地震动输入到相应位置的建筑，计算建筑响应。本次研究中考虑了两种建筑布局（即布局 A 和布局 B），两种情况下的建筑最大屋顶位移角（RDR）计算结果如图 7-28 所示。可以发现在布局 A 的情况下，所有建筑高度相同，因此其响应也与自由场地处对应位置的 PGA 幅值大致正相关。相对而言，在布局 B 中，B2、B4、B6 和 B8 中的建筑被替换为 8 层，因此其响应明显较小。

3. Case 2 与 Case 3：考虑场地-城市效应的结果

基于 7.3.2 节所述的方法，在 Case 2 与 Case 3 中开展考虑 SCI 效应的建筑响应模拟。注意到，场地的 PGA 与 PGV 的分布十分相似，因此仅针对 PGA 结果进行讨论。在 0.6Hz 的 Ricker 子波输入下，盆地范围内地表的峰值加速度分布如图 7-29 所示。为显示地面运动强度的变化情况，图中采用与自由场地结果（图 7-25）相同的图例。由于场地运动主要沿 X 方向，因此这里不再展示 Y 方向的结果。对比发现，在出现"双共振"的情况下，考虑 SCI 效应后地表运动强度较自由场地的结果而言大幅降低，这与已有研究（Semblat et al.，2008；Sahar et al.，2015；Abraham et al.，2016）相吻合。

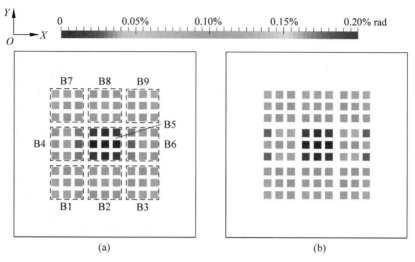

图 7-28　自由场地地震动下两种布局中建筑沿 X 方向的最大屋顶位移角

（a）建筑布局 A；（b）建筑布局 B

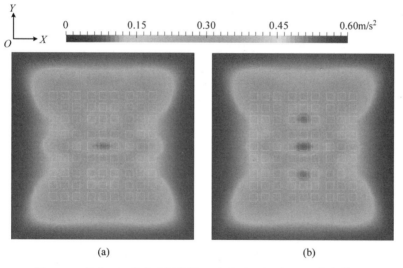

图 7-29　考虑 SCI 效应后场地沿 X 方向地面运动 PGA 分布情况

（a）Case 2 计算结果；（b）Case 3 计算结果

图 7-30 中给出了相比于 Case 1 的结果（自由场地），Case 2 与 Case 3 中场地表面 PGA 的增长率（负值代表减小）。从图中可以发现，考虑 SCI 效应后，地表地面运动强度整体降低，最大降幅为 24.98%。进一步研究发现，SCI 效应的影响十分复杂。Case 2 中，盆地表面建筑均为 16 层，此时场地表面的 PGA 下降区域呈现一个椭圆状的扩展，最大降幅出现在中心区域，但是局部有所波动。另外，由于盆地边界反射作用及建筑群辐射作用，在建筑群 Y 向两侧同样出现了地面运动幅值下降区域。在 Case 3 中，部分 16 层建筑（B2、B4、B6 和 B8）被替换为 8 层建筑，使得结果更为复杂。图 7-30 给出了 B1～B9 建筑群的位置示意。从图中可以发现，B2 与 B8 所在区域的地表 PGA 基本不受影响，降幅很小（基本不超过 10%），但是 B4 与 B6 所在区域地面运动幅值较 Case 2 降幅更大。与 Case 2 相同，在建筑群

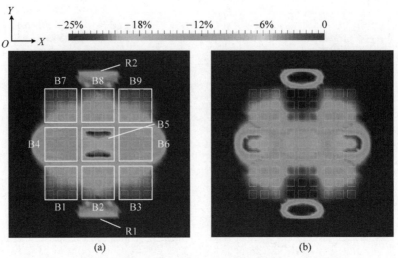

图 7-30　考虑 SCI 效应后场地沿 X 方向地面运动 PGA 增长率情况

(a) Case 2 计算结果；(b) Case 3 计算结果

沿 Y 向正负两侧也同样产生了地面运动幅值下降区域,且降幅更大。对比 Case 2 与 Case 3 可以得出结论,即使建筑密度一致,建筑的高度/基频变化也会对场地的地震动产生显著的影响。

图 7-31 中给出了考虑 SCI 效应后,建筑群内建筑的最大屋顶位移角(RDR)变化情况。对比图 7-30 和图 7-31 可以发现,SCI 效应对建筑响应的影响与其对地面运动强度的影响基本一致。Case 2 中,建筑的 RDR 降幅超过 25%(25.91%),而 Case 3 中 RDR 最大降幅不足 20%(18.82%)。总体来说,考虑 SCI 效应后,沿 X 轴中间一行区域(B4 至 B6)的建筑响应降幅最大。

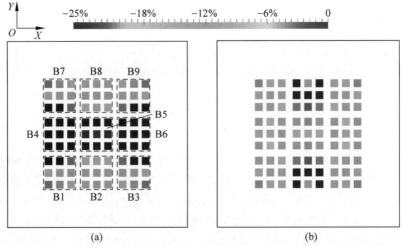

图 7-31　考虑 SCI 效应后建筑沿 X 方向的 RDR 增长率(负值代表降低)

(a) Case 2 计算结果；(b) Case 3 计算结果

另外,通过观察 P1～P9 的地面运动结果,可以进一步研究 SCI 效应对于场地特性的影响。考虑到场地具有对称性,仅针对 P1、P2、P4 与 P5 的结果进行讨论。图 7-32 和图 7-33

分别给出了三种工况下,上述四点处地面运动相对于底部输入的传递函数以及每条地面运动的加速度反应谱。需要注意的是,16层建筑与8层建筑的基本频率分别为0.625Hz和1.25Hz。在Case 2中,场地表面的传递函数在建筑基频(0.625Hz)附近的幅值明显降低,且峰值频率也有所降低(场地表面建筑的存在所引起的惯性效应使周期延长),更高频率部分幅值略有降低但变化不大。在Case 3中,P2与P4所在处为8层建筑,在建筑基本频率(1.25Hz)附近区间,场地表面的传递函数幅值有了较为明显的降低。此外,由于建筑的存在引起的惯性作用,场地基频同样略有降低,且对应的传递函数幅值也有所降低,但降幅小于Case 2中结果。

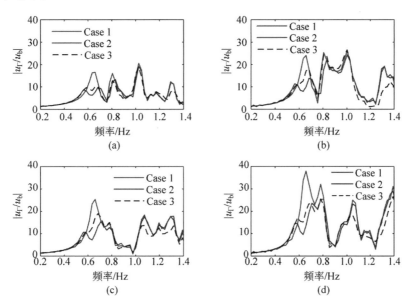

图7-32　不同工况下建筑所在位置处地面运动传递函数对比
(a) P1处计算结果; (b) P2处计算结果; (c) P4处计算结果; (d) P5处计算结果

从图7-33的反应谱对比来看,考虑SCI效应后,场地表面运动的反应谱普遍降低。但是值得注意的是,P2点在Case 3中的反应谱在1.2s附近比自由场地的情况略高。这说明,在实际情况中,场地与建筑可能共同构成复杂的动力体系,SCI效应可能会使建筑的响应增大。

4. 盆地案例结论

在本节三维盆地场景下,通过上述研究,可以得出以下结论。

(1) 在场地、建筑主频接近的情况下(Case 2),SCI效应可以显著地降低场地与建筑的响应,这一结果与已有研究一致(Semblat et al.,2008; Sahar et al.,2015; Abraham et al.,2016)。该影响可用本节提出的方法予以准确考虑。据此可以认为传统的建筑震害预测方法(将自由场地地震动用于建筑震害分析)是偏于保守的。需要指出的是,不同于常规建筑设计(保守的计算结果在常规建筑设计中是可以接受的),在区域震害预测中,得到过于保守的结果会高估这一地区的震害程度,进而影响灾后应急救援的效率。因此在建筑震害模拟中合理考虑SCI效应具有重要价值。

(2) 建筑的存在可以降低场地的基频,且会降低地表运动传递函数在建筑基频与场地

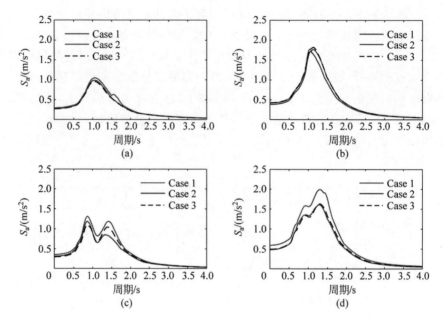

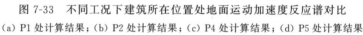

图 7-33 不同工况下建筑所在位置处地面运动加速度反应谱对比

(a) P1 处计算结果；(b) P2 处计算结果；(c) P4 处计算结果；(d) P5 处计算结果

基频附近区间的幅值。

（3）盆地中地震动传播十分复杂，边界处的反射显著影响场地表面的地面运动。即使场地表面建筑密度不变，建筑的高度/基频的改变也将使 SCI 效应的影响产生显著变化。因此，在分析 SCI 效应时，仅选取建筑密度作为衡量指标是不够的。

7.3.5 清华大学校园案例分析

1. 清华大学校园模型概述

本节以清华大学校园内的建筑及周围场地为例，进行考虑 SCI 效应的区域建筑震害模拟。该案例所考虑场地范围为 3000m×3000m×350m（长度×宽度×深度）。根据相关地勘数据与文献资料，可得场地情况如下。

（1）场地的第四系沉积厚度为 100m（Pan et al. ，2006），密度为 2000kg/m³。

（2）场地的上第三系土层厚度为 100m（付长华，2012），密度为 2350kg/m³。

（3）场地地表剪切波速 V_S 为 200m/s，地下 30m 处剪切波速为 300m/s（Xie et al. ，2016a），第四系沉积层底面的剪切波速为 1000m/s（付长华，2012），上第三系底界面的剪切波速为 1800m/s（付长华，2012）。在没有场地波速信息的深度处，可以采用线性插值获得相关信息，最终得到的场地土体剪切波速分布如图 7-34(a)所示。

（4）场地底部为基岩层，密度为 2700kg/m³，剪切波速为 3400m/s（付长华，2012）。在本次模拟中，取基岩层厚度为 150m。

采用主频为 2Hz 的 Ricker 子波作为场地模型底部输入，得到场地表面的传递函数（自由场地地面运动相对于底部基岩输入的地震波）如图 7-34(b)所示。可以发现，该场地对于 1.2Hz、2.5Hz 和 4Hz 附近的频率成分放大作用较为明显。

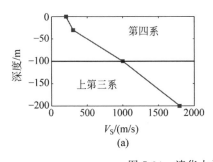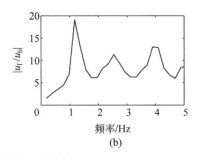

图 7-34 清华大学校园场地特征

(a) 场地剪切波速分布；(b) 场地的传递函数

2. 考虑 SCI 效应的区域建筑震害模拟

根据相关数据(Zeng et al.,2016),建立清华大学校园内 619 栋建筑的区域建筑分析模型用于计算。分析时,场地表面目标地震动为中国地震局计算的三河—平谷 8.0 级地震在清华场地范围内的地震动结果(付长华,2012),如图 7-35(a)所示。该地震的震中与清华大学的距离约为 50km。采用 SHAKE 软件反演得到场地范围内底部输入地震动(Schnabel et al.,1972),用于清华大学校园的震害模拟,如图 7-35(b)所示。

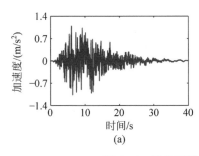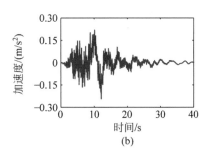

图 7-35 场地不同位置的地面运动记录

(a) 自由场地表面地面运动加速度时程；(b) 场地输入地震动加速度时程

基于上述模型与地震动输入,本节研究了以下两组对比算例。

Case T1：不考虑 SCI 效应,将自由场地表面地震动记录直接输入建筑进行计算。

Case T2：考虑 SCI 效应,在场地底部输入反演得到的地震动,考察建筑与场地共同作用下的地震动传播情况。

尽管常规的区域建筑震害模拟均采用与 Case T1 类似的方法,但这一方法忽略了 SCI 效应的影响,因此希望通过分析 Case T2 来研究 SCI 效应对清华大学校园建筑震害的影响情况。图 7-36 给出了考虑 SCI 效应后,每栋建筑峰值顶点位移的增长率以及各变化范围内建筑数目所占比例。

进一步分析表明,考虑 SCI 效应后,建筑峰值顶点位移会平均减小 6.59%。其中,最大降幅可达 45.72%,而最大增幅超过 50%。不过,增幅超过 50% 的只有 10 栋建筑,且都属于年代较早的非设防砌体。这部分建筑抗震承载力和延性普遍较低,因此地震动输入的微小变化即可能导致建筑响应的大幅增加。

例如,559 号 3 层未设防砌体的首层的骨架线如图 7-37(a)所示。在该建筑所在的位

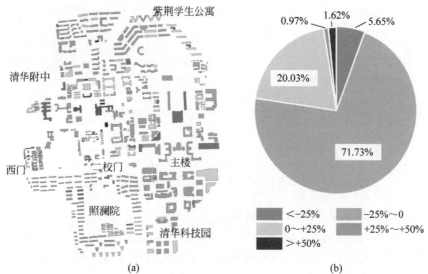

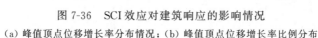

图 7-36　SCI 效应对建筑响应的影响情况

(a) 峰值顶点位移增长率分布情况；(b) 峰值顶点位移增长率比例分布

置,两个案例中的地面运动反应谱对比如图 7-37(b)所示。该建筑在两个算例中的首层层间位移角（inter-story drift,IDR)时程对比如图 7-37(c)所示。可以看出,图 7-37(b)中地面运动反应谱的差异,明显小于图 7-37(c)中建筑响应的差异。这是因为在大约 10s 时,建筑的层间剪力-位移关系已经进入骨架线的下降段（骨架线峰值层间位移角为 0.0013rad)。此时,输入的地震动的微小放大将导致结构首层倒塌,从而引起层间位移角的大幅改变。

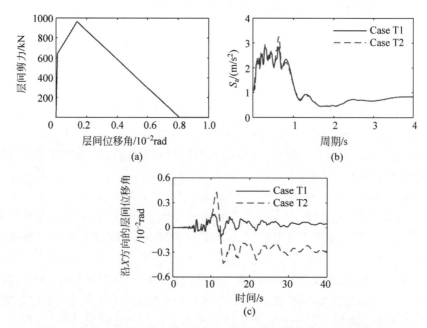

图 7-37　559 号建筑骨架线、反应谱对比及首层层间位移角时程对比

(a) 首层骨架线；(b) 输入地震动反应谱对比；(c) 首层层间位移角时程对比

从图 7-37 给出的分布情况来看,由 SCI 效应引起的建筑响应变化的规律十分复杂,与具体的地震动输入、场地特性、建筑分布情况以及建筑自身的力学特性均有关。在本案例中,虽然考虑 SCI 效应后大部分建筑的响应降低,但不应忽略那些因此而遭受更加严重破坏的少数建筑,否则可能导致严重的人员伤亡。因此,在进行区域震害分析时,需要对 SCI 效应加以重视。

7.3.6 小结

本节提出了一种基于区域建筑分析模型与 SPEED 程序的 SCI 效应耦合分析方法,验证了该方法的可靠性,并以三维盆地、清华大学校园为案例进行了分析,得到以下结论:

(1) 振动台试验表明,本研究提出的耦合方法可以准确地分析 SCI 效应的影响。

(2) 在"双共振"情况下,建筑与场地的响应会受 SCI 效应的影响而显著降低,这一特点与已有文献结论一致,本节的研究方法可以很好地把握这一特征。

(3) 在三维盆地案例中可以发现,仅以建筑密度为参数衡量 SCI 效应的影响是不够的,建筑高度、场地地震波输入等因素应当被纳入考量。

(4) 在清华大学校园案例中可以发现,SCI 效应会从整体上降低建筑的响应。但由于建筑的非线性特点,SCI 效应可能导致部分建筑的破坏程度更为严重。因此,在进行区域建筑的非线性时程分析时,应当对 SCI 效应的影响进行合理考虑。

(5) SCI 效应的作用机理十分复杂,其影响会随着建筑布局、场地特性、地震动输入等的改变而变化。本节提供了一种具有良好通用性的 SCI 效应模拟方法,今后可以采用本方法对更多场景加以分析,得出更为普适的结论。

7.4 场地-城市效应对震害评估的影响分析

7.4.1 引言

7.3 节介绍了 SCI 效应及其分析方法。相关的研究均表明,在各类建筑与场地情况下,相比于自由场地工况,SCI 效应都会对建筑、场地的动力响应(如位移、速度、加速度)产生不同程度的影响。

然而,就城市尺度的震害评估而言,建筑的损伤状态往往是决策者最为关心的评估结果之一,也是震害评估结果最直观的表达方式,可靠的建筑损伤状态判别对方案制定与灾情评估具有重要意义。但是,由于资料收集难度大、计算分析耗时长等局限(Isbiliroglu et al.,2015; Mazzieri et al.,2013),开展考虑 SCI 效应的城市建筑震害模拟或者参数分析会面临很大的挑战。而如果忽略 SCI 效应的影响,计算分析的工作量、耗时和设备需求均会显著降低(Lu et al.,2019),可是由此带来的震害评估结果的误差难以得到明确。因此,本节将采用 7.3 节提出的计算方法,针对 SCI 效应对于城市建筑损伤状态的影响开展定量化评估,分析 SCI 效应引起的评估结果误差范围,明确基于自由场地运动的评估方法的可靠性。

由于实际的场地与城市建筑布局十分复杂,难以建立统一的规律,因此,本节将首先针对理想化建筑分布模型开展分析,并给出初步的结论与详细的讨论;然后,基于几组实际区域的建筑群模型,进一步说明分析方法与分析结论的适用性,明确 SCI 效应引起的建筑损伤状态评估结果的误差范围。

7.4.2 理想建筑分布下的 SCI 效应

SCI 效应涵盖内容广泛、影响因素复杂。Isbiliroglu 等(2015)针对 1994 年发生在美国加州的北岭地震,进行了一个大规模区域的 SCI 效应分析。在研究中,考虑了场地的建筑数量、建筑间距、建筑层高等因素对 SCI 效应的影响,为相关研究提供了重要参考。因此,本节以北京通州区域为背景,进行场地与建筑模型的简化,建立理想化的建筑分布形式开展计算。

1. 分析模型

1) 场地与建筑模型

根据《中国地震动参数区划图》(GB 18306—2015),该背景区域属于中国规范 8 度设防区(小震、中震、大震对应的峰值地面运动加速度分别为 0.7m/s^2、2.0m/s^2 以及 4.0m/s^2)。一般而言,不同高度的建筑容易引起不同的相互作用,为尽量涵盖一般城市中的建筑高度范围,本节考虑 3 种建筑,层数分别为 3(B1)、15(B2)、40(B3),层高取为 4m,平面尺寸取为 40m×40m,采用 MDOF 模型模拟。根据第 2 章提出的参数标定方法,得到 3 种建筑的基本周期分别为 0.30s、1.58s 以及 3.29s。考虑到网格尺寸不宜过小(过小的网格尺寸会降低显式计算的时间步长,因而显著增加计算时间),B1～B3 的基础深度分别选取为 5m、10m 以及 15m,采用谱单元模拟,并根据已有研究取建筑基础的剪切波速为 750m/s(Isbiliroglu et al.,2015)。

以往的研究通常表明,在"双共振"情况下(即建筑与场地自振频率接近)(Kham et al.,2006,Semblat et al.,2008),SCI 效应最为显著。本节将建立的场地自振频率尽量与建筑 B2 接近。一般而言,土体的剪切波速随深度的增加而增加,但本节重点研究 SCI 效应对建筑响应的影响,因此将场地模型进行适当简化,将 0～100m 深处土体的剪切波速统一取为 200m/s,阻尼比为 5%;100～120m 处为基岩,剪切波速取为 1000m/s,阻尼比为 0.25%。此时,场地 V_{S30} 为 200m/s,对应中国规范 Ⅲ 类(GB 50011—2010)、美国规范的 D 类(ASCE,2010),场地基岩上覆土层基本周期约为 2s,与建筑 B2 较为接近。

根据后文的建筑布局方案,场地模型平面尺寸选取为 1440m。数值模型中在场地底部与四周设置吸收边界。

2) 建筑分布形式

本研究中考虑 3 种建筑数量(C1:3×3;C2:5×5;C3:9×9)和 3 种建筑间距(S1:20m;S2:40m;S3:60m)(分别对应 0.5、1.0、1.5 倍的建筑平面尺寸),分布如图 7-38 所示。

对于每一种建筑数量 C 与建筑间距 S 的组合,每个位置的建筑选取如下:①所有建筑均为 B1;②所有建筑均为 B2;③所有建筑均为 B3;④各处建筑不完全相同且随机布置(BN),以考虑不同高度建筑之间的相互作用。

上述组合得到的建筑布局方案记作 BiCjSk(i=1,2,3,N;j,k=1,2,3)。在安排随机分布(BN)时主要基于以下原则:①每种建筑的总数量均大于 0;②尽量保证 BNCjSk 布局中所有建筑的总层数与 B2CjSk 的建筑总层数接近;③按照上述原则确定每种建筑的总数后(表 7-6),每个位置从 B1 至 B3 中随机选取一种,最终建筑的具体排布结果如图 7-39 所示。

表 7-6　BN 方案的建筑构成

分布方案	B1	B2	B3	合计
BNC1	4	3	2	9
BNC2	12	7	6	25
BNC3	36	28	17	81

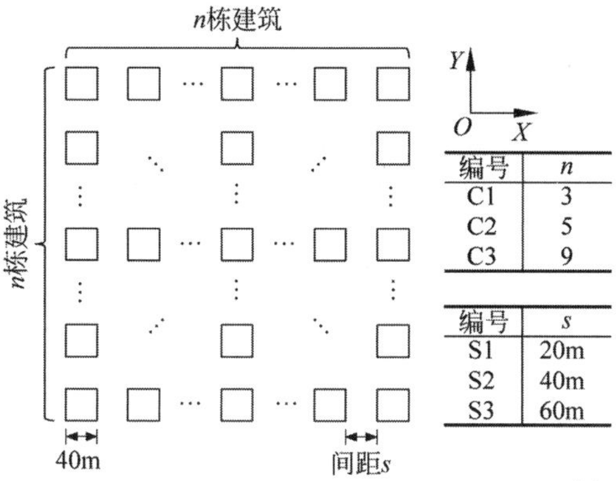

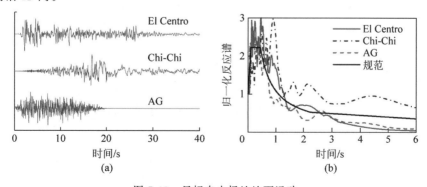

图 7-38　建筑分布形式 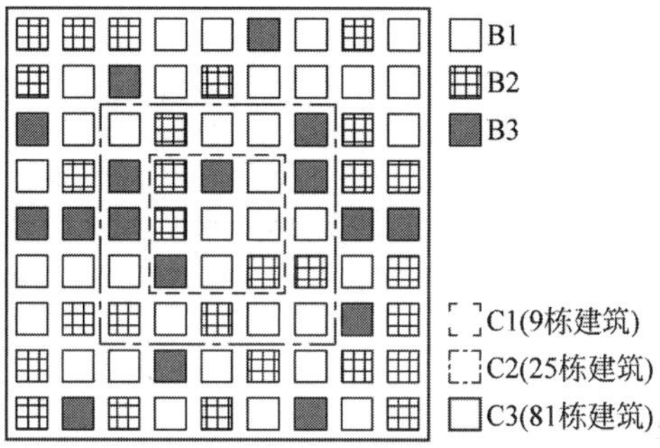　　　　　　　图 7-39　建筑随机分布方案 BN

3) 地震动输入

考虑到本节模型为软土场地,因此选取两组中长周期频率成分较大的地震波作为目标自由场地地面运动:El Centro (Imperial Valley-02,5/19/1940,El Centro Array ♯9,180),Chi-Chi (Chi-Chi Taiwan,9/20/1999,CHY101,N)。另外,按照规范反应谱生成人工波AG。上述 3 条地震波的归一化时程记录与反应谱曲线如图 7-40 所示。在进行分析时,对每条地震波分别调幅 3 次,使得目标自由场地地面运动峰值加速度分别等于 0.7m/s^2、2.0m/s^2 以及 4.0m/s^2,即分别对应中国规范 8 度设防区的多遇地震、设防地震和罕遇地震水平(GB 50011—2010)。本研究中,首先对目标自由场地地面运动进行反演得到对应的场地底部地震波输入(Schnabel et al.,1972),再将获得的地震波从基岩底部竖直入射,地震波振动方向沿 X 向。

图 7-40　目标自由场地地面运动

(a) 归一化地面运动；(b) 归一化反应谱

4）分析工况

通过组合上述建筑种类、建筑数量、建筑间距与地震波输入，可以得到共计 4(B)×3(C)×3(S)×3(地震波)×3(强度)=324 组工况，如表 7-7 所示。另外，每组工况分别考虑两种具体情况。

表 7-7 分析工况

编　　号	建筑	分布	间距	目标自由场地地面运动	
				地震波	峰值加速度/(m/s²)
B1C1S1-El0.7	B1	C1	S1	El Centro	0.7
B1C1S1-El2.0	B1	C1	S1	El Centro	2.0
B1C1S1-El4.0	B1	C1	S1	El Centro	4.0
⋮	⋮	⋮	⋮	⋮	⋮
B2C2S1-Chi2.0	B2	C2	S1	Chi-Chi	2.0
⋮	⋮	⋮	⋮	⋮	⋮
B3C3S2-AG0.7	B3	C3	S2	AG	0.7
⋮	⋮	⋮	⋮	⋮	⋮
BNC3S3-AG4.0	BN	C3	S3	AG	4.0

（1）自由场地情况（FF）：对自由场地模型进行分析（不考虑建筑与建筑基础的影响），采用建筑所在位置处自由场地地面运动作为输入，计算每栋建筑的动力响应，此工况对应于目前采用的城市建筑震害时程分析方法。

（2）考虑相互作用（SCI）：采用 7.3 节提出的耦合数值模拟方法，将地上建筑与场地共同计算，进而获得每栋建筑的地震响应，此工况用于与自由场地工况结果对比，分析相互作用对于震害分析结果的影响。本节主要对比建筑峰值层间位移角（peak inter-story drift ratio，PIDR）与破坏状态的变化情况。

2. 分析结果

1）峰值层间位移角（PIDR）

与自由场地工况相比，考虑 SCI 效应后，每栋建筑的输入地震动都发生了不同程度的变化，相应地，建筑的动力响应也会发生改变。这里主要采用建筑经历过的峰值层间位移角衡量建筑的响应情况，并按式（7.4-1）计算 SCI 效应对每栋建筑响应的影响。

$$IR_{I,i} = \frac{PIDR_{i,SCI}}{PIDR_{i,FF}} - 1 \qquad (7.4\text{-}1)$$

其中，$PIDR_i$ 为建筑 i 峰值层间位移角；$IR_{I,i}$ 为考虑 SCI 效应后，建筑 i 峰值层间位移角的增长率。需要说明的是，这一指标主要表征的是建筑与建筑之间以及建筑与场地之间的相互作用，而地震波在场地中传播过程所遇到的场地效应则是在两种工况中进行了相同的考虑。

根据定义可以发现，当 IR_I 小于 0 时，说明 SCI 效应会降低建筑的响应；当 IR_I 大于 0 时，说明 SCI 效应会增加建筑的响应；IR_I 的绝对值越大，SCI 效应越显著。

图 7-41 列出了几组有代表性的 IR_I 结果。以图 7-41(a)为例，图中的 18 条曲线对应于

布置有建筑 B2 的 18 组工况,包括 9 组"规则布置"(B2CjSk-El0.7,j,k=1,2,3)和 9 组"随机布置"(BNCjSk-El0.7,j,k=1,2,3)。每条曲线上 3 个点分别对应该工况下所有 B2 的 IR_I 的平均值(◇)、最大值和最小值(○)。具体地,图 7-41(a)中 B2C2 组中间的曲线对应于工况 B2C2S2-El0.7 中 25 栋 B2 的 IR_I;图 7-41(f)中 BNC1 组右侧的曲线对应于工况 BNC1S3-El0.7 中 4 栋 B1(参考表 7-6)的 IR_I。

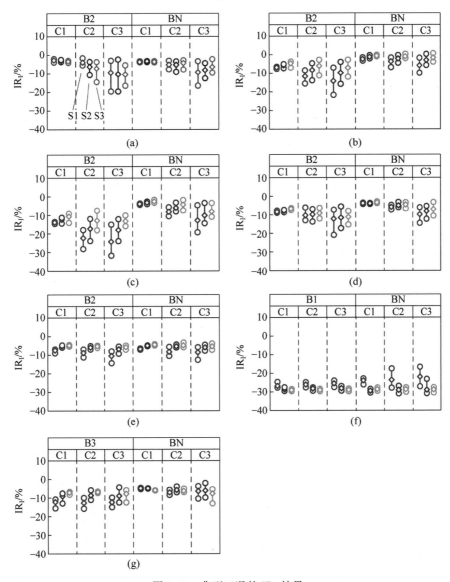

图 7-41　典型工况的 IR_I 结果

(a) B2/BN-El0.7 工况中 B2 的 IR_I;(b) B2/BN-Chi0.7 工况中 B2 的 IR_I;(c) B2/BN-AG0.7 工况中 B2 的 IR_I;
(d) B2/BN-El2.0 工况中 B2 的 IR_I;(e) B2/BN-El4.0 工况中 B2 的 IR_I;(f) B1/BN-El0.7 工况中 B1 的 IR_I;
(g) B3/BN-El0.7 工况中 B3 的 IR_I

从图 7-41 中可以发现:

(1) 随着建筑数量的增加,相互作用效应的离散性(即最大值与最小值的差距)增加;

（2）随着建筑间距的增加，相互作用的离散性降低；

（3）建筑越高，其受到的 SCI 效应影响越小；

（4）在不同地震动强度下，相互作用效应的影响规律基本一致；

（5）在间距与数量相同的情况下，对于同一种建筑，相比于规则布置，随机布置一般会降低相互作用效应；

（6）随机布置下，低层建筑受到相互作用效应影响的离散性一般会显著增加。

2）损伤状态

本节采用第 3 章提出的损伤判定方法计算每栋建筑的损伤状态。针对每组工况，计算考虑 SCI 效应后每栋建筑损伤等级相比于自由场地工况下损伤等级的变化 $\Delta DS_i = DS_{i,SCI} - DS_{i,FF}$。其中 DS_i 为建筑 i 的损伤等级，可取 0、1、2、3 和 4，分别对应基本完好、轻微破坏、中等破坏、严重破坏、毁坏。统计分析结果发现，考虑 SCI 效应后，相比于自由场地工况结果，建筑的损伤状态变化在 ±1 个等级之内，即 $\Delta DS_i = -1, 0$ 或 1。图 7-42 统计了每组工况下，不同 ΔDS_i 的建筑数量比例。

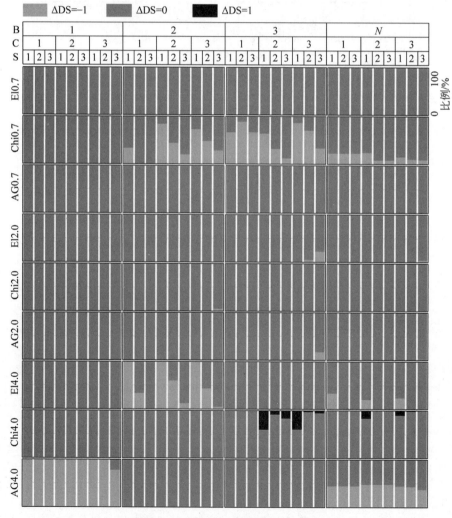

图 7-42　各分析工况下的 ΔDS_i 结果

对比图 7-41 和图 7-42 可以发现,损伤状态的变化并不如 PIDR 明显。同时,在层间位移角变化大的工况下,损伤状态不一定会发生显著变化,如 B1-El0.7;而层间位移角变化相对小的工况下,损伤状态也可能有很大的变化,如 B2-El4.0。接下来将对这一现象进行详细阐述。

3. 分析与讨论

上文结果表明,考虑 SCI 效应后,PIDR 的变化幅度与损伤状态发生变化的概率并不是简单的线性关系。这主要是因为建筑的每个损伤状态均包含了一定范围的层间位移角,因此,损伤状态所包含的信息量远少于 PIDR 等工程需求参数所包含的信息。例如,图 7-43 给出了在不同强度地震动作用下,B1C1S1-AG 工况下一栋典型 B1 建筑的工程需求参数情况。同时,图中也划分了各损伤状态覆盖的工程需求参数范围。

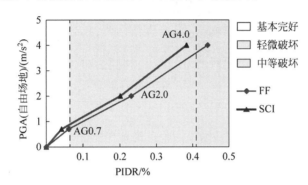

图 7-43　B1C1S1-AG 工况下典型 B1 建筑的损伤状态

可以发现,在特定地震动作用下,考虑 SCI 效应后,如果建筑损伤状态发生了变化,那么一般需要满足如下条件:①在自由场地工况下,EDP 就已经接近损伤状态的临界值;②SCI 效应产生的影响足以使得 EDP 跨越损伤状态临界值,这对于 EDP 变化的正负和绝对值大小均有一定要求。如,在 B1C1S1-AG0.7 工况下,建筑 B1 自由场地情况下的响应已经十分接近进入轻微损伤的限值,但是考虑 SCI 效应后,建筑 EDP 降低,使得 EDP 距离阈值更远,因而损伤状态无变化;而在 B1C1S1-AG4.0 工况下,虽然自由场地情况下的响应与损伤阈值存在一定差距,但是 SCI 效应的绝对影响显著且使得 IDR 向阈值一侧变化,因此从中等损伤状态降低为轻微损伤状态。

对实际震害场景也可以类似地进行更一般的定性分析。定义某区域可能发生的地震事件(指实际的场景,而非具体地震波)为 $EQ=\{eq_1,eq_2,\cdots,eq_k,\cdots\}$;同时定义 EQ 中 SCI 效应能使建筑 B_i 发生损伤状态变化的集合为 $QZ_i=\{qz_{i,1},qz_{i,2},\cdots,qz_{i,s},\cdots\}$($QZ_i\subseteq EQ$),该集合不仅依赖于建筑本身的特性,还与建筑所在位置处的场地特征及其周围的建筑特性有关。可以发现,QZ_i 包含的地震动场景越多,说明建筑 i 越容易受到场地以及周围建筑的影响,例如高层建筑周围的低层建筑等就容易属于这一类。一般情况下,EQ 与每栋建筑 QZ 集合的关系可以用图 7-44 示意。当地震 eq_k 发生时,SCI 效应能够引起损伤状态改变的建筑比例(记作 $SR(eq_k)$)取决于包含 eq_k 的 QZ 集合数量,如式(7.4-2):

$$SR(eq_k)=\frac{\sum_{i=1}^{N}f(eq_k,i)}{N} \tag{7.4-2}$$

其中，N 为区域内建筑总数量；函数 $f(\mathrm{eq}_k,i)$ 用于判断 eq_k 与 QZ_i 的从属关系，如式(7.4-3)：

$$f(\mathrm{eq}_k,i)=\begin{cases}1, & \mathrm{eq}_k \in \mathrm{QZ}_i \\ 0, & \mathrm{eq}_k \notin \mathrm{QZ}_i\end{cases} \qquad (7.4\text{-}3)$$

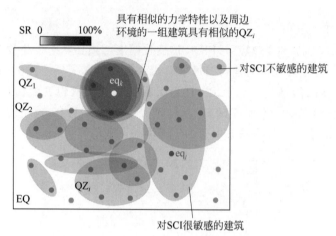

图 7-44　SCI 引起区域建筑损伤状态变化的定性描述

根据 QZ 集合的性质可以发现，如果一些建筑具有相似的力学特性以及周边环境(包括上覆土层与周边建筑环境)，那么这些建筑对应的 QZ 集合越接近，其包含的地震发生时，就会有越大比例的建筑的损伤状态受到 SCI 效应的影响。前文中的"规则布置"就是一个例子。

而如果建筑之间的力学特性以及周边环境差异较大，或建筑不容易受到场地及周围建筑的影响而发生损伤状态的变化，则很难在区域内使大量建筑的 QZ 同时产生交集，那么 SCI 效应对区域尺度的损伤状态评估结论影响就十分有限，即对应前文中"随机布置"的分析结果。

图 7-45 中给出了 BNC2S1 布置下的具体 QZ 分布情况。由表 7-6 可知，该区域共包含 12 栋 B1、7 栋 B2 和 6 栋 B3，具体布置如图 7-39 所示，第 t 栋 Bi 记作 Bi-t。如果该区域实际可能发生的地震场景为表 7-7 中分析的 9 组，即 Chi0.7、Chi2.0、Chi4.0、El0.7、El2.0、El4.0、AG0.7、AG2.0 和 AG4.0，分别记作 eq_1 to eq_9。需要说明的是，实际情况下不可能只有 9 种可能场景，这里只是针对已经分析的结论进行具体的举例阐释。

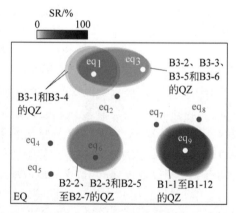

图 7-45　BNC2S1 工况下 SCI 引起区域建筑损伤状态变化的描述

可以发现，高度相同的建筑基本具有相同或相似的 QZ；在本案例的 9 组场景下，不同高度建筑的 QZ 之间没有交集。由于该案例中 B1 数量较多，因此当发生 eq_9 时，建筑损伤状态受 SCI 效应影响而发生变化的比例很高。

实际上,对于一般的实际城区,建筑环境与种类多样,大多数属于"随机布置"方案,因此,可以预见的是,对于实际区域开展地震损伤状态评估时,SCI 效应的影响会被显著降低。

7.4.3 实际区域的 SCI 效应

为进一步说明上述结论在实际区域中的适用性,本节将分别针对北京通州某区域建筑群、清华大学校园建筑群和北川新县城开展案例分析。其中,北京通州某区域建筑群的场地环境与 7.4.2 节的场地类似,均属于软土场地,且建筑构成相对单一,绝大多数为钢筋混凝土剪力墙结构,每个街区范围内建筑高度接近;清华大学校园案例中,建筑结构的类型较为丰富,包含了设防砌体、非设防砌体、钢筋混凝土框架以及钢筋混凝土剪力墙结构等;北川新县城位于复杂地形场地上,具有显著的地形效应。本节将针对北京通州某区域建筑群开展详细的基于强度的评估(intensity-based assessment)和基于场景的评估(scenario-based assessment),对清华大学校园和北川新县城开展基于场景的评估,从更接近实际场景的角度为相关分析的结论提供支撑。

1. 通州某区域案例

该区域中 311 栋建筑的具体布局与层数分布如图 7-46 所示。案例考虑建筑群周围 $3.5\text{km}\times3.5\text{km}\times200\text{m}$ 的场地范围。该场地土体参数采用 7 组实际钻孔数据和文献资料(付长华,2012)确定。V_{S30} 为 $210\sim250\text{m/s}$。

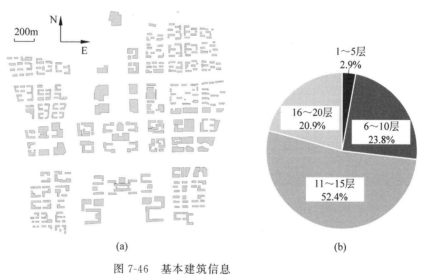

图 7-46 基本建筑信息

(a)建筑分布形式;(b)不同楼层数组成

1)基于强度的评估

根据相关部门提供的地震动参数小区划数据,分别对 50 年超越概率为 63%(小震)、10%(中震)和 2%(大震)的地震动反应谱选波,每个地震水准选取 10 条地震动,如表 7-8 所示。将上述 30 条地震动作为目标自由场地地面运动,采用与 7.4.2 节相同的方法,分别计算自由场地工况与 SCI 效应工况。

表 7-8 选波列表

目标强度水平	ID	PEER 数据库中的编号	震级	年份	所选分量
小震	1	9	6.5	1942	BORREGO_B-ELC000
	2	28	6.19	1966	PARKF_C12050
	3	40	6.63	1968	BORREGO_A-SON033
	4	51	6.61	1971	SFERN_PVE065
	5	55	6.61	1971	SFERN_BVP090
	6	68	6.61	1971	SFERN_PEL090
	7	76	6.61	1971	SFERN_MA3130
	8	86	6.61	1971	SFERN_SON033
	9	88	6.61	1971	SFERN_FSD172
	10	93	6.61	1971	SFERN_WND143
中震	1	6	6.95	1940	IMPVALL. I_I-ELC180
	2	12	7.36	1952	KERN. PEL_PEL090
	3	13	7.36	1952	KERN_PAS180
	4	15	7.36	1952	KERN_TAF021
	5	20	6.5	1954	NCALIF. FH_H-FRN044
	6	28	6.19	1966	PARKF_C12050
	7	36	6.63	1968	BORREGO_A-ELC180
	8	40	6.63	1968	BORREGO_A-SON033
	9	68	6.61	1971	SFERN_PEL090
	10	96	5.2	1972	MANAGUA_B-ESO090
大震	1	6	6.95	1940	IMPVALL. I_I-ELC180
	2	12	7.36	1952	KERN. PEL_PEL090
	3	13	7.36	1952	KERN_PAS180
	4	14	7.36	1952	KERN_SBA042
	5	20	6.5	1954	NCALIF. FH_H-FRN044
	6	22	6.8	1956	ELALAMO_ELC180
	7	36	6.63	1968	BORREGO_A-ELC180
	8	69	6.61	1971	SFERN_TLI249
	9	78	6.61	1971	SFERN_PDL120
	10	82	6.61	1971	SFERN_PHN180

图 7-47 给出了每组工况下建筑 IR_I 的累积分布情况。其累积分布近似于对数正态分布形式,绝大部分 IR_I 位于 $-50\%\sim50\%$。对于该案例,中震下相互作用引起的 IR_I 最小;大震下相互作用引起的 IR_I 最大。但对于所有的工况,SCI 效应对建筑 PIDR 的影响都是十分显著的。

图 7-48 给出了每栋建筑破坏状态的变化情况。可以发现,尽管 PIDR 发生了十分显著的变化,但是建筑的损伤状态情况变化并不显著,且出现变化的建筑比例很低,一般情况下,有变化的建筑不超过 20%,增加一个破坏等级的建筑比例在 15% 以内。

图 7-49(a) 给出了每组工况下,考虑 SCI 效应后,每个损伤状态下建筑数目所占比例的变化;图 7-49(b) 给出了每组工况下,考虑 SCI 效应后,超越某损伤状态建筑数目所占比例的变化。在 30 组工况中,仅有 3 组工况中 SCI 效应对损伤建筑比例的造成超过了 10% 的改变。

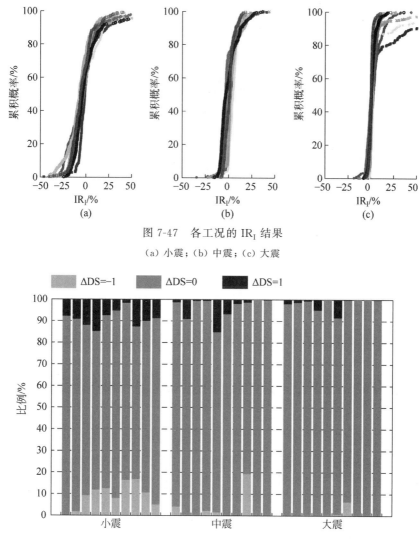

图 7-47　各工况的 IR_I 结果

（a）小震；（b）中震；（c）大震

图 7-48　各工况的 ΔDS 结果

2）基于场景的评估

相比于基于强度的评估,实际震害场景的研究更具有实际意义。因此,本节选取 1679 年三河—平谷 M8.0 地震场景（震中距离目标区域 20~30km）对该区域开展震害分析。目标自由场地地面运动由中国地震局地球物理研究所模拟得到（付长华,2012）,其加速度时程及其反应谱与规范反应谱的对比如图 7-50 所示。采用与 7.4.2 节相同的方式,分别计算自由场地工况与 SCI 效应工况。SCI 效应引起的峰值层间位移角增长率（IR_I）与峰值顶点位移增长率（IR_R,定义与 IR_I 相似）的累积分布如图 7-51（a）所示。自由场地与 SCI 效应工况的损伤比例结果对比如图 7-51（b）所示。

可以发现,采用峰值层间位移角和峰值顶点位移计算的响应变化情况接近;在三河—平谷地震场景下,考虑 SCI 效应后,绝大部分建筑响应均会增加,但一般不会超过 30%;考虑 SCI 效应后,区域范围内的建筑损伤比例不会产生较大变化,最大绝对误差不到 3%,在基于强度评估的分析结果的误差范围内。

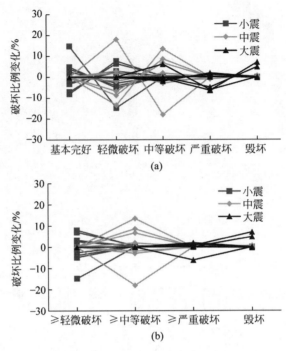

图 7-49　破坏比例变化情况

（a）考虑 SCI 后每种破坏状态的比例变化；（b）考虑 SCI 后超越每种破坏状态的比例变化

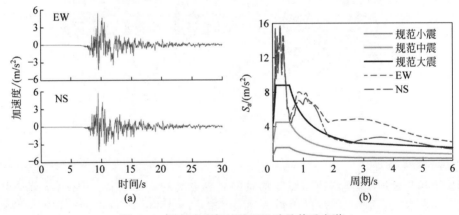

图 7-50　目标自由场地地面运动及其反应谱

（a）目标自由场地地面运动；（b）反应谱

2. 清华大学校园案例

7.3.5 节针对清华大学校园 619 栋建筑,开展了 1679 年三河—平谷 M8.0 地震场景下的震害分析。本节仅关注损伤状态比例的变化和地震响应变化情况。图 7-52 给出了相比于自由场地工况,SCI 效应引起的损伤状态比例变化和地震响应变化情况。可以发现,在三河—平谷地震场景下,考虑 SCI 效应后,绝大部分建筑响应变化在±50％之间；考虑 SCI 效应后,区域范围内的建筑损伤比例不会产生较大变化,最大绝对误差不到 8％。

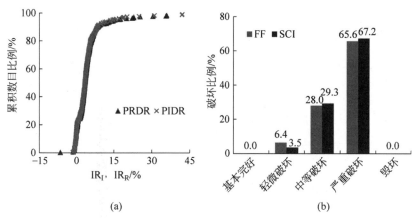

图 7-51　地震响应与破坏比例对比

（a）IR_I 和 IR_R 的分析结果；（b）破坏比例对比

（PIDR 为峰值层间位移角；PRDR 为峰值屋顶位移角）

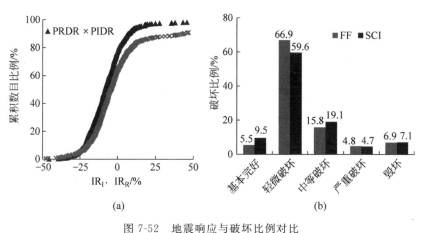

图 7-52　地震响应与破坏比例对比

（a）IR_I 和 IR_R 的分析结果；（b）破坏比例对比

3. 北川新县城案例

该案例分析的场地区域平面尺寸约为 3800m×3900m，由于地形变化较大，场地模型的高度为 92～264m。场地土层属性采用 17 组实际钻孔数据，场地 V_{S30} 为 280～450m/s。区域内共考虑 907 栋建筑，其具体布局与楼层分布（1～17 层）情况如图 7-53 所示。可以发现，该区域范围内 6 层及以下的低层建筑占绝大部分。

本案例研究采用场地范围内历史地震动记录，其归一化时程与反应谱如图 7-54 所示。分析中，将该地震动调幅至 $2m/s^2$ 作为露头基岩表面运动用于震害分析。

图 7-55 给出了考虑 SCI 效应后，相比于自由场地工况的损伤状态比例的变化和地震响应变化情况。可以发现，在该地震场景下，考虑 SCI 效应后，绝大部分建筑响应变化在 ±15% 之间；考虑 SCI 效应后，区域范围内的建筑损伤比例不会产生较大变化，最大绝对误差不到 4%。

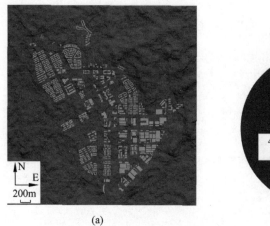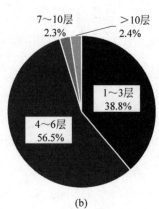

图 7-53　基本建筑信息

（a）建筑分布；（b）不同楼层数组成

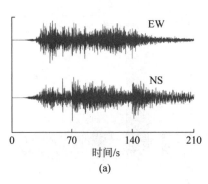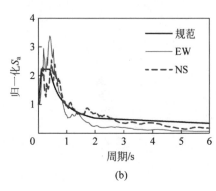

图 7-54　露头基岩表面运动及其反应谱

（a）露头基岩表面运动；（b）反应谱

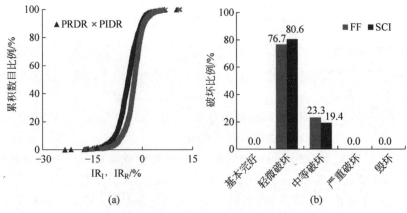

图 7-55　地震响应与破坏比例对比

（a）IR_I 和 IR_R 的分析结果；（b）破坏比例对比

4. 分析与讨论

从上述几组实际区域的建筑震害分析来看,其结论与 7.4.2 节基本保持一致。表 7-9 汇总了 7.4.3 节中基于场景评估案例的关键信息与结果。

表 7-9　基于场景评估案例信息汇总

案例信息		通州某区域	清华大学校园	北川新县城
建筑数量		311	619	907
结构类型		RC 框架、RC 框架-剪力墙	RC 框架、RC 框架-剪力墙、设防砌体、未设防砌体	RC 框架、RC 框架-剪力墙、钢框架、轻钢厂房
$V_{S30}/(\text{m/s})$		210～250	300	280～450
地形		无	无	有
IR$_I$	2.3%分位值	−0.8%	−33.2%	−9.4%
	50%分位值	3.3%	−4.3%	−2.2%
	97.7%分位值	24.9%	134.0%	3.5%
IR$_R$	2.3%分位值	−1.2%	−30.7%	−12.0%
	50%分位值	3.4%	−8.2%	−4.2%
	97.7%分位值	30.4%	35.3%	2.0%
SCI 引起的破坏状态变化	基本完好	0.0	4.0	0.0
	≥轻微破坏	0.0	−4.0%	0.0
	轻微破坏	−2.9%	−7.3%	3.9%
	≥中等破坏	2.9%	3.2%	−3.9%
	中等破坏	1.3%	3.2%	−3.9%
	≥严重破坏	1.6%	0.0	0.0
	严重破坏	1.6%	−0.2%	0.0
	毁坏	0.0	0.2%	0.0

可以发现,在三组地震场景下,考虑 SCI 效应后,虽然建筑群的动力响应变化幅度(IR$_I$ 和 IR$_R$)较大,但损伤状态比例的变化均在 8% 以内,损伤状态超越比例的变化(表中阴影区域)均在 4% 以内。这也再次验证了图 7-45 的分析是可靠的。因此,一般而言,在时间、技术受限的情况下,即使不考虑 SCI 效应的影响,区域建筑的损伤状态比例分析结果也并不会受较大影响,仍具有重要的参考价值与指导意义。

7.4.4　小结

相比于自由场地工况,SCI 效应会对建筑的动力响应产生不同程度的影响。但是,现有研究罕有开展相互作用对建筑损伤状态影响的定量化分析。本节通过对理想建筑分布模型和实际区域模型进行研究,定量评价了 SCI 效应引起的损伤状态评估误差,并详细分析了原因,可以得出以下结论。

(1) 单体尺度上,SCI 效应对于每栋建筑的动力响应影响较大,且对不同建筑的影响离散性大。如果关注的分析指标对每栋建筑的响应变化十分敏感,如经济损失、修复时间,则有必要考虑 SCI 效应的影响,开展考虑 SCI 效应的震害分析。

(2) 区域尺度上,一般情况下 SCI 效应对建筑损伤状态比例的影响十分有限,这主要是因为建筑损伤状态是对动力响应信息的一次过滤,只保留了其中部分信息。尤其是对于建筑组成丰富、布局不规则的区域,在实际时间与平台受限的情况下,可以采用不考虑 SCI 效应的分析结果。对于其他类似的区域尺度评估指标(即离散式的等级结果),在理论上也有类似的规律。

第8章 典型城市建筑群的震害模拟案例

8.1 概述

本书第 2 至 7 章介绍了关于城市区域建筑群地震灾变模拟的数值模型、地震经济损失评估、可视化、次生灾害模拟方法、地震应急与恢复,以及城市地面运动场构造及场地-城市效应,本章将结合 6 个不同规模的典型算例,介绍相应的模型、方法在实际城市区域中应用的效果。首先,对北京 CBD 地区 172 栋建筑进行多尺度建筑震害模拟,给出了不同尺度的建筑震害可视化结果。其次模拟了新北川县城近 1000 栋建筑的震害,模拟结果考虑场地-城市效应,并对结果进行了高真实感可视化展示。再次对西安灞桥区 6 万多栋建筑进行了建筑震害模拟,并模拟了未设防砌体加固后的效果。然后模拟了唐山市 23 万多栋建筑的震害,介绍本书建议方法在实际大城市中的可行性和优势。最后,实现美国旧金山湾区 184 万多栋建筑从断层到建筑地震经济损失的震害模拟。本章研究工作主要由本书作者和清华大学研究生曾翔、杨哲飚、程庆乐、孙楚津,北京科技大学研究生吴元,以及中国地震局工程力学研究所林旭川研究员等合作完成。

8.2 北京 CBD 建筑群震害模拟

北京中央商务区(CBD)作为中国最重要的高层建筑区之一,包含 117 家全球 500 强企业(中央政府门户网站,2008),其中全球 500 强企业总部 48 家(中国新闻网,2014),是全球500 强企业最密集的区域。该区域如果因地震发生建筑损伤,以致建筑功能中断,将导致严重的后果。因此迫切需要对该地区进行震害模拟,把握该地区的建筑地震风险。

8.2.1 北京 CBD 地区结构模型介绍

本节选取了北京 CBD 核心区的 172 栋常规高层建筑和 3 栋特殊建筑(CCTV 总部大楼、国贸三期大楼和中国尊),如图 8-1 所示。考虑到该数据并不是最新的北京 CBD 数据,实际的建筑情况可能有部分差别。由于本节研究目的在于对提出的震害模拟方法进行展示,因此如果拥有最新的 CBD 高层建筑数据,则可以采用同样的方法开展研究。基于本书

第 2 章提出的多尺度建模思路,采用多自由度层模型建立 172 栋常规高层建筑的模型,采用精细有限元模型,利用纤维梁和分层壳建立 3 栋特殊建筑的模型。

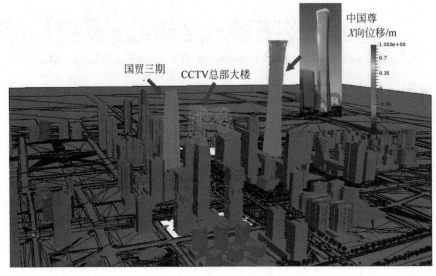

图 8-1 北京 CBD 建筑分布

8.2.2 北京 CBD 地震动时程数据获取

付长华(2012)通过采用四维震源模型、三维速度结构模型对北京盆地地区的三河—平谷地震场景进行了有限差分数值模拟、随机振动合成分析以及土体反应分析,得到了整个北京盆地地区的地表宽频带地震动时程场,该方法的分析框架如图 8-2 所示。北京 CBD 地区典型的地震动加速度以及速度时程记录如图 8-3 所示,可以看出地震动有着明显的速度脉冲。

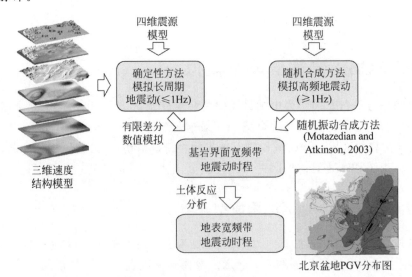

图 8-2 付长华提出的北京盆地地区地震动场模拟方法框架

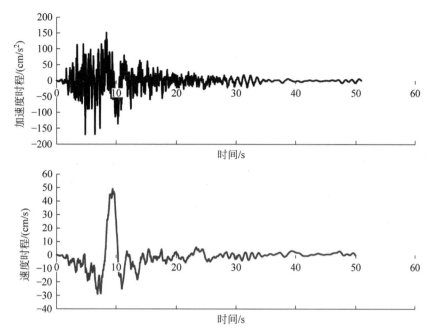

图 8-3　北京 CBD 地区典型的地震动加速度以及速度时程记录

　　付长华(2012)对三河—平谷 8 级地震场景下北京 CBD 的地震动场进行了计算,每栋建筑位置的地面峰值加速度(PGA)分布如图 8-4(a)所示。此外 Lu 等(2013b)的研究发现高层建筑的地震响应对 PGV 更为敏感,因此将北京 CBD 地区 PGV 的分布绘制如图 8-4(b)所示。

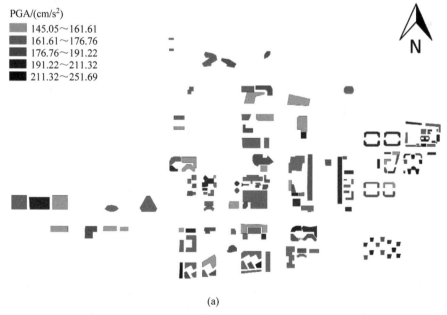

PGA/(cm/s²)
■ 145.05～161.61
■ 161.61～176.76
■ 176.76～191.22
■ 191.22～211.32
■ 211.32～251.69

N

(a)

图 8-4　三河—平谷 8 级地震场景下北京 CBD 地震动强度参数分布
(a) 北京 CBD 地面峰值加速度(PGA)分布；(b)北京 CBD 地面峰值速度(PGV)分布

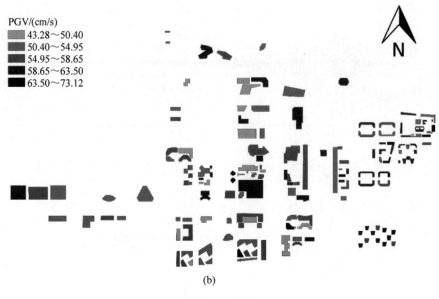

(b)

图 8-4 （续）

　　由于三河—平谷地震的震源位于北京 CBD 的东方，从图 8-4 中的地震动强度分布可以看出，东侧建筑的地震动强度要高于西侧的建筑，这基本符合地震动的衰减规律。此外，图中有些较为邻近建筑的地震动强度也有差异，这是由于在模拟高频地震动时采用了随机分析方法，此外在考虑盆地对地震动加速度反应谱放大效应时也引入了不确定性分析（付长华，2012）。付长华通过将其地震动场的模拟结果与其他研究者的结果（Field，2000；高孟潭等，2002；Day et al.，2005；潘波等，2009）进行对比验证，证明了该地震动场结果的合理性。因此本节后续将采用付长华计算得到的地震动时程记录对北京 CBD 建筑群开展弹塑性时程分析。

8.2.3　北京 CBD 建筑群震害模拟结果

　　采用第 2 章提出的方法开展高层建筑震害模拟，并获得每栋建筑的损伤状态，如图 8-5 所示，图中不同颜色表示每栋建筑的损伤等级。

　　图 8-5 的结果显示，在三河—平谷 8 级地震作用下，北京 CBD 建筑的损伤等级基本为轻微破坏和中等破坏。从损伤程度的空间分布规律可以看出，位于整个区域中间的建筑损伤程度较高，这与图 8-4 中地震动强度分布规律不相符（东侧 PGA 与 PGV 更大）。为了分析该现象产生的原因，对每栋建筑分别计算了其对应规范反应谱的第一周期谱加速度 $S_a(T_1)$ 设计值（以下记为 S_{a_design}），以及实际每栋建筑底部输入地震动时程记录的 $S_a(T_1)$ 值（以下记为 S_{a_actual}）。将每栋建筑的 $S_{a\_actual}/S_{a\_design}$ 以不同的颜色绘制出来，如图 8-6 所示。该值粗略反映了结构实际承受的地震作用与结构抗震设计地震作用的比值。在《地震损失分析与设防标准》（尹之潜，杨淑文，2004）中，该值被称作超越倍率，并被用于预测结构的损伤等级。

　　图 8-6 的结果同样显示，位于区域中央的建筑具有较高的超越倍率。将损伤等级与每

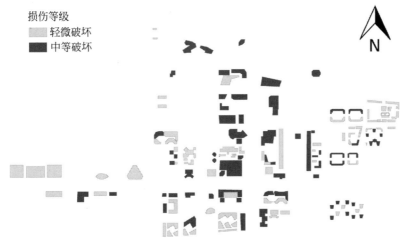

图 8-5　北京 CBD 建筑损伤结果

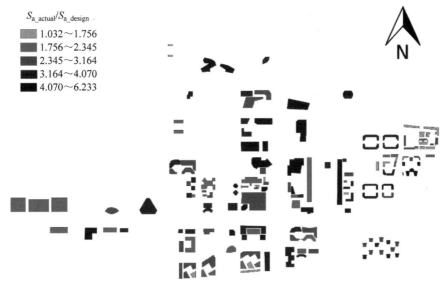

图 8-6　不同建筑的超越倍率

栋结构的超越倍率进行对比分析,如图 8-7 所示,可以发现结构的超越倍率越大,结构的损伤等级越高。此次分析中,北京 CBD 建筑发生轻微破坏结构的超越倍率均值为 2.18(大致相当于地震强度在设防小震和中震之间),中等破坏结构的超越倍率均值为 3.83(大致略高于设防中震水平)。可以看出超越倍率与结构的损伤等级具有一定的正相关性。

为了更进一步分析高层结构损伤更为严重的原因,选取整个区域典型的 5 条地震动时程记录,这 5 条地震动时程记录的反应谱如图 8-8 所示。可以明显看出,CBD 地区的地震反应谱在 2.5~6s 之间有一个明显的反应谱谱值高峰,这是由于这些地震动时程记录中包含明显的速度脉冲(图 8-3)。地震动的速度时程在 10s 时达到峰值,产生了一个较大的速度脉冲,并对高层建筑造成了显著的影响。结构的周期分布如图 8-8 中的柱状图所示,可以看出,有较多高层建筑的周期范围正好落在 2.5~6s 之间。此外北京 CBD 建筑按照 8 度(0.2g)

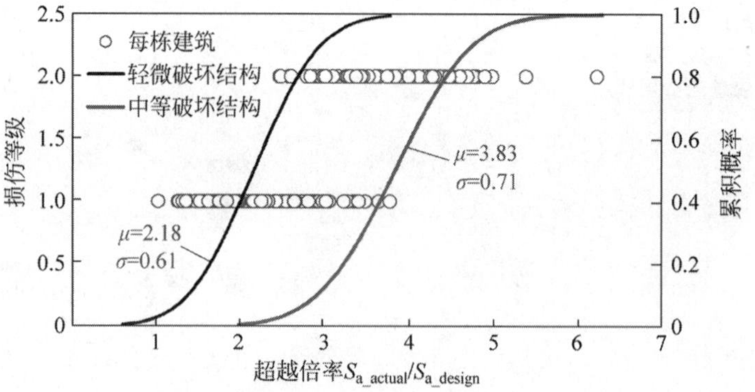

图 8-7 结构损伤等级与超越倍率对比

设防，对应的规范设计地震反应谱如图 8-8 所示。可以看出，在周期小于 2s 的范围内，结构的超越倍率大约为 2，但是 2s 之后，由于输入地震动的反应谱显著上升，导致超越倍率达到 4～6。该结果进一步解释了高层结构地震损伤较重的原因。

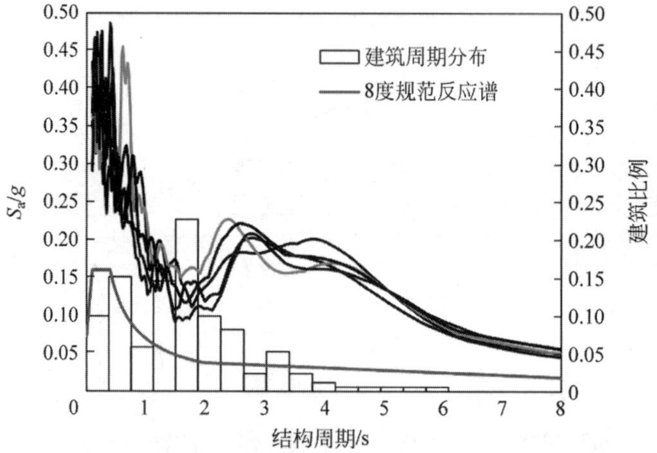

图 8-8 北京 CBD 地震动反应谱与结构周期分布情况

以上北京 CBD 高层建筑群震害模拟基于付长华模拟的三河—平谷 8 级地震场景(付长华，2012)，如果需要更为综合地评价北京 CBD 高层建筑群的地震风险，将来还应采用更多的地震场景开展更为综合全面的模拟分析。而本方法作为城市区域高层建筑震害预测的一种手段，能为城市区域高层建筑群的地震风险评价提供参考。

8.2.4 北京 CBD 建筑群震害结果可视化

本节基于第 4 章可视化方法对北京 CBD 高层建筑群进行可视化展示。其中，对北京 CBD 中超高层结构和特殊结构采用精细有限元结构模型进行分析，并采用第 2 章中提出的 LOD3 层级可视化方法进行展示，该方法可以清晰显示建筑各构件的地震响应情况。其他建筑采用 LOD2 层级的可视化进行展示。建筑位移响应可视化展示结果如图 8-9 所示。建筑破坏状态可视化展示结果如图 8-10 所示。

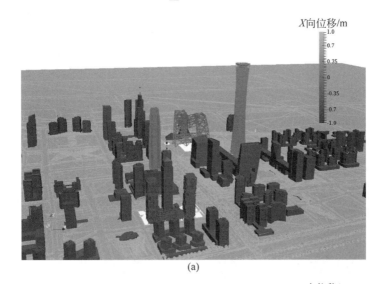

(a)

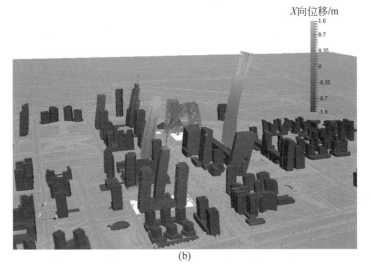

(b)

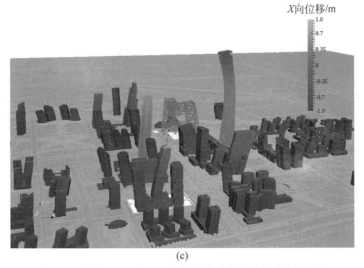

(c)

图 8-9　北京 CBD 三河—平谷地震下建筑位移响应可视化
(a) $t=5\mathrm{s}$；(b) $t=10\mathrm{s}$；(c) $t=15\mathrm{s}$；(d) $t=20\mathrm{s}$

(d)

图 8-9　（续）

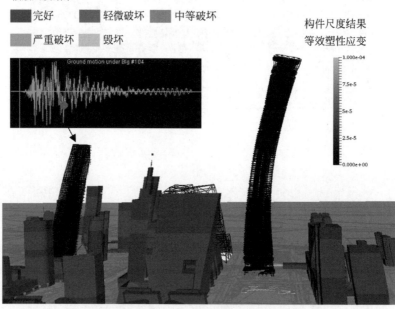

(a)

图 8-10　北京 CBD 三河—平谷地震下建筑破坏状态可视化
(a) $t=10\mathrm{s}$；(b) $t=20\mathrm{s}$

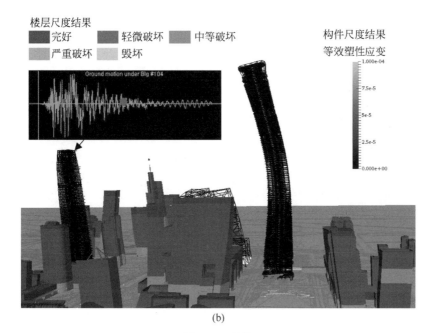

(b)

图 8-10 （续）

8.3 新北川县城震害可视化预测

四川省绵阳市北川羌族自治县在 2008 年汶川地震中遭受严重破坏，震后设立永昌镇作为新北川县城场址。在 2018 年 5 月 12 日汶川地震发生十周年之际，本书作者联合清华大学、中国地震局地球物理研究所、北京科技大学、北川县防震减灾局、中国地震学会地震应急专业委员会等多家科研、政府机构，并与国家超级计算无锡中心和香港科技大学合作，共同开展了"新北川县城震害可视化预测"项目。

8.3.1 新北川县城建筑信息

获取建筑基本属性是区域震害模拟的基础，通过谷歌地图、实地调查和建筑图纸，一共获取了新北川县城 907 栋建筑的基本属性，其中建筑层数和结构类型的比例分布如图 8-11 所示。

为了对新北川县城的建筑震害预测结果进行可视化，需要获取新北川县城建筑的 3D 模型。为此，本书作者与中国地震局地球物理研究所杨建思教授团队合作，应用无人机倾斜摄影测量技术，采用搭载 5 台微单相机的国产垂直起降固定翼无人机，拍摄了 2860 组航拍照片，每组航拍照片包括 5 张由不同角度相机拍摄的航拍图片，共 14 300 张，总数据量 414GB。而后，对数据进行空中三角测量加密运算。图 8-12 所示为通过空中三角测量加密得到的影像位置解算结果（深色图标）和点云。

得到加密点云后，即可生成实景三维模型。为了之后进行震害可视化工作，实景三维模型以 ＊.fbx 格式生成。这一格式文件大小适中，并且具有良好的跨平台性能。在生成模型时，选择使用单一级别的 LOD。同时对整体模型进行划分，切割为若干瓦片（tile）。由于此

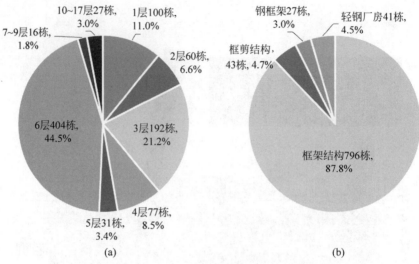

(a)　　　　　　　　　　　　(b)

图 8-11　新北川县城建筑基本属性

(a) 建筑层数的比例分布；(b) 结构类型的比例分布

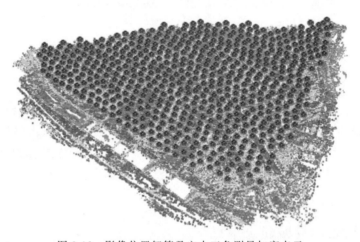

图 8-12　影像位置解算及空中三角测量加密点云

次共需要对新北川县城约 $6m^2$ 的城镇区域进行实景三维模型重建，模型体量较大，因此在重建模型时，将区域划分为 195 个正方形模型瓦片。而后使用高性能计算机集群处理生成含 2 亿余个多边形的高真实感三维模型，分辨率达 0.035m，所生成的实景三维模型如图 8-13 所示。

对于重点建筑，使用四旋翼无人机环绕飞行，得到更加精细的建筑高真实感 3D 模型，如图 8-14 所示。

8.3.2　新北川县城地震动模拟

如何获取科学的地震动输入是区域震害模拟的第一个问题。地震波的传播十分复杂，以往由于计算机能力的限制，基于波动模型的地震波模拟只能满足低频地震动模拟需求。本书作者与国家超级计算无锡中心合作，中心付昊桓教授团队利用"神威·太湖之光"超级

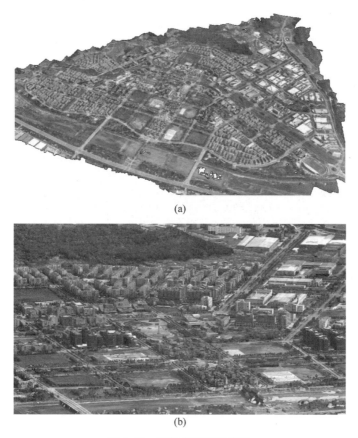

(a)

(b)

图 8-13　城镇实景三维模型

（a）全局；（b）局部

图 8-14　四旋翼无人机单体倾斜摄影模型

计算机模拟了 2008 年汶川地震在新北川县城场址处的全频段地震动输入,具体细节参见文献(Fu et al.,2017)。

8.3.3　考虑场地-城市效应的震害分析结果

基于上述地震动及建筑基本属性对新北川县城建筑群开展区域建筑震害模拟,采用 7.3

节场地-城市建筑群耦合弹塑性分析方法,可以得到新北川建筑群在 2008 年汶川地震新北川县城场址地震动作用下考虑场地-城市效应的震害模拟结果。采用场地-城市建筑群耦合弹塑性分析方法可以考虑复杂地形对地震动时程的影响,如图 8-15 所示,山顶和山脚加速度幅值有明显差别。

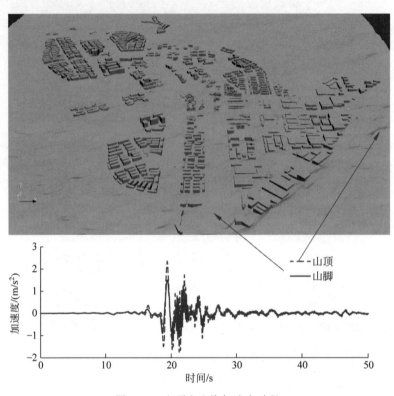

图 8-15   山顶和山脚加速度时程

8.3.4   高真实感震害可视化

新北川县城建筑可视化可以分为三个层级:①3D-GIS 可视化;②考虑场地-城市效应的 3D 模型可视化;③带建筑纹理的高真实感 3D 可视化。

层级 1 的 3D-GIS 可视化采用 4.3 节的可视化方法,通过颜色更加直观地展示建筑的变形,效果如图 8-16(a)所示。

层级 2 的可视化结合 4.2 节和 4.3 节的可视化方法,并考虑场地-城市建筑群耦合,在可视化中地形不再是静态模型,而是具有多点位移时程输入的动态模型。此外,地上建筑群需要根据经纬度坐标和地形模型调整高度坐标,并且模型文件中点的位移时程应在相对位移时程的基础上加上建筑场址位置处的地面运动位移时程,以保证可视化中建筑变形和地面运动的协调性。层级 2 的可视化效果如图 8-16(b)所示。

层级 3 采用 4.4 节的基于倾斜摄影的城市建筑震害场景真实感 3D 可视化方法对震害结果进行可视化。首先对城镇模型进行切割单体化,除去边缘质量不佳的部分,共切割单体建筑模型 708 个,如图 8-17 所示。结合先前计算得到的区域建筑震害分析结果,构建该城镇的震害可视化情景。效果如图 8-18、图 8-19 所示。

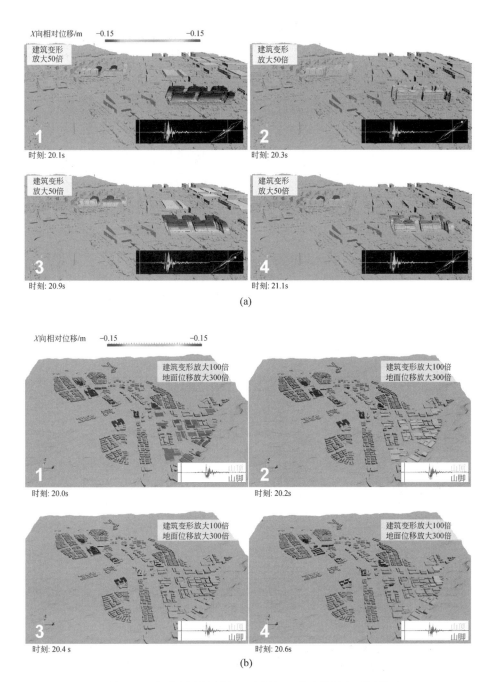

图8-16　新北川县城层级1和层级2的建筑震害可视化

(a) 3D模型可视化；(b)考虑场地-城市效应的3D模型可视化

　　新北川县城震害的可视化镜头和技术背景介绍已整合为成果视频,视频在中央电视台、新北川县城防震减灾局和幸福馆等地以及全国防震减灾工程学术研讨会上进行了展示,读者可以在国内外主要视频网站下载。

图 8-17　建筑切割单体化成果

图 8-18　新北川县城震害可视化

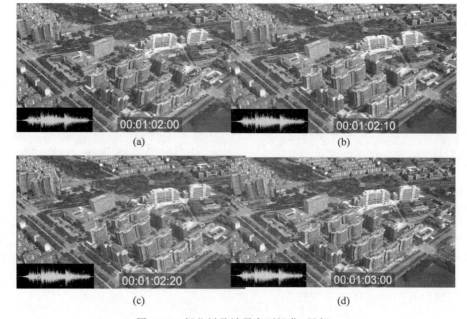

图 8-19　新北川县城震害可视化(局部)

8.4　西安灞桥区建筑震害模拟

8.4.1　西安灞桥区建筑信息

本节应用案例分析的研究范围为灞桥区内的纺织城、十里铺、红旗、席王、洪庆、狄寨、灞桥、新筑、新合等区域,目标区域抗震设防烈度为 8 度。通过与当地相关单位合作,获取了该区域内建筑的 GIS 数据,包括每栋建筑的层数、高度、结构类型、建造年代等。由于目标研究区并没有位于城市的中心城区,整个区域内的建筑以多层砌体结构为主,如图 8-20(a)所示。占比最大的结构类型为未设防砌体结构,其次为设防砌体结构与 RC 框架结构。研究区域这三类建筑总计 66 355 栋,其建造年代分布如图 8-20(b)所示。可以看出该区域内大部分建筑都是 1989 年之后修建的,但是由于该区域内有大量的自建房,所以 1989 年之后仍有相当比例的未设防砌体结构。建筑的层数分布如图 8-21 所示。可以看出该区域内的设防砌体结构以及未设防砌体结构的层数多在 3 层以内,而 RC 框架结构的层数则主要为 1~2 层和 6 层。

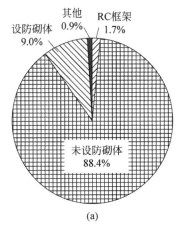

(a)

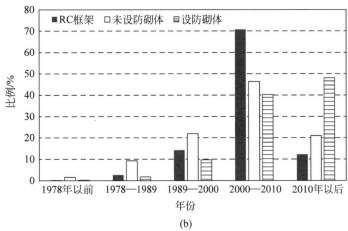

(b)

图 8-20　西安灞桥区建筑的结构类型和建造年代分布

(a)结构类型分布;(b)建造年代分布

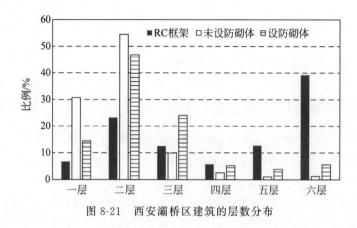

图 8-21　西安灞桥区建筑的层数分布

　　本算例将根据第 2 章中介绍的建筑震害模拟方法,采用 GIS 数据中每栋建筑的属性信息(层数、结构高度、结构类型以及建造年代等)生成每栋建筑的区域建筑分析模型,为之后的时程分析做准备。

8.4.2　西安灞桥区建筑震害模拟地震动输入

　　地震动数据是区域震害预测的前提。由于缺乏当地详细的地震构造数据,因此采用西安市的地震动参数小区划图作为地震动数据的基础(陕西省地震局,西安市地震局,2012)。地震动参数小区划图充分考虑了影响该研究区域的活断层分布情况以及各活断层的发震概率,因此能较为综合地反映目标研究区域内不同位置的地震风险。

　　灞桥区的建筑主要位于以下几个小区划区域。对于多遇地震,建筑主要分布于 B1 与B2 小区划区域(以下将分别称作 B1-63% 和 B2-63%);对于设防地震,建筑主要分布于 B1与 B2 小区划区域(以下将分别称作 B1-10% 和 B2-10%);对于罕遇地震,建筑主要分布于B2 与 B3 小区划区域(以下将分别称作 B2-2% 和 B3-2%)。小区划图采用的地震动反应谱如式(8.4-1)所示。目标研究区域对应的 6 个小区划区域的反应谱参数如表 8-1 所示。

$$\alpha(T) = \begin{cases} \alpha_0 + \dfrac{\alpha_{\max} - \alpha_0}{0.1}T, & 0 \leqslant T < 0.1\mathrm{s} \\[2mm] \alpha_{\max}, & 0.1\mathrm{s} \leqslant T < T_g \\[2mm] \alpha_{\max}\left(\dfrac{T_g}{T}\right)^{\gamma}, & T_g \leqslant T < 5T_g \\[2mm] \alpha_{\max}[0.2^{\gamma} - 0.02(T - 5T_g)], & 5T_g \leqslant T < 6.0\mathrm{s} \end{cases} \tag{8.4-1}$$

表 8-1　小区划反应谱参数

区划名称	$\alpha_{\max}$	α_0	T_g/s	γ
B1-63%	0.2	0.08	0.4	0.9
B2-63%	0.2	0.08	0.45	0.9
B1-10%	0.58	0.23	0.5	0.9
B2-10%	0.58	0.23	0.55	0.9
B2-2%	1.06	0.425	0.7	0.9
B3-2%	1.06	0.425	0.75	0.9

根据得到的小区划反应谱,采用 PEER 地震动数据库进行选波。选波时尽量采用较小的加速度调幅系数(0.5~2.5),使得选取的地震动强度和目标地震动强度不致差异过大。对每个小区划区域各选取 10 条地震动时程记录,不同小区划区域所选取的地震动反应谱与目标反应谱对比如图 8-22 所示。图中实线为目标反应谱,粗虚线为 10 条地震动时程记录的平均反应谱,细虚线为平均反应谱加减一倍标准差的浮动范围。

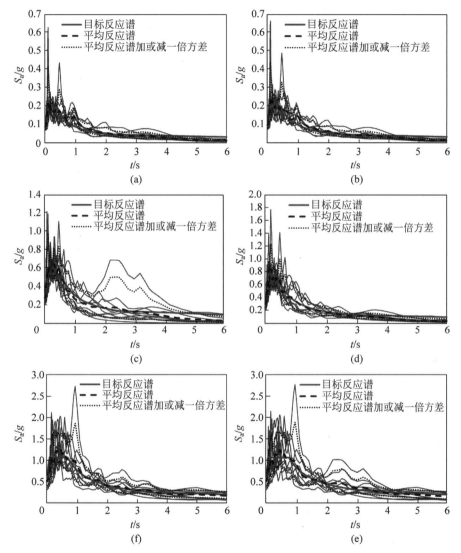

图 8-22　选取的地震动时程记录地震反应谱与目标反应谱对比
(a) B1-63%；(b) B2-63%；(c) B1-10%；(d) B2-10%；(e) B2-2%；(f) B3-2%

目标研究区域大部分的建筑为 6 层以内的多层建筑,结构周期在 2s 以内。由图 8-22 中各个小区划区域的地震反应谱可以看出,在周期 0.1~2s 内,平均反应谱和目标反应谱吻合良好。

以上步骤完成了地震动数据的获取。对于区域中每栋建筑,可以根据其所处的小区划区域,分别选择对应的地震动组进行弹塑性时程分析,得到区域中每栋建筑的地震响应以及损伤状态。

8.4.3 西安灞桥区建筑震害分析结果

对整个区域的 66 355 栋多层建筑分别采用多遇地震、设防地震以及罕遇地震 3 个地震水准进行分析。每个地震水准共 10 条地震动时程记录,总计进行 663 550 次时程分析,采用桌面计算平台(CPU:Intel i7-4770 @3.4GHz;内存:32GB)大约耗时 3.5h。

3 个地震水准下不同类型结构的损伤情况如图 8-23 所示。每张图中不同颜色条带分别表示 RC 框架结构、未设防砌体结构以及设防砌体结构的损伤情况。最右侧条带为 3 种结构损伤情况的汇总。

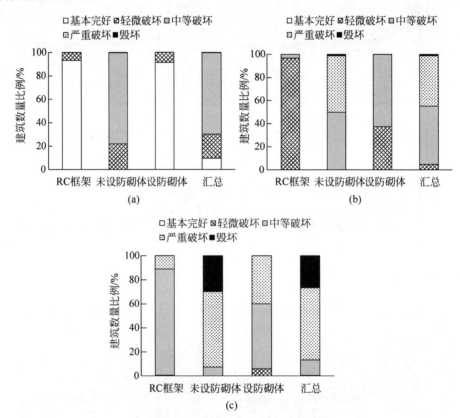

图 8-23　不同地震水准下不同类型结构损伤分布情况
(a) 多遇地震;(b) 设防地震;(c) 罕遇地震

分析结果表明,RC 框架结构以及设防砌体结构的损伤相对较轻,其损伤情况基本满足"小震不坏,中震可修,大震不倒"的设计抗震目标。然而未设防砌体结构由于未进行抗震设计,其损伤较其他类型结构明显更为严重。

为了估算不同地震水准下的大致经济损失,本节采用袁一凡(2008)建议的地震经济损失预测方法。该方法原理清晰,方法简单,曾被用于汶川地震多层建筑的直接经济损失预测,具有较好的效果(袁一凡,2008)。

根据袁一凡提出的直接经济损失预测方法,目标研究区域内某类结构某种损伤等级下的经济损失 L_h 可以按照式(8.4-2)进行计算。

$$L_h = A_h D_h P_h \qquad (8.4\text{-}2)$$

其中,A_h 为所有发生某等级损伤的该类型结构的建筑面积;D_h 为该损伤等级对应的房屋破坏损失比,该值可以根据表 8-2 进行确定(袁一凡,2008);P_h 为该类型结构的重置单价,该值可以根据表 8-3 进行确定(袁一凡,2008)。

表 8-2 房屋破坏损失比 %

基本完好	轻微破坏	中等破坏	严重破坏	毁坏
2.5	7.5	25	55~80	85~100

表 8-3 城市房屋重置单价 元/m²

结构类型	RC 框架结构	未设防砌体结构	设防砌体结构
单价	1300	850	850

采用该方法对 3 个地震水准下 66 355 栋多层建筑的地震直接经济损失进行了计算,结果如图 8-24 至图 8-27 所示。

其中图 8-24 所示为不同地震水准下不同类型结构的直接经济损失。可以看出,即使在多遇地震作用下,该区域也出现了超过 500 亿元的直接经济损失。这主要是由于目标研究区域内近 90% 的结构为未设防砌体结构。前文的震害模拟发现,多遇地震作用下,目标研究区内的未设防砌体结构大部分处于中等破坏状态(图 8-23(a))。因此该地区未设防砌体结构的破坏是震后直接经济损失的主要来源。

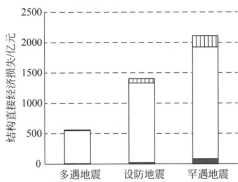

图 8-24 不同地震水准下不同类型结构的直接经济损失

图 8-25 至图 8-27 反映了不同地震水准下不同类型结构具体的经济损失分布情况,其中左图反映了各类结构的直接经济损失与建筑重置成本的比值。可以看出 RC 框架结构以及设防砌体结构抗震性能较好,不同地震水准作用下,经济损失占重置成本的比例都远小于未设防砌体结构。右图反映了总直接经济损失中三种类型结构分别占的比例,可以看出,未设防砌体结构的地震损失是当地结构直接经济损失的最主要来源。

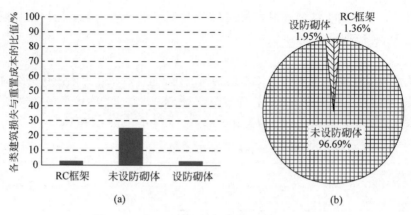

图 8-25 多遇地震下结构直接经济损失分布

（a）各类结构损失与重置成本的比值；（b）各类结构损失与总损失的比值

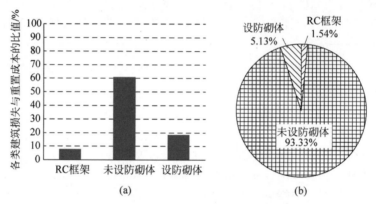

图 8-26 设防地震下结构直接经济损失分布

（a）各类结构损失与重置成本的比值；（b）各类结构损失与总损失的比值

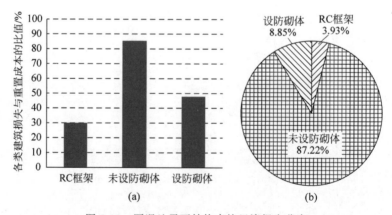

图 8-27 罕遇地震下结构直接经济损失分布

（a）各类结构损失与重置成本的比值；（b）各类结构损失与总损失的比值

8.4.4 对未设防建筑加固后的效果

为了降低目标研究区域的潜在地震损失,本节将讨论加固后当地结构损伤以及经济损失的情况。

　　由于该地区大部分的结构破坏以及经济损失均来源于未设防砌体结构,因此本节建议对所有未设防结构进行加固,使其达到当地抗震设防烈度的要求。为了验证加固措施的效果,本节对加固后的建筑采用与 8.4.3 节相同的震害模拟以及经济损失预测方法进行分析,计算得到的不同地震水准下各类结构的损伤等级分布情况如图 8-28 所示。从计算结果可以看出,加固后该地区结构的抗震性能显著提升。例如,多遇地震作用下,该地区大部分的建筑处于基本完好或者轻微破坏的状态;罕遇地震作用下,所有结构都没有出现毁坏。

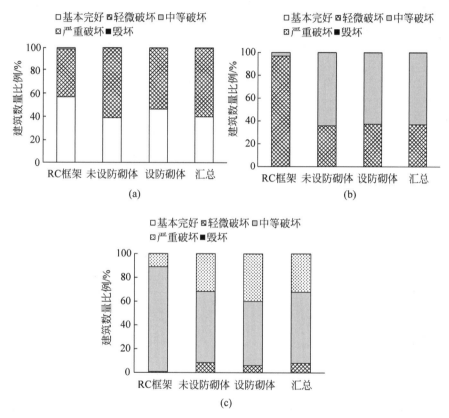

图 8-28　不同地震水准下不同类型结构损伤等级分布情况
(a) 多遇地震;(b) 设防地震;(c) 罕遇地震

　　根据计算得到的各类结构损伤状态,采用与 8.4.3 节相同的方法计算各类结构的经济损失情况,结果如图 8-29(a)所示。与图 8-24 相比,各类结构的经济损失显著下降。尤其是当遭遇多遇地震时,加固后结构的经济损失仅为加固前的 14%(图 8-29(b))。但值得注意的是,加固后整个区域的罕遇地震经济损失下降幅度明显小于多遇地震经济损失(如图 8-29(b)所示)。这是由于加固后虽然能保证结构的抗倒塌性能,但大部分结构仍出现了大量中等破坏和严重破坏,造成了大量经济损失。该结果表明,目前按照我国《建筑抗震设计规范》(GB 50011—2010)设计的房屋能较好地控制结构在多遇地震下的经济损失以及罕遇地震作用下的倒塌风险。但是,按照现行规范设计的结构在罕遇地震下的损失仍很大,功能可恢复能力不足,因此这是未来地震工程的重要研究方向。

　　不同结构类型的经济损失情况详细分析结果如图 8-30 至图 8-32 所示。可以看出加固

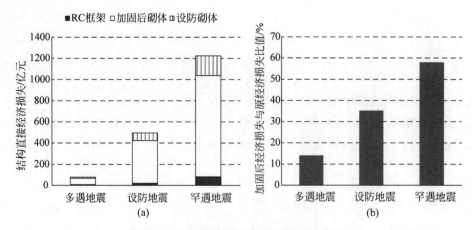

图 8-29 不同地震水准下的经济损失情况

（a）对未设防砌体结构加固后当地的地震经济损失情况；（b）对未设防砌体结构加固后经济损失与原经济损失的比值

之后，几种结构在多遇地震作用下的损伤都比较小，结构损失与重置成本的比值不超过 5%。此外，在设防地震以及罕遇地震作用下，各类型结构的经济损失占重置成本的比值也更加均衡。

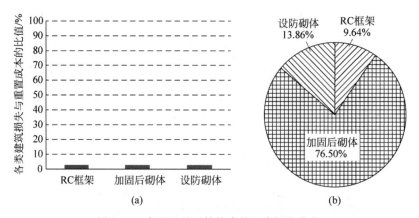

图 8-30 多遇地震下结构直接经济损失分布

（a）各类结构损失与重置成本的比值；（b）各类结构损失与总损失的比值

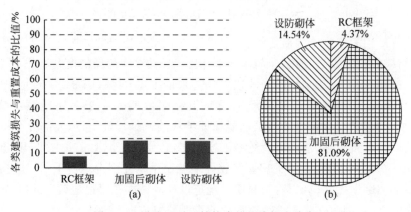

图 8-31 设防地震下结构直接经济损失分布

（a）各类结构损失与重置成本的比值；（b）各类结构损失与总损失的比值

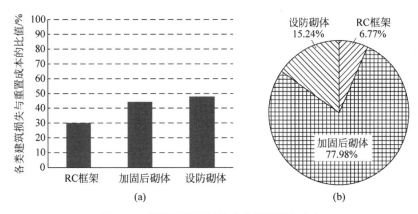

图 8-32 罕遇地震下结构直接经济损失分布

（a）各类结构损失与重置成本的比值；（b）各类结构损失与总损失的比值

8.5 唐山市建筑震害模拟

1976 年 7 月 28 日,河北省唐山市发生了 7.8 级大地震,造成严重人员伤亡和财产损失（苏幼坡,张玉敏,2006）。本节对唐山市 23 万多栋建筑进行了震害模拟,在此基础上,对比了三种地震动衰减关系的震害结果,并基于较为合理的椭圆形衰减关系的震害预测结果进行了具体的分析和讨论。

8.5.1 唐山市建筑信息

唐山市区设防烈度为 8 度,通过实地调查并结合 GIS 平台,一共收集了该地区 230 683 栋建筑的基本信息（结构类型、高度、层数、建造年代、楼层面积）,建造年代和建筑类型的组成情况如图 8-33 所示,其中,20 世纪 90 年代以前的建筑的面积占到 19.35%,老旧平房的比例占到 9%。

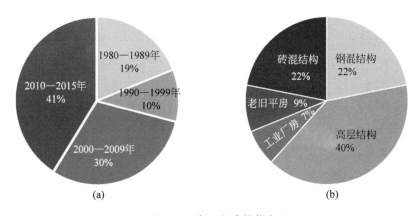

图 8-33 唐山市建筑信息

（a）建造年代比例（按照建筑面积）；（b）建筑类型比例（按照建筑面积）

8.5.2 唐山市建筑震害模拟地震动输入

由于唐山地震发生时,我国强震观测站很少,因此主震在 8 度以上区未测得强震记录,较好的主震记录为北京饭店测得的地震记录,但此处烈度为 6 度,距离震中 157km。考虑到北京饭店测得的地震动经历了较远距离的传播,已经不能很好地表征极震区的地震动特征,因此本次模拟从 FEMA P695(FEMA,2009)中挑选了 4 条代表性近场地震(震源距小于10km)记录,其震级与唐山大地震相近,各地震动时程曲线如图 8-34 所示。其中,中国台湾集集地震震级为 7.6 级,土耳其科贾埃利地震震级为 7.5 级,美国德纳里地震震级为 7.9 级。

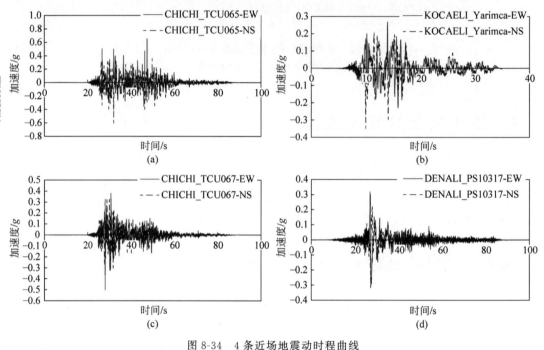

图 8-34　4 条近场地震动时程曲线

(a) CHICHI_TCU065；(b) KOCAELI_Yarimca；(c) CHICHI_TCU067；(d) DENALI_PS10317

由于目标区域范围较广,单一的地震动输入和实际情况相差较大,因此需要考虑地震动的衰减。此次模拟采用了 3 种地震动 PGA 衰减关系,分别为:①霍俊荣和胡聿贤(1992)提出的地震动 PGA 衰减关系,PGA 按照同心圆进行衰减,震中 PGA=850cm/s^2,如图 8-35(a)所示(后文统一称作场景 A);②肖亮(2011)提出的地震动衰减关系,按照椭圆的长短轴方向进行衰减,震中 PGA=1160cm/s^2,如图 8-35(b)所示(后文统一称作场景 B);③为了比较同心圆衰减关系和椭圆衰减关系的差别,在场景 B 的基础之上,将震中 PGA 根据场景 A 的结果调幅到 850cm/s^2,其他地方按比例调幅,如图 8-35(c)所示(后文统一称作场景 C)。根据上述三种 PGA 的衰减关系可以得到各个位置建筑的 PGA 大小,以此作为地震动的输入参数。

为了使地震场景与实际的唐山地震更接近,需要对地震动进行调幅。按照以上的衰减关系,将归一化后的 4 条近场地震动调幅后得到震中附近的反应谱,如图 8-36(PGA=1160cm/s^2)、图 8-37(PGA=850cm/s^2)所示。可见震中附近地震作用显著强于规范规定的 9 度罕遇地震反应谱,特别是在 0.5~2s 这一频率段。

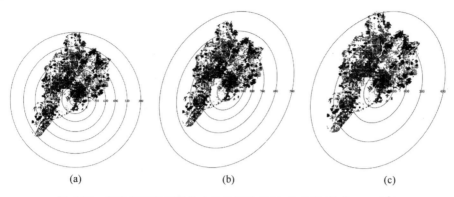

图 8-35 考虑衰减关系后的 3 种地震动 PGA 分布图(单位：cm/s²)

(a) 同心圆衰减关系,震中 PGA＝850cm/s²；(b) 椭圆衰减关系,震中 PGA＝1160cm/s²；

(c) 椭圆衰减关系,震中 PGA＝850cm/s²

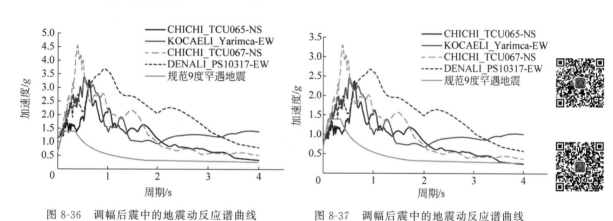

图 8-36 调幅后震中的地震动反应谱曲线
　　　(PGA＝1160cm/s²)

图 8-37 调幅后震中的地震动反应谱曲线
　　　(PGA＝850cm/s²)

8.5.3　唐山市建筑震害分析结果

1. 不同 PGA 衰减关系的结果对比

基于以上区域建筑基本信息及地震动信息,采用第 2 章的城市区域建筑震害模拟方法对唐山市进行了震害模拟,每种场景下 4 条地震动的震害结果的平均值如表 8-4 所示(以下震害结果分析均为建筑面积比)。

表 8-4　3 种场景的震害结果平均值　　　　　　　　　　　　　%

场　　　景	完好	轻微破坏	中等破坏	严重破坏	毁坏
场景 A	0.00	0.00	13.10	56.88	30.02
场景 B	0.00	0.00	4.40	61.76	33.84
场景 C	0.00	2.05	22.98	48.82	26.15

从表 8-4 中可以看出,建筑震害由轻到重依次为:场景 C、场景 A 和场景 B。这说明:PGA 按照椭圆形衰减的速度快于按照圆形衰减的速度；同时,本书所建议的区域建筑震害

分析方法能够考虑不同地震动衰减关系对震害结果的影响。考虑到唐山大地震实际的烈度分布更接近椭圆形(刘恢先,1985),以及椭圆形的衰减关系理论上具有更高的合理性(石建梁等,2011),因此,下面将进一步分析场景 B 预测得到的震害结果。

2. 场景 B 震害模拟结果可视化及分析

采用第 4 章提出的城市建筑群震害场景的 2.5D 可视化方法,对 B 场景(CHICHI-TCU065 地震动)下建筑的震害进行可视化,如图 8-38 所示。该可视化结果不仅能直观清楚地展示区域内建筑的破坏情况,还能给出各个建筑每层的破坏状态及其时程动态过程,相较于传统的易损性矩阵分析方法,提供了更为直观、丰富的震害信息。

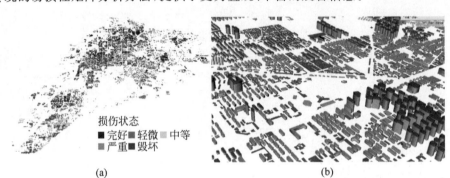

(a)   (b)

图 8-38   场景 B(CHICHI-TCU065 地震动)下唐山市建筑震害可视化结果
(a) 唐山市震害结果整体视角;(b) 唐山市震害结果局部视角

按照建筑设防分类的震害结果对比如表 8-5 所示(完好和轻微破坏的比例均为 0,所以略去)。根据苏幼坡和张玉敏(2006)统计的唐山大地震的实际震害结果(如图 8-39 所示,实线框中为所研究的区域),所研究的区域在 1976 年唐山大地震时倒塌率超过 80%。而根据表 8-5,4 条地震动下所有建筑的平均倒塌比例为 33.84%,因此当前唐山市建筑的抗倒塌能力比 1976 年已经有了显著提高。特别需要说明的是,这 33.84% 的倒塌比例在很大程度上是由大量的老旧未设防建筑导致的。进行过抗震设防的建筑,其平均倒塌比例为 18.58%,而未设防的建筑,平均倒塌比例达到了 97.49%。所以,建筑抗震设防对提高其抗震性能具有决定性的作用。今后应对未设防建筑尽快逐步更新或加固,以解决城市抗震防灾能力的短板。

表 8-5   按建筑设防分类的不同破坏程度的比例   %

地 震 动	结构设防类别	中等破坏	严重破坏	毁坏
CHICHI_TCU065	设防结构	10.43	86.63	2.94
	非设防结构	0.00	5.30	94.70
	汇总	8.41	70.89	20.69
KOCAELI_Yarimca	设防结构	6.28	85.80	7.92
	非设防结构	0.00	1.28	98.72
	汇总	5.07	69.45	25.48
CHICHI_TCU067	设防结构	5.11	74.83	20.05
	非设防结构	0.00	2.66	97.34
	汇总	4.12	60.87	35.01

续表

地　震　动	结构设防类别	中等破坏	严重破坏	毁坏
DENALI_PS10317	设防结构	0.00	56.61	43.39
	非设防结构	0.00	0.82	99.18
	汇总	0.00	45.81	54.19
平均值	设防结构	5.46	75.97	18.58
	非设防结构	0.00	2.51	97.49
	汇总	4.40	61.76	33.84

图 8-39　唐山地震灾区房屋建筑倒塌率分布图(苏幼坡,张玉敏,2006)

　　另外值得注意的是,即便是对于设防结构,超过中等破坏的建筑物比例也达到了94.55%,这些建筑基本都不存在修复的价值或可能性。因此,如果1976年唐山地震再次发生,虽然随着倒塌率的降低,人员伤亡率会得到有效控制,但是基本上整个城市都要拆除重新建设,粗略估算重建面积超过1.0亿 m²。其经济代价及环境、资源代价都非常高昂,因此,提高城市的抗震"韧性"极为重要。

8.6　旧金山建筑震害模拟

　　本节基于第2章的城市抗震弹塑性分析的计算模型和第3章的城市抗震弹塑性分析的经济损失预测方法,通过与美国国家科学基金重大项目"多灾害模拟平台 SimCenter"合作,提出一套从地震动输入到建筑地震经济损失评估的模拟方法 Workflow,如图8-40所示。该 Workflow 主要包括6个模块,各个模块的作用如表8-6所示。各个模块通过 C++编程实现,相关代码已开源于 GitHub 代码托管平台上。其中,Create SAM 和 Create DL 是整个分析中的两个主要环节,Create SAM 模块采用2.3.4节中基于 HAZUS 的方法对建筑进行骨架线参数标定,Create DL 模块采用第3章的城市区域地震经济损失评估方法对建筑进行地震经济损失评估。

　　旧金山湾区位于太平洋板块和北美板块交界处(Sloan and Karachewski,2006),七条主要断层分布在这一区域。旧金山湾区地震频发,如1868年海沃德(Hayward)地震、1906年旧金山地震、1989 年洛马·普雷塔(Loma Prieta)地震,造成了严重的人员伤亡和经济损失(Aldrich et al. ,1986; Lawson and Reid,1908; National Research Council,1994)。本节以美国旧金山湾区为例,对其 180 多万栋建筑进行了 Hayward 断层 M7.0 级地震情境下的建筑震害模拟,并对典型建筑分析进行介绍,详细说明了整个 Workflow 的分析流程。

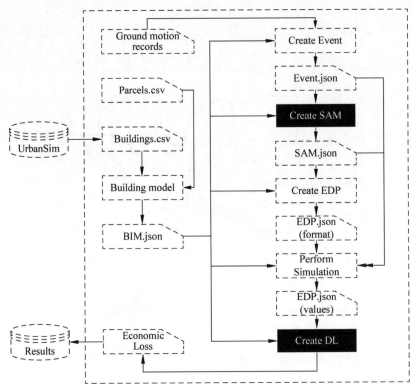

图 8-40   本节所提出的建筑破坏和震损分析框架 Workflow

表 8-6   Workflow 各个模块介绍

模块名称	作 用
Building model	从建筑原始 GIS 数据中得到建筑信息模型文件 BIM. json
Create Event	从原始地震动数据库中根据建筑位置得到输入地震动时程 Event. json
Create SAM	根据 BIM. json 文件自动生成建筑结构分析模型
Create EDP	根据 BIM. json 文件得到建筑的工程需求参数 Engineering Demand Parameters (EDP)种类
Perform Simulation	根据结构分析模型和输入地震动进行非线性时程分析,计算得到 EDP 取值
Create DL	根据所得的 EDP 确定建筑损失

8.6.1   旧金山湾区建筑信息

本节一共统计了湾区 1 843 351 栋建筑的基本信息,主要包括建筑位置、楼层数、建造年代、结构类型、占地面积和功能。建造年代和楼层分布情况如图 8-41 和图 8-42 所示,从中可以看出,湾区建筑主要为 2000 年以前的低层建筑。

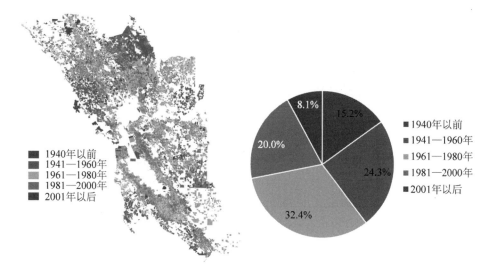

图 8-41　旧金山湾区建筑建造年代分布

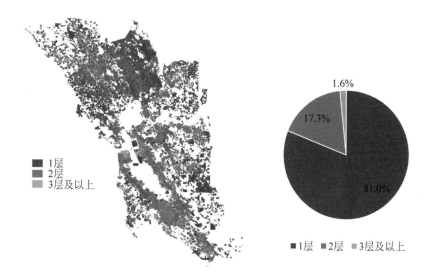

图 8-42　旧金山湾区建筑楼层数分布

8.6.2　地震动输入

美国劳伦斯-伯克利国家实验室(Lawrence Berkeley National Laboratory,LBNL)设定 Hayward 断层发生了一场 M7.0 级地震,模拟得到了旧金山及周边 120km × 80km × 30km 区域的地震动传播过程,以及地表各个网格点处地面运动(图 8-43)。整个模拟计算工作在 LBNL 国家能源研究科学计算中心的超级计算机(峰值浮点运算能力为 29.1 千万亿(PFlops)次)上完成,该模拟工作具体可以参阅文献(Rodgers et al.,2018)。

本节采用了上述 M7.0 级 Hayward 设定地震作为情境,进行建筑震害模拟。每栋建筑根据其实际地理位置,选取最近的网格点的地震动作为输入,所有建筑所输入的地震动时程的峰值加速度分布如图 8-44 所示。

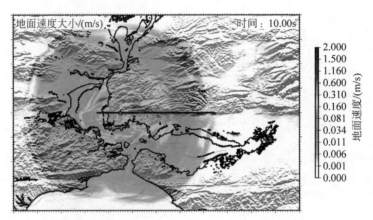

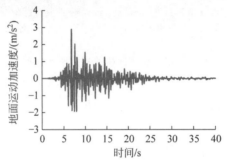

图 8-43 Hayward 断层 M7.0 级模拟地震地面运动

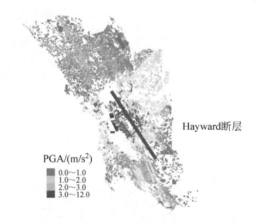

图 8-44 每栋建筑输入地震动 PGA 分布

8.6.3 典型建筑分析流程

根据所提出的 Workflow 对每栋建筑进行分析。本节以旧金山湾区两栋典型的建筑为例(表 8-7),详细介绍整个分析流程。

表 8-7 典型建筑基本信息

名称	结构类型	功能	楼层面积/m²	层数	建造年份	设计规范	重置价格/10⁶ 美元
C1M	RC 框架	办公楼	1530	5	1925	Pre code	20.368
W1	木结构	住宅	170	1	1970	Moderate code	0.272

（1）给定建筑标签，Building model 模块将会根据 UrbanSim 所提供的建筑基本信息数据库生成建筑信息模型 BIM.json。两栋建筑的 BIM.json 文件如图 8-45 所示。

```
{
 "GI": {
  "area": 1530,
  "structType": "C1",
  "name": "1",
  "numStory": 5,
  "yearBuilt": 1925,
  "occupancy": "Office",
  "height": 15.25,
  "replacementCost": 20368000,
  "replacementTime": 180.0,
  "location": {
   "latitude": 37.783714,
   "longitude": -122.396516
  }
 }
}
```

```
{
 "GI": {
  "area": 170,
  "structType": "W1",
  "name": "1",
  "numStory": 1,
  "yearBuilt": 1970,
  "occupancy": "Residential",
  "height": 4.27,
  "replacementCost": 272000,
  "replacementTime": 180.0,
  "location": {
   "latitude": 37.6791,
   "longitude": -122.489
  }
 }
}
```

(a)　　　　　　　(b)

图 8-45　典型建筑的 BIM.json 文件

（a）C1M；（b）W1

（2）给定 BIM.json 文件中建筑经纬度信息，Create Event 模块将会从 Hayward 断层模拟的 M7.0 级地震的地震动数据库中得到相应的地震动输入时程，并存储于 Event.json 文件中。两栋典型建筑 C1M 和 W1 分别对应网格点 S_28_28、S_27_21 所输出的地震动时程，如图 8-46 所示。

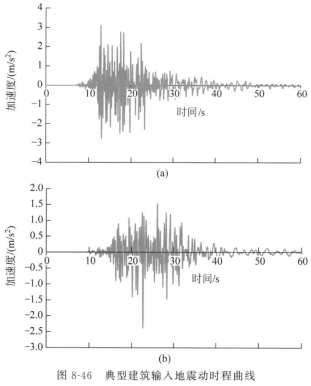

图 8-46　典型建筑输入地震动时程曲线

（a）S_28_28；（b）S_27_21

（3）给定 BIM. json 和 Event. json 文件，Create SAM 模块会根据 2.3.4 节所述建模方法和参数标定方法生成建筑结构分析模型 SAM. json 文件。为了验证建筑结构分析模型的合理性，将其能力曲线与广泛使用的 HAZUS 方法中提供的建筑能力曲线进行了对比，二者十分接近，如图 8-47 所示。

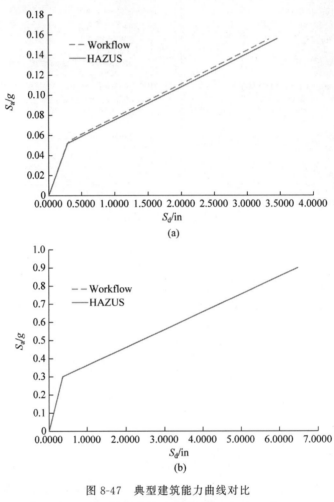

图 8-47　典型建筑能力曲线对比
(a) C1M；(b) W1

（4）根据 BIM. json 和 Event. json 文件，Create EDP 模块将会根据后续结构破坏分析和损失分析的数据需求确定 EDP 的种类，如各楼层的层加速度、层间位移角和残余位移角。

（5）根据 SAM. json 和 Event. json 文件，Perform Simulation 模块将会对每栋建筑进行非线性时程分析，进而得到每栋建筑的 EDP 值，存储到 EDP. json 中。C1M 和 W1 两栋典型建筑对应的最大顶点位移与 HAZUS 的对比结果如图 8-48 所示，二者较为接近。

（6）最后，根据所得到的 EDP. json 文件，运用 Create DL 模块即可确定该栋建筑的破坏和经济损失。两栋典型建筑的 Workflow 计算结果和 HAZUS 计算结果对比如图 8-49 所示。

以上分析详细说明了整个分析流程中的每一步，实现了从断层到建筑损失的全过程的精细模拟，为区域建筑震害模拟提供了精细化的手段。

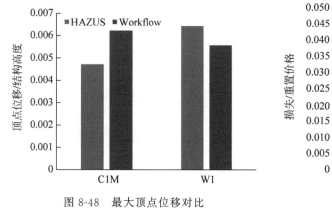

图 8-48 最大顶点位移对比

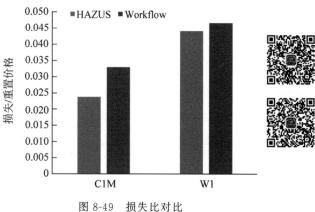

图 8-49 损失比对比

8.6.4 建筑震害损失分布

基于以上建筑信息和地震动输入信息,对每栋建筑按照以上流程进行分析,可以得到旧金山湾区 180 多万栋建筑的建筑损失比中位值和建筑修复时间中位值的分布,如图 8-50 和图 8-51 所示。

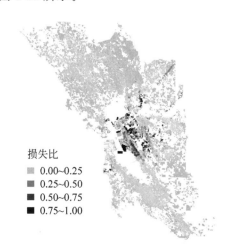

图 8-50 旧金山湾区建筑损失比中位值分布

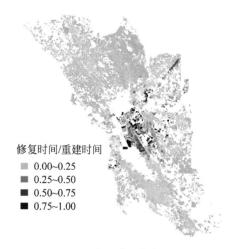

图 8-51 旧金山湾区建筑修复时间中位值分布

为了对震害结果进行更为真实的展示,采用 4.3 节的可视化方法对旧金山中心城区进行了非线性时程分析结果的动态可视化。图 8-52 给出了计算得到的旧金山中心区域地震可视化场景,不同的颜色代表建筑位移的大小。

另外,选择案例区域中的旧金山市中心建筑群,采用第 5 章的地震次生火灾模拟方法进行了地震次生火灾模拟。根据当地的年均气象统计数据(The Weather Channel,2018;The Weather Company,2018;Wind History,2018),设置最低气温为 $T_{\text{low}} = 10.5℃$,最高气温为 $T_{\text{high}} = 17.7℃$,风向为西风,风速为 $v = 4.8\text{m/s}$。总燃烧建筑占地面积-时间曲线如图 8-53 所示,对于该案例而言,火灾的蔓延速度基本恒定,在第 2 小时蔓延速度稍有增加。9h 后,火灾完全熄灭。最终的火灾损毁情况如图 8-54(a)所示。本案例的地震次生火灾并

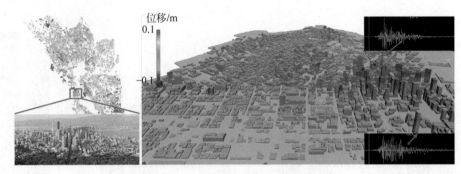

图 8-52　旧金山建筑地震场景($t=13.2\mathrm{s}$)

不太严重,其主要原因是所选案例建筑的间距较大,降低了火灾蔓延风险。在次生火灾场景中添加烟气效果后如图 8-54(b)所示,不仅可以提高场景的真实感,还能更明显地标示出燃烧建筑的位置。

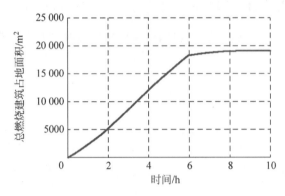

图 8-53　总燃烧面积-时间曲线

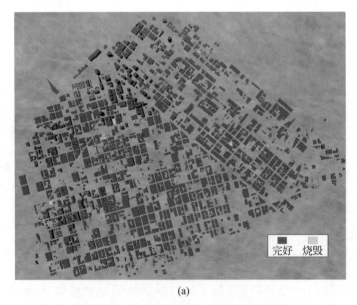

(a)

图 8-54　次生火灾模拟结果高真实感显示

(a) 火灾蔓延情况($t=10\mathrm{h}$);(b) 烟气效果

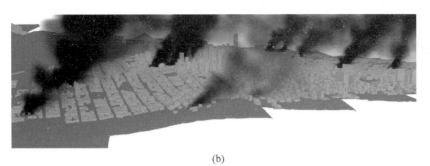

(b)

图 8-54 （续）

第9章

结论与展望

9.1 结论

Reitherman 指出，地震工程学所面临的三个主要困难在于"风险、非弹性和动力学"（risk，inelasticity and dynamics）（Reitherman，2012）。虽然地震工程很多重要思想在 20 世纪中期甚至 19 世纪末期就已经被提出来了，但是由于没有计算机的帮助，定量且精确地研究上述三个问题中的任何一个都是非常困难的。而自从计算机出现后，结构工程和地震工程的研究发生了翻天覆地的巨大变化。Roesset 和 Yao 评价："20 世纪及未来若干年结构工程学最主要的改变是因为数字计算机的发展，包括将计算机作为一个强大的工具进行烦琐的计算以及作为一种新的通信工具供设计团队、教授和学生及其他人员开展交流。"（Roesset，Yao，2002）近年来，数字孪生的概念开始在各个领域受到关注，并已被选为中国科协 2020 年 10 个前沿科学问题之一。基于数字孪生技术构建数字孪生城市，实现城市全要素数字化和虚拟化、城市状态实时化和可视化、城市管理决策协同化和智能化，有望为城市防灾工作提供新的研究手段与实施策略。因此，充分利用计算机科学和技术方面取得的最新成果，加深对工程结构和城市在强烈地震下的灾变演化规律和机理的理解，进而提出高效可靠的工程对策，对工程防灾减灾有着重大而深远的意义。

中国已经从数量的高速增长，发展到质量增长与数量增长并重的阶段，城市化进程已经进入高潮，人民对生活品质的要求也在不断提高。如何提升中国城市的地震安全和"韧性"水平，将是未来中国土木工程界面对的严峻挑战：一方面中国是从贫穷落后的阶段逐步发展过来的，我国城市大量既有的、低安全水准的建筑还会长期存在；另一方面高速建设过程渐渐进入尾声，不会继续大拆大建。因此，未来中国城市地震安全韧性建设，势必通过工程与管理等其他措施并重的手段来实现，这里面牵涉到多个学科的交叉和融合，而城市地震灾变模拟所提供的直观、高真实感的情境模拟结果，将是多学科交叉研究中的关键工具和手段。

9.2 展望

城市抗震弹塑性分析，是一个多学科交叉，有着丰富内涵和广阔前景的研究方向。很多科研管理机构都要求，对申请的研究课题要求说明其"STEM"的价值。S 就是科学

(science)，T 就是技术(technology)，E 就是工程(engineering)，M 就是数学(mathematic)。正如图 9-1 所示，对于城市抗震弹塑性分析来说，首先需要提出城市承灾体的数值模型，这就是其科学价值。提出数值模型后，要通过精心设计的试验来对数值模型的准确性进行验证，这就是其技术价值。在深入理解工程灾变的机理上，可以提出一系列抗震减灾的设计方法和工程措施，这就是其工程价值。而城市抗震弹塑性分析中，需要开发一系列新的数值计算方法，这就是其数学价值。因此，城市抗震弹塑性分析绝不是简单的数字或计算机游戏，而是多学科前沿的交叉、融合与升华。正如美国国家科学基金委(NSF)报告所指出的那样："很少有如此多的独立研究得出这样一个共识：计算机模拟成为在工程和科学上取得进步的关键要素。"(Seldom have so many independent studies been in such agreement：simulation is a key element for achieving progress in engineering and science.)(NSF，2006)。

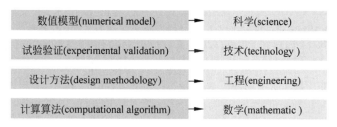

图 9-1　工程地震灾变模拟的科学、技术、工程和数学价值

本书仅对城市区域建筑群的地震灾变模拟问题进行了讨论。实际上，广义的城市抗震弹塑性分析应当囊括从断层到场地的工程强地震动模拟，到各类建筑、桥梁、生命线、地下工程等大大小小的工程设施地震响应模拟，再到防灾避难、应急疏散、经济活动等各种社会响应预测等。但这其中还有很多问题尚未得到解决。随着信息技术的进步和工程抗震防灾研究的进步，通过结合各类新型技术和手段，城市抗震弹塑性分析势必会在未来获得更大的发展。

参 考 文 献

陈全,2012.钢框架结构影响系数研究[D].武汉:华中科技大学.

陈素文,李国强,2008.地震次生火灾的研究进展[J].自然灾害学报,17(5):120-126.

陈以一,吴香香,田海,等,2006.空间足尺薄柔构件钢框架滞回性能试验研究[J].土木工程学报,5:51-56.

陈永昌,李建中,2015.基于性态设计的抗弯钢框架与钢框架-钢板剪力墙结构性能对比分析[J].钢结构,9:18-22+11.

程满,闻广坤,2017.钢结构抗侧力体系抗震性能对比[J].世界地震工程,1:244-251.

戴君武,孙柏涛,李山有,等,2018.四川九寨沟 7.0 级地震之工程震害[M].北京:地震出版社.

邓明科,梁兴文,张思海,2009.高性能混凝土剪力墙延性性能的试验研究[J].建筑结构学报(S1):139-143.

范维澄,王清安,姜冯辉,等.1995.火灾学简明教程[M].合肥:中国科学技术大学出版社.

方亮,2009.蒸压粉煤灰砖墙抗震抗剪强度及抗震性能实验研究[D].长沙:长沙理工大学.

福建网络广播电视台,2018.台湾花莲地震已致 9 死 265 伤,昨晚又有 6 级地震![EB/OL].(2018-02-08)[2020-07-13].http://tw.fjtv.net/folder745/2018-02-08/1435158.html.

付长华,2012.北京盆地结构对长周期地震动加速度反应谱的影响[D].北京:中国地震局地球物理研究所.

付成祥,2014.RC框架结构典型地震倒塌模式研究[D].哈尔滨:中国地震局工程力学研究所.

高孟潭,卢寿德,2006.关于下一代地震区划图编制原则与关键技术的初步探讨[J].震灾防御技术,1(1):1-6.

高孟潭,俞言祥,张晓梅,等,2002.北京地区地震动的三维有限差分模拟[J].中国地震,18(4):356-364.

葛余博,2005.概率论与数理统计[M].北京:清华大学出版社.

龚盈,2011.轻钢门式刚架抗风性能和极限承载力分析[D].杭州:浙江大学.

巩耀娜,2008.混凝土多孔墙体抗震性能试验研究[D].郑州:郑州大学.

顾祥林,陈贡联,马俊元,等,2010.反复荷载作用下混凝土多孔砖墙体受力性能试验研究[J].建筑结构学报,31(12):123-131.

国家测绘局,2010.低空数字航空摄影规范:CH/Z 3005—2010[S].北京:测绘出版社.

郭樟根,吴灿炜,孙伟民,等,2014.再生混凝土多孔砖墙体抗震性能试验[J].应用基础与工程科学学报,22(3):539-547.

郭子雄,吕西林,王亚勇,1998.建筑结构抗震变形验算中层间弹性位移角限值的研讨[J].工程抗震(2):1-6.

国务院人口普查办公室,国家统计局人口和就业统计司,2012.中国 2010 年人口普查资料[M].北京:中国统计出版社.

韩春,2009.蒸压粉煤灰砖柱与墙体抗震性能的试验研究[D].西安:西安建筑科技大学.

韩瑞龙,施卫星,魏丹,2011.基于脉动法实测数据的多层砌体结构低阶周期的经验公式[C]//第 20 届全国结构工程学术会议论文集(第Ⅰ册),宁波.

郝彤,刘立新,王仁义,2008.混凝土多孔砖墙体的抗震性能试验研究[J].建筑砌块与砌块建筑(4):22-25.

侯列迅,2008.钢框架结构非线性地震动力分析[D].成都:西南交通大学.

胡妤,赵作周,钱稼茹,2015.高烈度地区框架-核心筒结构中美抗震设计方法对比[J].建筑结构学报,36(2):1-9.

华金玉,侯贵廷,刘锡大,2005.1730 年北京西郊 6(1/2)级地震发震构造讨论[J].北京大学学报(自然科学版),41(4):530-535.

环文林,时振梁,杨玉林,1996.1730 年北京圆明园地震[J].地震研究,19(3):260-266.

黄秋昊,黄盛楠,陆新征,等,2013.高层建筑围护结构地震破坏导致次生灾害的初步研究[J].工程力学,30(S1)：94-98.

黄文伟,2006.混凝土小砌块墙体抗震试验[J].广西城镇建设,1：69-71.

霍俊荣,胡聿贤,1992.地震动峰值参数衰减规律的研究[J].地震工程与工程振动,12(2)：1-11.

纪晓东,马琦峰,赵作周,等,2012.北京市既有农村住宅砖木结构加固前后振动台试验研究[J].建筑结构学报,33(11)：53-61.

贾连光,孙鹏,肖青,2008.考虑填充墙对钢框架结构体系影响的静力非线性分析[J].沈阳建筑大学学报(自然科学版),1：11-15.

姜凯,赵成文,代俊杰,2007.工业废渣混凝土多孔砖墙片抗震性能试验研究[J].新型建筑材料,34(10)：69-72.

雷敏,2013.空斗墙及 HPFL 加固空斗墙的抗震性能研究[D].长沙：湖南大学.

李保德,王兴肖,2009.混凝土普通砖素墙片抗震性能实验研究[J].武汉理工大学学报,31(16)：72-76.

李成,2008.多层抗弯钢框架的结构影响系数和位移放大系数[D].西安：西安建筑科技大学.

李东,苏恒品,2011.基于 Pushover 方法的钢框架结构超强分析[J].东北电力大学学报,31(5/6)：80-84.

李刚强,2006.抗震设计的 R-μ 基本准则及钢筋混凝土典型 RC 框架结构超强特征分析[D].重庆：重庆大学.

李伦,2013.钢筋混凝土 RC 框架结构超强特征及其影响因素研究[D].广州：华南理工大学.

李梦珂,2015.中美高层钢筋混凝土框架-核心筒结构抗震设计与评估[D].北京：清华大学.

李梦祺,2015.带垫板的双肢 C 型钢半刚性框架抗震性能研究[D].包头：内蒙古科技大学.

李沛豪,刘崇奇,2016.一种基于性能的抗震设计的 Pushover 分析方法[J].浙江工业大学学报,5：538-542＋579.

李树桢,朱玉莲,赵直,等,1995.高层建筑的震害预测[J].世界地震工程(3)：23-26.

梁建国,湛华,周江,等,2005.KP1 型烧结页岩粉煤灰多孔砖墙体抗震性能试验研究[J].建筑结构,34(9)：49-52.

廖振鹏,1989.地震小区划：理论与实践[M].北京：地震出版社.

刘本玉,叶燎原,苏经宇,2008.城市抗震防灾规划的研究与展望[J].世界地震工程,24(1)：68-72.

刘皓,2015.单层多跨钢结构厂房的结构设计及地震作用分析[D].南昌：南昌大学.

刘红彪,2012.底商多层砌体结构倒塌机理研究[D].哈尔滨：中国地震局工程力学研究所.

刘恢先,1985.唐山大地震震害[M].北京：地震出版社.

刘兰花,2006.多自由度体系 R-μ 规律初步分析及超静定次数对结构超强的影响[D].重庆：重庆大学.

刘锡荟,张鸿熙,刘经伟,等,1981.用钢筋混凝土构造柱加强砖房抗震性能的研究[J].建筑结构学报(6)：47-55.

刘艳,2008.单层轻型钢结构厂房的抗震性能研究[D].西安：西安建筑科技大学.

刘雁,徐远飞,张宏,2011.约束梁柱粉煤灰砌块墙受力性能的试验研究[J].工业建筑,41(8)：38-41.

刘在涛,王栋梁,张维佳,等,2011.基于贝叶斯判别分析的地震应急响应等级初判方法[J].地震,31(2)：114-121.

刘志伟,2003.高性能混凝土剪力墙抗震性能研究[D].上海：同济大学.

陆新征,顾栋炼,林旭川,等,2017.2017.08.08 四川九寨沟 7.0 级地震震中附近地面运动破坏力分析[J].工程建设标准化(8)：68-73.

陆新征,蒋庆,缪志伟,等,2015.建筑抗震弹塑性分析[M].2 版.北京：中国建筑工业出版社.

陆新征,林旭川,田源,等,2014.汶川、芦山、鲁甸地震极震区地面运动破坏力对比及其思考[J].工程力学,31(10)：1-7.

陆新征,叶列平,潘鹏,等,2012.钢筋混凝土框架结构拟静力倒塌试验研究及数值模拟竞赛Ⅰ：框架试验[J].建筑结构,42(11)：19-22.

马玉宏,谢礼立,2002.考虑地震环境的设计常遇地震和罕遇地震的确定[J].建筑结构学报,23(1)：43-47.

苗启松,何西令,周炳章,等,2000.小型混凝土空心砌块九层模型房屋抗震性能试验研究[J].建筑结构学报,21(4):13-21.

倪永慧,2016.近场地震下抗弯钢框架基于能量的性态设计方法[D].苏州:苏州科技大学.

聂树明,周克森,2007.广州市部分城区地震小区划和震害预测[J].世界地震工程,23(4):176-181.

潘波,许建东,刘启方,2009.1679年三河—平谷8级地震近断层强地震动的有限元模拟[J].地震地质,31(4):69-83

钱德军,2006.钢框架非线性抗震静力计算程序的编制和研究[D].南京:东南大学.

钱稼茹,徐福江,2006.钢筋混凝土框架-核心筒结构的变形解构规则[J].建筑结构,36(S1):527-530.

钱稼茹,吕文,方鄂华,1999.基于位移延性的剪力墙抗震设计[J].建筑结构学报,20(3):42-49.

全国地震标准化技术委员会,2008.地震应急避难场所场址及配套设施:GB 21734—2008[S].北京:中国标准出版社.

全国地震标准化技术委员会,2008.中国地震烈度表:GB/T 17742—2008[S].北京:中国标准出版社.

全国地震标准化技术委员会,2009.建(构)筑物地震破坏等级划分:GB/T 24335—2009[S].北京:中国标准出版社.

全国地震标准化技术委员会,2011.地震现场工作 第4部分:灾害直接损失评估:GB/T 18208.4—2011[S].北京:中国标准出版社.

全国地震标准化技术委员会,2015.中国地震动参数区划图:GB 18306—2015[S].北京:中国标准出版社.

中国工程建设标准化协会,2014.建筑结构抗倒塌设计规范:CECS 392—2014[S].北京:中国计划出版社.

清华大学土木工程结构专家组,西南交通大学土木工程结构专家组,北京交通大学土木工程结构专家组,2008.汶川地震建筑震害分析[J].建筑结构学报,29(4):1-9.

陕西省地震局,西安市地震局,2012.西安市地震动参数小区划图[M].西安:陕西大地地震工程勘察中心.

邵雪超,2011.变截面门式刚架结构体系弹塑性动力时程分析[D].苏州:苏州科技学院.

施炜,2014.RC框架结构基于一致倒塌风险的抗震设计方法研究[D].北京:清华大学.

施炜,叶列平,陆新征,等,2011.不同抗震设防RC框架结构抗倒塌能力的研究[J].工程力学,28(3):41-48.

石建梁,闫庆民,葛秋莹,2011.用椭圆衰减关系模型计算任意场点烈度及地震动参数的数值方法[J].内陆地震,25(1):21-28.

史庆轩,侯炜,田园,等,2011.钢筋混凝土核心筒性态水平及性能指标限值研究[J].地震工程与工程振动,31(6):85-95.

史庆轩,易文宗,2000.多孔砖砌体墙片的抗震性能实验研究及抗倒塌能力分析[J].西安建筑科技大学学报(自然科学版),32(3):271-275.

舒兴平,沈蒲生,尚守平,1999.钢框架结构二阶弹塑性稳定极限承载力试验研究[J].钢结构,4:19-22.

束炜,2004.门式刚架轻钢结构的优化设计与模态有限元分析[D].合肥:合肥工业大学.

宋世研,叶列平,2007.中、美混凝土结构设计规范构件正截面受弯承载力的分析比较[J].建筑科学,23(7):28-33.

苏幼坡,张玉敏,2006.唐山大地震震害分布研究[J].地震工程与工程振动,26(3):18-21.

孙诚,2017.基于推覆分析的钢框架结构地震倒塌判别准则研究[D].西安:长安大学.

孙鹏,汤扬,2008.考虑楼板开洞的轻钢框架的Pushover分析[J].山西建筑,5:105-106.

孙巧珍,闫维明,周锡元,等,2006.带构造柱的水平配筋双排孔封底砌块墙片抗震性能试验研究[J].施工技术,6:93-95.

孙文林,2006.基于性能的钢框架结构非线性地震反应分析[D].长沙:湖南大学.

孙延毅,2010.轻型楼板钢框架结构的弹塑性分析[D].南京:南京林业大学.

唐柏鉴,彭小龙,邵建华,2012.基于Pushover的钢框架结构抗震性能分析[J].江苏科技大学学报(自然科学版),5:439-443.

汪梦甫,1990.岳阳市地震小区划的地震动输入[J].湖南大学学报(自然科学版),17(2):23-30.

王朝波,2007.既有多高层钢框架抗震鉴定指标体系及分析方法研究[D].上海:同济大学.

王福川,刘云霄,刘玉玲,等,2004.盲孔多孔砖墙片抗震性能的试验研究[J].砖瓦(5):7-11.

王涛,张永群,陈曦,等,2014.基于装配式技术加固的砌体墙片的力学性能研究[J].工程力学,31(8):144-153.

王威,周颖,梁兴文,等,2010.砌体结构在2008汶川大地震中的震害经验[J].地震工程与工程振动,30(1):60-68.

王一功,杨佑发,2005.多层接地框架土-结构共同作用分析[J].世界地震工程,21(3):88-93.

王元清,张一舟,施刚,等,2009.半刚性端板连接多层钢框架的Push-over分析[J].湖南大学学报(自然科学版),11:10-15.

王正刚,薛国亚,高本立,等,2003.约束页岩砖砌体墙抗震性能实验研究[J].东南大学学报(自然科学版),33(5):638-642.

王宗纲,查支祥,2002.构造柱-圈梁体系外多孔墙内混凝土小型空心砌块六层足尺房屋抗震性能实验研究[J].地震工程与工程振动,22(4):90-96.

翁小平,2010.空斗墙砌体数值模拟分析与抗震性能试验研究[D].杭州:浙江大学.

吴昊,赵世春,许浒,等,2012.砖混教学楼横墙不同构造条件下破坏特点分析[J].建筑结构,42(S1):226-230.

吴文博,2012.蒸压砖结构抗震性能研究[D].哈尔滨:中国地震局工程力学研究所.

吴香香,2006.多层薄柔钢框架的抗震设计[D].上海:同济大学.

夏焕焕,2013.钢框架结构位移角研究[D].青岛:青岛理工大学.

肖建庄,黄江德,姚燕,2012.再生混凝土砌块墙体抗震性能试验研究[J].建筑结构学报,42(4):100-109.

肖亮,2011.水平向基岩强地面运动参数衰减关系研究[D].北京:中国地震局地球物理研究所.

肖鹏,刘更代,徐明亮,2010.OpenSceneGraph三维渲染引擎编程指南[M].北京:清华大学出版社.

中央政府门户网站,2008.北京CBD成为我国世界500强聚集度最高地区之一[EB/OL].(2008-04-29)[2020-12-28].http://www.gov.cn/govweb/jrzg/2008-04/29/content_958064.htm.

熊琛,2016.基于时程分析和三维场景可视化的区域建筑震害模拟研究[D].北京:清华大学.

熊二刚,梁兴文,张倩,2011.钢框架结构直接基于位移的抗震设计方法研究[J].地震工程与工程振动,4:106-113.

熊二刚,张倩,2013.高层钢框架结构基于性能的塑性设计方法研究[J].工程力学,9:211-219.

徐春兰,顾强,2007.多层抗弯钢框架的结构影响系数[J].苏州科技学院学报(工程技术版),1:10-14.

许浒,赵世春,叶列平,等,2011.砌体结构在地震下的非线性计算模型[J].四川建筑科学研究,37(6):170-175.

许鑫森,杨娜,2014.考虑组合效应的梁腹板开圆孔型钢框架的静力弹塑性分析[J].北京交通大学学报,6:82-87+92.

许镇,2012.基于有限元分析与GPU的桥梁垮塌场景模拟关键技术研究[D].北京:清华大学.

许镇,陆新征,韩博,等,2014.城市区域建筑震害高真实度模拟[J].土木工程学报,47(7):46-52.

玄月,2011.北京市断裂活动性研究及地震危险性分析[D].北京:中国地质大学.

严林飞,2015.半刚性节点钢框架的地震易损性分析[D].南京:东南大学.

阎开放,1985.KP_1型承重粘土空心砖墙片抗震性能试验研究[J].四川建筑科学研究,1:34-39+30.

剡理祯,梁兴文,徐洁,等,2014.钢筋混凝土剪力墙变形能力计算方法研究[J].工程力学,31(11):92-98.

杨陈,郭凯,张素灵,等,2015.中国地震台网现状及其预警能力分析[J].地震学报,37(3):508-515.

杨德健,高水孚,孙锦镖,等,2000.构造柱-芯柱体系混凝土砌块墙体抗震性能试验研究[J].建筑结构学报,21(4):22-27.

杨伟军,陈利群,祝晓庆,2008.混凝土多孔砖墙体抗震性能试验研究[J].工程力学,25(9):126-133.

杨玉成,杨柳,高云学,等,1980.唐山地震多层砖房震害与强度的关系[J].地震工程与工程振动,1:42-54.

杨元秀,2008.预应力蒸压粉煤灰实心砖墙抗震性能试验研究[D].重庆:重庆大学.

叶燕华,李利群,孙伟民,等,2004.内注泡沫混凝土空心砌块墙体抗震性能的试验研究[J].地震工程与工程振动,24(5):154-158.

尹之潜,1996.结构易损性分类和未来地震灾害估计[J].中国地震,12(1):49-55.

尹之潜,杨淑文,2004.地震损失分析与设防标准[M].北京:地震出版社.

于建刚,2003.集中式预应力砖墙的抗侧强度及抗侧刚度计算方法的研究[D].重庆:重庆大学.

袁婷,2011.大坡度轻型门式刚架静动力性能分析[D].武汉:武汉理工大学.

袁一凡,2008.四川汶川 8.0 级地震损失评估[J].地震工程与工程振动,28(5):10-19.

翟长海,谢礼立,2007.钢筋混凝土 RC 框架结构超强研究[J].建筑结构学报,28(1):101-106.

张宏,2007.带洞口约束梁柱粉煤灰蒸压砖承重墙、粉煤灰砌块自承重墙抗震性能的试验研究[D].扬州:扬州大学.

张会,2005.复合混凝土小型砌块砌体抗裂与抗震性能试验研究[D].南京:南京工业大学.

张连河,2009.钢筋混凝土 RC 框架结构超强系数分析[D].重庆:重庆大学.

张令心,江近仁,刘洁平,2002.多层住宅砖房的地震易损性分析[J].地震工程与工程振动,22(1):49-55.

张倩,2008.钢框架结构基于性能的抗震设计方法研究[D].西安:西安建筑科技大学.

张维,2007.CFRP 加固砌体试验研究的有限元分析及受剪承载力研究[D].武汉:武汉理工大学.

张永群,2014.预制钢筋混凝土墙板加固砌体结构的抗震性能研究[D].哈尔滨:中国地震局工程力学研究所.

张震,邓长根,2016.Perform-3D 在某钢框架推覆分析中的应用[J].佳木斯大学学报(自然科学版),3:341-343.

张智,2010.喷射 GFRP 加固砌体结构抗震性能试验研究与理论分析[D].武汉:武汉理工大学.

章红梅,吕西林,杨雪平,等,2009.边缘构件配箍对钢筋混凝土剪力墙抗震性能的影响[J].结构工程师,24(5):100-104.

赵成文,尚义明,周康,等,2010.蒸压粉煤灰砖墙片抗震性能试验[J].沈阳建筑大学学报(自然科学版),25(1):57-61.

赵东杰,2005.门式刚架轻钢结构支撑研究及动力性能分析[D].郑州:郑州大学.

赵风雷,2008.钢筋混凝土 RC 框架结构超强系数的研究[D].西安:西安建筑科技大学.

赵思健,任爱珠,熊利亚,2006.城市地震次生火灾研究综述[J].自然灾害学报,15(2):57-67.

赵作周,1993.多层大开间少内纵墙住宅结构模型试验研究及弹塑性分析[D].北京:清华大学.

郑妮娜,2010.装配式构造柱约束砌体结构抗震性能研究[D].重庆:重庆大学.

郑强,2012.FRP 加固砌体墙抗震性能及抗剪承载力模型研究[D].沈阳:沈阳建筑大学.

郑山锁,侯丕吉,李磊,等,2012.RC 剪力墙地震损伤试验研究[J].土木工程学报,45(2):51-59.

中国地震局,2014.中国地震局发布云南鲁甸 6.5 级地震烈度图[EB/OL].(2014-08-07)[2020-08-31].https://www.cea.gov.cn/cea/dzpd/dzzt/370016/370017/3577648/index.html.

中国地震台网中心,2018.中国地震台网[DB/OL].(2014-08-07)[2020-08-31].http://news.ceic.ac.cn/index.html?time=1528878360.

中国新闻网,2014.北京拥有 500 强企业居全球首位[EB/OL].(2014-12-30)[2020-08-31].http://www.chinanews.com/gn/2014/12-30/6924869.shtml.

中华人民共和国建设部,2007.城市抗震防灾规划标准:GB 50413—2007[S].北京:中国建筑工业出版社.

中华人民共和国住房和城乡建设部,2010.建筑抗震设计规范:GB 50011—2010[S].北京:中国建筑工业出版社.

中华人民共和国住房和城乡建设部,2011.高层建筑混凝土结构技术规程:JGJ 3—2010[S].北京:中国建筑工业出版社.

中华人民共和国住房和城乡建设部,2012.建筑结构荷载规范:GB 50009—2012[S].北京:中国建筑工业出版社.

中华人民共和国住房和城乡建设部,2015.防灾避难场所设计规范:GB 51143—2015[S].北京:中国建筑工业出版社.

中华人民共和国住房和城乡建设部,2015.建筑抗震试验规程:JGJ/T 101—2015[S].北京:中国计划出版社.

中华人民共和国住房和城乡建设部,2020.建筑抗震韧性评价标准:GB/T 38591—2020[S].北京:中国标准出版社.

钟光忠,2008.罕遇地震作用下多层钢框架结构的弹塑性分析[D].成都:西南交通大学.

钟益村,王文基,田家骅,1984.钢筋混凝土结构房屋变形性能及容许变形指标[J].建筑结构(2):35-45.

周炳章,郑伟,关启勋,等,2000.小型混凝土空心砌块六层模型房屋抗震性能试验研究[J].建筑结构学报,21(4):2-12.

周宏宇,2004.带构造柱混凝土小型空心砌块承重墙抗震性能的试验研究[D].北京:北京工业大学.

周青云,周仕勇,陈棋福,等,2008.正演推算1730年北京西郊地震的发震断层和滑动角[J].地震研究,31(4):369-377.

周锡元,李万举,闫维明,等,2006.构造柱约束的混凝土小砌块墙体抗震性能的试验研究[J].土木工程学报,8:45-50.

周晓洁,李忠献,续丹丹,等,2015.柔性连接填充墙框架结构抗震性能试验[J].天津大学学报(自然科学版),2:155-166.

周兴卫,2012.梁柱半刚性连接钢框架结构的抗震性能分析[D].长沙:中南大学.

周洋,施卫星,韩瑞龙,2012.多层大开间砌体结构的基本周期实测与分析[J].工程力学,29(11):197-204.

周颖,吕西林,2011.智利地震钢筋混凝土高层建筑震害对我国高层结构设计的启示[J].建筑结构学报,32(5):17-23.

朱伯龙,蒋志贤,吴明舜,1981.上海五层砌块试验楼抗震能力分析[J].同济大学学报(4):10-17.

ABRAHAM J,SMERZINI C,PAOLUCCI R,et al.,2016. Numerical study on basin-edge effects in the seismic response of the Gubbio valley,Central Italy[J]. Bulletin of Earthquake Engineering,14(6):1437-1459.

ABRAHAMSON N,SILVA W,KAMAI R,2014. Summary of the ASK14 ground motion relation for active crustal regions[J]. Earthquake Spectra,30(3):1025-1055.

ACI,2008. Building code requirements for structural concrete ACI 318-08 and commentary 318R-08(ACI 318-08/318R-08)[S]. Farmington Hills,MI,US:American Concrete Institute.

ALDAIKH H,ALEXANDER N,IBRAIM E,et al,2016. Shake table testing of the dynamic interaction between two and three adjacent buildings (SSSI)[J]. Soil Dynamics and Earthquake Engineering,89:219-232.

ALDRICH M,BOLT B,LEVITON A,et al,1986. The "Report" of the 1868 Haywards earthquake[J]. Bulletin of the Seismological Society of America,76(1):71-76.

ALEXANDER D,1990. Behavior during earthquakes:a southern Italian example[J]. International Journal of Mass Emergencies and Disasters,8(1):5-29.

ALLEN T,WALD D,2009. On the use of high-resolution topographic data as a proxy for seismic site conditions (VS 30)[J]. Bulletin of the Seismological Society of America,99(2A):935-943.

ALMUFTI I,WILLFORD M,2013. REDiTM rating system:resilience-based earthquake design initiative for the next generation of buildings[R]. ARUP Corporation.

ALONSO-RODRÍGUEZ A,MIRANDA E,2015. Assessment of building behavior under near-fault pulse-like ground motions through simplified models[J]. Soil Dynamics and Earthquake Engineering,79:47-58.

ANCHETA T,DARRAGH R,STEWART J,et al,2014. NGA-West2 database[J]. Earthquake Spectra,30(3):989-1005.

AOI S,KUNUGI T,NAKAMURA H,et al,2011. Deployment of new strong motion seismographs of K-NET and KiK-net[M]//Earthquake data in engineering seismology. Dordrecht:Springer,167-186.

ARC, 2002. Standards for hurricane evacuation shelter selection (ARC 4496) [S]. Washington, DC: American Red Cross.

ASCE, 2010. Minimum design loads for buildings and other structures (ASCE/SEI 7-10) [S]. Reston, VA: American Society of Civil Engineers.

ATC, 1985. Earthquake damage evaluation data for California (ATC-13) [S]. Redwood City, CA: Applied Technology Council.

ATC, 1996. Seismic evaluation and retrofit of existing concrete buildings (ATC-40) [S]. Redwood City, CA: Applied Technology Council.

ATKINSON G, ASSATOURIANS K, 2015. Implementation and validation of EXSIM (a stochastic finite-fault ground-motion simulation algorithm) on the SCEC broadband platform [J]. Seismological Research Letters, 86(1): 48-60.

ATKINSON G, BAKUN B, BODIN P, et al, 2000. Reassessing the new Madrid seismic zone [J]. Eos Transactions American Geophysical Union, 81(35): 397-403.

AUTODESK, 2018. 3ds Max: 3D modeling, animation, and rendering software [EB/OL]. [2018-10-04]. https://www. autodesk. com/products/3ds-max/overview.

AVŞAR Ö, BAYHAN B, YAKUT A, 2014. Effective flexural rigidities for ordinary reinforced concrete columns and beams [J]. The Structural Design of Tall and Special Buildings, 23(6), 463-482.

BARD P, CHAZELAS J, GUÉGUEN P, et al, 2006. Site-City Interaction [M]//Assessing and Managing Earthquake Risk. Dordrecht: Springer, 91-114.

BARNES M, FINCH E, 2008. Collada-digital asset schema release 1. 5. 0 specification [M]. CA, USA: Khronos Group.

BATTY M, CHAPMAN D, EVANS S, et al, 2001. Visualizing the city: communicating urban design to planners and decision-makers [R]. London, UK: Centre for Advanced Spatial Analysis, University College London.

BEHESHTI AVAL S, ASAYESH M, 2017. Seismic performance evaluation of asymmetric reinforced concrete tunnel form buildings [J]. Structures, 10: 157-169.

BENTLEY, 2018. Create 3D models from simple photographs [EB/OL]. [2018-10-04]. https://www. bentley. com/en/products/brands/contextcapture.

BERNARDINI G, ORAZIO M, QUAGLIARINI E, 2016. Towards a "behavioural design" approach for seismic risk reduction strategies of buildings and their environment [J]. Safety Science, 86: 273-294.

BISHOP C, 2006. Pattern Recognition and Machine Learning [M]. Singapore: Springer.

BOMMER J, ACEVEDO A, 2004. The use of real earthquake accelerograms as input to dynamic analysis [J]. Journal of Earthquake Engineering, 8(S01): 43-91.

BOMMER J, MARTÍNEZ-PEREIRA A, 1999. The effective duration of earthquake strong motion [J]. Journal of Earthquake Engineering, 3(2): 127-172.

BOMMER J, STAFFORD P, ALARCÓN J, 2009. Empirical equations for the prediction of the duration of earthquake ground motion [J]. Bulletin of the Seismological Society of America, 99(6): 3217-3233.

BOORE D, 2003. Simulation of ground motion using the stochastic method [J]. Pure and Applied Geophysics, 160: 635-676.

BOORE D, 2004. Estimating Vs (30) (or NEHRP site classes) from shallow velocity models (depths < 30 m) [J]. Bulletin of the Seismological Society of America, 94(2): 591-597.

BOORE D, STEWART J, SEYHAN E, et al, 2014. NGA-West2 equations for predicting PGA, PGV, and 5% damped PSA for shallow crustal earthquakes [J]. Earthquake Spectra, 30(3): 1057-1085.

BOUTIN C, SOUBESTRE J, SCHWAN L, et al, 2014. Multi-scale modeling for dynamics of structure-soil-structure interactions [J]. Acta Geophysica, 62(5): 1005-1024.

BRUNEAU M,CHANG S,EGUCHI RT,et al,2003. A framework to quantitatively assess and enhance seismic resilience of communities[J]. Earthquake Spectra,19(4): 733-752.

BUILDING SEISMIC SAFETY COUNCIL(BSSC),2001. NEHRP recommended provisions for seismic regulations for new buildings and other structures,2000 Edition,Part 1: Provisions (Report FEMA 368)[R]. Washington D C: Building Seismic Safety Council.

BURTON H,DEIERLEIN G,LALLEMANT D,et al,2015. Framework for incorporating probabilistic building performance in the assessment of community seismic resilience[J]. Journal of Structural Engineering,142(8): C4015007-1-11.

CAMPBELL K,BOZORGNIA Y,2014. NGA-West2 ground motion model for the average horizontal components of PGA,PGV,and 5% damped linear acceleration response spectra[J]. Earthquake Spectra,30(3): 1087-1115.

CASTAÑOS H,LOMNITZ C,2002. PSHA: is it science? [J]. Engineering Geology,66(3): 315-317.

CEN,2004. Eurocode 8: Design of structures for earthquake resistance. Part 1: General rules,seismic action and rules for buildings[S]. Brussels: Comite Europeen de Normalisation.

CESMD,2018a. Information for strong-motion station,Palm Desert-4-story office bldg[DB/OL]. [2020-10-04]. http://www. strongmotioncenter. org/cgi-bin/CESMD/stationhtml. pl? staID=CE12284&network=CGS.

CESMD,2018b. Information for strong-motion station,Indio-4-story gov office bldg[DB/OL]. [2020-10-04]. http://www. strongmotioncenter. org/cgi-bin/CESMD/stationhtml. pl? staID=CE12493&network=CGS.

CHALJUB E,MOCZO P,TSUNO S,et al,2010. Quantitative comparison of four numerical predictions of 3D ground motion in the Grenoble valley,France[J]. Bulletin of the Seismological Society of America, 100(4): 1427-1455.

CHAN Y,ALAGAPPAN K,GANDHI A,et al,2006. Disaster management following the Chi-Chi Earthquake in Taiwan[J]. Prehospital and Disaster Medicine,21: 196-202.

CHEN H,XIE Q,LI Z,et al,2017. Seismic damage to structures in the 2015 Nepal Earthquake sequences [J]. Journal of Earthquake Engineering,21(4): 551-578.

CHEN R,BRANUM D,WILLS C,2013. Annualized and scenario earthquake loss estimations for California [J]. Earthquake Spectra,29(4): 1183-1207.

CHENG H,HADJISOPHOCLEOUS G,2011. Dynamic modeling of fire spread in building[J]. Fire Safety Journal,46(4): 211-224.

CHIOU B,YOUNGS R,2014. Update of the Chiou and Youngs NGA model for the average horizontal component of peak ground motion and response spectra[J]. Earthquake Spectra,30(3): 1117-1153.

CHOI S,CHA S,TAPPERT C,2010. A survey of binary similarity and distance measures[J]. Journal of Systemics,Cybernetics and Informatics,8(1): 43-48.

CHOPRA A,1995. Dynamics of structures[M]. New Jersey: Prentice-Hall.

CHRISTOVASILIS I,FILIATRAULT A,WANITKORKUL A,2009. Seismic testing of a full-scale two-story light-frame wood building: NEESWood benchmark test (Technical Report MCEER-09-0005) [R]. Buffalo,New York: Multidisciplinary Center for Earthquake Engineering Research.

CIMELLARO G,OZZELLO F,VALLERO A,et al,2017. Simulating earthquake evacuation using human behavior models[J]. Earthquake Engineering & Structural Dynamics,46(6): 985-1002.

CIMELLARO G,REINHORN A,BRUNEAU M,2010. Seismic resilience of a hospital system[J]. Structure and Infrastructure Engineering,6(1-2): 127-144.

CORBANE C,SAITO K,DELL'ORO L,et al,2011. A comprehensive analysis of building damage in the 12 January 2010 MW7 Haiti earthquake using high-resolution satellite and aerial imagery [J]. Photogrammetric Engineering & Remote Sensing,77(10): 997-1009.

CORNELL C A,KRAWINKLER H,2000. Progress and challenges in seismic performance assessment[J].

PEER Center News,3(2): 1-3.

CyberCity3D,2007. CyberCity3D[EB/OL]. [2020-10-04]. https//cybercity3d. com/.

DAY,S,BIELAK J,et al,2005. 3D ground motion simulation in basins[R/OL]. (2005-06-29)[2020-12-28]. http://steveday. sdsu. edu/BASINS/Final_Report_/A03. pdf.

DEL GAUDIO C, RICCI P, VERDERAME G, et al, 2016. Observed and predicted earthquake damage scenarios: the case study of Pettino (L'Aquila) after the 6th April 2009 event[J]. Bulletin of Earthquake Engineering,14(10): 1-36.

DIAO F,WANG R,AOCHI H,et al,2016. Rapid kinematic finite-fault inversion for an M_w 7+ scenario earthquake in the Marmara Sea: an uncertainty study[J]. Geophysical Journal International,204(2): 813-824.

DONG L,SHAN J,2013. A comprehensive review of earthquake-induced building damage detection with remote sensing techniques[J]. ISPRS Journal of Photogrammetry and Remote Sensing,84: 85-99.

DOUGLAS J, 2007. On the regional dependence of earthquake response spectra[J]. ISET Journal of Earthquake Technology,44(1): 71-99.

DU W,WANG G,2016. Prediction equations for ground-motion significant durations using the NGA-West2 database[J]. Bulletin of the Seismological Society of America,107(1): 319-333.

EHRLICH D, GUO H, MOLCH K, et al, 2009. Identifying damage caused by the 2008 Wenchuan earthquake from VHR remote sensing data[J]. International Journal of Digital Earth,2(4): 309-326.

ELLINGWOOD B, ROSOWSKY D, PANG W, 2008. Performance of light-frame wood residential construction subjected to earthquakes in regions of moderate seismicity[J]. Journal of Structural Engineering,134(8): 1353-1363.

ELNASHAI A,GENCTURK B,KWON O,et al,2010. The Maule (Chile) Earthquake of February 27, 2010: consequence assessment and case studies (MAE Center Report No. 10-04)[R/OL]. Department of Civil and Environmental Engineering, University of Illinois at Urbana-Champaign. [2020-10-04]. http://hdl. handle. net/2142/18212.

ERDIK M, FAHJAN Y, 2008. Early warning and rapid damage assessment, Assessing and managing earthquake risk[M]. Netherlands: Springer,213-237.

ERDIK M, ŞEŞETYAN K, DEMIRCIO ĞLU M, et al, 2011. Rapid earthquake loss assessment after damaging earthquakes[J]. Soil Dynamics and Earthquake Engineering,31(2): 247-266.

ESPER P, TACHIBANA E, 1998. Lessons from the Kobe earthquake[J]. Geological Society, London, Engineering Geology Special Publications,15(1): 105-116.

European Commission (EC),2016. Network of research infrastructures for European seismology (NERIES) [EB/OL]. [2020-10-04]. https://www. neries-eu. org.

EVANGELISTA L,DEL GAUDIO S,SMERZINI C,et al,2017. Physics-based seismic input for engineering applications: a case study in the Aterno river valley, Central Italy[J]. Bulletin of Earthquake Engineering,15(7): 2645-2671.

FAJFAR P,GASPERSIC P,1996. The N2 method for the seismic damage analysis for RC buildings[J]. Earthquake Engineering & Structural Dynamics,25(1): 23-67.

FELLIN W,KING J,KIRSCH A,et al,2010. Uncertainty modelling and sensitivity analysis of tunnel face stability[J]. Structural Safety,32(6): 402-410.

FEMA,1997. Earthquake loss estimation methodology-HAZUS97. Technical manual[R]. Washington DC: Federal Emergency Management Agency-National Institute of Building Sciences.

FEMA,2008. Design and construction guidance for community safe rooms (FEMA P-361)[R]. Washington DC: Federal Emergency Management Agency.

FEMA,2009. Quantification of building seismic performance factors (FEMA P695)[R]. Washington DC:

Federal Emergency Management Agency.

FEMA,2012a. Seismic performance assessment of buildings: Volume 1-Methodology (FEMA P-58-1)[R]. Washington DC: Federal Emergency Management Agency.

FEMA,2012b. Seismic performance assessment of buildings: Volume 2-Implementation guide (FEMA P-58-2)[R]. Washington DC: Federal Emergency Management Agency.

FEMA,2012c. Multi-hazard loss estimation methodology-earthquake model technical manual (HAZUS-MH 2.1)[R]. Washington DC: Federal Emergency Management Agency.

FEMA,2012d. Multi-hazard loss estimation methodology HAZUS-MH 2.1 advanced engineering building module (AEBM) technical and user's manual[R]. Washington DC: Federal Emergency Management Agency.

FIELD E,2000. A modified ground-motion attenuation relationship for southern California that accounts for detailed site classification and a basin-depth effect[J]. Bulletin of the Seismological Society of America, 90(6B): S209-S221.

FRANCHIN P, CAVALIERI F, 2015. Probabilistic assessment of civil infrastructure resilience to earthquakes[J]. Computer-Aided Civil and Infrastructure Engineering,30(7): 583-600.

FU H,HE C,CHEN B, et al,2017. 18.9-Pflops nonlinear earthquake simulation on Sunway TaihuLight: enabling depiction of 18-Hz and 8-meter scenarios[C]//Proceedings of the International Conference for High Performance Computing, Networking, Storage and Analysis November,2017,Denver,Colorado, New York: Association for Computing Machinery.

GASCOT R, MONTEJO L, 2016. Spectrum-compatible earthquake records and their influence on the seismic response of reinforced concrete structures[J]. Earthquake Spectra,32(1): 101-123.

GASPARINI D, VANMARCKE E, 1976. SIMQKE, A program for artificial motion generation[R]. Cambridge,MA: Department of Civil Engineering,Massachusetts Institute of Technology.

GE P, ZHOU Y, 2018. Investigation of efficiency of vector-valued intensity measures for displacement-sensitive tall buildings[J]. Soil Dynamics and Earthquake Engineering,107: 417-424.

GE R,HUANG F,JIN C, et al,2015. Escaping from saddle points—online stochastic gradient for tensor decomposition[C]//Conference on Learning Theory: Workshop and Conference Proceedings. Paris, France,40: 1-46.

GEIß C,TAUBENBOECK H, TYAGUNOV S, et al, 2014. Assessment of seismic building vulnerability from space[J]. Earthquake Spectra,30(4): 1553-1583.

GHERGU M,IONESCU I,2009. Structure-soil-structure coupling in seismic excitation and "city effect"[J]. International Journal of Engineering Science,47(3): 342-354.

GIRIJA S,2016. Tensorflow: Large-scale machine learning on heterogeneous distributed systems[CP/OL]. [2020-10-04]. https://www.tensorflow.org/.

Global Disaster Alert and Coordination System (GDACS),2018. Global Disaster Alert and Coordination System[EB/OL]. [2020-10-04]. http://www.gdacs.org/.

GODA K,TAYLOR C,2012. Effects of aftershocks on peak ductility demand due to strong ground motion records from shallow crustal earthquakes[J]. Earthquake Engineering & Structural Dynamics,41: 2311-2330.

GORETTI A,SARLI V,2006. Road network and damaged buildings in urban areas: short and long-term interaction[J]. Bulletin of Earthquake Engineering,4(2): 159-175.

GRAVES A,MOHAMED A, HINTON G,2013. Speech recognition with deep recurrent neural networks [C]//2013 IEEE International Conference on Acoustics, Speech and Signal Processing. Vancouver, Canada,6645-6649.

GRAVES R,PITARKA A,2010. Broadband ground-motion simulation using a hybrid approach[J]. Bulletin of Seismological Society of America,100(5A): 2095-2123.

GROBY J,WIRGIN A,2008. Seismic motion in urban sites consisting of blocks in welded contact with a soft layer overlying a hard half-space[J]. Geophysical Journal International,172(2): 725-758.

GUHA-SAPIR D,VOS F,BELOW R,et al,2011. Annual disaster statistical review 2010: the numbers and trends[R]. Brussels,Belgium: Centre for Research on the Epidemiology of Disasters (CRED).

GUIDOTTI R, MAZZIERI I, STUPAZZINI M, et al, 2012. 3D numerical simulation of the site-city interaction during the 22 February 2011 MW 6.2 Christchurch earthquake[C]//In Electronic Proceedings of the 15th World Conference on Earthquake Engineering. Lisbon,Portugal.

GUO G, ZHANG J, YORKE-SMITH N, 2013. A novel bayesian similarity measure for recommender systems [C]//Proceedings of the Twenty-Third International Joint Conference on Artificial Intelligence. Beijing,China.

GUSELLA L,ADAMS B,BITELLI G,et al,2005. Object-oriented image understanding and post-earthquake damage assessment for the 2003 Bam,Iran,earthquake[J]. Earthquake Spectra,21(S1): 225-238.

GÜLKAN P,CLOUGH RW,MAYES RL,et al,1990. Seismic testing of single-story masonry houses: Part 1[J]. Journal of Structural Engineering,116(1): 235-256.

HADDADI H,SHAKAL A, HUANG M, et al, 2012. Report on progress at the Center for Engineering Strong Motion Data (CESMD)[C]//Presented at the The 15th World Conference on Earthquake Engineering.

HAKLAY M, PATRICK W, 2008. Openstreetmap: User-generated street maps[J]. IEEE Pervasive Computing,7(4): 12-18.

HANCOCK J, WATSON-LAMPREY J, ABRAHAMSON N A, et al, 2006. An improved method of matching response spectra of recorded earthquake ground motion using wavelets [J]. Journal of Earthquake Engineering,10(S01): 67-89.

HANNA S,BROWN M,CAMELLI F,et al,2006. Detailed simulations of atmospheric flow and dispersion in downtown Manhattan: An application of five computational fluid dynamics models[J]. Bulletin of the American Meteorological Society,87(12): 1713-1726.

HAO H,1989. Effects of spatial variation of ground motions on large multiply-supported structures[R]. Berkeley,CA: Earthquake Engineering Research Center,University of California.

HASELTON C, LIEL A, DEIERLEIN G, et al, 2011. Seismic collapse safety of reinforced concrete buildings. I: assessment of ductile moment frames[J]. Journal of Structural Engineering-ASCE, 137(4): 481-491.

HASELTON C,LIEL A,TAYLOR-LANGE S, et al, 2008. Beam-column element model calibrated for predicting flexural response leading to global collapse of RC frame buildings[R]. Berkeley,CA: Pacific Engineering Research Center (PEER Report 2007/03),University of California.

HASHEMI A, MOSALAM K, 2006. Shake-table experiment on reinforced concrete structure containing masonry infill wall[J]. Earthquake Engineering & Structural Dynamics,35(14): 1827-1852.

HATZIVASSILIOU M, HATZIGEORGIOU G, 2015. Seismic sequence effects on three-dimensional reinforced concrete buildings[J]. Soil Dynamics and Earthquake Engineering,72: 77-88.

HAYASHI Y,INOUE M,KUO K C,et al,2005. Damage ratio functions of steel buildings in 1995 Hyogo-ken Nanbu earthquake[C]//Proceedings of ICOSSAR 2005. Rotterdam,Netherlands.

HELBING D,MOLNAR P,1995. Social force model for pedestrian dynamics[J]. Physical Review E,51(5): 4282-4286.

HERMANNS L,FRAILE A,ALARCÓN E,et al,2014. Performance of buildings with masonry infill walls during the 2011 Lorca earthquake[J]. Bulletin of Earthquake Engineering,12(5): 1977-1997.

HIMOTO K,MUKAIBO K,AKIMOTO Y,et al,2013. A physics-based model for post-earthquake fire spread considering damage to building components caused by seismic motion and heating by fire[J]. Earthquake Spectra,29(3):793-816.

HIMOTO K,TANAKA T,2000. A preliminary model for urban fire spread-building fire behavior under the influence of external heat and wind[C]// National Institute of Standards and Technology. Thirteenth Meeting of the UJNR Panel on Fire Research and Safety. Gaithersburg,MD.

HIMOTO K,TANAKA T,2002. A physically-based model for urban fire spread[C]//Fire Safety Science—Proceedings of the Seven International Symposium:129-140.

HIROKAWA N, OSARAGI T, 2016. Earthquake disaster simulation system: Integration of models for building collapse,road blockage,and fire spread[J]. Journal of Disaster Research,11(2):175-187.

HOEHLE J, 2008. Photogrammetric measurements in oblique aerial image [J]. Photogrammetrie Fernerkundung Geoinformation(1):7-14.

HORI M,2011. Introduction to computational earthquake engineering[M]. 2rd edition. London:Imperial College Press.

HORI M,ICHIMURA T,2008. Current state of integrated earthquake simulation for earthquake hazard and disaster[J]. Journal of Seismology,12(2):307-321.

HUANG D,WANG G,2015a. Stochastic simulation of regionalized ground motions using wavelet packet and cokriging analysis[J]. Earthquake Engineering & Structural Dynamics,44:775-794.

HUANG D,WANG G,2015b. Region-specific spatial cross-correlation model for stochastic simulation of regionalized ground-motion time histories[J]. Bulletin of the Seismological Society of America,105(1):272-284.

HUANG D, WANG G, 2017. Energy-compatible and spectrum-compatible (ECSC) ground motion simulation using wavelet packets[J]. Earthquake Engineering & Structural Dynamics,46:1855-1873.

IBARRA L,KRAWINKLER H,2004. Global collapse of deteriorating MDOF systems[C]//13th world conference on earthquake engineering. Vancouver,BC,Canada.

IBARRA L, MEDINA R A, KRAWINKLER H, 2005. Hysteretic models that incorporate strength and stiffness deterioration[J]. Earthquake Engineering & Structure Dynamics,34(12):1489-1511.

ISBILIROGLU Y, TABORDA R, BIELAK J, 2015. Coupled soil-structure interaction effects of building clusters during earthquakes[J]. Earthquake Spectra,31(1):463-500.

JAISWAL K,WALD D,2011. Rapid estimation of the economic consequences of global earthquakes[R]// Report No. 2011—1116. Reston,Virginia:U. S. Geological Survey.

JOHANSSON A,HELBING D,AL-ABIDEEN H,et al,2008. From crowd dynamics to crowd safety:a video-based analysis[J]. Advances in Complex Systems,11(4):497-527.

KAGAWA T,AKAZAWA T,2000. A technique for quick estimation of seismic ground motion distribution from observed seismic intensities[C]//in Proc. 12th World Conference on Earthquake Engineering. Auckland,New Zealand.

KALKAN E,CHOPRA A,2010. Practical guidelines to select and scale earthquake records for nonlinear response history analysis of structures[R]. Reston,Virginia:U. S. Geological Survey.

KASAL B,COLLINS M,PAEVERE P,et al,2004. Design models of light frame wood buildings under lateral loads[J]. Journal of Structural Engineering,130(8):1263-1271.

KASAL B, LEICHTI R, ITANI R, 1994. Nonlinear finite-element model of complete light-frame wood structures[J]. Journal of Structural Engineering,120(1):100-119.

KATO B, WANG G, 2017. Ground motion simulation in an urban environment considering site-city interaction:a case study of Kowloon station, Hong Kong [C]//University of Illinois, Urbana-Champaign. In:3rd Huixian International Forum on Earthquake Engineering for Young Researchers. United States,August 11-12.

KHAM M,SEMBLAT J,BARD P,et al,2006. Seismic site-city interaction: main governing phenomena through simplified numerical models[J]. Bulletin of the Seismological Society of America,96(5): 1934-1951.

KIM B,SHIN M,2017. A model for estimating horizontal aftershock ground motions for active crustal regions[J]. Soil Dynamics and Earthquake Engineering,92: 165-175.

KINGMA D,B A J,2015. Adam: A method for stochastic optimization[C]//Proceedings of the 3rd International Conference on Learning Representations (ICLR 2015). San Diego,USA.

KLINGNER R,MCGINLEY W,SHING P,et al,2013. Seismic performance of low-rise wood-framed and reinforced masonry buildings with clay masonry veneer[J]. Journal of Structural Engineering,139(8): 1326-1339.

KOLLERATHU J,MENON A,2017. Role of diaphragm flexibility modelling in seismic analysis of existing masonry structures[J]. Structures,11: 22-39.

KOMATITSCH D, TROMP J, 1999. Introduction to the spectral element method for three-dimensional seismic wave propagation[J]. Geophysical Journal International,139(3): 806-822.

KPMG,2013. China's urbanization: Funding the future[R]. Beijing: KPMG Global China Practice.

KRIZHEVSKY A, SUTSKEVER I, HINTON G, 2012. Imagenet classification with deep convolutional neural networks[C]//Advances in Neural Information Processing Systems (NIPS). Lake Tahoe,USA, 1097-1105.

KUANG J,HUANG K,2011. Simplified multi-degree-of-freedom model for estimation of seismic response of regular wall-frame structures[J]. Structural Design of Tall and Special Buildings,20(3): 418-432.

KWON O,ELNASHAI A,2006. The effect of material and ground motion uncertainty on the seismic vulnerability curves of RC structure[J]. Engineering Structures,28(2): 289-303.

LAGOMARSINO S,1993. Forecast models for damping and vibration periods of buildings[J]. Journal of Wind Engineering and Industrial Aerodynamics,48(2-3): 221-239.

LAI T,LIU P,KAO M,2004. Demonstration project of earthquake hazard for Chia-I city of Taiwan[C]// 13th World Conference on Earthquake Engineering. Vancouver,B. C. ,Canada.

LAKOBA T,KAUP D,FINKELSTEIN N,2005. Modifications of the Helbing-Molnar-Farkas-Vicsek social force model for pedestrian evolution[J]. Simulation,81(5): 339-352.

LAWSON A,REID H,1908. The California earthquake of April 18,1906: report of the state earthquake investigation commission[R]. Carnegie institution of Washington.

LEE T,2007. TinyXML[CP/OL]. [2020-10-04]. http//www. grinninglizard. com/tinyxml/.

LEE T,MOSALAM K,2005. Seismic demand sensitivity of reinforced concrete shear-wall building using FOSM method[J]. Earthquake Engineering & Structural Dynamics,34(14): 1719-1736.

LEVI T,BAUSCH D,KATZ O,et al,2015. Insights from hazus loss estimations in israel for dead sea transform earthquakes[J]. Natural Hazards,75(1): 365-388.

LEW M, NAEIM F, CARPENTER LD,et al,2010. The significance of the 27 February 2010 offshore Maule,Chile earthquake[J]. The Structural Design of Tall and Special Buildings,19(8): 826-837.

LI H, LIN Z, SHEN X, et al, 2015a. A convolutional neural network cascade for face detection[C]// Proceedings of the IEEE Conference on Computer Vision and Pattern Recognition. Boston, USA, 5325-5334.

LI M,LU X,LU X,et al,2014b. Influence of soil-structure interaction on seismic collapse resistance of super-tall buildings[J]. Journal of Rock Mechanics and Geotechnical Engineering,6(5): 477-485.

LI M,ZANG S,ZHANG B,et al,2014a. A review of remote sensing image classification techniques: The role of spatio-contextual information[J]. European Journal of Remote Sensing,47(1): 389-411.

LI M,ZHAO Y,HE L,et al,2015b. The parameter calibration and optimization of social force model for the real-life 2013 Ya'an earthquake evacuation in China[J]. Safety Science,79：243-253.

LIN S,XIE L,GONG M,et al,2010. Performance-based methodology for assessing seismic vulnerability and capacity of buildings[J]. Earthquake Engineering and Engineering Vibration,9(2)：157-165.

LIN X,ZHANG H,CHEN H,et al,2015. Field investigation on severely damaged aseismic buildings in 2014 Ludian Earthquake[J]. Earthquake Engineering and Engineering Vibration,14(1)：169-176.

LIU P,ARCHULETA R,HARTZELL S,2006. Prediction of broadband ground-motion time histories：Hybrid low/high-frequency method with correlated random source parameters[J]. Bulletin of the Seismological Society of America,96(6)：2118-2130.

LIU P,QIU X,HUANG X,2016. Recurrent neural network for text classification with multi-task learning [C]//Proceedings of the Twenty-Fifth International Joint Conference on Artificial Intelligence. New York,USA,2873-2879.

LIU Z,JACQUES C,SZYNISZEWSKI S,et al,2015. Agent-based simulation of building evacuation after an earthquake：coupling human behavior with structural response[J]. Natural Hazards Review,17(1)：04015019-1-14.

LOU M,WANG H,CHEN X,et al,2011. Structure-soil-structure interaction：literature review[J]. Soil Dynamics and Earthquake Engineering,31(12)：1724-1731.

LSTC,2014. LS-DYNA Keyword User's Manual Volume Ⅱ Material Models, LS-DYNA R7. 1[M]. Livermore California：Livermore Software Technology Corporation.

LU X,CHENG Q,XU Z,et al,2019. Real-time city-scale time-history analysis and its application in resilience-oriented earthquake emergency responses[J]. Applied Sciences(17)：3497.

LU X,HAN B,HORI M,et al,2014b. A coarse-grained parallel approach for seismic damage simulations of urban areas based on refined models and GPU/CPU cooperative computing[J]. Advances in Engineering Software,70：90-103.

LU X,LI M,GUAN H,et al,2015. A comparative case study on seismic design of tall RC frame-core tube structures in China and USA[J]. The Structural Design of Tall and Special Buildings,24：687-702.

LU X,LU X,GUAN H,et al,2013a. Collapse simulation of reinforced concrete high-rise building induced by extreme earthquakes[J]. Earthquake Engineering & Structural Dynamics,42：705-723.

LU X,LU X,GUAN H,et al,2013b. Comparison and selection of ground motion intensity measures for seismic design of super high-rise buildings[J]. Advances in Structural Engineering,16：1249-1262.

LU X,LU X,SEZEN H,et al,2014a. Development of a simplified model and seismic energy dissipation in a super-tall building[J]. Engineering Structures,67：109-122.

LU X,TIAN Y,GUAN H,et al,2017. Parametric sensitivity study on regional seismic damage prediction of reinforced masonry buildings based on time-history analysis[J]. Bulletin of Earthquake Engineering,15(11)：4791-4820.

LU X,TIAN Y,WANG G,et al,2018a. A numerical coupling scheme for nonlinear time-history analysis of buildings on a regional scale considering site-city interaction effects[J]. Earthquake Engineering & Structural Dynamics,47(13)：2708-2725.

LU X,YE L,LU X,et al,2013c. An improved ground motion intensity measure for super high-rise buildings [J]. Science China Technological Sciences,56(6)：1525-1533.

LU X,YE L,MA Y,et al,2012. Lessons from the collapse of typical RC frames in Xuankou School during the great Wenchuan Earthquake[J]. Advances in Structural Engineering,15：139-154.

LU X,ZENG X,XU Z,et al,2018b. Improving the accuracy of near-real-time seismic loss estimation using post-earthquake remote sensing images[J]. Earthquake Spectra,34(3)：1219-1245.

LUCO N,BAZZURRO P,2007. Does amplitude scaling of ground motion records result in biased nonlinear structural drift responses? [J]. Earthquake Engineering & Structural Dynamics,36(13)：1813-1835.

MAE Center,2006. Earthquake risk assessment using MAEviz 2. 0: a tutorial[M]. Urbana-Champaign,IL: Mid-America Earthquake Center,University of Illinois at Urbana-Champaign.

MAHMOUD H,CHULAHWAT A,2018. Spatial and temporal quantification of community resilience: Gotham City under attack[J]. Computer-Aided Civil and Infrastructure Engineering,33(5): 353-372.

MAHMOUD S M,LOTFI A,LANGENSIEPEN C,2011. Abnormal behaviours identification for an elder's life activities using dissimilarity measurements[C]//Proceedings of the 4th International Conference on Pervasive Technologies Related to Assistive Environments. Crete,Greece.

MAI P M,DALGUER L,2012. Physics-based broadband ground-motion simulations: rupture dynamics combined with seismic scattering and numerical simulations in a heterogeneous earth crust[C]// Proceedings of the 15th Earthquake Engineering World Conference. Lisbon,Portugal.

MASI A,SANTARSIERO G,DIGRISOLO A,et al,2016. Procedures and experiences in the post-earthquake usability evaluation of ordinary buildings[J]. Bollettino di Geofisica Teorica ed Applicata, 57(2): 199-220.

MATPLOTLIB,2019. Matplotlib (version 3. 0. 3)[CP/OL]. [2019-01-01]. https://matplotlib. org/.

MAZZIERI I,STUPAZZINI M,GUIDOTTI R,et al,2013. SPEED: SPectral Elements in Elastodynamics with Discontinuous Galerkin: a non-conforming approach for 3D multi-scale problems[J]. International Journal for Numerical Methods in Engineering,95(12): 991-1010.

MCGUIRE R,2010. Probabilistic seismic hazard analysis: early history[J]. Earthquake Engineering & Structural Dynamics,37(3): 329-338.

MEI S,MONTANARI A,NGUYEN P,2018. A mean field view of the landscape of two-layer neural networks[J]. Proceedings of the National Academy of Sciences,115(33): E7665-E7671.

MELCHERS R,1999. Structural reliability analysis and prediction[M]. Chichester: Wiley.

MIRANDA E,TAGHAVI S,2005. Approximate floor acceleration demands in multistory buildings. I : formulation[J]. Journal of Structural Engineering,131(2): 203-211.

MOEHLE J,DEIERLEIN G,2004. A framework methodology for performance-based earthquake engineering[C]//Paper No. 679,Proceedings of 13th World Conference on Earthquake Engineering,1-6 August,2004,Vancouver,B. C. ,Canada.

MONTEJO L A,SUAREZ L,2013. An improved CWT-based algorithm for the generation of spectrum-compatible records[J]. International Journal of Advanced Structural Engineering,5(1): 26.

MOUSAVI S,BAGCHI A,KODUR V,2008. Review of post-earthquake fire hazard to building structures [J]. Canadian Journal of Civil Engineering,35(7): 689-698.

NA U J,CHAUDHURI S,SHINOZUKA M,2008. Probabilistic assessment for seismic performance of port structures[J]. Soil Dynamics and Earthquake Engineering,28(2): 147-158.

NATIONAL RESEARCH COUNCIL,1994. Practical lessons from the Loma Prieta Earthquake[M]. Washington DC: The National Academies Press.

NAZARI Y,SAATCIOGLU M,2017. Seismic vulnerability assessment of concrete shear wall buildings through fragility analysis[J]. Journal of Building Engineering,12: 202-209.

NEX F,REMONDINO F,2014. UAV for 3D mapping applications: a review[J]. Applied Geomatics,6(1): 1-15.

NIED,2019. The NIED strong-motion seismograph networks[EB/OL]. (2019-01-01)[2019-01-02]. http:// www. kyoshin. bosai. go. jp. .

NIST,2016. Fire dynamics simulator technical reference guide[M]. Gaithersburg: National Institute of Standards and Technology.

NSF,2006. Blue ribbon panel report on simulation-based engineering science: revolutionizing engineering science through simulation[R]. National Science Foundation,USA,Arlington,VA,May.

ORAZIO M,SPALAZZI L,QUAGLIARINI E,et al,2014. Agent-based model for earthquake pedestrians' evacuation in urban outdoor scenarios: behavioral patterns definition and evacuation paths choice[J]. Safety Science,62: 450-465.

OSARAGI T,MORISAWA T,OKI T,2012. Simulation model of evacuation behavior following a large-scale earthquake that takes into account various attributes of residents and transient occupants [C]// Pedestrian and Evacuation Dynamics. Cham: Springer International Publishing: 469-484.

OSG,2016. OpenSceneGraph[EB/OL]. (2016-01-01)[2019-01-01]. http://www. openscenegraph. org/.

OUYANG M, FANG Y, 2017. A mathematical framework to optimize critical infrastructure resilience against intentional attacks[J]. Computer-Aided Civil and Infrastructure Engineering,32(11): 909-929.

PAN B,XU J,HARUKO S,et al,2006. Simulation of the near-fault strong ground motion in Beijing region [J]. Seismology and Geology,28(4): 623-634.

PANG W,ROSOWSKY D,PEI S,et al,2010. Simplified direct displacement design of six-story woodframe building and pretest seismic performance assessment[J]. Journal of Structural Wngineering,136(7): 813-825.

PANG W,ZIAEI E,FILIATRAULT A,2012. A 3D model for collapse analysis of soft-story light-frame wood buildings[C]// Proceedings of the World Conference on Timber Engineering, Auckland, New Zealand.

PARISI D,GILMAN M,MOLDOVAN H,2009. A modification of the Social Force Model can reproduce experimental data of pedestrian flows in normal conditions[J]. Physica A: Statistical Mechanics and its Applications,388(17): 3600-3608.

PARK J,TOWASHIRAPORN P,CRAIG J,et al,2009. Seismic fragility analysis of low-rise unreinforced masonry structures[J]. Engineering Structures,31(1): 125-137.

PARKER M,STEENKAMP D,2012. The economic impact of the Canterbury earthquakes[J]. Reserve Bank of New Zealand Bulletin,75(3): 13-25.

PAULAY T,PRIESTLEY M,1992. Seismic design of reinforced concrete and masonry buildings[M]. New York: John Wiley.

PEEK-ASA C,KRAUS J,BOURQUE L,et al,1998. Fatal and hospitalized injuries resulting from the 1994 Northridge Earthquake[J]. International Journal of Epidemiology,27: 459-465.

PEER(Pacific Earthquake Engineering Research Center),2016. PEER ground motion database[EB/OL]. (2016-01-01)[2019-01-01]. http://ngawest2. berkeley. edu/.

PHAM V,BLUCHE T,KERMORVANT C,et al,2014. Dropout improves recurrent neural networks for handwriting recognition[C]// 14th International Conference on Frontiers in Handwriting Recognition, Crete,Greece,285-290.

PITARKA A,GRAVES R,IRIKURA K,et al,2020. Kinematic rupture modeling of ground motion from the M7 Kumamoto,Japan earthquake[J]. Pure and Applied Geophysics,177: 2199-2211.

PLW Modelworks,2014. PLW Modelworks[EB/OL]. (2014-01-01)[2019-01-01]. http//plwmodelworks. com/.

PONSERRE S,GUHA-SAPIR D,VOS F,et al,2012. Annual disaster statistical review 2011: the numbers and trends [R/OL]. (2012-07-01) [2019-01-01]. http://www. cred. be/sites/default/files/ADSR _ 2011. pdf.

PORTER K,BECK J,SHAIKHUTDINOV R,2002. Sensitivity of building loss estimates to major uncertain variables[J]. Earthquake Spectra,18(4): 719-743.

POTTER S, BECKER J, JOHNSTON D, et al, 2015. An overview of the impacts of the 2010—2011 Canterbury earthquakes[J]. International Journal of Disaster Risk Reduction,14: 6-14.

PUJOL S,FICK D,2010. The test of a full-scale three-story RC structure with masonry infill walls[J]. Engineering Structures,32(10): 3112-3121.

PyWavelets,2020. PyWavelets-wavelet transforms in Python[EB/OL]. (2020-01-01)[2020-08-30]. https://pywavelets.readthedocs.io/en/latest/.

QI W,SU G,SUN L,et al,2017. "Internet＋" approach to mapping exposure and seismic vulnerability of buildings in a context of rapid socioeconomic growth: a case study in Tangshan,China[J]. Natural Hazards,86(1): 107-139.

QIU J,LIU G,WANG S,et al,2010. Analysis of injuries and treatment of 3401 inpatients in 2008 Wenchuan earthquake—based on Chinese Trauma Databank[J]. Chinese Journal of Traumatology (English Edition),13: 297-303.

QUAGLIARINI E,BERNARDINI G,WAZINSKI C,et al,2016. Urban scenarios modifications due to the earthquake: ruins formation criteria and interactions with pedestrians' evacuation[J]. Bulletin of Earthquake Engineering,14(4): 1071-1101.

RATHJE E, ADAMS B, 2008. The role of remote sensing in earthquake science and engineering: opportunities and challenges[J]. Earthquake Spectra,24(2): 471-492.

REINOSO E,MIRANDA E,2005. Estimation of floor acceleration demands in high-rise buildings during earthquakes[J]. The Structural Design of Tall and Special Buildings,14(2): 107-130.

REITHERMAN R,2012. Earthquakes and Engineers: An International History[M]. Reston, Virginia: ASCE Press.

REMO J,PINTER N,2012. Hazus-MH earthquake modeling in the central USA[J]. Natural Hazards, 63(2): 1055-1081.

REN A,XIE X,2004. The simulation of post-earthquake fire-prone area based on GIS[J]. Journal of Fire Sciences,22(5): 421-439.

REN P,LI Y,GUAN H,et al,2015. Progressive collapse resistance of two typical high-rise RC frame shear wall structures[J]. Journal of Performance of Constructed Facilities-ASCE,29(3): 04014087-1-9.

RINALDIN G,AMADIO C,2018. Effects of seismic sequences on masonry structures[J]. Engineering Structures,166: 227-239.

ROBBINS H,MONRO S,1951. A stochastic approximation method[J]. The Annals of Mathematical Statistics,22(3): 400-407.

RODGERS A,PITARKA A,PETERSSON N,et al,2018. Broadband (0—4Hz) ground motions for a magnitude 7.0 Hayward fault earthquake with three-dimensional structure and topography[J]. Geophysical Research Letters,45(2): 739-747.

ROESSET J,YAO J,2002. State of the Art of Structural Engineering[J]. Journal of Structural Engineering-ASCE,128 (8): 965-975.

RUBINSTEIN R,1981. Simulation and the Monte Carlo Method[M]. New York: Wiley.

RUIZ-GARCÍA J,NEGRETE-MANRIQUEZ J,2011. Evaluation of drift demands in existing steel frames under as-recorded far-field and near-fault mainshock-aftershock seismic sequences[J]. Engineering Structures,33: 621-634.

RUIZ-GARCÍA J,YAGHMAEI-SABEGH S,BOJÓRQUEZ E,2018. Three-dimensional response of steel moment-resisting buildings under seismic sequences[J]. Engineering Structures,175: 399-414.

SAHAR D,NARAYAN J,2016. Quantification of modification of ground motion due to urbanization in a 3D basin using viscoelastic finite-difference modelling[J]. Natural Hazards,81(2): 779-806.

SAHAR D,NARAYAN J,KUMAR N,2015. Study of role of basin shape in the site-city interaction effects on the ground motion characteristics[J]. Natural Hazards,75(2): 1167-1186.

SAITO K,SPENCE S,GOING C,et al,2004. Using high-resolution satellite images for post-earthquake building damage assessment: a study following the 26 January 2001 Gujarat Earthquake[J]. Earthquake Spectra,20(1): 145-169.

SALEHI H,BURGUENO R,2018. Emerging artificial intelligence methods in structural engineering[J]. Engineering Structures,171: 170-189.

SATHIPARAN N,2015. Mesh type seismic retrofitting for masonry structures: critical issues and possible strategies[J]. European Journal of Environmental and Civil Engineering,19(9): 1136-1154.

SCAWTHORN C, EIDINGER J, SCHIFF A, 2005. Fire following earthquake[M]. Reston: ASCE Publications.

SCHMIDHUBER J,2015. Deep learning in neural networks: An overview[J]. Neural Networks,61,85-117.

SCHNABEL P,LYSMER J,SEED H,1972. SHAKE: a computer program for earthquake response analysis of horizontal layered sites[R]. In: Earthquake Engineering Research Center (EERC) Report, University of California at Berkeley.

SCHWAN L, BOUTIN C, PADRÓN L, et al, 2016. Site-city interaction: theoretical, numerical and experimental crossed-analysis[J]. Geophysical Journal International,205(2): 1006-1031.

SEIBLE F,PRIESTLEY M,KINGSLEY G,et al,1994. Seismic response of full-scale five-story reinforced-masonry building[J]. Journal of Structural Engineering,120(3),925-946.

SEKIZAWA A, EBIHARA M, NOTAKE H, 2003. Development of seismic-induced fire risk assessment method for a building[J]. Fire Safety Science,7: 309-320.

SEMBLAT J,KHAM M,BARD P,2008. Seismic-wave propagation in alluvial basins and influence of site-city interaction[J]. Bulletin of the Seismological Society of America,98(6): 2665-2678.

SHI W,LU X,GUAN H,et al,2014. Development of seismic collapse capacity spectra and parametric study [J]. Advances in Structural Engineering,17(9): 1241-1256.

SHI W,LU X, YE L,2012. Uniform-risk-targeted seismic design for collapse safety of building structures [J]. Science China Technological Sciences,55(6): 1481-1488.

SHIN D, KIM H, 2014. Probabilistic assessment of structural seismic performance influenced by the characteristics of hysteretic energy dissipating devices[J]. International Journal of Steel Structures, 14(4): 697-710.

SHIODE N,2000. 3D urban models recent developments in the digital modelling of urban environments in three-dimensions[J]. GeoJournal,52(3): 263-269.

SIMIU E,SCANLAN R,1996. Wind effects on structures: fundamentals and applications to design,3rd edition[M]. New York: John Wiley.

SLOAN D,KARACHEWSKI J,2006. Geology of the San Francisco Bay region[M]. California: University of California Press.

SMERZINI C,PITILAKIS K,HASHEMI K,2017. Evaluation of earthquake ground motion and site effects in the Thessaloniki urban area by 3D finite-fault numerical simulations[J]. Bulletin of Earthquake Engineering,15(3): 787-812.

SMYROU E,TASIOPOULOU P,BAL H,et al,2011. Ground motions versus geotechnical and structural damage in the February 2011 Christchurch Earthquake[J]. Seismological Research Letters,82(6): 882-892.

SOBHANINEJAD G,HORI M,KABEYASAWA T,2011. Enhancing integrated earthquake simulation with high performance computing[J]. Advances in Engineering Software,42(5): 286-292.

SPUR, 2012. Safe enough to stay[EB/OL]. (2012-02-01)[2020-01-01]. https://www. spur. org/publications/spur-report/2012-02-01/safe-enough-stay.

SRIVASTAVA N,HINTON G,KRIZHEVSKY A,et al,2014. Dropout: a simple way to prevent neural networks from overfitting[J]. The Journal of Machine Learning Research,15(1),1929-1958.

STEELMAN J, HAJJAR J, 2009. Influence of inelastic seismic response modeling on regional loss estimation[J]. Engineering Structures,31(12): 2976-2987.

SUTSKEVER I,MARTENS J,DAHL G,et al,2013. On the importance of initialization and momentum in deep learning[C]// International Conference on Machine Learning,Atlanta,USA,1139-1147.

SUZUKI W,AOI S,KUNUGI T,et al,2017. Strong motions observed by K-NET and KiK-net during the 2016 Kumamoto earthquake sequence[J]. Earth,Planets and Space,69(1): 1-12.

SUÁREZ L, MONTEJO L, 2005. Generation of artificial earthquakes via the wavelet transform[J]. International Journal of Solids and Structures,42(21-22): 5905-5919.

TANG B,LU X, YE L,et al,2011. Evaluation of collapse resistance of RC frame structures for Chinese schools in Seismic Design Categories B and C[J]. Earthquake Engineering and Engineering Vibration, 10: 369-377.

The Weather Channel,2018. San Francisco,CA monthly weather[EB/OL]. (2018-12-30)[2020-01-01]. https://weather. com/zh-CN/weather/monthly/l/USCA0987: 1: US.

The Weather Company,2018. Weather history for San Francisco,CA[EB/OL]. (2018-02-19)[2020-01-01]. https://www. wunderground. com/history/airport/KSFO/2018/2/19/MonthlyHistory. html? &reqdb. zip =&reqdb. magic=&reqdb. wmo=.

The World Bank,Development Research Center of the State Council,the People's Republic of China,2014. Urban China: toward efficient inclusive and sustainable urbanization[M]. Washington: World Bank Publications.

THOMSON W,1996. Theory of vibration with applications[M]. Florida: CRC Press.

THRÁINSSON H,KIREMIDJIAN A,WINTERSTEIN S,2000. Modeling of earthquake ground motion in the frequency domain[M]. Stanford California: John A. Blume Earthquake Engineering Center.

Thunderhead Engineering, 2016. PyroSim [EB/OL]. (2016-01-01) [2020-01-01]. http://www. thunderheadeng. com/pyrosim/.

TRAN C, LI B, 2012. Initial stiffness of reinforced concrete columns with moderate aspect ratios[J]. Advances in Structural Engineering,15(2): 265-276.

TRENDAFILOSKI G, WYSS M, ROSSET P, 2011. Loss estimation module in the second generation software QLARM[M]//Human casualties in earthquakes. Netherlands,Springer: 95-106.

TSAI F,LIN C,2007. Polygon-based texture mapping for cyber city 3D building models[J]. International Journal of Geographical Information Science,21(9): 965-981.

TSOGKA C,WIRGIN A,2003. Simulation of seismic response in an idealized city[J]. Soil Dynamics and Earthquake Engineering,23(5): 391-402

UENISHI K,2010. The town effect: dynamic interaction between a group of structures and waves in the ground[J]. Rock Mechanics and Rock Engineering,43(6): 811-819.

USGS,CGS, ANSS, 2017. Center for Engineering Strong-Motion Data[EB/OL]. (2017-01-01)[2020-01-01]. http://www. strongmotioncenter. org/.

VETRIVEL A,GERKE M,KERLE N,et al,2015. Identification of damage in buildings based on gaps in 3D point clouds from very high resolution oblique airborne images[J]. Journal of Photogrammetry and Remote Sensing,105: 61-78.

VU T,BAN Y,2010. Context-based mapping of damaged buildings from high-resolution optical satellite images[J]. International Journal of Remote Sensing,31(13): 3411-3425.

WAKCHAURE M,PED S,2012. Earthquake analysis of high rise building with and without in filled walls [J]. International Journal of Engineering and Innovative Technology,2(2): 89-94.

WALD D,JAISWAL K, MARANO K, et al, 2010. PAGER-Rapid assessment of an earthquake's impact [R]. U. S. Geological Survey Fact Sheet 2010-3036,2010.

WALD D,QUITORIANO V, HEATON T, et al, 1999. Relationships between peak ground acceleration, peak ground velocity,and modified Mercalli intensity in California[J]. Earthquake Spectra,15(3): 557-

564.

WALD D,WORDEN B,QUITORIANO V,et al,2005. ShakeMap manual：technical manual,user's guide, and software guide[R]. United States Geological Survey,California.

WAN J,SUI J,YU H,2014. Research on evacuation in the subway station in China based on the combined social force model[J]. Physica A：Statistical Mechanics and its Applications,394：33-46.

WANG G,DU C,HUANG D,et al,2018. Parametric models for 3D topographic amplification of ground motions considering subsurface soils[J]. Soil Dynamics and Earthquake Engineering,115：41-54.

WANG G,YOUNGS R,POWER M,et al,2015. Design ground motion library：an interactive tool for selecting earthquake ground motions[J]. Earthquake Spectra,31(2)：617-635.

WATSON-LAMPREY J,ABRAHAMSON N,2006. Selection of ground motion time series and limits on scaling[J]. Soil Dynamics and Earthquake Engineering,26(5)：477-482.

WIJERATHNE M, MELGAR L, HORI M, et al, 2013. HPC enhanced large urban area evacuation simulations with vision based autonomously navigating multi agents[J]. Procedia Computer Science, 18：1515-1524.

WIKIPEDIA,2012. List of tallest buildings in Christchurch[EB/OL]. [2020-08-30]. http://en. wikipedia. org/wiki/List_of_tallest_buildings_in_Christchurch.

Wind History,2018. Wind history for KSFO：San Francisco International Airport[DB/OL]. [2020-08-30]. http://windhistory. com/station. html? KSFO.

WU Y J,WANG Y,QIAN D,2007. A google-map-based arterial traffic information system[C]//2007 IEEE Intelligent Transportation Systems Conference. IEEE：968-973.

XIAO M,CHEN Y,YAN M,et al,2016. Simulation of household evacuation in the 2014 Ludian earthquake [J]. Bulletin of Earthquake Engineering,14(6)：1757-1769.

XIE J,ZIMMARO P,LI X,et al,2016a. VS30 empirical prediction relationships based on a new soil-profile database for the Beijing plain area,China[J]. Bulletin of the Seismological Society of America,106(6)： 2843-2854.

XIE S,DUAN J,LIU S,et al,2016b. Crowdsourcing rapid assessment of collapsed buildings early after the earthquake based on aerial remote sensing image：a case study of Yushu earthquake[J]. Remote Sensing,8(759)：1-16.

XIONG C,LU X,GUAN H,et al,2016. A nonlinear computational model for regional seismic simulation of tall buildings[J]. Bulletin of Earthquake Engineering,14(4)：1047-1069.

XIONG C,LU X,HORI M,et al,2015. Building seismic response and visualization using 3D urban polygonal modeling[J]. Automation in Construction,55：25-34.

XIONG C,LU X,HUANG J,et al,2019. Multi-LOD seismic-damage simulation of urban buildings and case study in Beijing CBD[J]. Bulletin of Earthquake Engineering,17(4)：2037-2057.

XIONG C,LU X,LIN X,et al,2017. Parameter determination and damage assessment for THA-based regional seismic damage prediction of multi-story buildings[J]. Journal of Earthquake Engineering, 21(3)：461-485.

XU F,CHEN X,REN A,et al,2008. Earthquake disaster simulation for an urban area,with GIS,CAD, FEA,and VR integration[J]. Tsinghua Science and Technology,13(S1)：311-316.

XU P,WEN R,WANG H,et al,2015. Characteristics of strong motions and damage implications of Ms 6. 5 Ludian earthquake on August 3,2014[J]. Earthquake Science,28(1)：17-24.

XU Z,LU X,GUAN H,et al,2014a. A virtual reality based fire training simulator with smoke hazard assessment capacity[J]. Advances in Engineering Software,68：1-8.

XU Z,LU X,GUAN H,et al,2014b. Seismic damage simulation in urban areas based on a high-fidelity structural model and a physics engine[J]. Natural Hazards,71(3)：1679-1693.

XU Z, LU X, GUAN H, et al, 2016a. Simulation of earthquake-induced hazards of falling exterior non-structural components and its application to emergency shelter design[J]. Natural Hazards, 80(2): 935-950.

XU Z, LU X, LAW KH, 2016b. A computational framework for regional seismic simulation of buildings with multiple fidelity models[J]. Advances in Engineering Software, 99: 100-110.

XU Z, LU X, ZENG X, et al, 2019. Seismic loss assessment for buildings with various-LOD BIM data[J]. Advanced Engineering Informatics, 39: 112-126.

YALCIN G, SELCUK O, 2015. 3D city modelling with oblique photogrammetry method[J]. Procedia Technology, 19: 424-431.

YAMAZAKI F, YANO Y, MATSUOKA M, 2005. Visual damage interpretation of buildings in Bam City using quickbird images following the 2003 Bam, Iran, earthquake[J]. Earthquake Spectra, 21(S1): 329-336.

YANG J, JEON S, 2009. Analytical models for the initial stiffness and plastic moment capacity of an unstiffened top and seat angle connection under a shear load[J]. International Journal of Steel Structures, 9(3): 195-205.

YANG Q, SAIIDI M, HANG W, et al, 2002. Influence of earthquake ground motion incoherency on multi-support structures[J]. Earthquake Engineering and Engineering Vibration, 1(2): 167-180.

YEH C, LOH C, TSAI K, 2006. Overview of Taiwan earthquake loss estimation system[J]. Natural Hazards, 37(1-2): 23-37.

YILDIZ S, KARAMAN H, 2013. Post-earthquake ignition vulnerability assessment of küçükçekmece district [J]. Natural Hazards and Earth System Sciences Discussions, 1(3): 2005-2040.

YOU S, HU J, NEUMANN U, et al, 2003. Urban site modeling from LiDAR[C]//International Conference on Computational Science and its Applications. Springer, Berlin, Heidelberg, 2003: 579-588.

ZAREIAN F, KRAWINKLER H, 2007. Assessment of probability of collapse and design for collapse safety [J]. Earthquake Engineering & Structural Dynamics, 36(13): 1901-1914.

ZENG X, LU X, YANG T, et al, 2016. Application of the FEMA-P58 methodology for regional earthquake loss prediction[J]. Natural Hazards, 83(1): 177-192.

ZERVA A, 2009. Spatial variation of seismic ground motions[M]. Boca Raton: CRC Press.

ZERVA A, ZERVAS V, 2002. Spatial variation of seismic ground motions: an overview[J]. Applied Mechanics Reviews, 55(3): 271-297.

ZHANG Q, YANG L, CHEN Z, et al, 2018. A survey on deep learning for big data[J]. Information Fusion, 42: 146-157.

ZHANG Y, CHEN Y, XU L, 2012. Fast and robust inversion of earthquake source rupture process and its application to earthquake emergency response[J]. Earthquake Science, 25: 121-128.

ZHANG Y, MUELLER C, 2017. Shear wall layout optimization for conceptual design of tall buildings[J]. Engineering Structures, 140: 225-240.

ZHAO S, 2010. GisFFE-an integrated software system for the dynamic simulation of fires following an earthquake based on GIS[J]. Fire Safety Journal, 45(2): 83-97.

ZOLFAGHARI M, PEYGHALEH E, NASIRZADEH G, 2009. Fire following earthquake, intra-structure ignition modeling[J]. Journal of Fire Sciences, 27(1): 45-79.